NoSQL
数据库技术实战

皮雄军　编著

清华大学出版社

北　京

内 容 简 介

本书由浅入深，全面系统地介绍了 NoSQL 系统。本书既对 NoSQL 系统的理论进行了深入浅出的分析，又介绍了每一种 NoSQL 数据库在业界广泛应用的一个具体系统，理论与实战并重。

本书共分 5 篇，12 章。涵盖的内容有：NoSQL 与大数据简介、NoSQL 的数据一致性、NoSQL 的水平扩展与其他基础知识、BigTable 与 Google 云计算原理、Google 云计算的开源版本——Hadoop、Dynamo：Amazon 的高可用键值对存储、LevelDb——出自 Google 的 Key-Value 数据库、Redis 实战、面向文档的数据库 CouchDB、MongoDB 实战、MySQL 基础、MySQL 高级特性与性能优化。

本书涉及面广，从基本操作到高级技术和核心原理，再到项目开发，几乎涉及 NoSQL 系统的所有重要知识。本书适合所有想全面学习 NoSQL 的人员阅读，也适合各种使用 NoSQL 进行开发的工程技术人员使用。

图书在版编目（CIP）数据

NoSQL 数据库技术实战 / 皮雄军编著. —北京：清华大学出版社，2014（2021.1重印）
ISBN 978-7-302-38039-9

Ⅰ. ①N…　Ⅱ. ①皮…　Ⅲ. ①数据库系统　Ⅳ. ①TP311.138

中国版本图书馆 CIP 数据核字（2014）第 219814 号

责任编辑：夏兆彦
封面设计：欧振旭
责任校对：徐俊伟
责任印制：杨　艳

出版发行：清华大学出版社
　　　　　网　　址：http://www.tup.com.cn, http://www.wqbook.com
　　　　　地　　址：北京清华大学学研大厦 A 座　　　邮　　编：100084
　　　　　社 总 机：010-62770175　　　　　　　　　邮　　购：010-83470235
　　　　　投稿与读者服务：010-62776969，c-service@tup.tsinghua.edu.cn
　　　　　质 量 反 馈：010-62772015，zhiliang@tup.tsinghua.edu.cn
印 装 者：三河市君旺印务有限公司
经　　销：全国新华书店
开　　本：185mm×260mm　　　印　　张：25.5　　　字　　数：637 千字
版　　次：2015 年 1 月第 1 版　　　　　　　　　印　　次：2021 年 1 月第 8 次印刷
定　　价：69.00 元

产品编号：061183-01

前　　言

"数据是 21 世纪最有价值的资产，它比黄金和石油更有价值"。随着大数据时代的来临，传统的关系型数据库在可扩展性、数据模型和可用性方面遇到了难以克服的障碍。此时各种 NoSQL 系统出现了。它们的特点各不相同，分别应用于不同的场景并迅速取得了巨大的成功。作为一名从事后台开发多年的工作者，我对每一种新技术的出现与应用都充满了渴望与期待，其中 NoSQL 解决了我实际工作中遇到的许多问题。NoSQL 具有下面几方面的优点：

1. 灵活的可扩展性

多年以来，数据库管理员们都是通过"垂直扩展"的方式（当数据库的负载增加的时候，购买更大型的服务器来承载增加的负载）来进行扩展的，而不是通过"水平扩展"的方式（当数据库负载增加的时候，在多台主机上分配增加的负载）来进行扩展。但是，随着请求量和可用性需求的增加，数据库也正在迁移到云端或虚拟化环境中，"水平扩展"的经济优势变得更加明显了，对各大企业来说，这种"诱惑"是无法抗拒的。

要对 RDBMS（关系型数据库，比如 Oracle）做"水平扩展"，并不是很容易。但是各种新类型的 NoSQL 数据库主要是为了进行透明的扩展，来利用新节点而设计的，而且，它们通常都是为了低成本的 commodity hardware 而设计的。

2. 轻松应对海量数据

在过去的十年里，正如请求量发生了翻天覆地的增长一样，需要存储的数据量也发生了急剧的膨胀。为了满足数据量增长的需要，RDBMS 的容量也在日益增加，但是，对一些企业来说，随着请求量的增加，单一数据库能够管理的数据量也变得越来越让人无法忍受了。现在，大量的"大数据"可以通过 NoSQL 系统（如 MongoDB）来处理，它们能够处理的数据量远远超出了最大型的 RDBMS 所能处理的极限。

3. 维护简单

在过去的几年里，虽然一些 RDBMS 供应商们声称在可管理性方面做出了很多的改进，但是高端的 RDBMS 系统维护起来仍然十分昂贵，而且还需要训练有素的 DBA 们的协助。DBA 们需要亲自参与高端的 RDBMS 系统的设计、安装和调优。

NoSQL 数据库从一开始就是为了降低管理方面的要求而设计的：从理论上来说，自动修复，数据分配和简单的数据模型的确可以让管理和调优方面的要求降低很多。

4. 经济

NoSQL 数据库通常使用廉价的 Commodity Servers 集群来管理膨胀的数据和请求量，

而 RDBMS 通常需要依靠昂贵的专有服务器和存储系统来做到这一点。使用 NoSQL，每 GB 的成本或每秒处理的请求的成本都比使用 RDBMS 的成本少很多，这可以让企业花费更低的成本存储和处理更多的数据。

5. 灵活的数据模型

对于大型的生产性 RDBMS 来说，变更管理是一件很令人头痛的事情。即使只对一个 RDBMS 的数据模型做出很小的改动，也必须要十分小心的管理，也许还需要停机或降低服务水平。NoSQL 数据库在数据模型约束方面是更加宽松的，甚至可以说并不存在数据模型的约束。NoSQL 的 Key/Value 数据库和文档型数据库可以让应用程序在一个数据元素里存储任何结构的数据。即使是规定更加严格的基于"大表"的 NoSQL 数据库（如 HBase）通常也允许创建新列，这并不会造成什么麻烦。

应用程序变更和数据库模式的变更并不需要作为一个复杂的变更单元来管理。从理论上来说，这可以让应用程序迭代的更快，但是，很明显，如果应用程序无法维护数据的完整性，那么这也会带来一些不良的副作用。

本书的诞生

在当前的图书市场上，还没有一本全面而深入介绍 NoSQL 系统的图书。要么只有理论内容并且大部分并不全面，要么千篇一律把某个 NoSQL 系统的操作一一罗列。为了让众多的 NoSQL 学习人员能够更加全面和深入地学习 NoSQL 技术，笔者编写了本书。本书从系统的角度出发，既深入讲解 NoSQL 的产生原因与理论基础，又对三种典型 NoSQL 系统引入了丰富的实战，使读者可以全面而深入地了解各种 NoSQL，知道各个 NoSQL 和 MySQL 系统的联系和不同，在实际中根据自己的情况进行正确的技术选型。

本书特色

1. 内容全面、新颖

本书内容全面而新颖，既对 NoSQL 系统的理论进行了深入浅出的分析，又深入讲解了列式的、Key/Value 的和文档类型这三种 NoSQL 系统，最后还讲解了 MySQL 的性能优化。

2. 讲解由浅入深，循序渐进

本书是一本入门图书，如果你从来没有用过 NoSQL 系统，那么本书正好适合你。本书也是一本深入讲解 NoSQL 的图书，它将各种 NoSQL 系统联系起来并分析各自的相同点和不同点，读完之后你一定会对 NoSQL 系统有一个高屋建瓴的认识。

3. 理论与实践并重

本书对 NoSQL 系统的产生原因和理论基础做了广泛而深入的分析，让读者知其然，更知其所以然。书中尽力消除初学者学习 NoSQL 系统时容易遇到的障碍，变抽象为具体，变复杂为简单。而且重点对 Hadoop/HBase、MongoDB 和 Redis 这三种 NoSQL 系统都给出了具体实践。

4．图文并茂，容易理解

本书针对 NoSQL 系统中的一些架构和较难理解的概念，提供了大量的插图，并结合具体文字来讲解，非常直观，更有利于读者的学习与理解。

5．语言通俗易懂

本书不使用那些让人难以理解的语言来分析问题，而是采用通俗易懂的语言去讲解 NoSQL 系统的相关知识，让读者能够真正了解 NoSQL 技术，继而在开发中使用这些技术。

本书内容

第1篇　NoSQL的兴起与理论基础（第1~3章）

本篇介绍了大数据时代 NoSQL 的兴起原因及 NoSQL 的理论基础，包括 NoSQL 与大数据简介，NoSQL 系统的分类和特点，各种数据一致性模型的定义、原理、实现、举例及适用场景，NoSQL 系统水平扩展的方法，主要是复制和分区技术的难点、在实际系统中的运用及和数据一致性的关系，最后简单介绍了其他杂项知识比如五分钟法则等。这些内容都是学习后续章节所必须要掌握的基础知识，后续章节中的实际 NoSQL 系统如 Redis 可以看成是这些理论知识的运用。

第2篇　列式NoSQL系统（第4、5章）

本篇主要介绍了列式 NoSQL 系统。首先以 Google 的 BigTable 为例介绍了列式 NoSQL 系统的特点、原理和应用。然后实战演练开源的 HBase 系统。由于 HBase 与 Hadoop、Zookeeper 等有着十分密切的关系，因此对其一并进行了介绍。

第3篇　Key/Value NoSQL系统（第6~8章）

本篇主要介绍了 Key/Value NoSQL 系统。首先以 Amazon 的 Dynamo 为例介绍了 Key/Value 系统的特点、原理和应用场景，并详细描述了这个系统是如何运用本书第 1 篇中的理论知识而构建的。然后介绍了另一个来自 Google 的 LevelDB 系统，最后实战演练了被广泛使用的 Redis 系统。

第4篇　文档型 NoSQL系统（第9、10章）

本篇主要介绍了文档型 NoSQL 系统。首先以 CouchDB 为例介绍了文档型 NoSQL 的特点、原理和应用场景，然后实战演练了被广泛使用的 MongoDB 系统。

第5篇　MySQL基础与性能优化（第11、12章）

本篇主要介绍了目前在互联网公司被广泛使用的 MySQL 关系型数据库。虽然在大数据时代 NoSQL 将会占据数据处理技术的主流，但是传统的 MySQL 在一些应用场景仍有着自己的优势。所以本篇开始先介绍了一些 MySQL 的基础知识，然后详细描述了其高级特性，最后介绍了 MySQL 的性能优化、复制技术、垂直扩展、水平扩展和综合应用。

本书读者对象

- ❑ 没有基础的 NoSQL 初学者；
- ❑ 互联网公司高并发系统的后台开发人员；
- ❑ 大数据、NoSQL 开发爱好者；
- ❑ 刚入职的初中级程序员；
- ❑ 高等院校师生；
- ❑ 相关培训班的学员。

本书源程序获取方式

本书涉及的源程序与资源请读者自行到 www.tup.com.cn 上搜索到本书页面后按提示下载，也可以到 www.wanjuanchina.net 上的相关版块下载。

本书作者

本书由皮雄军主笔编写。其他参与编写的人员有吴万军、项延铁、谢邦铁、许黎民、薛在军、杨佩璐、杨习伟、于洪亮、张宝梅、张功勤、张建华、张建志、张敬东、张倩、张庆利、赵剑川、赵薇、郑强、周静、朱盛鹏、祝明慧、张晶晶。

虽然笔者花费了大量精力写作本书，并力图将疏漏减少到最少，但仍恐百密一疏。如果您在阅读本书的过程中发现有任何疏漏，或者对本书的讲解有任何疑问，发送电子邮件到 bookservice2008@163.com 以获得帮助。

编者

目　　录

第 1 篇　NoSQL 的兴起与理论基础

第 2 篇　列式 NoSQL 系统

第 3 篇　Key/Value NoSQL 系统

第 4 篇　文档型 NoSQL 系统

第 5 篇　MySQL 基础与性能优化

第 1 篇　NoSQL 的兴起与理论基础

第1章 NoSQL 与大数据简介

本章首先给出了几个 NoSQL 在国内使用的案例，然后讨论大数据、大数据的关键技术及其与 NoSQL 的关系，接着简要概述 NoSQL，最后以云数据管理结尾。读者在阅读本章的时候如有不太明白的专业术语，不用过于在意，本章只是给大家一个简要的介绍，以后各章还会深入探讨相关内容。

1.1 引子——NoSQL 在国内使用的案例

随着互联网的不断发展，各种类型的应用层出不穷，在这个云计算的时代，对技术提出了更多的需求。虽然关系型数据库已经在业界的数据存储方面占据了不可动摇的地位，但是由于其天生的几个限制，使其很难克服下面这几个弱点：扩展困难、读写慢、成本高和支撑容量有限。业界为了解决这几个需求，推出了新类型的"NoSQL"数据库。总的来说，在设计上，它们非常关注对数据高并发的读写和对海量数据的存储等，与关系型数据库相比，它们在架构和数据模型方面做了"减法"，而在扩展和并发等方面做了"加法"。

现今的计算机体系结构在数据存储方面要求具备庞大的水平扩展性，而 NoSQL 致力于达到这一目的。目前 Google、Yahoo、Facebook、Twitter 和 Amazon 都在大量应用 NoSQL 型数据库。本节以 NoSQL 在国内知名的互联网公司应用为案例，为大家细数国内 NoSQL 数据库的应用情况。

1.1.1 新浪微博

大家都知道，在美国有一个非常有名的信息分享平台叫做 Twitter。而在中国，我们也有同样的平台，就是现在非常流行的新浪微博，它还有个非常温馨的名字，叫做"围脖"，如图 1.1 所示。

从技术上来说，由于用户每天发表数据特别容易，所以这会造成每天新增的数据量都是百万级的甚至上千万级的这样一个量。因此，你经常要面对的一个问题就是增加服务器。因为一般一台 MySQL 服务器，它可能支持的规模也就是几十万，或者说复杂一点只有几百万，所以，你可能每天都要增加服务器，从而解决你所面对的增长的数据量。

目前新浪微博是 Redis 全球最大的用户。在新浪有 200 多台物理机在运行着 Redis，有大量的数据跑在 Redis 上来为微博用户提供服务。

新浪 NoSQL 和 MySQL 在大多数情况下是结合使用的，根据应用的特点选择合适的存储方式。关系型数据，如索引使用 MySQL 存储。非关系数据库，例如：一些 K/V 需求的，对并发要求比较高的放入 Redis 存储。

图 1.1　新浪微博

新浪通过修改 Redis 的源码满足自己的业务需求：完善它的复制机制，加入 position 的概念，让维护更容易，同时失败时容错的能力也大大增强。

1.1.2　淘宝数据平台

淘宝网拥有国内最具商业价值的海量数据。截至当前，每天产生超过 30 亿的店铺及商品浏览记录，10 亿在线商品数，上千万的成交、收藏和评价数据。如何从这些数据中挖掘出真正的商业价值，进而帮助淘宝和商家进行企业的数据化运营，帮助消费者进行理性的购物决策，是淘宝数据平台与产品部的使命。淘宝数据平台如图 1.2 所示。

图 1.2　淘宝数据平台

数据产品的一个最大特点是数据的非实时更新，正因为如此，可以认为在一定的时间段内，整个系统的数据是只读的。这为设计缓存奠定了非常重要的基础。其他一些对实效性要求很高的数据，例如，针对搜索词的统计数据，希望能尽快推送到数据产品前端，所以在内存中做实时计算，并把计算结果在尽可能短的时间内刷新到 NoSQL 存储设备中，供前端产品调用。

淘宝 Oceanbase 的设计之初，公司通过对淘宝的在线存储需求进行分析发现：淘宝的数据总量比较大，未来一段时间，比如五年之内的数据规模为百 TB 级别，千亿条记录，另外，数据膨胀很快，传统的分库分表对业务造成很大的压力，必须设计自动化的分布式系统。所以有了淘宝 Oceanbase，它以一种很简单的方式满足了未来一段时间的在线存储需求，并且还获得了一些其他特性，如高效支持跨行跨表事务，这对于淘宝的业务是非常重要的。

淘宝 Tair 是由淘宝自主开发的 Key/Value 结构数据存储系统，并且于 2010 年 6 月 30日在淘宝开源平台上正式对外开源，在淘宝网有着大规模的应用。用户在登录淘宝、查看商品详情页面或者在淘江湖和好友"捣浆糊"的时候，都在直接或间接地和 Tair 交互。淘宝将 Tair 开源，希望有更多的用户能从他们开发的产品中受益，更希望依托社区的力量，使 Tair 有更广阔的发展空间。

1.1.3　视觉中国网站

在"视觉中国"成立之初，他们选用的数据库是 MySQL。2009 年之后他们才选用了MongoDB 作为系统的支撑数据库，如图 1.3 所示。

视觉改变中国 创意成就未来
Visual Arts Changing China Creativity Shaping the Future

图 1.3　视觉中国

采用MongoDB的最初阶段困难是肯定有的，而且有很多。困难一方面来源于MongoDB的年轻。虽说它的发展很快，但是毕竟是年轻的产品，技术不是特别的成熟，所以会出现很多很多的问题。但是 MongoDB 有一个好的技术团队，对产品的版本更新速度很快，对问题的响应速度很快，这对解决问题是很大的支撑。视觉中国遇到困难，解决困难，在这个过程中，他们也得到了很多经验，为后续的工作做了很好的准备，如图 1.4 所示。

视觉中国的数据量是有限的，只能到千万级别，所以将数据进行分组，大概分为四组，每组的平均数据量大概是几百万到几千万。但是，根据国外的案例来看，即使数据量已经达到十亿、百亿的级别，MongoDB 的使用基本没有出现过太大的问题。如果现在不通过自动分片，自己手动切片，也是很不错的。

无论选用哪种数据库，都要根据自己公司的情况来判断，毕竟这种转移是十分耗费成本的。SQL+NoSQL 的方法，十分值得关注。另外优化是十分重要的，但是优化是有技巧的，万不可胡乱优化。

图 1.4　视觉中国

1.1.4　优酷运营数据分析

优酷作为一家大型视频网站，拥有海量播放流畅的视频，如图 1.5 所示。它秉承着注重用户体验这一产品技术理念，将绝大部分存储用在视频资源上。通过建设专用的视频 CDN，建立了可自由扩展和性能优异的架构，在提供更好用户体验的同时优化了存储资源。在除视频资源外的其他方面，优酷也累积了海量数据：仅运营数据，每天收集到的网站各类访问日志总量已经达到 TB 级，经分析及压缩处理后留存下来的历史运营数据已达数百 TB，很快将会达到 PB 级，5 年后数据量将会达到几十 PB 级。

图 1.5　优酷

目前优酷的在线评论业务已部分迁移到 MongoDB。运营数据分析及挖掘处理目前在使用 Hadoop/HBase。在 Key-Value 产品方面，它也在寻找更优的 Memcached 替代品，如 Redis。相对于 Memcached，除了对 Value 的存储支持三种不同的数据结构外，同一个 Key 的 Value 进行部分更新也会更适合一些对 Value 频繁修改的在线业务。同时在搜索产品中应用了 Tokyo Tyrant。对于 Cassandra 等产品也进行过研究，如图 1.6 所示。

图 1.6　优酷

对于优酷来说，仍处于飞速发展阶段，已经在考虑未来自建数据中心，提高数据处理能力，从网站的运营中发掘出更多信息，为用户提供更好的视频服务。

1.1.5　飞信空间

飞信的 SNS 平台数据量大，增长快，目前的状态如图 1.7 所示。

图 1.7　飞信空间

飞信空间，其用户量和数据量都很大：

❑　日活跃用户 100 万，平均主动行为 1.3 次；

❑　平均好友 20 个；

- ❑ 平均每条动态存储数据量 1.5K；
- ❑ 数据容量　2600W*1.5KB=40GB；
- ❑ 以关系型数据库估计，占用存储容量 100GB 左右。

SNS 类型应用中，Feed 的数据量最大。Feed 数据的存储与读写操作往往是技术难度最高的部分，由于 Feed 要求的高并发写入，弱一致性，使 MySQL 的 HandlerSocket 成为 NoSQL 技术的主要应用战场。

HandlerSocket 还帮飞信解决了缓存的问题。因为 Innodb 已经有了成熟的解决方案，通过参数可以配置用于缓存数据的内存大小，这样只要分配合理的参数，就能在应用程序无需干涉的情况下实现热点数据的缓存，降低缓存维护的开发成本。

HandlerSocket 是日本 DeNA 公司的架构师 Yoshinori 开发的一个 NoSQL 产品，以 MySQL 插件的形式运行。其主要的思路是在 MySQL 的体系架构中绕开 SQL 解析这层，使得应用程序直接和 Innodb 存储引擎交互。通过合并写入和协议简单等手段提高了数据访问的性能，在 CPU 密集型的应用中这一优势尤其明显。

因为 HandlerSocket 是 MySQL 的一个插件，集成在 MySQL 的进程中，对于 NoSQL 无法实现的复杂查询等操作，仍然可以使用 MySQL 自身的关系型数据库功能来实现。在运维层面，原来广泛使用的 MySQL 主从复制等经验可以继续发挥作用，相比其他或多或少存在一些 Bug 的 NoSQL 产品，数据安全性更有保障。

1.1.6　豆瓣社区

BeansDB 是一个由国内知名网站豆瓣网自主开发的主要针对大数据量和高可用性的分布式 Key/Value 存储系统，采用 HashTree 和简化的版本号来快速同步保证最终一致性。相当于一个简化版的 Dynamo，它在伸缩性和高可用性方面有非常好的表现，如图 1.8 所示。

图 1.8　豆瓣社区

它采用类似 Memcached 的去中心化结构，在客户端实现数据路由。目前只提供了 Python 版本的客户端，其他语言的客户端可以由 Memcached 的客户端稍加改造得到。

它具有如下特性。

- ❑ 高可用：通过多个可读写的用于备份实现高可用。
- ❑ 最终一致性：通过哈希树实现快速完整数据同步（短时间内数据可能不一致）。
- ❑ 容易扩展：可以在不中断服务的情况下进行容量扩展。
- ❑ 高性能：异步网络 IO，日志结构的存储方式 Bitcask。
- ❑ 简单协议：Memcached 兼容协议，大量可用客户端。

目前，BeansDB 在豆瓣主要部署了两个集群：一个集群用于存储数据库中的大文本数据，比如日记和帖子一类；另外一个豆瓣 FS 集群，主要用于存储媒体文件，比如用户上传的图片和豆瓣电台上的音乐等。

BeansDB 采用 Key/Value 存储架构，其最大的特点是具有高度的可伸缩性。在 BeansDB 的架构下，在大数据量下，扩展数据节点将轻而易举，只需要添加硬件，安装软件，修改相应的配置文件即可。

BeansDB 在可用性方面也有很大的优势，任何一个节点宕机都不会受到影响，数据是自动伸缩冗余的。在运维方面也很简单，基本上没有什么用户数据的冗余残余，所有数据通过一个同步脚本可以快速同步。

1.2　大　数　据

从上面的例子可以看出，NoSQL 主要是应用在具有庞大数据量的地方，那么什么是大数据？多大的数据量可以称为大数据？不同的年代有不同的答案。20 世纪 80 年代早期，大数据指的是数据量大到需要存储在数千万个磁带中的数据；20 世纪 90 年代，大数据指的是数据量超过单个台式机存储能力的数据；如今，大数据指的是那些关系型数据库难以存储、单机数据分析统计工具无法处理的数据，这些数据需要存放在拥有数千万台机器的大规模并行系统上。大数据出现在日常生活和科学研究的各个领域，数据的持续增长使人们不得不重新考虑数据的存储和管理。

1.2.1　大数据的度量单位

最小的基本单位是 Byte，应该没多少人不知道吧。下面先按顺序给出所有单位：Byte、KB、MB、GB、TB、PB、EB、ZB、YB、DB、NB。

前 5 个估计大多数人都知道，按照进率 1024（2 的十次方）计算：

1Byte = 8 Bit

1 KB = 1 024 Bytes

1 MB = 1 024 KB = 1 048 576 Bytes

1 GB = 1 024 MB = 1 048 576 KB = 1 073 741 824 Bytes

1 TB = 1 024 GB = 1 048 576 MB = 1 073 741 824 KB = 1 099 511 627 776 Bytes

1 PB = 1 024 TB = 1 048 576 GB =1 125 899 906 842 624 Bytes

1 EB = 1 024 PB = 1 048 576 TB = 1 152 921 504 606 846 976 Bytes

1 ZB = 1 024 EB = 1 180 591 620 717 411 303 424 Bytes

1 YB = 1 024 ZB = 1 208 925 819 614 629 174 706 176 Bytes

光看这些数字估计你没什么感觉，那现在就算个好想象的。下面拿 NB 为例：在现阶段的 TB 时代，1TB 的硬盘的标准重量是 670g。1NB = 2 的 60 次方 TB = 1152921504606846976TB＝1152921504606846976 个 1TB 硬盘，总重量约为 77245740809 万吨。目前运载量为 56 万吨的诺克耐维斯号巨型海轮，也就是说储存 1NB 的数据的硬盘要诺克耐维斯号最少来回拉 1 379 388 229 次（约 14 亿次），才能将这些数据运到地点，估计 1000 个诺克耐维斯号都要报销。

如果以上数据过于庞大，还是找不到感觉，那么给个实际的数据：计算机报上看到荷兰银行的 20 个数据中心有大约 7PB 磁盘和超过 20PB 的磁带存储，而且每年以 50%～70% 存储量的增长，计算一下 27PB 大约为 40 万个 80G 的硬盘大小。

1.2.2　大数据的特点

大数据的 4 个 "V"，或者说特点有四个层面：

第一，数据体量巨大（Volumn）。从 TB 级别，跃升到 PB 级别；企业面临着数据量的大规模增长。根据 IDC（国际数据公司）的监测统计，2011 年全球数据总量已经达到 1.8ZB（1ZB 等于 1 万亿 GB），而这个数值还在以每两年翻一番的速度增长，预计到 2020 年全球将总共拥有 35ZB 的数据量，增长近 20 倍。下面以国内三大互联网 BAT（Baidu、Alibaba 和 Tencent）公司为例，介绍其拥有和产生的数据量。

- 腾讯涉及业务繁多，有即时通信（QQ 和微信）、游戏、电商和搜索等等，2013 年总存储数据量经压缩处理以后在 100PB 左右。在国内互联网体系中，阿里巴巴拥有 90% 以上的电商数据，百度则以 70% 以上的搜索市场份额坐拥庞大的搜索数据，但 BAT 中腾讯拥有的数据应该是最全面的。除了电商和搜索领域，腾讯在社交领域积累的文本、音频、视频和关系类数据，已成为公司的主要数据来源。据透露，腾讯 QQ 目前拥有 8 亿用户，4 亿移动用户，在数据仓库存储的数据量单机群数量已达到 4400 台，总存储数据量经压缩处理以后在 100PB 左右，并且这一数据还在以日新增 200TB 到 300TB，月增加 10% 的数据量不断增长。如何应对目前的数据体系已成为公司发展的关键问题。基于腾讯业务的复杂性，海量数据对于并发性要求很强。目前，主营的游戏业务为腾讯带来了挑战，为应对挑战，腾讯开发了一系列的平台软件来实现。腾讯支撑海量数据平台有三大关键应用，即数据仓库体系、数据银行和实时运算体系。

- 淘宝大数据王国的建构基础：以交易为核心的海量数据。淘宝网的数据以及流量产生的核心是围绕着买卖双方的交易展开的，以此向外扩展，衍生出海量的相关数据与信息。根据淘宝网的数据显示，至 2011 年底，淘宝网最高单日独立用户访问量超过 1.2 亿人次，比 2010 年同期增长 120%，注册用户数量超过 4 亿，在线商品数量达到 8 亿，页面浏览量达到 20 亿规模。淘宝每天产生 4 亿条产品讯息，每天活跃数据量已经超过 50TB……大量搜索、浏览、收藏、交易和评价等来自买方、卖方及网页自身的数据造就了淘宝的海量数据。

- 百度的大数据：时代对搜索的影响。作为互联网搜索的入口，百度承载着数亿网民的检索需求，满足海量计算的数据中心规模日益庞大。百度每天处理的数据量将近 100 个 PB，1PB 就等于 100 万个 GB，相当于 5000 个国家图书馆的信息量的总和。

第二，数据类型繁多（Variety）：包括各种各样的网络文字、视频、图片、地理位置及各种各样的报告，传感器产生的信息等等。如上所述，国内三大互联网公司所产生的数据已经有较大差异。此外还有别的更多类型的数据：基于云的医疗数据，如病历、检查、影像和病理报告等，每年将增长 35%，预计到 2015 年将达到 14EB。一架双引擎波音 737 在横贯大陆飞行的过程中，传感器网络会生成 240TB 的数据。Facebook 在 2012 年平均每个月有 300 亿条内容被创建，每天处理的数据量多达 500TB，大部分为文字信息。但是至今 Facebook 也已存 1400 亿张图片，今年将增 700 亿张。据 YouTube 公布数据显示，目前用户每分钟上传的视频长度为 72 小时。

第三，价值密度低，商业价值高（Value）。价值密度的高低与数据总量的大小成反比。以视频为例，一部一小时的视频，在连续不间断监控过程中，可能有用的数据仅仅只有一两秒。如何通过强大的机器学习算法更迅速地完成数据的价值"提纯"是目前大数据汹涌背景下亟待解决的难题。

第四，处理速度快（Velocity）：1 秒定律。高速描述的是数据被创建，移动和处理的速度。企业不仅需要了解如何快速创建数据，还必须知道如何快速处理、分析并返回给用户，以满足他们的实时需求。亚马逊借助实时营销工具向 400 万个网站的恰当的客户展示恰当的广告；广告必须在用户打开网页的一瞬间生成。路透社等公司为农场主提供天气和农作物价格的短信提醒服务，实时地帮助用户做出决定。现在，医生们可以以电子方式实时访问医疗监控设备，无论是在办公室中、在医院查房时，还是在打电话时，他们都能够远程监控病人情况。

1.3　大数据相关技术

大数据技术，就是从各种类型的数据中快速获得有价值信息的技术。大数据领域已经涌现出了大量新的技术，它们成为大数据采集、存储、处理和呈现的有力武器。

大数据处理关键技术一般包括：大数据采集、大数据预处理、大数据存储及管理、大数据分析及挖掘、大数据展现和应用（大数据检索、大数据可视化、大数据应用和大数据安全等）。

1.3.1　大数据采集技术

数据是指通过 RFID 射频数据、传感器数据、社交网络交互数据及移动互联网数据等方式获得的各种类型的结构化、半结构化（或称之为弱结构化）及非结构化的海量数据，是大数据知识服务模型的根本。重点要突破分布式高速高可靠数据爬取或采集、高速数据全映像等大数据收集技术；突破高速数据解析、转换与装载等大数据整合技术；设计质量评估模型，开发数据质量技术。

大数据采集一般分为大数据智能感知层：主要包括数据传感体系、网络通信体系、传感适配体系、智能识别体系及软硬件资源接入系统，实现对结构化、半结构化和非结构化的海量数据的智能化识别、定位、跟踪、接入、传输、信号转换、监控、初步处理和管理等。必须着重攻克针对大数据源的智能识别、感知、适配、传输和接入等技术。基础支撑层：提供大数据服务平台所需的虚拟服务器，结构化、半结构化及非结构化数据的数据库及物联网络资源等基础支撑环境。

重点攻克分布式虚拟存储技术，大数据获取、存储、组织、分析和决策操作的可视化接口技术，大数据的网络传输与压缩技术，大数据隐私保护技术等。

1.3.2　大数据预处理技术

主要完成对已接收数据的抽取和清洗等操作。（1）抽取：因获取的数据可能具有多种结构和类型，数据抽取过程可以帮助我们将这些复杂的数据转化为单一的或者便于处理的构型，以达到快速分析处理的目的。（2）清洗：对于大数据，并不全是有价值的，有些数据并不是我们所关心的内容，而另一些数据则是完全错误的干扰项，因此要对数据通过过滤"去噪"从而提取出有效数据。

1.3.3　大数据存储及管理技术

大数据存储与管理要用存储器把采集到的数据存储起来，建立相应的数据库，并进行管理和调用。重点解决复杂结构化、半结构化和非结构化大数据管理与处理技术。主要解决大数据的可存储、可表示、可处理、可靠性及有效传输等几个关键问题。开发可靠的分布式文件系统（DFS）、能效优化的存储、计算融入存储、大数据的去冗余及高效低成本的大数据存储技术；突破分布式非关系型大数据管理与处理技术，异构数据的数据融合技术，数据组织技术，研究大数据建模技术；突破大数据索引技术；突破大数据移动、备份、复制等技术；开发大数据可视化技术。

开发新型数据库技术，数据库分为关系型数据库和非关系型数据库。其中，非关系型数据库主要指的是 NoSQL 数据库，分为键值数据库、列存数据库、图存数据库及文档数据库等类型。关系型数据库包含了传统关系数据库系统及 NewSQL 数据库。

开发大数据安全技术：改进数据销毁、透明加解密、分布式访问控制和数据审计等技术；突破隐私保护和推理控制、数据真伪识别和取证、数据持有完整性验证等技术。

1.3.4　大数据分析及挖掘技术

大数据分析技术：改进已有数据挖掘和机器学习技术；开发数据网络挖掘、特异群组挖掘和图挖掘等新型数据挖掘技术；突破基于对象的数据连接和相似性连接等大数据融合技术；突破用户兴趣分析、网络行为分析和情感语义分析等面向领域的大数据挖掘技术。

数据挖掘就是从大量的、不完全的、有噪声的、模糊的和随机的实际应用数据中，提取隐含在其中的、人们事先不知道的、但又是潜在有用的信息和知识的过程。数据挖掘涉及的技术方法很多，有多种分类法。根据挖掘任务可分为分类或预测模型发现、数据总结、聚类、关联规则发现、序列模式发现、依赖关系或依赖模型发现、异常和趋势发现等等；根据挖掘对象可分为关系数据库、面向对象数据库、空间数据库、时态数据库、文本数据源、多媒体数据库、异质数据库、遗产数据库及环球网 Web；根据挖掘方法分，可粗分为：机器学习方法、统计方法、神经网络方法和数据库方法。机器学习中，可细分为：归纳学习方法（决策树和规则归纳等）、基于范例学习和遗传算法等。统计方法中，可细分为：回归分析（多元回归和自回归等）、判别分析（贝叶斯判别、费歇尔判别和非参数判别等）、聚类分析（系统聚类和动态聚类等）和探索性分析（主元分析法和相关分析法等）等。神经网络方法中，可细分为：前向神经网络（BP 算法等）和自组织神经网络（自组织特征映射和竞争学习等）等。数据库方法主要是多维数据分析或 OLAP 方法，另外还有面向属性的归纳方法。

从挖掘任务和挖掘方法的角度，着重突破：

- □ 可视化分析。数据可视化无论对于普通用户或是数据分析专家，都是最基本的功能。数据图像化可以让数据自己说话，让用户直观的感受到结果。
- □ 数据挖掘算法。图像化是将机器语言翻译给人看，而数据挖掘就是机器的母语。分割、集群、孤立点分析还有各种各样五花八门的算法让我们精炼数据，挖掘价值。这些算法一定要能够应付大数据的量，同时还具有很高的处理速度。
- □ 预测性分析。预测性分析可以让分析师根据图像化分析和数据挖掘的结果做出一些前瞻性判断。
- □ 语义引擎。语义引擎需要设计到有足够的人工智能以足以从数据中主动地提取信息。语言处理技术包括机器翻译、情感分析、舆情分析、智能输入和问答系统等。
- □ 数据质量和数据管理。数据质量与管理是管理的最佳实践，透过标准化流程和机器对数据进行处理可以确保获得一个预设质量的分析结果。

1.3.5　大数据展现与应用技术

大数据技术能够将隐藏于海量数据中的信息和知识挖掘出来，为人类的社会经济活动提供依据，从而提高各个领域的运行效率，大大提高整个社会经济的集约化程度。在我国，大数据将重点应用于以下三大领域：商业智能、政府决策和公共服务。例如，商业智能技术、政府决策技术、电信数据信息处理与挖掘技术、电网数据信息处理与挖掘技术、气象信息分析技术、环境监测技术、警务云应用系统（道路监控、视频监控、网络监控、智能交通、反电信诈骗和指挥调度等公安信息系统）、大规模基因序列分析比对技术、Web 信息挖掘技术、多媒体数据并行化处理技术、影视制作渲染技术、其他各种行业的云计算和海量数据处理应用技术等。

1.4　NoSQL 简介

1.4.1　什么是 NoSQL

随着大数据的兴起，NoSQL 数据库现在成了一个极其热门的新领域。"NoSQL"这个词，大家可能会误以为是"No SQL"的缩写，并深感诧异："SQL"怎么会没有必要了呢？"实际上，它是"Not Only SQL"的缩写。它的意义是：适用关系型数据库的时候就使用关系型数据库，不适用的时候也没有必要非使用关系型数据库不可，可以考虑使用更加合适的数据存储。

为弥补关系型数据库的不足，各种各样的 NoSQL 数据库应运而生。

为了更好地了解本书所介绍的 NoSQL 数据库，对关系型数据库的理解是必不可少的。那么，就让我们先来看一看关系型数据库的历史、分类和特征吧。

1.4.2　关系型数据库简史

1969 年，埃德加·弗兰克·科德（Edgar Frank Codd）发表了一篇跨时代的论文，首次提出了关系数据模型的概念。但可惜的是，刊登论文的 *IBM Research Report* 只是 IBM 公司的内部刊物，因此论文反响平平。1970 年，他再次在刊物 *Communication，the ACM* 上发表了题为 *A Relational Model of Data for Large Shared Data banks*（大型共享数据库的关系模型）的论文，终于引起了大家的关注。

科德所提出的关系数据模型的概念成为了现今关系型数据库的基础。当时的关系型数据库由于硬件性能低劣、处理速度过慢而迟迟没有得到实际应用。但之后随着硬件性能的提升，加之使用简单和性能优越等优点，关系型数据库得到了广泛的应用。

1.4.3　数据库分类

数据库根据不同的数据模型（数据的表现形式）主要分成层次型、网络型和关系型 3 种。

1．层次型数据库

早期的数据库称为层次型数据库，数据的关系都是以简单的树形结构来定义的。程序也通过树形结构对数据进行访问。这种结构，父记录（上层的记录）同时拥有多个子记录（下层记录），子记录只有唯一的父记录。正因为如此，这种非常简单的构造在碰到复杂数据的时候往往会造成数据的重复（同一数据在数据库内重复出现），出现数据冗余的问题。图 1.9 所示为层次型数据库。

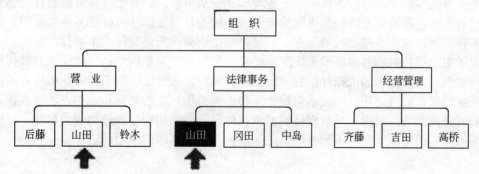

山田同时兼任营业和法律事务职位的时候就会造成麻烦。

图 1.9　层次型数据库示例

层次型数据库把数据通过层次结构的方式表现出来，虽然这样的结构有利于提高查询效率，但与此相对应的是，不理解数据结构就无法进行高效的查询。当然，在层次结构发生变更的时候，程序也需要进行相应的变更。

2．网络型数据库

如前所述，层次型数据库会带来数据重复的问题。为了解决这个问题，就出现了网络型数据库。它拥有同层次型数据库相近的数据结构，同时各种数据又如同网状交织在一起，因此而得名。

层次型数据库只能通过父子关系来表现数据之间的关系。针对这一不足，网络型数据库可以使子记录同时拥有多个父记录，从而解决了数据冗余的问题。图 1.10 所示为网络型数据库。

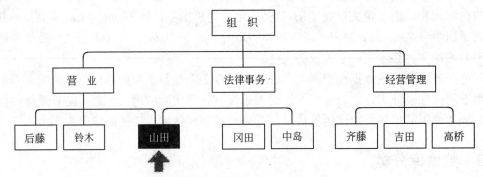

山田同时兼任多个部门职务（营业和法务部门）

图 1.10　网络型数据库示例

但是，在网络型数据库中，数据间比较复杂的网络关系使得数据结构的更新变得比较困难。另外，与层次型数据库一样，网络型数据库对数据结构有很强的依赖性，不理解散据结构就无法进行相应的数据访问。

3．关系型数据库

最后要向大家介绍的是以科德提出的关系数据模型为基础的关系型数据库。关系型数据库把所有的数据都通过行和列的二元表现形式表示出来，给人更容易理解的直观感受。网络型数据库存在着数据结构变更困难的问题，而关系型数据库可以使多条数据根据值来进行关联，这样就使数据可以独立存在，使得数据结构的变更变得简单易行。

对于层次型数据库和网络型数据库，如果不理解相应的数据结构，就无法对数据进行读取，它们对数据结构的依赖性很强。因此，它们往往需要专业的工程师使用特定的计算机程序进行操作处理。相反，关系型数据库将作为操作对象的数据和操作方法（数据之间的关联）分离开来，消除了对数据结构的依赖性，让数据和程序的分离成为可能。这使得数据库可以广泛应用于各个不同领域，进一步扩大了数据库的应用范围。

1.4.4　关系型数据库的优势

1．通用性及高性能

虽然本书是讲解 NoSQL 数据库的，但有一个重要的大前提，请大家一定不要误解。

这个大前提就是"关系型数据库的性能绝对不低,它具有非常好的通用性和非常高的性能"。毫无疑问,对于绝大多数的应用来说它都是最有效的解决方案。

2．突出的优势

关系型数据库作为应用广泛的通用型数据库,它的突出优势主要有以下几点:

- ❑ 保持数据的一致性(事务处理);
- ❑ 由于以标准化为前提,数据更新的开销很小(相同的字段基本上都只有一处);
- ❑ 可以进行 JOIN 等复杂查询;
- ❑ 存在很多实际成果和专业技术信息(成熟的技术)。

其中,能够保持数据的一致性是关系型数据库的最大优势。在需要严格保证数据一致性和处理完整性的情况下,用关系型数据库是肯定没有错的。但是有些情况不需要 JOIN,对上述关系型数据库的优点也没有什么特别需要,这时似乎也就没有必要拘泥与关系型数据库了。

1.4.5　不擅长的处理

就像之前提到的那样,关系型数据库的性能非常高。但是它毕竟是一个通用型的数据库,并不能完全适应所有的用途。具体来说它并不擅长以下处理:

- ❑ 大量数据的写入处理;
- ❑ 为有数据更新的表做索引或表结构(schema)变更;
- ❑ 字段不固定时应用;
- ❑ 对简单查询需要快速返回结果的处理。

下面逐条进行详细的说明。

1．大量数据的写入处理

在数据读入方面,由复制产生的主从模式(数据的写入由主数据库负责,数据的读取由从数据库负责),可以比较简单地通过增加从数据库来实现规模化。但是,在数据的写入方面却完全没有简单的方法来解决规模化问题。例如,要想将数据的写入规模化,可以考虑把主数据库从一台增加到两台,作为互相关联复制的二元主数据库来使用。确实这样似乎可以把每台主数据库的负荷减少一半,但是更新处理会发生冲突(同样的数据在两台服务器同时更新成其他值),可能会造成数据的不一致。为了避免这样的问题,就需要把对每个表的请求分别分配给合适的主数据库来处理,这就不那么简单了。图 1.11 所示为两台主机问题,图 1.12 所示为二元主数据库问题的解决办法。

另外也可以考虑把数据库分割开来,分别放在不同的数据库服务器上,比如将这个表放在这个数据库服务器上,那个表放在那个数据库服务器上。数据库分割可以减少每台数据库服务器上的数据量,以便减少硬盘 I/O(输入/输出)处理,实现内存上的高速处理,效果非常显著。但是,由于分别存储在不同服务器上的表之间无法进行 JOIN 处理,数据库分割的时候就需要预先考虑这些问题。数据库分割之后,如果一定要进行 JOIN 处理,就必须要在程序中进行关联,这是非常困难的。图 1.13 所示为数据库分割。

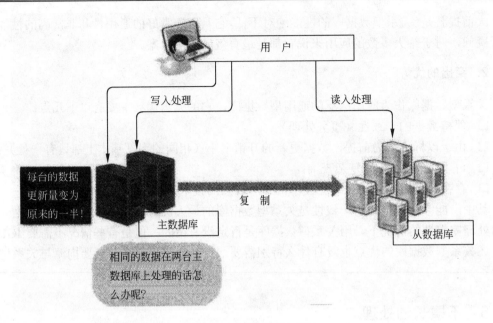

图 1.11　两台主机问题

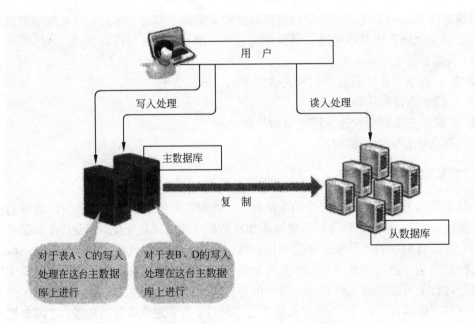

图 1.12　二元主数据库问题的解决方法

2. 为有数据更新的表做索引或表结构（schema）变更

在使用关系型数据库时，为了加快查询速度需要创建索引，为了增加必要的字段就一定需要改变表结构。为了进行这些处理，需要对表进行共享锁定，这期间数据变更（更新、插入和删除等）是无法进行的。如果需要进行一些耗时操作（例如为数据量比较大的表创建索引或者是变更其表结构），就需要特别注意：长时间内数据可能无法进行更新。表 1.1 所示为共享锁和排他锁。

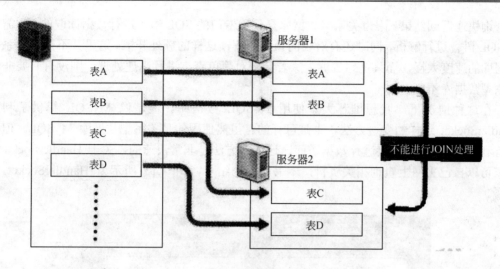

图 1.13　数据库分隔

表 1.1　共享锁和排他锁

名　　称	锁的影响范围	别　　名
共享锁	其他连接可以读取数据但是不能修改数据	读锁
排他锁	其他连接无法读取数据，也不能修改数据	写锁

3．字段不固定时的应用

如果字段不固定，利用关系型数据库也是比较困难的。有人会说"需要的时候，加个字段就可以了"，这样的方法也不是不可以，但在实际运用中每次都进行反复的表结构变更是非常痛苦的。你也可以预先设定大量的预备字段，但这样的话，时间一长很容易弄不清楚字段和数据的对应状态（即哪个字段保存哪些数据），所以并不推荐使用。图 1.14 所示为使用预备字段的情况。

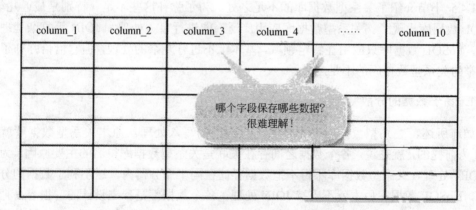

图 1.14　在使用预备字段的情况下

4．对简单查询需要快速返回结果的处理

最后还有一点，这点似乎称不上是缺点，但不管怎样，关系型数据库并不擅长对简单

的查询快速返回结果。因为关系型数据库是使用专门的 SQL 语言进行数据读取的，它需要对 SQL 语言进行解析，同时还有对表的锁定和解锁这样的额外开销。这里并不是说关系型数据库的速度太慢，而只是想告诉大家若希望对简单查询进行高速处理，则没有必要非用关系型数据库不可。

在这种情况下，我想推荐大家使用 NoSQL 数据库。但是像 MySQL 提供了利用 HandlerSocket 这样的变通方法，也是可行的。虽然使用的是关系型数据库 MySQL，但并没有利用 SQL 而是直接进行数据访问，这样的方法是非常快速的。关于 HandlerSocket，大家可以自己去网上查询相关资料，本书就不介绍了。图 1.15 所示为 HandlerSocket 的概要。

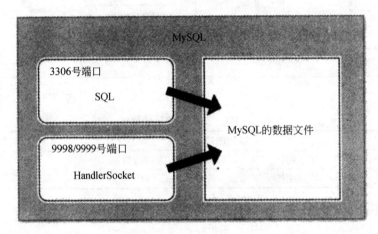

图 1.15　HandlerSocket 概要

1.4.6　NoSQL 数据库

1.4.5 小节介绍了关系型数据库的不足之处。为了弥补这些不足（特别是最近几年），NoSQL 数据库出现了。关系型数据库应用广泛，能进行事务处理和 JOIN 等复杂处理。相对地，NoSQL 数据库只应用在特定领域，基本上不进行复杂的处理，但它恰恰弥补了之前所列举的关系型数据库的不足之处。

1.　易于数据的分散

如前所述，关系型数据库并不擅长大量数据的写入处理。原本关系型数据库就是以 JOIN 为前提的，就是说，各个数据之间存在关联是关系型数据库得名的主要原因。为了进行 JOIN 处理，关系型数据库不得不把数据存储在同个服务器内，这不利于数据的分散。相反，NoSQL 数据库原本就不支持 JOIN 处理，各个数据都是独立设计的，很容易把数据分散到多个服务器上。由于数据被分散到多个服务器上，减少了每个服务器上的数据量，即使要进行大量数据的写入操作，处理起来也更加容易。同理，数据的读入操作当然也同样容易。

下面说一点题外话，如果想要使服务器能够轻松地处理更大量的数据，那么只有两个选择：一是提升性能，二是增大规模。下面我们来整理一下这两者的不同。首先，提升性能指的就是通过提升现行服务器自身的性能来提高处理能力。这是非常简单的方法，程序方面也不需要进行变更，但需要一些费用。若要购买性能翻倍的服务器，需要花费的资金往往不只是原来的 2 倍，可能需要多达 5～10 倍。这种方法虽然简单，但是成本较高。图 1.16 所示为提升性能的费用与性能曲线。

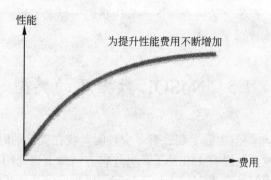

图 1.16　提升性能的费用与性能曲线

另一方面，增大规模指的是使用多台廉价的服务器来提高处理能力。它需要对程序进行变更，但由于使用廉价的服务器，可以控制成本。另外，以后只要依葫芦画瓢增加廉价服务器的数量就可以了。图 1.17 所示为提升性能和增大规模。

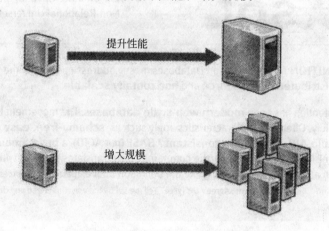

图 1.17　提升性能和增大规模

2．不对大量数据进行处理的话就没有使用的必要吗

NoSQL 数据库基本上来说是为了"使大量数据的写入处理更加容易（让增加服务器数量更容易）"而设计的。但如果不是对大量数据进行操作的话，NoSQL 数据库的应用就没有意义吗？

答案是否定的。的确，它在处理大量数据方面很有优势。但实际上 NoSQL 数据库还有各种各样的特点，如果能够恰当地利用这些特点，它就会非常有用。具体的例子将会在以后各章进行介绍，这些用途将会让你感受到利用 NoSQL 的好处。

❑　希望顺畅地对数据进行缓存（Cache）处理；

❑　希望对数组或集合类型的数据进行高速处理；

❑ 希望将数据全部保存到硬盘上。

3. 多样的 NoSQL 数据库

NoSQL 数据库存在着"键值存储"、"文档型数据库"和"列存储数据库"等各种各样的种类，每种数据库又有各自的特点。下一节让我们一起来了解一下 NoSQL 数据库的种类和特点。

1.5　NoSQL 数据库的类型

NoSQL 说起来简单，但实际上到底有多少种呢？我在提笔的时候，到 NoSQL 的官方网站上确认了一下，竟然已经有 150 种了。另外官方网站上也介绍了本书没有涉及到的图形数据库和对象数据库等各个类别。不知不觉间，原来已经出现了这么多的 NoSQL 数据库了。

本节将为大家介绍具有代表性的 NoSQL 数据库。图 1.18 所示为 NoSQL 官网 http://nosql-database.org。

Your Ultimate Guide to the Non-Relational Universe!　　[includin

News

NoSQL DEFINITION: Next Generation Databases mostly addressing some of the points: being **non-relational, distributed, open-source** and **horizontally scalable**.

The original intention has been **modern web-scale databases**. The movement began early 2009 and is growing rapidly. Often more characteristics apply such as: **schema-free, easy replication support, simple API, eventually consistent / BASE** (not ACID), a **huge amount of data** and more. So the misleading term *"nosql"* (the community now translates it mostly with **"not only sql"**) should be seen as an alias to something like the definition above. [based on 7 sources, 14 constructive feedback emails (thanks!) and 1 disliking comment . Agree / Disagree? Tell me so! By the way: this is a strong definition and it is out there here since 2009!]

LIST OF NOSQL DATABASES [currently 150]

Core NoSQL Systems: [Mostly originated out of a Web 2.0 need]

图 1.18　NoSQL 官网 http://nosql-database.org

1.5.1　键值（Key/Value）存储

这是最常见的 NoSQL 数据库，它的数据是以键值的形式存储的。虽然它的处理速度非常快，但是基本上只能通过键查询获取数据。根据数据的保存方式可以分为临时性、永久性和两者兼具 3 种，如表 1.2 所示。

表 1.2　NoSQL 数据库分类

临时性键值存储	永久性键值存储	面向文档的数据库	面向列的数据库
Memcached	Tokyo Tyrant	MongoDB	Cassandra
(Redis)	Flare	CouchDB	HBASE
	ROMA		HyperTable
	(Redis)		

1．临时性

Memcached 属于这种类型。所谓临时性就是"数据有可能丢失"的意思。Memcached 把所有数据都保存在内存中，这样保存和读取的速度非常快，但是当 Memcached 停止的时候，数据就不存在了。由于数据保存在内存中，所以无法操作超出内存容量的数据（旧数据会丢失）。

- ❑ 在内存中保存数据；
- ❑ 可以进行非常快速的保存和读取处理；
- ❑ 数据有可能丢失。

2．永久性

Tokyo Tyrant、Flare 和 ROMA 等属于这种类型。和临时性相反，所谓永久性就是"数据不会丢失"的意思。这里的键值存储不像 Memcached 那样在内存中保存数据，而是把数据保存在硬盘上。与 Memcached 在内存中处理数据比起来，由于必然要发生对硬盘的 IO 操作，所以性能上还是有差距的。但数据不会丢失是它最大的优势。

- ❑ 在硬盘上保存数据；
- ❑ 可以进行非常快速的保存和读取处理（但无法与 Memcached 相比）；
- ❑ 数据不会丢失。

3．两者兼具型

Redis 属于这种类型。Redis 有些特殊，临时性和永久性兼具，且集合了临时性键值存储和永久性键值存储的优点。Redis 首先把数据保存到内存中，在满足特定条件（默认是 15 分钟一次以上，5 分钟内 10 个以上，1 分钟内 10000 个以上的键发生变更）的时候将数据写入到硬盘中。这样既确保了内存中数据的处理速度，又可以通过写入硬盘来保证数据的永久性。这种类型的数据库特别适合于处理数组类型的数据。

- ❑ 同时在内存和硬盘上保存数据；
- ❑ 可以进行非常快速的保存和读取处理；
- ❑ 保存在硬盘上的数据不会消失（可以恢复）；
- ❑ 适合于处理数组类型的数据。

1.5.2　面向文档的数据库

MongoDB 和 CouchDB 属于这种类型。它们属于 NoSQL 数据库，但与键值存储相异。

1．不定义表结构

面向文档的数据库具有以下特征：即使不定义表结构，也可以像定义了表结构一样使用。关系型数据库在变更表结构时比较费事，而且为了保持一致性还需修改程序。然而 NoSQL 数据库则可省去这些麻烦（通常程序都是正确的），确实是方便快捷。

2．可以使用复杂的查询条件

跟键值存储不同的是，面向文档的数据库可以通过复杂的查询条件来获取数据。虽然不具备事务处理和 JOIN 这些关系型数据库所具有的处理能力，但除此以外的其他处理基本上都能实现。这是非常容易使用的 NoSQL 数据库。

❑ 不需要定义表结构；

❑ 可以利用复杂的查询条件。

1.5.3　面向列的数据库

Cassandra、Hbase 和 HyperTable 属于这种类型。由于近年来数据出现爆发性增长，这种类型的 NoSQL 数据库尤为引人注目。

1．面向行的数据库和面向列的数据库

普通的关系型数据库都是以行为单位来存储数据的，擅长进行以行为单位的数据处理，比如特定条件数据的获取。因此，关系型数据库也被称为面向行的数据库。相反，面向列的数据库是以列为单位来存储数据的，擅长以列为单位读入数据。表 1.3 所示为面向行的数据库和面向列的数据库比较。

表 1.3　面向行的数据库和面向列的数据库比较

数 据 类 型	数据存储方式	优　　势
面向行的数据库	以行为单位	对少量行进行读取和更新
面向列的数据库	以列为单位	对大量行少数列进行读取，对所有行的特定列进行同时更新

2．高扩展性

面向列的数据库具有高扩展性，即使数据增加也不会降低相应的处理速度（特别是写入速度），所以它主要应用于需要处理大量数据的情况。另外，利用面向列的数据库的优势，把它作为批处理程序的存储器来对大量数据进行更新也是非常有用的。但由于面向列的数据库跟面向行数据库存储的思维方式有很大不同，应用起来十分困难。

❑ 高扩展性（特别是写入处理）；

❑ 应用十分困难。

最近，像 Twitter 和 Facebook 这样需要对大量数据进行更新和查询的网络服务不断增加，面向列的数据库的优势对其中一些服务是非常有用的了。

1.6　如何使用和学习 NoSQL 数据库

1.6.1　始终只是一种选择

1. 并非对立而是互补的关系

关系型数据库和 NoSQL 数据库与其说是对立的（替代关系），倒不如说是互补的。我认为，与目前应用广泛的关系型数据库相对应，在有些情况下使用特定的 NoSQL 数据库，将会使处理更加简单。

这里并不是说"只使用 NoSQL 数据库"或者"只使用关系型数据库"，而是"通常情况下使用关系型数据库，在适合使用 NoSQL 的时候使用 NoSQL 数据库"，即让 NoSQL 数据库对关系型数据库的不足进行弥补。图 1.19 所示为在引入 NoSQL 数据库时的思维方法。

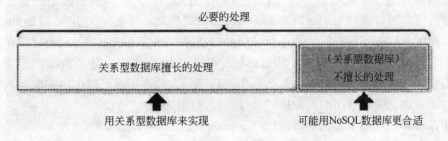

图 1.19　在引入 NoSQL 数据库时的思维方法

2. 量材适用

当然，如果用错了的话，可能会发生使用 NoSQL 数据库反而比使用关系型数据库效果更差的情况。NoSQL 数据库只是对关系型数据库不擅长的某些特定处理进行了优化，做到量材适用是非常重要的。

例如，若想获得"更高的处理速度"和"更恰当的数据存储"，那么 NoSQL 数据库是最佳选择。但一定不要在关系型数据库擅长的领域使用 NoSQL 数据库。

3. 增加了数据存储的方式

原来一提到数据存储，就是关系型数据库，别无选择。现在 NoSQL 数据库给我们提供了另一种选择（当然要根据二者的优点和不足区别使用）。有些情况下，同样的处理若用 NoSQL 数据库来实现可以变得"更简单、更高速"。而且，NoSQL 数据库的种类有很多，它们都拥有各自不同的优势。

1.6.2　在何种程度上信赖它

NoSQL 数据库是一门新兴的技术，大家可能会觉得实际的操作经验还不多，还可能会碰到新的程序错误（Bug）等，无法放心使用。实际上，Memcached 已经相当地成熟了（错误和故障都已经被发现，且有明确的应对方法）。由于有丰富的事例和技术信息，所以不用担心会遇到上述问题。但是，在其他的 NoSQL 数据库的应用过程中遇到问题的可能性还是存在的。特别是实际应用的时候可以参考的经验和信息太少了。虽然 NoSQL 数据库能带来很多便利，但是在应用的时候也要考虑这些风险。反过来说，如果不希望遇到此类问题，还是继续使用关系型数据库吧。它积累了很多的成熟经验，更让人放心。

1.7　云数据管理

云数据管理指的是"数据库及服务"，用户无须在本机安装数据库管理软件，也不需要搭建自己的数据库管理集群，而只需要使用服务提供商提供的数据库服务。比较著名的服务有 Amazon 提供的关系型数据库服务 RDS 和非关系型数据库服务 SimpleDB。目前，国内各大云计算公司如腾讯、百度和阿里等也提供关系型的数据库和非关系型数据服务。

云数据管理系统的优势就是可以弹性地分配资源，用户只需为所使用的资源付费即可。这使得用户对资源的需求可以动态扩展或缩减。例如，需要对大小为 1TB 和 100GB 的两个数据集分别在不同的时间点进行分析，若在弹性伸缩的模式下，我们可以在云中分配 100 个节点处理 1TB 的数据集，然后将集群缩减到 10 个节点来处理 100GB 的数据集。假设数据处理系统是线性扩展的，那么两个处理任务大约在相同的时间内完成。这样，弹性伸缩的能力加上现付现用的商业模式会提供较高的性价比。

云计算管理系统的主要优势有：

- ❑ 透明性。用户无须考虑服务实现所使用的硬件和软件，利用其提供的接口使用其服务即可。
- ❑ 可伸缩性。可伸缩性是云系统提供的重要特性，用户根据自己的需求申请各种资源即可，而且需求还可以动态变化。
- ❑ 高性价比。用户无须购买自己的基础设施和软件，节约了硬件费用及软件版权费用。
- ❑ 不需运维。云系统提供商会有专门的运维团队以保证系统的高可用性。如果用户自己搭建系统，则需要运维人员以处理当机等事件。

云管理系统也有不足的地方，如用户隐私和数据安全问题、服务可靠性问题、服务质量保证问题等。

第 2 章　NoSQL 的数据一致性

本章主要探讨 NoSQL 的数据一致性。首先我们讲解传统关系型数据库的四个特性 ACID，然后讲解 NoSQL 中非常重要的 CAP 原理，接着讨论 NoSQL 数据库的一致性模型，最后探讨 NoSQL 实现一致性的各种技术。

2.1　传统关系数据库中的 ACID

本节假定读者对关系数据库系统已有基本了解，如果没有，请参考其他关系数据库书籍。在关系数据库管理系统（DBMS，DataBase Management System）中，事务为描述数据库处理的一个完整的逻辑过程。例如，在银行转账过程中，从原账户 A 扣除金额，以及向目标账户 B 添加金额，这两个数据库操作的总和，构成一个完整的逻辑过程，不可拆分。这个过程被称为一个事务，具有 ACID（Atomic，Consistent，Isolated，Durable）特性。

2.1.1　原子性

原子性（Atomic）是指，事务是一个不可分割的整体，它对数据库的操作要么全做，要么全不做，即不允许事务部分地完成是指，若因故障而导致事务未能完成，则应通过恢复功能使数据库回到该事务执行前的状态。原子性要求事务必须被完整执行。

如果由于某个原因事务的执行没有完成，例如在事务执行期间发生系统故障，那么恢复时必须取消事务对数据库的任何影响。在上面的转账例子中，总共有两步，不允许只从账户 A 中扣除金额，也不允许只向账户 B 中添加金额，如果因为某种故障，只能完成两步中的某一步，则必须取消完成的那一步，使账户 A 和账户 B 的金额恢复到转账操作开始前。

2.1.2　一致性

一致性（Consistent）是指，事务对数据库的作用应使数据库从一个一致状态转换到另一个一致状态。一致状态是指数据库中的数据所必须满足的完整性约束。在转账这个例子中，隐含的完整性约束为：账户 A 和账户 B 的金额总和在转账前后必须不变。

保持一致性通常被认为是数据库管理系统的责任，但是用户需要定义出该约束条件。以转账这个例子来说，用户需要告诉数据库管理系统该约束条件：转账前后账户的总和保持不变，而数据库管理系统则需要保证该约束条件总是成立。

数据库状态是指在某个给定时间点上，数据库中存储的所有数据的集合。

数据库的一致性状态应该满足模式所指定的约束，那么在完整执行该事务后数据库仍然处于一致性状态，这里假定不会发生其他事务的干扰。

2.1.3　隔离性

隔离性（Isolated）指的是在并发环境中，当不同的事务同时操纵相同的数据时，每个事务都有各自的完整数据空间。由并发事务所做的修改必须与任何其他并发事务所做的修改隔离。事务查看数据更新时，数据所处的状态要么是另一事务修改它之前的状态，要么是另一事务修改它之后的状态，事务不会查看到中间状态的数据。如果账户 A 转账给账户 B 时，账户 C 也在给账户 D 转账，那么两个转账应该互不干扰。并发控制就是为了保证事务间的隔离性。

隔离性使得每个事务的更新在它被提交之前，对其他事务都是不可见的，因此实施隔离性是保证原子性的一种方式。

2.1.4　持久性

持久性（Durable）指的是，一旦事务执行成功，则该事务对数据库进行的所有更新都是持久的，即使数据库故障而受到破坏，DBMS 也能恢复。

2.1.5　举例

现在举另一个例子，假设数据有两个域，A 和 B，在两个记录里。一个完整约束需要 A 值和 B 值必须相加得 100。

下面以 SQL 代码创建上面描述的表：

```
CREATETABLE acidtest (A INTEGER, B INTEGER CHECK(A + B = 100));
```

一个事务从 A 减 10 并且加 10 到 B。如果成功，它将有效。因为数据继续满足约束。然而，假设从 A 减去 10 后，这个事务中断而不去修改 B。如果这个数据库保持 A 的新值和 B 的旧值，原子性和一致性将都被违反。原子性要求这两部分事务都完成或两者都不完成。

一致性要求数据符合所有的验证规则。在此例子中，验证是要求 A+B=100。同样，它可能暗示两者 A 和 B 必须是整数。一个对 A 和 B 有效的范围也可能是可取的。所有验证规则必须被检查，以确保一致性。假设另一个事务尝试从 A 减 10 而不改变 B。因为一致性在每个事务后被检查，众所周知在事务开始之前 A+B=100。如果这个事务从 A 转移 10 成功，原子性将达到。然而，一个验证将显示 A+B=90。而这根据数据库规则是不一致的。

下面再解释隔离性。为展示隔离，我们假设两个事务在同一时间执行，每个都是尝试修改同一个数据。这两个中的一个必须为保证隔离，必须等待直到另一个完成。

考虑这两个事务，T1 从 A 转移 10 到 B。T2 从 B 转移 10 到 A。为完成这两个事物，一共有 4 个步骤：

（1）从 A 减 10；

（2）加 10 到 B；

（3）从 B 减 10；

（4）加 10 到 A。

如果 T1 在一半的时候失败，那么数据库会消除了 T1 的效果，并且 T2 只能看见有效数据。

事务的执行可能交叉，实际执行顺序可能是：A–10, B–10, B + 10, A + 10。

如果 T1 失败，T2 不能看到 T1 的中间值，因此 T1 必须回滚。

2.2　CAP 理论

2.2.1　NoSQL 系统是分布式系统

何为分布式系统？分布式系统（Distributed System）是建立在网络之上的软件系统，具有高度的透明性。透明性是指每一个节点对用户的应用来说都是透明的，看不出是本地还是远程。在分布式数据库系统中，用户感觉不到数据是分布的，即用户不须知道关系是否分割、有无副本、数据存于哪台机器及操作在哪台机器上执行等。

在一个分布式系统中，一组独立的计算机展现给用户的是一个统一的整体，就好像是一个系统似的。系统拥有多种通用的物理和逻辑资源，可以动态的分配任务，分散的物理和逻辑资源通过计算机网络实现信息交换。一个著名的分布式系统的例子是万维网（World Wide Web），在万维网中，所有的一切看起来就好像都是文档（Web 页面），并存储在一台机器上。

从分布式系统的定义可以看出，NoSQL 系统是分布式系统，因为用户是通过一些 API 接口来访问它们，并不知道其最终内部工作需要由很多台机器协同完成。

2.2.2　CAP 理论阐述

CAP 理论由 Eric Brewer 教授 10 年前在 ACM PODC 会议上的主题报告中提出，这个理论是 NoSQL 数据库的基础，后来 Seth Gilbert 和 Nancy lynch 两人证明了 CAP 理论的正确性，如图 2.1 所示。

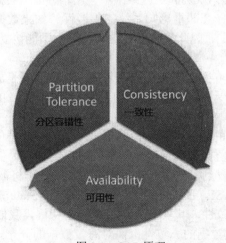

图 2.1　CAP 原理

其中字母"C"、"A"和"P"分别代表了强一致性、可用性和分区容错性三个特征。

强一致性（Consistency）：系统在执行过某项操作后仍然处于一致的状态。在分布式系统中，更新操作执行成功后所有的用户都应该读取到最新的值，这样的系统被认为具有强一致性。

可用性（Availability）：每一个操作总是能够在一定的时间内返回结果，这里需要注意的是"一定时间内"和"返回结果"。

"一定时间内"是指系统的结果必须在给定时间内返回，如果超时则被认为不可用，这是至关重要的。例如通过网上银行的网络支付功能购买物品。当等待了很长时间，比如 15 分钟，系统还是没有返回任务操作结果，购买者一直处于等待状态，那么购买者就不知道是否支付成功，还是需要进行其他操作。这样当下次购买者再次使用网络支付功能时必将心有余悸。

"返回结果"同样非常重要。还是拿这个例子来说，假如购买者单击支付之后很快出现了结果，但是结果却是"java.lang.error......."之类的错误信息。这对于普通购买者来说相当于没有任何结果。因为他仍旧不知道系统处于什么状态，是支付成功还是支付失败，或者需要重新操作。

分区容错性（Partition Tolerance）：分区容错性可以理解为系统在存在网络分区的情况下仍然可以接受请求（满足一致性和可用性）。这里网络分区是指由于某种原因网络被分成若干个孤立的区域，而区域之间互不相通。还有一些人将分区容错性理解为系统对节点动态加入和离开的处理能力，因为节点的加入和离开可以认为是集群内部的网络分区。

CAP 是在分布式环境中设计和部署系统时所要考虑的三个重要的系统需求。根据 CAP 理论，数据共享系统只能满足这三个特性中的两个，而不能同时满足三个条件。因此系统设计者必须在这三个特性之间做出权衡，如表 2.1 所示。

表 2.1　处理CAP问题的选择

序　号	选　择	例　子
1	CA	传统关系型数据库
2	CP	分布式数据库、分布式加锁
3	AP	DNS、互联网产品如 QQ 头像更改

❏ 放弃 P：由于任何网络（即使局域网）中的机器之间都可能出现网络互不相通的情况，因此如果想避免分区容错性问题的发生，一种做法是将所有的数据都放到一台机器上。虽然无法 100%的保证系统不会出错，但不会碰到由分区带来的负面影响。当然，这个选择会严重影响系统的扩展性。如果数据量较大，一般是无法全部放在一台机器上的，因此放弃 P 在这种情况下不能接受。所有的 NoSQL 系统都假定 P 是存在的。

❏ 放弃 A：相对于放弃"分区容错性"来说，其反面就是放弃可用性。一旦遇到分区容错故障，那么受到影响的服务需要等待数据一致，因此在等待期间系统就无法对外提供服务。

❏ 放弃 C：这里所说的放弃一致性，并不是完全放弃数据的一致性，而是放弃数据的强一致性，而保留数据的最终一致性。以网络购物为例，对只剩最后一件库存的商品，如果同时收到了两份订单，那么较晚的订单将被告知商品售罄。

❏ 其他选择：引入 BASE（Basically Availability，Soft-State，Eventually consistency），该方法支持最终一致性，其实是放弃 C 的一个特例，我们将在后文进行介绍。

传统关系型数据库注重数据的一致性，而对海量数据的分布式存储和处理，可用性与分区容忍性优先级要高于数据一致性，一般会尽量朝着 A、P 的方向设计，然后通过其他手段保证对于一致性的商务需求。

不同数据对于一致性的要求是不同的。举例来讲，用户评论对不一致是不敏感的，可以容忍相对较长时间的不一致，这种不一致并不会影响交易和用户体验。而产品价格数据则是非常敏感的，通常不能容忍超过 10 秒的价格不一致。

2.3　AP 的例子——DNS 系统

由于 AP 系统是目前 NoSQL 系统的主流，因此这里再用 DNS 系统作为例子加以重点解释。我们先解释 DNS 系统是什么，再解释 DNS 系统的查找过程，最后指出其为什么是一个最终一致性系统。

2.3.1　DNS 系统

DNS 是域名系统（Domain Name System）的缩写，是因特网的一项核心服务，它作为可以将域名和 IP 地址相互映射的一个分布式数据库，能够使人更方便的访问互联网，而不用去记住能够被机器直接读取的 IP 数串。DNS 是一个典型的最终一致性的系统。下面我们先了解 DNS 的查询过程，然后再解释其是最终一致性的分布式系统。

2.3.2　DNS 域名解析过程

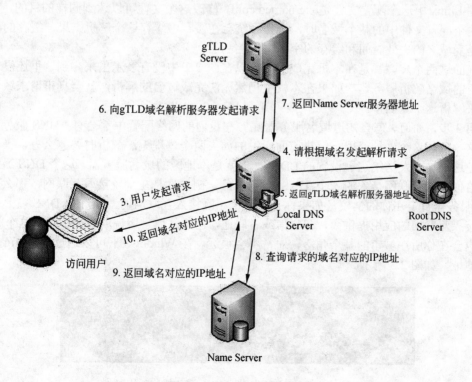

图 2.2　DNS 域名解析过程

如图 2.2 所示，当一个用户在浏览器中输入 www.abc.com 网址时，DNS 解析将会有将近 10 个步骤，这个过程大体描述如下。

当用户在浏览器中输入域名并按下回车键后，第 1 步，浏览器会检查缓存中有没有这个域名对应的解析过的 IP 地址，如果缓存中有，这个解析过程就将结束。浏览器缓存域名也是有限制的，不仅浏览器缓存大小有限制，而且缓存的时间也有限制，通常情况下为几分钟到几小时不等，域名被缓存的时间限制可以通过 TTL 属性来设置。这个缓存时间太长和太短都不好，如果缓存时间太长，一旦域名被解析到的 IP 有变化，会导致被客户端缓存的域名无法解析到变化后的 IP 地址，以致该域名不能正常解析，这段时间内有可能会有一部分用户无法访问网站。如果时间设置太短，会导致用户每次访问网站都要重新解析一次域名。

第 2 步，如果用户的浏览器缓存中没有，浏览器会查找操作系统缓存中是否有这个域名对应的 DNS 解析结果。其实操作系统也会有一个域名解析的过程，在 Windows 中可以通过 C:\Windows\System32\drivers\etc\hosts 文件来设置，你可以将任何域名解析到任何能够访问的 IP 地址。如果你在这里指定了一个域名对应的 IP 地址，那么浏览器会首先使用这个 IP 地址。例如，我们在测试时可以将一个域名解析到一台测试服务器上，这样不用修改任何代码就能测试到单独服务器上的代码的业务逻辑是否正确。正是因为有这种本地 DNS 解析的规程，所以黑客就有可能通过修改你的域名解析来把特定的域名解析到它指定的 IP 地址上，导致这些域名被劫持。

这导致早期的 Windows 版本中出现过很严重的问题，而且对于一般没有太多电脑知识的用户来说，出现问题后很难发现，即使发现也很难自己解决，所以 Windows 7 中将 hosts 文件设置成了只读的，防止这个文件被轻易修改。

在 Linux 中这个配置文件是/etc/named.conf，修改这个文件可以达到同样的目的，当解析到这个配置文件中的某个域名时，操作系统会在缓存中缓存这个解析结果，缓存的时间同样是受域名的失效时间和缓存的空间大小控制的。

前面这两个步骤都是在本机完成的，所以在图 2.2 中没有表示出来。到这里还没有涉及真正的域名解析服务器，如果在本机中仍然无法完成域名的解析，就会真正请求域名服务器来解析这个域名了。

第 3 步，如何、怎么知道域名服务器呢？在我们的网络配置中都会有"DNS 服务器地址"这一项，这个地址就用于解决前面所说的如果两个过程无法解析时要怎么办，操作系统会把这个域名发送给这里设置的 LDNS，也就是本地区的域名服务器。这个 DNS 通常都提供给你本地互联网接入的一个 DNS 解析服务，例如你是在学校接入互联网，那么你的 DNS 服务器肯定在你的学校，如果你是在一个小区接入互联网的，那这个 DNS 就是提供给你接入互联网的应用提供商，即电信或者联通，也就是通常所说的 SPA，那么这个 DNS 通常也会在你所在城市的某个角落，通常不会很远。在 Windows 下可以通过 ipconfig 查询这个地址，如图 2.3 所示。

图 2.3　Windows 系统中本地 DNS 服务器：默认网关

在 Linux 下可以通过如下方式查询配置的，如图 2.4 所示。

```
[junshan@v101055.sqa.cm4 admin]$ cat /etc/resolv.conf
search tbsite.net
nameserver 10.232.2.254
nameserver 172.24.102.254
nameserver 10.246.124.254
```

图 2.4　Linux 系统中 DNS 本地服务器：nameserver

这个专门的域名解析服务器性能都会很好，它们一般都会缓存域名解析结果，当然缓存时间是受域名的失效时间控制的，一般缓存空间不是影响域名失效的主要因素。大约 80% 的域名解析到这里就已经完成了，所以 LDNS 主要承担了域名的解析工作。

第 4 步，如果 LDNS 仍然没有命中，就直接到 Root Server 域名服务器请求解析。

第 5 步，根域名服务器返回给本地域名服务器一个所查询域的主域名服务器（gTLD Server）地址。gTLD 是国际顶级域名服务器，如.com、.cn 和.org 等，全球只有 13 台左右。

第 6 步，本地域名服务器（Local DNS Server）再向上一步返回的 gTLD 服务器发送请求。

第 7 步，接受请求的 gTLD 服务器查找并返回此域名对应的 Name Server 域名服务器的地址，这个 Name Server 通常就是你注册的域名服务器。例如，你在某个域名服务提供商申请的域名，那么这个域名解析任务就由这个域名提供商的服务器来完成。

第 8 步，Name Server 域名服务器会查询存储的域名和 IP 的映射关系表，正常情况下都根据域名得到目标 IP 记录，连同一个 TTL（Time To Live，失效时间）值返回给 DNS Server 域名服务器。

第 9 步，返回该域名对应的 IP 和 TTL 值，Local DNS Server 会缓存这个域名和 IP 的对应关系，缓存的时间由 TTL 值控制。

第 10 步，把解析的结果返回给用户，用户根据 TTL 值缓存在本地系统缓存中，域名解析过程结束。

在实际的 DNS 解析过程中，可能还不止这 10 个步骤，如 Name Server 也可能有多级，或者有一个 GTM 来负载均衡控制，这都有可能会影响域名解析的过程。

2.3.3　DNS 系统是最终一致性的

从前面的 DNS 查询可以明显看出，DNS 系统是一个最终一致性系统。由于查询链路上有许多缓存，当域名指向的 IP 在域名服务器被改变后，各缓存中的域名到 IP 的映射并不会马上改变或清空，只有当 TTL 超时之后，这个新的 IP 才可能会传播到最终的域名访问方比如浏览器。由于链路较长，这个过程可能会持续较长的时间，在这个时间内，域名对应的 IP 数据都不是一致的。

2.4　数据一致性模型与 BASE

2.4.1　数据一致性模型

正如 CAP 理论所指出的，一致性、可用性和分区容错性不能同时满足。对于数据不断增长的系统（如搜索计算和网络服务的系统），它们对可用性及分区容错性的要求高于强一致性，一些分布式系统通过复制数据来提高系统的可靠性和容错性，并且将数据的不同的副本存放在不同的机器上，由于维护数据副本的一致性代价很高，因此许多系统采用弱一致性来提高性能，一些不同的一致性模型也相继被提出，主要有以下几种。

❑ 强一致性：无论更新操作是在哪个数据副本上执行，之后所有的读操作都要能获得最新的数据。对于单副本数据来说，读写操作是在同一数据上执行的，容易保证强一致性。对多副本数据来说，则需要使用分布式事务协议（如两阶段提交或采用 Paxos 算法）。

❑ 弱一致性：如果能容忍后续的部分访问不到最新的数据，则是弱一致性，而不是全部访问不到。在这种一致性下，用户读到某一操作对系统特定数据的更新需要一段时间，我们将这段时间称为"不一致性窗口"。弱一致性有弱到什么程度的问题，因此根据弱的程度不同包含很多种不同的实现，目前分布式系统中广泛实现的是最终一致性。

❑ 最终一致性：是弱一致性的一种特例，在这种一致性下系统保证用户最终能够读取到某操作对系统特定数据的更新（读取操作之前没有该数据的其他更新操作）。此种情况下，如果没有发生失败，"不一致性窗口"的大小依赖于交互延迟、系统的负载及复制技术中副本的个数（这个可以理解为 master/slave 模式中，slave 的个数）。DNS 系统可以说是在最终一致性方面最出名的系统，当更新一个域名的 IP 以后，根据配置策略及缓存控制策略的不同，最终所有的客户都会看到最新的值。

最终一致性模型根据其提供的不同保证可以划分为更多的模型。

❑ 因果一致性（Causal Consistency）：假如有相互独立的 A、B 和 C 三个进程对数据进行操作。进程 A 对某数据进行更新后并将该操作通知给 B，那么 B 接下来的读操作能够读取到 A 更新的数据值。但是由于 A 没有将该操作通知给 C，那么系统将不保证 C 一定能够读取到 A 更新的数据值。

❑ 读自写一致性（Read Your Own Writes Consistency）：这个一致性是指用户更新某个数据后读取该数据时能够获取其更新后的值，而其他的用户读取该数据时则不能保证读取到最新值。

❑ 会话一致性（Session Consistency）：是指读取自写更新一致性被限制在一个会话的范围内，也就是说提交更新操作的用户在同一个会话里读取该数据时能够保证数据是最新的。

❑ 单调读一致性（Monotonic Read Consistency）：是指用户读取某个数据值，后续操作不会读取到该数据更早版本的值。

❑ 时间轴一致性（Timeline Consistency）：要求数据的所有副本以相同的顺序执行所有的更新操作，另一种说法叫单调写一致性（Monotonic Write Consistency）。

2.4.2　BASE（Basically Available，Soft-state，Eventual consistency）

如前所述，如果系统 Partition-tolerance 的需求为 0，那么系统可以满足 CA，延伸出 ACID 协议，譬如关系型 DBMS 系统的事务一致性。然而对于海量数据的分布式系统，鉴于高压力和大数据，那么必须对分区容忍性要求高，且高可用性，则采用 BASE 弱一致性或者最终一致性。而对于很多应用来说完全牺牲一致性是不可取的，否则数据是混乱的，那么系统可用性再高分布式再好也没有了价值。牺牲一致性，只是不再要求关系型数据库中的强一致性。 从客户体验出发，最终一致性的关键是时间窗口，尽量达到"用户感知到的一致性"。

- □ 基本可用（Basically Available）：系统能够基本运行、一直提供服务。
- □ 软状态（Soft-state）：系统不要求一直保持强一致状态。
- □ 最终一致性（Eventual consistency）：系统需要在某一时刻后达到一致性要求。

表 2.2　ACID和BASE的比较

ACID	BASE
强一致性	弱一致性
隔离性（一个事务的执行不能被其他事务所干扰）	可用性优先
采用悲观、保守方法	采用乐观方法
难以变化	适应变化、更简单、更快

2.5　数据一致性实现方法

系统存储在不同的节点的数据采取什么技术保证一致性，取决于应用对于系统一致性的需求。在关系型数据管理系统中一般会采用悲观的方法（如加锁），这些方法代价比较高，对系统性能也有较大影响，而在一些强调性能的系统中则会采用乐观的方法。

2.5.1　Quorum 系统 NRW 策略

对于数据不同副本中的一致性，采用类似于 Quorum 系统的一致性协议实现。这个协议有三个关键值 N、R 和 W。

- □ N 表示数据所具有的副本数。
- □ R 表示完成读操作所需要读取的最小副本数，即一次读操作所需参与的最小节点数目。
- □ W 表示完成写操作所需要写入的最小副本数，即一次写操作所需要参与的最小节点数目。

该策略中，只需要保证 R + W>N，就可以保证强一致性。因为读取数据的节点和被同步写入的节点是有重叠的。

例如，N=3，W=2，R=2，那么表示系统中数据有 3 个不同的副本，当进行写操作时，需要等待至少有两个副本完成了该写操作系统才会返回执行成功的状态，对于读操作，系统有同样的特性。由于 R + W > N，该系统是可以保证强一致性的。

R + W > N 会产生类似 Quorum 的效果。该模型中的读（写）延迟由最慢的 R(W)副本决定，有时为了获得较高的性能和较小的延迟，R 和 W 的和可能小于 N，这时系统不能保证读操作能获取最新的数据。

在关系型数据管理系统中，如果 N=2，可以设置为 W=2，R=1，这是比较强的一致性约束，写操作的性能比较低，因为系统需要两个节点上的数据都完成更新后才将确认结果返回给用户。

如果 R + W ≤ N，这时读取和写入操作是不重叠的，系统只能保证最终一致性，而副本达到一致的时间则依赖于系统异步更新的实现方式，不一致性的时间段也就等于从更新开始到所有的节点都异步完成更新之间的时间。

R 和 W 的设置直接影响系统的性能、扩展性与一致性。如果 W 设置为 1，则一个副本完成更改就可以返回给用户，然后通过异步的机制更新剩余的 N - W 的副本；如果 R 设置为 1，只要有一个副本被读取就可以完成读操作，R 和 W 的值如较小会影响一致性，较大则会影响性能，因此对这两个值的设置需要权衡。

下面为不同设置的几种特殊情况。

当 W = 1，R = N 时，系统对写操作有较高的要求，但读操作会比较慢，若 N 个节点中有节点发生故障，那么读操作将不能完成。

当 R = 1，W = N 时，系统要求读操作高性能、高可用，但写操作性能较低，用于需要大量读操作的系统，若 N 个节点中有节点发生故障，那么写操作将无法完成。

当 R = Q，R = Q（Q = N / 2 + 1）时，系统在读写性能之间取得了平衡，兼顾了性能和可用性，Dynamo 系统的默认设置就是这种，如 N=3，W=2，R=2。

2.5.2　时间戳策略

时间戳策略在关系数据库中有广泛的应用，该策略主要用于关系数据库日志系统中记录事务操作，以及数据恢复时的 Undo/Redo 等操作。在并行系统中，时间戳策略有更加广泛的应用。从较高的层次来说，时间戳策略可用于 SNA 架构或并行架构系统中时间及数据的同步。

在并行数据存储系统或并行数据库中，由于数据是分散存储在不同的节点上的，那么对于不同节点上的数据，如何区分它们的版本信息将成为比较烦琐的事情，该问题涉及不同节点之间的同步问题。若使用时间戳策略将能够很好地缓解这一境况，例如，我们可以为每一份或一组数据附加一个时间戳标记，在进行数据版本比较或数据同步的时候只需要比较其时间戳就可以区分它们的版本。但是分布式系统中不同节点之间的物理时钟可能会有偏差，这样就可能导致较早更新的数据其时间戳却比较晚。因此，我们设置一个全局时钟来进行时间同步。当一份数据更新之后，该数据所在节点向全局时钟请求一个时间戳。不过此时将出现新的问题：该全局时钟同步开销过大，影响系统效率；若全局时钟出现宕机，整个系统将无法工作。因此，该系统时钟将成为系统效率和可用性的瓶颈。

对时间戳策略进行改进，使其不依赖于任何单个的机器，也不依赖于物理时钟同步。该时间戳为逻辑上的时钟，并且通过时间戳版本的更新可以在系统中生成一个全局有序的逻辑关系。下面我们将简单介绍该策略的核心思想。

1. 时间戳

时间戳最早用于分布式系统中进程之间的控制，用来确定分布式系统中事件的先后关系，可协调分布式系统中的资源控制。

假设发送或接受消息是进程中的一个事件，下面我们来定义分布式系统事件集中的先后关系，用"→"符号来表示。例如，若事件 a 发生在事件 b 之前，那么 a→b。

该关系需要满足下列三个条件：

- 如果事件 a 和事件 b 是同一个进程中的事件，并且 a 在 b 之前发生，那么 a→b。
- 如果事件 a 是某消息发送方进程中的事件，事件 b 是该消息接收方进程中接收该消息的事件，那么 a→b。
- 对于事件 a、事件 b 和事件 c，如果有 a→b 和 b→c，那么 a→c。

如果两个不同的事件 a 和事件 b，既不能得出 a→b 也不能得出 b→a，那么事件 a 和事件 b 同时发生。

下面我们通过图 2.5 说明系统中可能存在的事件先后关系。在图 2.5 中，纵向代表事件轴，虚线表示进程之间的消息通信。在该模型中，如果存在着一个从 a 到 b 的时间或消息的先后关系，那么 a→b。

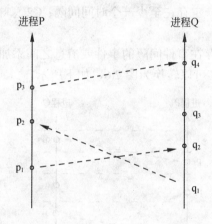

图 2.5　分布式系统中多进程通信

例 1：在同一进程 P 中，事件 p2 发生在事件 p1 之后，因此 p1→p2。

例 2：对于事件 q1 和事件 p3，由于存在从 q1 到 p2 的消息传递，因此 q1→p2，同时在同一进程 P 中，我们知道 p2→p3，因此根据该模型，q1→p3。

例 3：对于事件 p3 和事件 q3，在逻辑上，我们不能确定 p3 是否在 q3 之前发生（只能得出 p3 在 q1 之后发生），也不能确定 q3 是否在 p3 之前发生（只能得出 q3 在 p1 之后发生）。尽管在物理时间上，q3 要先于 p3 发生，但是我们不能确定这两个事件在该模型下的逻辑关系，因此我们说 p3 和 q3 同时发生。

2．逻辑时钟

现在将时钟引入到系统中。这里我们并不关心时钟值是如何产生的，它可以通过本地时钟产生，也可以为有序的数字。这里为每一个进程 P_i 定义一个时钟 C_i，该时钟能够为任意一个事件 a 分配一个时钟值：$C_i(a)$。在全局上，同样存在一个时钟 C，对于事件 b，该时钟能够分配一个时钟值 C(b)，并且如果事件 b 发生在进程 P_i 上，那么 $C(b)=C_i(b)$。

我们的系统并不依赖于物理时钟，因为物理时钟可能会出现错误，因此我们要求如下。

时钟条件：如果对于事件 a 和事件 b，a→b，那么 C(a)<C(b)。

但是，事件 a 的逻辑时钟值小于事件 b 的逻辑时钟值并不意味着有 a→b，因为可能事件 a 与事件 b 同时发生。

另外，在图 2-5 中可以得到 p2 与 q3 同时发生，p3 与 q3 也同时发生，那么这意味着 p2 与 p3 同时发生，但是这与实际情况不一致，因为 p2→p3。因此，我们给出下面两个限制条件。

C1：如果事件 a 和事件 b 是同一个进程 Pi 中的事件，并且 a 在 b 之前发生，那么：

Ci(a)<Ci(b)

C2：如果 a 为进程 Pi 上某消息发送事件，b 为进程 Pj 上该消息接收事件，那么：

Ci(a)<Ci(b)

现在可以进一步考虑下"时钟走表"的概念，若事件 a 发生在事件 b 之前，C(a)<C(b)。例如 C(a)=4，C(b)=7，那么在事件 a 和事件 b 之间存在 4 到 5、5 到 6 和 6 到 7 三个时间间隔。也就是说存在先后顺序的事件之间一定至少存在一个时间间隔。那么 C1 意味着，同一个进程中的两个事件之间一定存在至少一个时间间隔；C2 意味着，每一条消息一定跨越了至少一个时间间隔。

根据以上规则，我们为存在事件间隔的事件或消息之间添加一条灰色的事件线来表示时间间隔的存在，那么图 2.5 可以转换为图 2.6，如下所示。

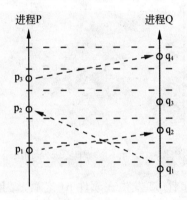

图 2.6　时间戳

3. 应用

假定进程为分布式存储系统或并行数据库系统中的不同节点，下面我们将时钟的概念引入到并行系统。在系统中，每一个节点 i 均包含一个时钟 Ci，系统中包含两类事件，一种为节点上的数据更新；另一类为节点之间的消息通信（或数据同步）。

下面我们来说明该系统是如何满足 C1 和 C2 条件的。

对于 C1 条件来说，系统需要满足下面的实现规则。

IR1：对于同一节点上任意的连续事件来说，该节点上的时钟只需要保证较晚发生事件的时钟值大于较早发生事件的时钟值即可。

对于 C2 条件来说，当节点发送消息 m 时，该消息需要同时携带发送时刻在该节点产生的时间戳。在接收方收到消息 m 之后，接收方节点所产生的时间戳要大于 m 所携带的时间戳。但是仅仅如此还是不够的。

假设某节点 A 向节点 B 发送消息 m，在发送消息时刻节点 A 的本地时间为 15:33:30，那么 m 所携带的时间戳可能为 Tm_a=153330。节点 B 在接收到 m 后，可能设置该事件的时间戳 Tm_b 为 153400，假如机器之间存在时间误差。比如，在 B 节点接收 m 时，B 节点设置 Tm_b 为 153400，但此时 B 节点系统时间为 15:50:05，这将会引起逻辑上的错误，因为在 153400 到 155005 之间可能有其他事件发生，这些事件本来早于接收消息 m 事件，却被错误地分配了更高的时间戳。

那么，为了满足 C2 约束，需要满足下面的规则。

IR2：（a）如果事件 a 代表节点 Ni 发送消息 m，那么消息 m 将携带时间戳 Tm，且 Tm=Ci(a)；（b）当节点 Nj 接收到消息 m 后，节点将设置该事件的时钟 Cj 大于或等于该节点上一事件的时钟并且大于或等于 Tm。

该理论为时间戳策略的基本理论，具体的系统和实现要根据当前环境来决定。其中向量时钟技术为时间戳策略的演变，该技术能够更好地解决实际中的问题，详见下节。

2.5.3　向量时钟

向量时钟（Vector Clock）是一种在分布式环境中为各种操作或事件产生偏序值的技术，它可以检测操作或事件的并行冲突，用来保持系统的一致性。

向量时钟方法在分布式系统中用于保证操作的有序性和数据的一致性。向量时钟通常可以被认为是一组来自不同节点的时钟值 Vi[1]、Vi[2]、……、Vi[n]。在分布式环境中，第 i 个节点维护某一数据的时钟时，根据这些值可以知道其他节点或副本的状态，例如 Vi[0] 是第 i 个节点所了解的第 0 个节点上的时钟值，而 Vi[n] 是第 i 个节点所了解的第 n 个节点上的时钟值。时钟值代表了节点上数据的版本信息，该值可以是来自节点本地时间的时间戳或者是根据某一规则生成有序数字。

以 3 副本系统为例，该系统包含节点 0、节点 1 和节点 2。某一时刻的状态可由表 2.3 来表示。

表 2.3　向量时钟实例

	V 0	V 1	V 2
V 0	4	2	0
V 1	1	4	0
V 2	0	0	1

该表表示当前时刻各节点的向量时钟如下。

节点 0：V0(4,2,0)

节点 1：V1(1,4,0)

节点 2：V2(0,0,1)

在表 2.3 中，Vi 代表第 i 个节点上的时钟信息，Vi[j] 表示第 i 个节点所了解的第 j 个节点的时钟信息。以第 2 行为例，该行为 V1 节点的向量时钟（1,4,0）。其中"1"表示 V1 节点所了解的 V0 节点上的时钟值；"0"表示 V1 节点所了解的 V2 节点上的时钟值；"4"表示 V1 节点自身所维护的时钟值。

下面具体描述向量时钟在分布式系统中的运维规则。

规则 1：

初始时，我们将每个节点的值设置为 0。每当有数据更新发生，该节点所维护的时钟值将增长一定的步数 d，d 的值通常由系统提前设置好。

该规则表明，如果操作 a 在操作 b 之前完成，那么 a 的向量时钟值大于 b 向量时钟值。

向量时钟根据以下两个规则进行更新。

规则 2：

在节点 i 的数据更新之前，我们对节点 i 所维护的向量 Vi 进行更新：

Vi[i]= Vi[i]+d（d > 0）

该规则表明，当 Vi[i]处理事件时，其所维护的向量时钟对应的自身数据版本的时钟值将进行更新。

规则 3：

当节点 i 向节点 j 发送更新消息时，将携带自身所了解的其他节点的向量时钟信息。节点 j 将根据接收到的向量与自身所了解的向量时钟信息进行比对，然后进行更新：

Vj[k] = max{Vi[k], Vj[k]}

在合并时，节点 j 的向量时钟每一维的值取节点 i 与节点 j 向量时钟该维度值的较大者。

两个向量时钟是否存在偏序关系，通过以下规则进行比较：

对于 n 维向量来说，Vi > Vj，如果任意 k（0≤k≤n 1）均有 Vi[k] > Vj[k]。

如果 Vi 既不大于 Vj 且 Vj 也不大于 Vi，这说明在并行操作中发生了冲突，这时需要采用冲突解决方法进行处理，比如合并。

如上所示，向量时钟主要用来解决不同副本更新操作所产生的数据一致性问题，副本并不保留客户的向量时钟，但客户有时需要保存所交互数据的向量时钟。如在单调读一致性模型中，用户需要保存上次读取到的数据的向量时钟，下次读取到的数据所维护的向量时钟则要求比上一个向量时钟大（即比较新的数据）。

相对于其他方法，向量时钟的主要优势在于：

❑　节点之间不需要同步时钟，即不需要全局时钟。

❑　不需要在所有节点上存储和维护一段数据的版本数。

下面我们通过一个例子来体会向量时钟如何维护数据版本的一致性。

A、B、C 和 D 四个人计划下周去爬长城。A 首先提议周三去，此时 B 给 D 发邮件建议周四去，他俩通过邮件联系后决定周四去比较好。之后 C 与 D 通电话后决定周二去。然后，A 询问 B、C 和 D 三人是否同意周三去，C 回复说已经商量好了周二去，而 B 则回复已经决定周四去，D 又联系不上，这时 A 得到不同的回复。如果他们决定以最新的决定为准，而 A、B 和 C 没有记录商量的时间，因此无法确定什么时候去爬长城。

下面我们使用向量时钟来"保证数据的一致性"：为每个决定附带一个向量时钟值，并通过时钟值的更新来维护数据的版本。在本例中我们设置步长 d 的值为 1，初始值为 0。

（1）在初始状态下，将四个人（四个节点）根据规则 1 将自身所维护的向量时钟清零，如下所示：

A(0,0,0,0)

B(0,0,0,0)

C(0,0,0,0)

D(0,0,0,0)

（2）A 提议周三出去

A 首先根据规则 2 对自身所维护的时钟值进行更新，同时将该向量时钟发往其他节点。B、C 和 D 节点在接收到 A 所发来的时钟向量后发现它们所知晓的 A 节点向量时钟版本已经过时，因此同样进行更新。更新后的向量时钟状态如下所示：

A(1,0,0,0)

B(1,0,0,0)

C(1,0,0,0)

D(1,0,0,0)

（3）B 和 D 通过邮件进行协商

B 觉得周四去比较好，那么此时 B 首先根据规则 2 更新向量时钟版本（B(1,1,0,0)），然后将向量时钟信息发送给 D（D(1,0,0,0)）。D 通过与 B 进行版本比对，发现 B 的数据较新，那么 D 根据规则 3 对向量时钟更新，如下所示。

A(1,0,0,0)

B(1,1,0,0)

C(1,0,0,0)

D(1,1,0,0)

（4）C 和 D 进行电话协商

C 觉得周二去比较好，那么此时 C 首先更新自身向量时钟版本（C(1, 0, 1, 0)），然后打电话通知 D（D(1, 1, 0, 0)）。D 根据规则 3 对向量时钟进行更新。

此时系统的向量时钟如下所示：

A(1,0,0,0)

B(1,1,0,0)

C(1,0,1,0)

D(1,1,1,0)

最终，通过对各个节点的向量时钟进行比对，发现 D 的向量时钟与其他节点相比具有偏序关系。因此该系统将决定"周二"一起去爬长城。

下面我们用图示来描述上述过程，如图 2.7 所示。

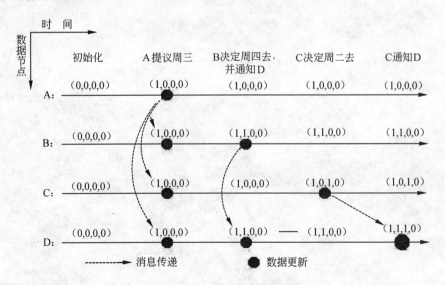

图 2.7　向量时钟

　　该方法中数据版本可能出现冲突，即不能确定向量时钟的偏序关系。如图 2.7 所示，假如 C 在决定周二爬山后并没有将该决定告诉其他人，那么系统在此刻将不能确定某一数据向量时钟的绝对偏序关系。比较简单的冲突解决方案是随机选择一个数据的版本返回给用户。而在 Dynamo 中系统将数据的不一致性冲突交给客户端来解决。当用户查询某一数据的最新版本时，若发生数据冲突，系统将把所有版本的数据返回给客户端，交由客户端进行处理。

　　该方法的主要缺点就是向量时钟值的大小与参与的用户有关，在分布式系统中参与的用户很多，随着时间的推移，向量时钟值会增长到很大。一些系统中为向量时钟记录时间戳，某一时间根据记录的时间对向量时钟值进行裁剪，删除最早记录的字段。

　　向量时钟在实现中有两个主要问题：如何确定持有向量时钟值的用户，如何防止向量时钟值随着时间不断增长。

第3章 NoSQL 的水平扩展与其他基础知识

NoSQL 数据库兴起的主要驱动力是其能运行在大型集群上。随着数据量的增加，垂直扩展（Scale Up）——购买性能更好的服务器运行的数据库变得更加困难和昂贵。一个更有吸引力的选择是水平扩展，将数据库运行在更多的机器组成的集群上。

采用水平扩展可以处理更大的数据请求量，即更多的读取或写入请求，或者在网络不好的情况下获得更高的可用性，这取决于如何选择数据分布模型。能处理更大的请求量，获得更高的可用性是非常重要的，但它们也有代价：数据库必须运行在一个集群上，而这带来了复杂性，所以如果好处不是足够吸引人的话，请不要这么做。

总体上，有两条水平扩展 NoSQL 数据库的方式：复制和分片。

复制是将一份相同的数据复制到多个节点上。分片是将数据分成各不相同的几份并在不同节点上存放不同的数据。复制与分片是正交的：你可以使用其中的一种或同时使用两种。复制有两种形式：主从复制和对等（Peer to Peer）复制。本章我们将从简单到复杂逐步的讨论这些技术：首先是讨论所有数据存放在单个服务器，然后探讨主从复制，然后是分片，最后是对等复制。

讨论完复制技术以后，本章将会讨论一些其他基础知识，主要是磁盘的读写特点、五分钟法则和永远不要删除数据。

3.1 所有数据存放在一个服务器上

最简单并且是最推荐的数据分布方式是：将数据库运行在一台机器上，不做任何数据复制和分片。这台机器处理所有到数据存储区的读取和写入请求。这种数据分布方式最被推荐的原因很简单：它消除了所有其他选择引入的复杂性，很容易让运维人员管理，应用程序开发人员使用起来也很方便。

虽然很多 NoSQL 数据库是以能运行在一个集群上为设计目标的，但是如果将所有数据都存放在一台服务器上能够满足所有应用程序的需求（这主要取决于数据量和读写的访问请求数），那么我们就可以采用这种方式。

在本章的其余部分，我们将讨论各种数据分布的优势和劣势。不要认为这些复杂的数据分布方式更好，如果能够满足需求的话，我们应始终选择单服务器方式。

3.2 分片（Sharding）

通常情况下，数据服务器的访问量是很大的，而且不同的应用程序访问该数据集不同的部分。在这种情况下，我们可以通过将数据的不同部分分配到不同的服务器上来提高水平扩展性，这种技术就是分片，如图 3.1 所示。

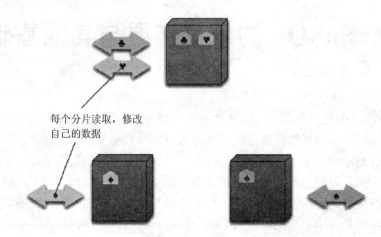

每个分片读取，修改自己的数据

图 3.1　分片将数据分成几部分，每部分放在一个服务器上，这个服务器处理这个分片所有的读和写请求

在理想情况下，不同的用户在访问不同的服务器节点。每个用户只需要去跟一台服务器打交道，所以请求能够得到快速的响应。服务器之间的负载得到很好的平衡——如果我们有 10 台服务器，每一个只需要处理负载的 10%。

当然，理想的情况是非常罕见的。为了接近理想情况，我们必须保证一起访问的互相关联的数据分布在同一节点以提供最佳的数据访问。

这个问题的第一部分是如何聚集数据，这样一个用户在大多数情况下能从一台服务器得到他需要的全部数据，我们应该将通常一起访问的数据存放在一起。

当涉及到布置在节点上的数据，有几种因素可以帮助提高性能。如果你知道某些数据的最大访问量来源于一个物理位置，你可以把数据存放在接近访问者的地方。比如如果你有一个上海人的订单，则这部分数据可以放置在华东地区的数据中心。

另一个因素是试图保持负载平衡。这意味着，你应该尝试安排数据以便使它们均匀的分布，这样每个节点都承担基本等量的负载。数据的访问可能会随时间变化，例如，如果一些数据往往在周末访问最多，那么业务相关的一些规则可能需要考虑。

在某些情况下，把一起访问的数据放在一起是有效的。Bigtable 中的行按字典顺序排序，一般情况下行是网址域名的反向（例如，com.qq.www）。通过这种方式，腾讯的网页数据可以被同时访问，这将提高整体效率。

很多人都曾经为应用程序中做过分片。你可以将姓的拼音以 A～D 开头的所有客户存放在一个分片，将 E～G 存放在于另一个。这种方式将编程模型复杂化了，因为应用程序需要确保查询被分布在不同的分片。此外，分片的变化将会涉及到更改应用程序代码和数据的迁移。许多 NoSQL 数据库提供自动分片，承担了将数据分配到正确分片，并确保在数据访问时，查询到正确的分片的职责。这大大简化了应用程序的设计。

分片对提高性能特别有用，因为它可以同时改善读写性能。使用复制，特别是使用缓存，可以大大提高读取性能，但对于有大量写入的应用程序效果不好。分片提供了一种应对写入的横向扩展方法。

分片的系统也有更好的可管理性。对系统的升级和配置可以按照分片一个一个来做，并不会对服务产生大的影响。

　　但是分片单独使用效果并不好。虽然数据分布在不同的节点上，但是一个节点的故障使该分片的数据不可用，就像只有单个服务器一样。唯一的好处是只有该分片的数据受到了影响，其他的数据仍然可用。但是让一个数据库丢失其数据的一部分显然是一个非常糟糕的主意。如果只有一台服务器，我们可以管理它，保持该服务器稳定运行的工作量和成本并不高。但是如果使用一个较大的集群，那么通常我们会使用市场上一般的服务器，而这些服务器不太可靠，你将很可能遇到节点故障。因此，在实践中，单独分片可能会降低系统的可用性。

　　尽管分片在如今的 NoSQL 时代变得更加容易，它仍然是不能掉以轻心的一个步骤。有些数据库需要从一开始就使用分片，在这种情况下，明智的做法是在生产环境中，刚开始就运行在一个集群上。有些数据库可以从一个单一的服务器开始，在这种情况下，开始时只使用单服务器，在你的负载确定太高时才使用分片。在任何情况下，从一个单一的节点转变成一个集群都是非常困难的。我们听说很多故事，因为他们使用分片过晚，所以当他们在生产环境中使用分片时，他们的数据库完全不可用了，因为将分片数据移动到新的服务器上消耗了所有的数据库资源。这里的教训是你应使用分片早一些，以便系统一边完成这种转变，一边仍能提供服务。

3.3　主从复制

　　在主从架构中，你将数据复制到多个节点。一个节点被指定为主，其他的都是从。主通常负责处理数据的更新，并启动单独的进程将数据同步到从，如图 3.2 所示。

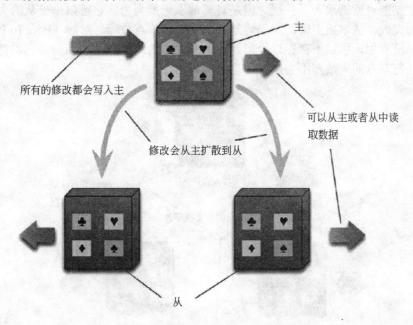

图 3.2　数据从主复制到从上，主响应写请求，从响应读请求

　　当你有很多的读请求，但是写请求并不是很多时，主从复制非常有效。你可以通过水

平扩展——即增加更多的从节点处理更多的读请求，并确保所有的读请求由从来处理。不过如果主当机了，则整个系统不能响应写请求了，除非主恢复了或者重新指定一个主。由于有多个从作为主的备份，因此主的恢复可以加快——我们可以指定一个从变成主。因为在主出现故障的时候，可以指定一个从变成主，所以即使你并不需要向外扩展主从复制也是非常有用的。在这种情况下，所有读写请求可以由主处理而从仅仅作为一个热备份。在这种情况下，你可以认为系统是一个有热备份的单个服务器存储。你拥有单服务器的方便，而且可以妥善应对服务器的故障。

我们可以通过手动或者自动的方式指定主。手动指定通常意味着，当你配置整个集群时设置一个节点作为主。自动方式意味着，在你创建集群时，它们自己选出主。除了配置更简单，自动方式意味在主当机时，集群可以自动指定一个新的主，这将减少停机时间。

为了得到主从架构的好处，你需要确保你的应用程序的读写请求发送给不同的服务器，这样在写请求失败时，读请求仍然可以成功。这包括诸如通过不同的数据库连接处理读写请求。和其他功能一样，你必须通过测试来验证这项功能的有效性：让写失败，并检验读此时仍然是成功的。

主从复制看起来优点很多，但也有缺点——主从之间的数据不一致。不同的客户端，如果从不同的从那儿读取数据，会看到不同的值，因为值的改变可能还没有传播到从。在最坏的情况下，这可能意味着，客户端无法读取到它刚写入的值。即使你使用主从复制只是作为热备份，这也可能是一个问题，因为如果主服务器失败，没有传递到从的数据更新都将丢失。我们将在后面讨论如何处理这些问题。

3.4　对等（Peer To Peer）复制

主从复制能对读请求水平扩展，但是对写请求无能为力。它可以承受从的失败，但不能承受主的失败。从本质上讲，主仍然是一个瓶颈和单点故障。对等（Peer To Peer）复制（见图 3.3）没有主，所以不存在这个问题。所有副本的地位都是相同的，它们都可以接受写请求，任何节点的失败都不会阻碍数据集的可用性。

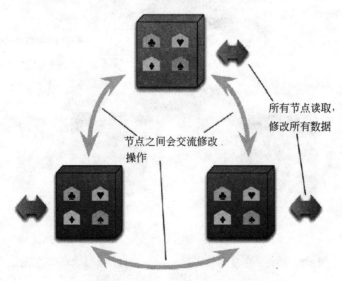

所有节点读取，修改所有数据

节点之间会交流修改操作

图 3.3　对等复制所有的节点都可以处理读和写请求

看起来对等复制系统非常好，任何节点的故障都不会导致数据的不可访问。此外，你还可以通过增加节点来提高系统的性能。但是也有缺点，最大的缺点仍然是一致性。当两个不同的节点同时响应两个写请求时，可能两个请求在同时修改同一个记录：这是一个写-写冲突。读的不一致虽然也不太好，但这种不一致性是比较短暂的。不一致的写入是永远不一致的。

我们以后将详细讨论如何处理不一致的写。目前来说，简要说一下：我们可以确保每当写数据时，副本之间互相协调，以确保避免冲突。这能使我们达到只有一个主时候的一致性，虽然需要节点之间的网络协调。我们并不需要所有的副本同意写，只需要多数，所以即使少部分节点当机，整个系统仍然可以稳定运行。

另一个做法是我们不处理写的不一致性，应用程序可以应对不一致的写。在应用程序的上下文里，我们可以找到合并不一致写入的方法。在这种情况下，我们可以得到写任何副本的全部性能优势。

关键点仍然是我们如何权衡一致性和可用性。

3.5　复制和分片的同时使用

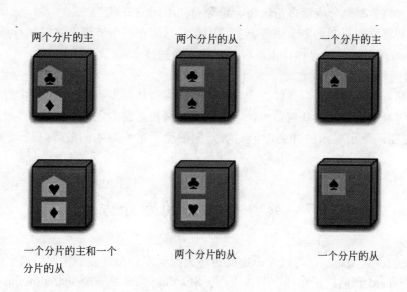

两个分片的主　　　两个分片的从　　　一个分片的主

一个分片的主和一个
分片的从　　　　　　两个分片的从　　　　一个分片的从

图 3.4　同时使用主从复制和分片

复制和分片可以同时使用，如图 3.4 所示。如果我们同时采用主-从复制和分片，这意味着我们有几个主，但是每片数据只有一个主。你可以先将数据分成几片，然后每一片都有主和从。

对等复制和分片也可以同时使用。在这种系统中，一般复制系数设置为 3，因此每个分片存在于三个节点上。如果一个节点发生故障，则该节点上的分片将被转移到其他节点上以保证复制系数仍然为 3，如图 3.5 所示。

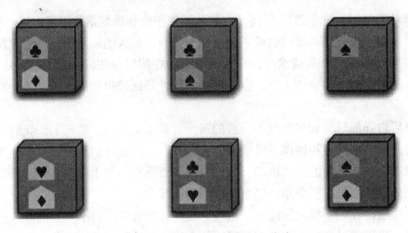

图 3.5　同时使用对等复制和分片

3.6　数据水平扩展的方法总结

有两种水平扩展的方法：
- 分片将数据划分成很多份，每一份分布在不同的节点上。
- 复制将数据复制到多个服务器上，因此数据能在多个节点上访问。

一个系统可以只使用一种，也可以同时使用两种技术。

复制有两种形式：
- 主从复制，使一个节点作为主，响应写请求而从同步数据，响应读请求。
- 对等复制允许写入任何节点，节点需要协调数据副本之间的同步。

主从复制避免了写入的冲突，但对等复制避免了单点写入的故障，提高了系统的可用性。

3.7　分片对数据的划分方式

前面我们说到 Sharding 可以简单定义为将大数据库分布到多个物理节点上的一个分区方案。每个 shard 都被放置在一个节点上面。Sharding 系统是一个 shared-nothing 的系统，基本上都采用图 3.6 中所示的架构。最下面是很多数据库服务器节点，每个节点上面都会运行一个或多个数据库的实例。中间一层叫做查询路由器，客户端的连接都通过它进行转发。查询路由器负责解析用户的查询语句，并将这些语句转发到包含有所需要的数据的 shard 节点上面去执行。执行的结果也会通过查询路由器进行汇总并发送给相应的客户端。

对于这样一个 sharding 系统，我们需要考虑到下面几个问题：如何将数据划分到多个 shard 节点上面；用户的查询语句如何正确的转发到相应的节点上面去执行；当节点数据变化的时候怎样重新划分数据。对于数据划分和查询路由来说，所用的算法一般是对应的。下面就讲一下一些常用的数据划分的方法。这里的假设前提是：只考虑单个表，并且这个表的划分键（Partitioning Key）已经被指定。

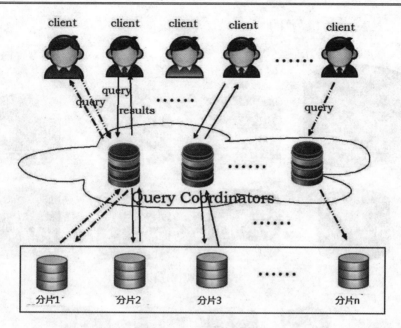

图 3.6　sharding 系统的架构

下面介绍三种常见的数据划分方法：区间划分（Range-Based Partitioning）、轮流放置（Round-Robin）和一致性哈希（Consistent Hashing）。

3.7.1　Range-Based Partitioning

区间划分是现在很热门的 NoSQL 数据库 MongoDB 的 sharding 方案中所使用的算法。系统会首先把所有的数据划分为多个区间,然后再将这些区间分配到系统的各个节点上面。最简单的区间划分是一个节点只持有一个区间：在有 n 个节点的情况下，将划分键的取值区间均匀划分（这里的均匀是指划分后的每个 partition 的数据量尽量一样大，而并非值域区间一样大）为 n 份，然后每个节点持有一块，如图 3.7 所示。例如，按照用户名首字母进行划分，可能有以下的划分方案：

图 3.7　MongoDB 的数据划分示例

如果发生数据分布不均匀的情况，可以通过调整区间分布达到均匀情况，数据迁移同样会很小，如图 3.8 所示。

但是另外一些情况下，可能会导致连锁迁移。

情况一：数据分布不均，调整导致的连锁迁移，如图 3.9 所示。

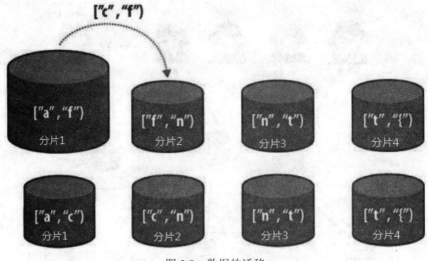

图 3.8　数据的迁移

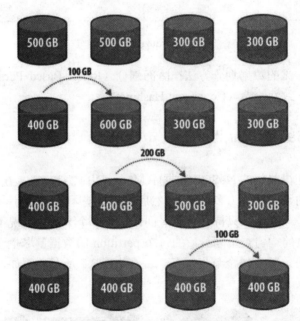

图 3.9　数据分布不均导致的连锁迁移

情况二：增加或删除节点导致的连锁迁移，如图 3.10 所示。

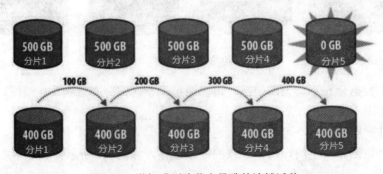

图 3.10　增加或删除节点导致的连锁迁移

为了解决这个问题，MongoDB 采用的是每个节点持有多个区间的方案（Multiple range shards）。当需要进行迁移的时候，将持有过多数据的节点上的区间分裂，使得分裂出来的区间刚好满足迁移需要，然后再进行迁移。举例来说（图 3.11），如果 shard 1 中存有[a, f]区间的数据，数据量为 500G，此时需要从 shard 1 上面迁移 100G 到 shard 4，以保证数据的均匀分布。经统计，shard 1 中的[a, d]段的数据为 400G，[d, f]段数据为 100G，因此将 shard 1 中的[d, f]段的数据直接迁移到 shard 4 上面。同理，需要从 shard 2 中迁移 100G 的数据到 shard 3 中。这种迁移方式的数据迁移量是理论上的最小值。

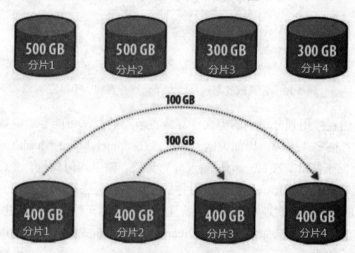

图 3.11　MongoDB 的数据迁移方案

每个节点多个区间做法的缺点是使得对元数据的处理变得复杂，我们需要记录每个节点上面存储的所有区间。但是一般来说，每个节点上面的区间数目不是很大，因此元数据的数目不会很大。这种同时保证了数据的最小迁移，并且实现也比较简单的方案是一个很理想的做法，虽然它的无数据管理和同步上面会有一些问题。

另外，区间划分非常适合处理有区间查询的查询语句，但是也带来很大的一个trade-off。如果一个查询需要访问到多条元组，那么对区间的边界的选取就变得非常棘手，如果选择不当的话，很容易造成一个查询需要在多个节点上面进行运行的情况，这种跨节点的操作会对系统的性能造成很大的影响。

当然了，对于分区划分来说，对于很多应用还是非常适合的，但是对于某些应用就非常不适合。同样下面介绍的轮流放置和一致性哈希算法也是如此，在实际应用中，我们需要具体分析来选择合适的方法。

3.7.2　Round-Robin

轮流放置是最简单的划分方法：即每条元组都会被依次放置在下一个节点上，以此进行循环。一般在实际应用中为了处理的方便，通常按照主键的值来决定次序从而进行划分。即给定一个表 T，表 T 的划分键（Partitioning Key）是 k，需要划分的节点数目 N，那么元组 t ∈ T 将会被放置在节点 n 上面，其中 n = t.k mod N。由于划分只与划分键有关，因此我们可以把对元组的划分简化为对数字的划分，对于不是数字的键值可以通过其他方式比如哈希转化为数字形式。下面给出一个例子来表示这种划分方式，把 9 个元组分布到 3 个节点上的情况，如图 3.12 所示。

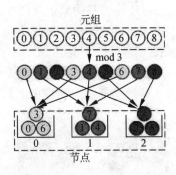

图 3.12　轮流放置举例：将 9 个元组分布到 3 个节点

但是，简单的直接用划分键上的值来计算放置节点的算法可能会造成数据的不均匀。因此，轮流放置有很多改进版，比如说哈希方式（Hashing），即 n = hash(t.k) mod N。先将划分键的值进行 hash 操作，变成一个与输入分布无关、输出均匀的值，然后再进行取模操作。哈希函数可以有很多选择，你可以针对你的应用的特征去选取。

优点：轮流放置算法的实现非常简单，而且几乎不需要元数据就可以进行查询的路由，因此有着比较广泛的应用。例如，EMC 的 Greenplum 的分布式数据仓库采用的就是轮流放置和哈希相结合的方式。

缺点：轮流放置同样具有很明显的缺点。当系统中添加或者删除节点时，数据的迁移量非常巨大。举个有 20 个节点的例子（图 3.13），当系统由 4 个节点变为 5 个节点时，会有如下的放置结果：红色部分是 mod 4 和 mod 5 时结果不相等的情况，不相等意味着这些元组当系统由 4 个节点变为 5 个节点时需要进行迁移。也就是说多达 80% 的元组都需要迁移。数据的迁移会对系统的性能造成很大的影响，严重时可能会中断系统的服务。当系统的节点数目频繁变化时，是不提倡使用这种方式的。

元组	0	1	2	3	4	5	6	7	8	9	10	11	12	13	14	15	16	17	18	19
mod 4	0	1	2	3	0	1	2	3	0	1	2	3	0	1	2	3	0	1	2	3
mod 5	0	1	2	3	4	0	1	2	3	4	0	1	2	3	4	0	1	2	3	4

图 3.13　轮流放置系统迁移量比较大

数据迁移量大的问题可以通过改进轮流放置算法来达到，比较常见的两个改进算法是一致性哈希和范围分区划分算法。

3.8　一致性 hash 算法（Consistent Hashing）

Consistent Hashing 算法早在 1997 年就在论文 Consistent Hashing and Random Trees 中被提出，目前在 cache 系统中应用越来越广泛。

3.8.1　基本场景

比如你有 N 个 cache 服务器（后面简称 cache），那么如何将一个对象 object 映射到 N 个 cache 上呢？你很可能会采用类似下面的通用方法计算 object 的 hash 值，然后均匀的映射到 N 个 cache：

```
hash(object)%N
```

一切都运行正常，再考虑如下的两种情况：

- 一个 cache 服务器 m down 掉了（在实际应用中必须要考虑这种情况），这样所有映射到 cache m 的对象都会失效，怎么办，需要把 cache m 从 cache 中移除，这时候 cache 是 N-1 台，映射公式变成了 hash(object)%(N-1)；
- 由于访问加重，需要添加 cache，这时候 cache 是 N+1 台，映射公式变成了 hash(object)%(N+1)。

这两种情况意味着什么？这意味着突然之间几乎所有的 cache 都失效了。对于服务器而言，这是一场灾难，洪水般的访问都会直接冲向后台服务器。

再来考虑第三个问题，由于硬件能力越来越强，你可能想让后面添加的节点多做点活，显然上面的 hash 算法也做不到。

有什么方法可以改变这个状况呢，这就是一致性哈希（Consistent Hashing）。

3.8.2　hash 算法和单调性

hash 算法的一个衡量指标是单调性（ Monotonicity ），定义如下：

单调性是指如果已经有一些内容通过哈希分派到了相应的缓冲中，又有新的缓冲加入到系统中。哈希的结果应能够保证原有已分配的内容可以被映射到旧的缓冲中去，而不会被映射到新的缓冲集合中。

容易看到，上面的简单 hash 算法 hash(object)%N 难以满足单调性要求。

3.8.3　Consistent Hashing 算法的原理

Consistent Hashing 是一种 hash 算法，简单的说，在移除/添加一个 cache 时，它能够尽可能小的改变已存在 key 映射关系，尽可能的满足单调性的要求。

下面就来按照 5 个步骤简单讲讲 Consistent Hashing 算法的基本原理。

1．环形 hash 空间

考虑通常的 hash 算法都是将 value 映射到一个 32 维的 key 值，也即是 0～2^32−1 次方的数值空间；我们可以将这个空间想象成一个首（0）尾（2^32−1）相接的圆环，如图 3.14 所示的那样。

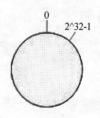

图 3.14　环形 hash 空间

2．把对象映射到 hash 空间

接下来考虑 4 个对象 object1～object4，通过 hash 函数计算出的 hash 值 key 在环上的分布如图 3.15 所示。

```
hash(object1) = key1;
… …
hash(object4) = key4;
```

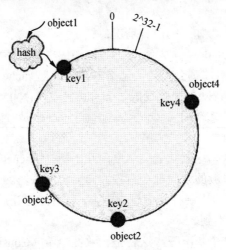

图 3.15　4 个对象的 key 值分布

3．把 cache 映射到 hash 空间

Consistent Hashing 的基本思想就是将对象和 cache 都映射到同一个 hash 数值空间中，并且使用相同的 hash 算法。

假设当前有 A、B 和 C 共 3 台 cache，那么其映射结果如图 3.16 所示，它们在 hash 空间中，以对应的 hash 值排列。

```
hash(cache A) = key A;
… …
hash(cache C) = key C;
```

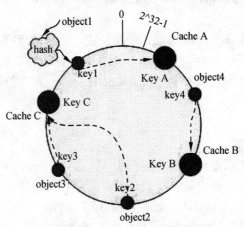

图 3.16　cache 和对象的 key 值分布

说到这里，顺便提一下 cache 的 hash 计算，一般的方法可以使用 cache 机器的 IP 地址或者机器名作为 hash 输入。

4. 把对象映射到 cache

现在 cache 和对象都已经通过同一个 hash 算法映射到 hash 数值空间中了。接下来要考虑的就是如何将对象映射到 cache 上面。

在这个环形空间中，如果沿着顺时针方向从对象的 key 值出发，直到遇见一个 cache，那么就将该对象存储在这个 cache 上，因为对象和 cache 的 hash 值是固定的，因此这个 cache 必然是唯一和确定的。这样不就找到了对象和 cache 的映射方法了吗？！

依然继续上面的例子（参见图 3.16），那么根据上面的方法，对象 object1 将被存储到 cache A 上；object2 和 object3 对应到 cache C；object4 对应到 cache B。

5. 考察 cache 的变动

前面讲过，通过 hash 然后求余的方法带来的最大问题就在于不能满足单调性，当 cache 有所变动时，cache 会失效，进而对后台服务器造成巨大的冲击。现在就来分析分析 Consistent Hashing 算法。

（1）移除 cache

考虑假设 cache B 挂掉了，根据上面讲到的映射方法，这时受影响的将仅是那些沿 cache B 逆时针遍历直到下一个 cache（cache C）之间的对象，也即是本来映射到 cache B 上的那些对象。

因此这里仅需要变动对象 object4，将其重新映射到 cache C 上即可，参见图 3.17。

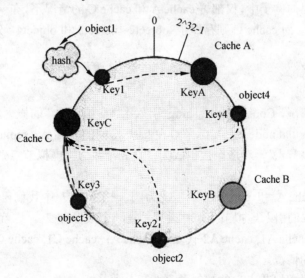

图 3.17　Cache B 被移除后的 cache 映射

（2）添加 cache

再考虑添加一台新的 cache D 的情况。假设在这个环形 hash 空间中，cache D 被映射在对象 object2 和 object3 之间。这时受影响的将仅是那些沿 cache D 逆时针遍历直到下一个 cache（cache B）之间的对象（它们是也本来映射到 cache C 上对象的一部分），将这些对象重新映射到 cache D 上即可。

因此这里仅需要变动对象 object2，将其重新映射到 cache D 上，参见图 3.18。

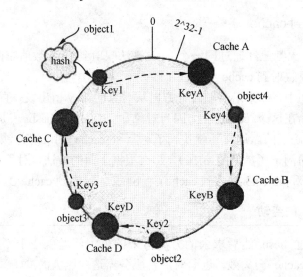

图 3.18 添加 cache D 后的映射关系

考量 hash 算法的另一个指标是平衡性（Balance），定义如下：

平衡性是指哈希的结果能够尽可能分布到所有的缓冲中去，这样可以使得所有的缓冲空间都得到利用。

hash 算法并不是保证绝对的平衡，如果 cache 较少的话，对象并不能被均匀的映射到 cache 上。比如在上面的例子中，仅部署 cache A 和 cache C 的情况下，在 4 个对象中，cache A 仅存储了 object1，而 cache C 则存储了 object2、object3 和 object4，分布是很不均衡的。

3.8.4 虚拟节点

为了解决这种情况，Consistent Hashing 引入了"虚拟节点"的概念，它可以如下定义：

"虚拟节点"（virtual node）是实际节点在 hash 空间的复制品（replica），一个实际节点对应了若干个"虚拟节点"，对应个数也成为"复制个数"，"虚拟节点"在 hash 空间中以 hash 值排列。

仍以仅部署 cache A 和 cache C 的情况为例，在图 3.17 中我们已经看到，cache 分布并不均匀。现在我们引入虚拟节点，并设置"复制个数"为 2，这就意味着一共会存在 4 个"虚拟节点"，cache A1, cache A2 代表了 cache A；cache C1, cache C2 代表了 cache C。假设一种比较理想的情况，参见图 3.19。

此时，对象到"虚拟节点"的映射关系为：

objec1->cache A2；objec2->cache A1；objec3->cache C1；objec4->cache C2。

因此对象 object1 和 object2 都被映射到了 cache A 上，而 object3 和 object4 映射到了 cache C 上。平衡性有了很大提高。

引入"虚拟节点"后，映射关系就从{对象->节点}转换到了{对象->虚拟节点}。查询物体所在 cache 时的映射关系如图 3.20 所示。

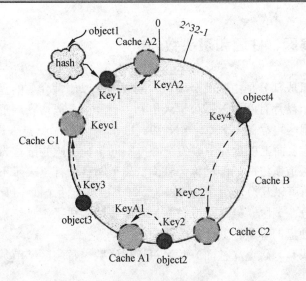

图 3.19　引入"虚拟节点"后的映射关系

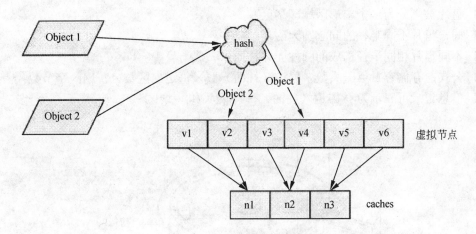

图 3.20　查询对象所在 cache

"虚拟节点"的 hash 计算可以采用对应节点的 IP 地址加数字后缀的方式。例如，假设 cache A 的 IP 地址为 202.168.14.241。

引入"虚拟节点"前，计算 cache A 的 hash 值：

```
Hash("202.168.14.241");
```

引入"虚拟节点"后，分别计算"虚拟节"点 cache A1 和 cache A2 的 hash 值：

```
Hash("202.168.14.241#1");
Hash("202.168.14.241#2");
```

3.9　磁盘的读写特点及五分钟法则

硬盘的主要特点是顺序读写速度较快而随机读写很慢，为了理解这一点，我们需要先明白硬盘的结构。

3.9.1　磁道、扇区、柱面和磁头数

硬盘最基本的组成部分是由坚硬金属材料制成的涂以磁性介质的盘片，不同容量硬盘的盘片数不等。每个盘片有两面，都可记录信息。盘片被分成许多扇形的区域，每个区域叫一个扇区，每个扇区可存储 128×2^N（N＝0、1、2、3）字节信息。每扇区一般是 $128 \times 2^2 = 512$ 字节，盘片表面上以盘片中心为圆心，不同半径的同心圆称为磁道。硬盘中，不同盘片相同半径的磁道所组成的圆柱称为柱面。磁道与柱面都是表示不同半径的圆，在许多场合，磁道和柱面可以互换使用，我们知道，每个磁盘有两个面，每个面都有一个磁头，习惯用磁头号来区分。扇区、磁道（或柱面）和磁头数构成了硬盘结构的基本参数，利用这些参数可以得到硬盘的容量，其计算公式为：

存储容量＝磁头数×磁道（柱面）数×每道扇区数×每扇区字节数

要点：

❑ 硬盘有数个盘片，每盘片两个面，每个面一个磁头；

❑ 盘片被划分为多个扇形区域即扇区；

❑ 同一盘片不同半径的同心圆为磁道；

❑ 不同盘片相同半径构成的圆柱面即柱面；

❑ 公式：存储容量＝磁头数×磁道（柱面）数×每道扇区数×每扇区字节数；

❑ 信息记录可表示为××磁道（柱面）、××磁头和××扇区。

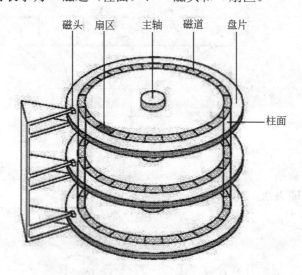

图 3.21　硬盘的结构

磁道：当磁盘旋转时，磁头若保持在一个位置上，则每个磁头都会在磁盘表面划出一个圆形轨迹，这些圆形轨迹就叫做磁道。这些磁道用肉眼是根本看不到的，因为它们仅是盘面上以特殊方式磁化了的一些磁化区，磁盘上的信息便是沿着这样的轨道存放的。

从这里可以看出，磁盘的顺序读写和随机读写差别很大：随机读写表示所要读写的数据随机分布在磁盘上，因此它们有很大的可能分布在不同的磁道上，当磁盘在读写完第一部分数据后，需要首先移动磁头到第二个数据所在的位置，这部分时间叫做寻道时间，然

后才能真正进行读写。一般硬盘的平均寻道时间在 7.5～14ms。顺序读写则意味着所需读写的数据在相邻的扇区，磁盘在整个读写过程中，不需要重新寻道（刚开始仍需要寻道到数据开始的位置）。由于磁盘的寻道时间很慢，因此磁盘顺序读写速度远远高于随机读写速度，我们应努力避免随机读写。

3.9.2　固态硬盘（SSD）：随机读写速度快

固态硬盘（Solid State Disk）用固态电子存储芯片阵列而制成的硬盘，由控制单元和存储单元（FLASH 芯片和 DRAM 芯片）组成。固态硬盘的接口规范和定义、功能及使用方法上与普通硬盘的完全相同，在产品外形和尺寸上也完全与普通硬盘一致。

随机读写速度快：采用闪存作为存储介质，读取速度相对机械硬盘更快。固态硬盘不用磁头，寻道时间几乎为 0。持续写入的速度非常惊人，固态硬盘厂商大多会宣称自家的固态硬盘持续读写速度超过了 500MB/s！固态硬盘的快绝不仅仅体现在持续读写上，随机读写速度快才是固态硬盘的终极奥义，这最直接体现在绝大部分的日常操作中。与之相关的还有极低的存取时间，最常见的 7200 转机械硬盘的寻道时间一般为 7.5～14 ms，而固态硬盘可以轻易达到 0.1 ms 甚至更低。因此如果我们的数据处理存在着大量的不可避免的随机读写，可以考虑采用固态硬盘替换普通硬盘，但是目前市场上固态硬盘价格高，容量较小（<100GB）。硬盘、固态硬盘和内存的读写速度对比，如表 3.1 所示。

表 3.1　硬盘、固态硬盘和内存的读写速度对比

设　　备	顺序读写速度	随机读写速度
硬盘	~70MB	~120 次/s
固态硬盘	~150MB	>1000 次/s
内存	4GB/s	>100 万次/s

3.9.3　内存：读写速度极快

内存是计算机中重要的部件之一，它是与 CPU 进行沟通的桥梁。计算机中所有程序的运行都是在内存中进行的，内存的读写速度是很快的，可以达到 GB/s 以上，如果数据在内存中，几乎从不需要考虑速度问题。因此如果我们的数据需要频繁访问，应考虑放在内存中，这就是所谓的五分钟法则。

3.9.4　五分钟法则

在 1987 年，Jim Gray 与 Gianfranco Putzolu 发表了这个"五分钟法则"的观点，简而言之，如果一条记录频繁被访问，就应该放到内存里，否则如果长时间不访问的话就应该待在硬盘上按需要再访问。这个临界时间就是五分钟。看上去像一条经验性的法则，实际上五分钟的评估标准是根据投入成本判断的，根据当时的硬件发展水准，在内存中保持 1KB 的数据成本相当于硬盘中存储 400 秒的开销（接近五分钟）。

随着闪存时代的来临，这个法则在 1997 年左右的时候进行过一次回顾，这个法则依然有效，但分化出两个 5 分钟法则，一个是在零散的小数据的情况下，把闪存看做硬盘，内存和闪存之间依然保持了 5 分钟法则，另外一个是在更大块数据的情况下，闪存和硬盘

依然保持了 5 分钟法则。也就是说，如果数据块都很小，我们应把数据放在闪存或内存里，而不是硬盘里。如果数据块很大（比如大于 64KB），我们应把数据放在闪存和硬盘里，而不是内存里。

3.10　不要删除数据

Oren Eini 建议开发者尽量避免数据库的软删除操作，很多人可能因此认为硬删除是合理的选择。作为回应，Udi Dahan 强烈建议完全避免数据删除。

所谓软删除主张在表中增加一个 IsDeleted 列以保持数据完整。如果某一行设置了 IsDeleted 标志列，那么这一行就被认为是已删除的。Dahan 觉得这种方法"简单、容易理解、容易实现和容易沟通"，但"往往是错的"。问题在于：

删除一行或一个实体几乎总不是简单的事件。它不仅影响模型中的数据，还会影响模型的外观。所以我们才要有外键去确保不会出现"订单行"没有对应的父"订单"的情况。而这个例子只能算是最简单的情况。

当采用软删除的时候，不管我们是否情愿，都很容易出现数据受损，比如谁都不在意的一个小调整，就可能使"客户"的"最新订单"指向一条已经软删除的订单。

如果开发者接到的要求就是从数据库中删除数据，要是不建议用软删除，那就只能硬删除了。为了保证数据一致性，开发者除了删除直接有关的数据行，还应该级联地删除相关数据。可 Udi Dahan 提醒你注意，真实的世界并不是级联的。

假设市场部决定从商品目录中删除一样商品，那是不是说所有包含了该商品的旧订单都要一并消失？再级联下去，这些订单对应的所有发票是不是也该删除？这么一步步删下去，我们公司的损益报表是不是应该重做了？

没天理了。

问题似乎出在对"删除"这词的解读上。Dahan 给出了这样的例子：

我说的"删除"其实是指这产品"停售"了。我们以后不再卖这种产品，清掉库存以后不再进货。以后顾客搜索商品或者翻阅目录的时候不会再看见这种商品，但管仓库的人暂时还得继续管理它们。"删除"是个图方便的说法。

他接着举了一些站在用户角度的正确解读：

订单不是被删除的，是被"取消"的。订单取消得太晚，还会产生花费。

员工不是被删除的，是被"解雇"的（也可能是退休了）。还有相应的补偿金要处理。

职位不是被删除的，是被"填补"的（或者招聘申请被撤回）。

在上面这些例子中，我们的着眼点应该放在用户希望完成的任务上，而非发生在某个实体身上的技术动作。几乎在所有的情况下，需要考虑的实体总不止一个。

为了代替 IsDeleted 标志，Dahan 建议用一个代表相关数据状态的字段：有效、停用、取消和弃置等等。用户可以借助这样一个状态字段回顾过去的数据，作为决策的依据。

删除数据除了破坏数据一致性，还有其他负面的后果。Dahan 建议把所有数据都留在数据库里："别删除。就是别删除。"

第 2 篇　列式 NoSQL 系统

第 4 章　BigTable 与 Google 云计算原理

本章介绍列式（Column Family）数据库的理论代表：Google 的 BigTable。BigTable 没有开源，但是 Google 发表了论文 *BigTable: A Distributed Storage System for Structured Data*（BigTable：一种结构化数据的分布式存储系统），使得世人知道了其原理，从而产生了对应的开源版本的 HBASE。

BigTable 在 NoSQL 的历史上起了极其重要的作用，是 NoSQL 数据库的两个理论来源之一（另一个是亚马逊的 Dynamo），其实现原理值得我们仔细研究。

由于 BigTable 是建立在 Google 的另两个系统 GFS 和 Chubby 之上的，这三个系统和分布式计算编程模型 MapReduce 共同构成了 Google 云计算的基础，而且 Chubby 对应的开源软件 Zookeeper 是解决本章的主备自动切换的技术基础，因此在这一章我们把 GFS、Chubby、BigTable 和 MapReduce 一并介绍。当然我们在学习的时候应以 BigTable 为核心，弄明白它是如何使用 GFS，如何运用 Chubby 实现主备自动设置和切换的。

另外，云计算作为当前业界热点，而 NoSQL 技术与云计算有着千丝万缕的联系（NoSQL 可以看做是云计算的一个组成部分）。为扩大读者眼界，这里也简单介绍一下。

本章首先简单介绍一下云计算，然后依次介绍 GFS、Map Reduce、Chubby 和 BigTable。

4.1　云　计　算

很少有一种技术能够像"云计算"这样，在短短的几年间就产生了巨大的影响力。Google、亚马逊、IBM 和微软等 IT 巨头们以前所未有的速度和规模推动云计算技术和产品的普及，一些学术活动迅速将云计算提上议事日程，支持和反对的声音不绝于耳。那么，云计算到底是什么？发展现状如何？它的实现机制是什么？它与网格计算是什么关系？本章将分析这些问题，目的是帮助读者对云计算形成一个初步认识。

4.1.1　云计算的概念

云计算（Cloud Computing）是在 2007 年第 3 季度才诞生的新名词，但仅仅过了半年多，其受到关注的程度就超过了网格计算（Grid Computing），如图 4.1 所示。

然而，对于到底什么是云计算，至少可以找到 100 种解释，目前还没有公认的定义。本书给出一种定义，供读者参考。

云计算是一种商业计算模型，它将计算任务分布在大量计算机构成的资源池上，使用户能够按需获取计算力、存储空间和信息服务。

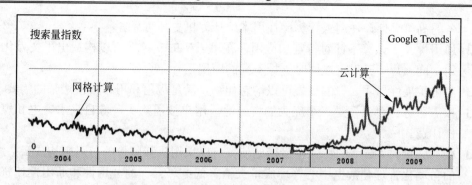

图 4.1　云计算和网格计算在 Google 中的搜索趋势

　　这种资源池称为"云"。"云"是一些可以自我维护和管理的虚拟计算资源，通常是一些大型服务器集群，包括计算服务器、存储服务器和宽带资源等。云计算将计算资源集中起来，并通过专门软件实现自动管理，无需人为参与。用户可以动态申请部分资源，支持各种应用程序的运转，无需为烦琐的细节而烦恼，能够更加专注于自己的业务，有利于提高效率、降低成本和技术创新。云计算的核心理念是资源池，这与早在 2002 年就提出的网格计算池（Computing Pool）的概念非常相似。网格计算池将计算和存储资源虚拟成为一个可以任意组合分配的集合，池的规模可以动态扩展，分配给用户的处理能力可以动态回收重用。这种模式能够大大提高资源的利用率，提升平台的服务质量。

　　之所以称为"云"，是因为它在某些方面具有现实中云的特征：云一般都较大；云的规模可以动态伸缩，它的边界是模糊的；云在空中飘忽不定，无法也无需确定它的具体位置，但它确实存在于某处。之所以称为"云"，还因为云计算的鼻祖之一亚马逊公司将大家曾经称为网格计算的东西，取了一个新名称"弹性计算云"（Elastic Computing Cloud），并取得了商业上的成功。

　　有人将这种模式比喻为从单台发电机供电模式转向了电厂集中供电的模式。它意味着计算能力也可以作为一种商品进行流通，就像煤气、水和电一样，取用方便，费用低廉。最大的不同在于，它是通过互联网进行传输的。

　　云计算是并行计算（Parallel Computing）、分布式计算（Distributed Computing）和网格计算（Grid Computing）的发展，或者说是这些计算科学概念的商业实现。云计算是虚拟化（Virtualization）、效用计算（Utility Computing）、将基础设施作为服务 IaaS（Infrastructure as a Service）、将平台作为服务 PaaS（Platform as a Service）和将软件作为服务 SaaS（Software as a Service）等概念混合演进并跃升的结果。

　　从研究现状上看，云计算具有以下特点。

❑　超大规模。"云"具有相当的规模，Google 云计算已经拥有 100 多万台服务器，亚马逊、IBM、微软和 Yahoo 等公司的"云"均拥有几十万台服务器。"云"能赋予用户前所未有的计算能力。

❑　虚拟化。云计算支持用户在任意位置、使用各种终端获取服务。所请求的资源来自"云"，而不是固定的有形的实体。应用在"云"中某处运行，但实际上用户无需了解应用运行的具体位置，只需要一台笔记本或一个 PDA，就可以通过网络服务来获取各种能力超强的服务。

❑　高可靠性。"云"使用了数据多副本容错、计算节点同构可互换等措施来保障服务的高可靠性，使用云计算比使用本地计算机更加可靠。

- ❑ 通用性。云计算不针对特定的应用，在"云"的支撑下可以构造出千变万化的应用，同一片"云"可以同时支撑不同的应用运行。
- ❑ 高可扩展性。"云"的规模可以动态伸缩，满足应用和用户规模增长的需要。
- ❑ 按需服务。"云"是一个庞大的资源池，用户按需购买，像自来水、电和煤气那样计费。
- ❑ 极其廉价。"云"的特殊容错措施使得可以采用极其廉价的节点来构成云；"云"的自动化管理使数据中心管理成本大幅降低；"云"的公用性和通用性使资源的利用率大幅提升；"云"设施可以建在电力资源丰富的地区，从而大幅降低能源成本。因此"云"具有前所未有的性能价格比。Google 中国区前总裁李开复称，Google 每年投入约 16 亿美元构建云计算数据中心，所获得的能力相当于使用传统技术投入 640 亿美元，节省了 40 倍的成本。因此，用户可以充分享受"云"的低成本优势，需要时，花费几百美元、一天时间就能完成以前需要数万美元、数月时间才能完成的数据处理任务。

云计算按照服务类型大致可以分为三类：将基础设施作为服务 IaaS、将平台作为服务 PaaS 和将软件作为服务 SaaS，如图 4.2 所示。

图 4.2　云计算的服务类型

IaaS 将硬件设备等基础资源封装成服务供用户使用，如亚马逊云计算 AWS（Amazon Web Services）的弹性计算云 EC2 和简单存储服务 S3。在 IaaS 环境中，用户相当于在使用裸机和磁盘，既可以让它运行 Windows，也可以让它运行 Linux，因而几乎可以做任何想做的事情，但用户必须考虑如何才能让多台机器协同工作起来。AWS 提供了在节点之间互通消息的接口简单队列服务 SQS（Simple Queue Service）。IaaS 最大的优势在于它允许用户动态申请或释放节点，按使用量计费。运行 IaaS 的服务器规模达到几十万台之多，用户因而可以认为能够申请的资源几乎是无限的。同时，IaaS 是由公众共享的，因而具有更高的资源使用效率。

PaaS 对资源的抽象层次更进一步，它提供用户应用程序的运行环境，典型的如 Google App Engine。微软的云计算操作系统 Microsoft Windows Azure 也可大致归入这一类。PaaS 自身负责资源的动态扩展和容错管理，用户应用程序不必过多考虑节点间的配合问题。但与此同时，用户的自主权降低，必须使用特定的编程环境并遵照特定的编程模型。这有点像在高性能集群计算机里进行 MPI 编程，只适用于解决某些特定的计算问题。例如，Google App Engine 只允许使用 Python 和 Java 语言、基于称为 Django 的 Web 应用框架、调用 Google App Engine SDK 来开发在线应用服务。

SaaS 的针对性更强，它将某些特定应用软件功能封装成服务，如 Salesforce 公司提供的在线客户关系管理 CRM（Client Relationship Management）服务。SaaS 既不像 PaaS 一样提供计算或存储资源类型的服务，也不像 IaaS 一样提供运行用户自定义应用程序的环境，它只提供某些专门用途的服务供应用调用。

需要指出的是，随着云计算的深化发展，不同云计算解决方案之间相互渗透融合，同一种产品往往横跨两种以上类型。例如，Amazon Web Services 是以 IaaS 发展的，但新提供的弹性 MapReduce 服务模仿了 Google 的 MapReduce，简单数据库服务 SimpleDB 模仿了 Google 的 BigTable，这两者属于 PaaS 的范畴，而它新提供的电子商务服务 FPS 和 DevPay 及网站访问统计服务 Alexa Web 服务，则属于 SaaS 的范畴。

4.1.2　云计算发展现状

由于云计算是多种技术混合演进的结果，其成熟度较高，又有大公司推动，发展极为迅速。Google、亚马逊、IBM、微软和 Yahoo 等大公司是云计算的先行者。云计算领域的众多成功公司还包括 VMware、Salesforce、Facebook、YouTube 和 MySpace 等。

亚马逊研发了弹性计算云 EC2（Elastic Computing Cloud）和简单存储服务 S3（Simple Storage Service）为企业提供计算和存储服务。收费的服务项目包括存储空间、带宽、CPU 资源及月租费。月租费与电话月租费类似，存储空间和带宽按容量收费，CPU 根据运算量时长收费。在诞生不到两年的时间内，亚马逊的注册用户就多达 44 万人，其中包括为数众多的企业级用户。

Google 是最大的云计算技术的使用者。Google 搜索引擎就建立分布在 200 多个站点、超过 100 万台的服务器的支持之上，而且这些设施的数量正在迅猛增长。Google 的一系列成功应用平台，包括 Google 地球、地图、Gmail 和 Docs 等也同样使用了这些基础设施。采用 Google Docs 之类的应用，用户数据会保存在互联网上的某个位置，可以通过任何一个与互联网相连的终端十分便利地访问和共享这些数据。目前，Google 已经允许第三方在 Google 的云计算中通过 Google App Engine 运行大型并行应用程序。Google 值得称颂的是它不保守，它早已以发表学术论文的形式公开其云计算三大法宝：GFS、MapReduce 和 BigTable，并在美国和中国等高校开设如何进行云计算编程的课程。相应的，模仿者应运而生，Hadoop 是其中最受关注的开源项目。

IBM 在 2007 年 11 月推出了"改变游戏规则"的"蓝云"计算平台，为客户带来即买即用的云计算平台。它包括一系列自我管理和自我修复的虚拟化云计算软件，使来自全球的应用可以访问分布式的大型服务器池，使得数据中心在类似于互联网的环境下运行计算。IBM 正在与 17 个欧洲组织合作开展名为 RESERVOIR 的云计算项目，以"无障碍的资源和服务虚拟化"为口号，欧盟提供了 1.7 亿欧元作为部分资金。2008 年 8 月，IBM 宣布将投资约 4 亿美元用于其设在北卡罗来纳州和日本东京的云计算数据中心改造，并计划 2009 年在 10 个国家投资 3 亿美元建设 13 个云计算中心。

微软紧跟云计算步伐，于 2008 年 10 月推出了 Windows Azure 操作系统。Azure（译为"蓝天"）是继 Windows 取代 DOS 之后，微软的又一次颠覆性转型——通过在互联网架构上打造新云计算平台，让 Windows 真正由 PC 延伸到"蓝天"上。Azure 的底层是微软全球基础服务系统，由遍布全球的第四代数据中心构成。目前，微软已经配置了 220 个集装箱式数据中心，包括 44 万台服务器。

在我国，云计算发展也非常迅猛。2008 年，IBM 先后在无锡和北京建立了两个云计算中心；世纪互联推出了 CloudEx 产品线，提供互联网主机服务和在线存储虚拟化服务等；中国移动研究院已经建立起 1024 个 CPU 的云计算试验中心；解放军理工大学研制了云存储系统 MassCloud，并以它支撑基于 3G 的大规模视频监控应用和数字地球系统。作为云计算技术的一个分支，云安全技术通过大量客户端的参与和大量服务器端的统计分析来识别病毒和木马，取得了巨大成功。瑞星、趋势、卡巴斯基、McAfee、Symantec、江民、Panda、金山和 360 安全卫士等均推出了云安全解决方案。值得一提的是，云安全的核心思想，与早在 2003 年就提出的反垃圾邮件网格非常接近。2008 年 11 月 25 日，中国电子学会专门成立了云计算专家委员会。2009 年 5 月 22 日，中国电子学会隆重举办首届中国云计算大会，1200 多人与会，盛况空前。2009 年 11 月 2 日，中国互联网大会专门召开了"2009 云计算产业峰会"。2009 年 12 月，中国电子学会举办了中国首届云计算学术会议。2010 年 5 月，中国电子学会将举办第二届中国云计算大会。

4.1.3　云计算实现机制

由于云计算分为 IaaS、PaaS 和 SaaS 三种类型，不同的厂家又提供了不同的解决方案，目前还没有一个统一的技术体系结构，对读者了解云计算的原理构成了障碍。为此，本书综合不同厂家的方案，构造了一个供参考的云计算体系结构。这个体系结构如图 4.3 所示，它概括了不同解决方案的主要特征，每一种方案或许只实现了其中部分功能，或许也还有部分相对次要功能尚未概括进来。

图 4.3　云计算技术体系结构

　　云计算技术体系结构分为四层：物理资源层、资源池层、管理中间件层和 SOA（Service-Oriented Architecture，面向服务的体系结构）构建层。物理资源层包括计算机、存储器、网络设施、数据库和软件等。资源池层是将大量相同类型的资源构成同构或接近同构的资源池，如计算资源池和数据资源池等。构建资源池更多的是物理资源的集成和管理工作，例如研究在一个标准集装箱的空间如何装下 2000 个服务器、解决散热和故障节点替换的问题并降低能耗。管理中间件层负责对云计算的资源进行管理，并对众多应用任务进行调度，使资源能够高效和安全地为应用提供服务。SOA 构建层将云计算能力封装成标准的 Web Services 服务，并纳入到 SOA 体系进行管理和使用，包括服务接口、服务注册、服务查找、服务访问和服务工作流等。管理中间件层和资源池层是云计算技术的最关键部分，SOA 构建层的功能更多依靠外部设施提供。

　　云计算的管理中间件层负责资源管理、任务管理、用户管理和安全管理等工作。资源管理负责均衡地使用云资源节点，检测节点的故障并试图恢复或屏蔽之，并对资源的使用情况进行监视统计；任务管理负责执行用户或应用提交的任务，包括完成用户任务映象（Image）的部署和管理、任务调度、任务执行、任务生命期管理等；用户管理是实现云计算商业模式的一个必不可少的环节，包括提供用户交互接口、管理和识别用户身份、创建用户程序的执行环境、对用户的使用进行计费等；安全管理保障云计算设施的整体安全，包括身份认证、访问授权、综合防护和安全审计等。

　　基于上述体系结构，本书以 IaaS 云计算为例，简述云计算的实现机制，如图 4.4 所示。

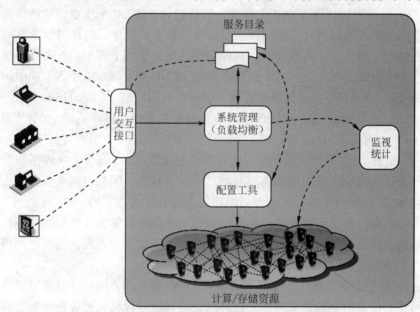

图 4.4　简化的 IaaS 实现机制图

　　用户交互接口向应用以 Web Services 方式提供访问接口，获取用户需求。服务目录是用户可以访问的服务清单。系统管理模块负责管理和分配所有可用的资源，其核心是负载均衡。配置工具负责在分配的节点上准备任务运行环境。监视统计模块负责监视节点的运行状态，并完成用户使用节点情况的统计。执行过程并不复杂，用户交互接口允许用户从目录中选取并调用一个服务，该请求传递给系统管理模块后，它将为用户分配恰当的资源，然后调用配置工具为用户准备运行环境。

4.1.4　网格计算与云计算

网格（Grid）是 20 世纪 90 年代中期发展起来的下一代互联网核心技术。网格技术的开创者 Ian Foster 将之定义为"在动态、多机构参与的虚拟组织中协同共享资源和求解问题"。网格是在网络基础之上，基于 SOA，使用互操作和按需集成等技术手段，将分散在不同地理位置的资源虚拟成为一个有机整体，实现计算、存储、数据、软件和设备等资源的共享，从而大幅提高资源的利用率，使用户获得前所未有的计算和信息能力。

国际网格界致力于网格中间件、网格平台和网格应用建设。就网格中间件而言，国外著名的网格中间件有 Globus Toolkit、UNICORE、Condor 和 gLite 等，其中 Globus Toolkit 得到了广泛采纳。就网格平台而言，国际知名的网格平台有 TeraGrid、EGEE、CoreGRID、D-Grid、ApGrid、Grid3 和 GIG 等。美国 TeraGrid 是由美国国家科学基金会计划资助构建的超大规模开放的科学研究环境。TeraGrid 集成了高性能计算机、数据资源、工具和高端实验设施。目前 TeraGrid 已经集成了超过每秒 750 万亿次计算能力和 30PB 数据，拥有超过 100 个面向多种领域的网格应用环境。欧盟 e-Science 促成网格 EGEE（Enabling Grids for E-sciencE），是另一个超大型和面向多种领域的网格计算基础设施。目前已有 120 多个机构参与，包括分布在 48 个国家的 250 个网格站点、68000 个 CPU、20PB 数据资源，拥有 8000 个用户，每天平均处理 30000 个作业，峰值超过 150000 个作业。就网格应用而言，知名的网格应用系统数以百计，应用领域包括大气科学、林学、海洋科学、环境科学、生物信息学、医学、物理学、天体物理、地球科学、天文学、工程学和社会行为学等。

我国在十五期间有 863 支持的中国国家网格（CNGrid，863-10 主题）和中国空间信息网格（SIG，863-13 主题）、教育部支持的中国教育科研网格（ChinaGrid）、上海市支持的上海网格（ShanghaiGrid）等。中国国家网格拥有包括香港地区在内的 10 个节点，聚合计算能力为每秒 18 万亿次，目前拥有 408 个用户和 360 个应用。中国教育科研网格 ChinaGrid 连接了 20 所高校的计算设施，运算能力达每秒 3 万亿次以上，开发并实现了生物信息和流体力学等五个科学研究领域的网格典型应用。十一五期间，国家对网格支持的力度更大，通过 973 和 863、自然科学基金等途径对网格技术进行了大力支持。973 计划有"语义网格的基础理论、模型与方法研究"等，863 计划有"高效能计算机及网格服务环境"、"网格地理信息系统软件及其重大应用"等，国家自然科学基金重大研究计划有"网络计算应用支撑中间件"等项目。

就像云计算可以分为 IaaS、PaaS 和 SaaS 三种类型一样。网格计算也可以分为三种类型：计算网格、信息网格和知识网格。计算网格的目标是提供集成各种计算资源的和虚拟化的计算基础设施。信息网格的目标是提供一体化的智能信息处理平台，集成各种信息系统和信息资源，消除信息孤岛，使得用户能按需获取集成后的精确信息，即服务点播（Service on Demand）和一步到位的服务（One Click is Enough）。知识网格研究一体化的智能知识处理和理解平台，使得用户能方便地发布、处理和获取知识。

需要说明的是，目前大家对网格的认识存在一种误解，认为只有使用 Globus Toolkit 等知名网格中间件的应用才是网格。我们认为，只要是遵照网格理念，将一定范围内分布的异构资源集成为有机整体，提供资源共享和协同工作服务的平台，均可以认为是网格。

这是因为，由于网格技术非常复杂，必然有一个从不规范到规范化的过程，应该承认差异存在的客观性。虽然网格界从一开始就致力于构造能够实现全面互操作的环境，但由于网格处于信息技术前沿、许多领域尚未定型和已发布的个别规范过于复杂造成易用性差等原因，现有网格系统多针对具体应用采用适用的、个性化的框架设计和实现技术等，造成网格系统之间互操作困难，这也是开放网格论坛 OGF（Open Grid Forum）提出建立不同网格系统互通机制计划 GIN（Grid Interoperation Now）的原因。从另一个角度看，虽然建立全球统一的网格平台还有很长的路要走，但并不妨碍网格技术在各种具体的应用系统中发挥重要的作用。

网格计算与云计算的关系如表 4.1 所示。

表 4.1　网格计算与云计算的比较

	网　格　计　算	云　计　算
目标	共享高性能计算力和数据资源，实现资源共享和协同工作	提供通用的计算平台和存储空间，提供各种软件服务
资源来源	不同机构	同一机构
资源类型	异构资源	同构资源
资源节点	高性能计算机	服务器/PC
虚拟化视图	虚拟组织	虚拟机
计算类型	紧耦合问题为主	松耦合问题
应用类型	科学计算为主	数据处理为主
用户类型	科学界	商业社会
付费方式	免费（政府出资）	按量计费
标准化	有统一的国际标准 OGSA/WSRF	尚无标准，但已经有了开放云计算联盟 OCC

网格计算在概念上争论多年，在体系结构上有三次大的改变，在标准规范上花费了大量的人力，所设定的目标又非常远大——要在跨平台、跨组织、跨信任域的极其复杂的异构环境中共享资源和协同解决问题，所要共享的资源也是五花八门——从高性能计算机、数据库、设备到软件，甚至知识。云计算暂时不管概念、不管标准，Google 云计算与亚马逊云计算的差别非常大，云计算只是对它们以前所做事情新的共同的时髦叫法，所共享的存储和计算资源暂时仅限于某个企业内部，省去了许多跨组织协调的问题。以 Google 为代表的云计算在内部管理运作方式上的简洁如一其界面，能省的功能都省略，Google 文件系统甚至不允许修改已经存在的文件，只允许在文件后追加数据，大大降低了实现难度，而且借助其无与伦比的规模效应释放了前所未有的能量。

网格计算与云计算的关系，就像是 OSI 与 TCP/IP 之间的关系：国际标准化组织（ISO）制定的 OSI（开放系统互联）网络标准，考虑得非常周到，也异常复杂，在多年之前就考虑到了会话层和表示层的问题。虽然很有远见，但过于理想，实现的难度和代价非常大。当 OSI 的一个简化版——TCP/IP 诞生之后，将七层协议简化为四层，内容也大大精简，因而迅速取得了成功。在 TCP/IP 一统天下之后多年，语义网等问题才被提上议事日程，开始为 TCP/IP 补课，增加其会话和表示的能力。因此，可以说 OSI 是学院派，TCP/IP 是现实派；OSI 是 TCP/IP 的基础，TCP/IP 又推动了 OSI 的发展。两者不是"成者为王、败者为寇"，而是滚动发展。

没有网格计算打下的基础，云计算也不会这么快到来。云计算是网格计算的一种简化实用版，通常意义的网格是指以前实现的以科学研究为主的网格，非常重视标准规范，也非常复杂，但缺乏成功的商业模式。云计算是网格计算的一种简化形态，云计算的成功也是网格的成功。网格不仅要集成异构资源，还要解决许多非技术的协调问题，也不像云计算有成功的商业模式推动，所以实现起来要比云计算难度大很多。但对于许多高端科学或军事应用而言，云计算是无法满足需求的，必须依靠网格来解决。

目前，许多人声称网格计算失败了，云计算取而代之了，这其实是一种错觉。网格计算已经有十多年历史，不如刚兴起时那样引人注目是正常的。事实上，有些政府主导、范围较窄和用途特定的网格，已经取得了决定性的胜利。代表性的有美国的 TeraGrid 和欧洲的 EGEE 等，这些网格每天都有几十万个作业在上面执行。未来的科学研究主战场，将建立在网格计算之上。在军事领域，美军的全球信息网络 GIG 已经囊括超过 700 万台计算机，规模超过现有的所有云计算数据中心计算机总和。

相信不久的将来，建立在云计算之上的"商业 2.0"与建立在网格计算之上的"科学 2.0"都将取得成功。

4.2　Google 文件系统 GFS

Google 拥有全球最强大的搜索引擎。除了搜索业务以外，Google 还有 Google Maps、Google Earth、Gmail 和 YouTube 等各种业务，包括刚诞生的 Google Wave。这些应用的共性在于数据量巨大，而且要面向全球用户提供实时服务，因此 Google 必须解决海量数据存储和快速处理问题。Google 的诀窍在于它发展出简单而又高效的技术，让多达百万台的廉价计算机协同工作，共同完成这些前所未有的任务，这些技术是在诞生几年之后才被命名为 Google 云计算技术。Google 云计算技术具体包括：Google 文件系统 GFS、分布式计算编程模型 MapReduce、分布式锁服务 Chubby 和分布式结构化数据存储系统 Bigtable 等。其中，GFS 提供了海量数据的存储和访问的能力，MapReduce 使得海量信息的并行处理变得简单易行，Chubby 保证了分布式环境下并发操作的同步问题，BigTable 使得海量数据的管理和组织十分方便。下面一次将对这四种核心技术进行详细介绍。

Google 文件系统（Google File System，GFS）是一个大型的分布式文件系统。它为 Google 云计算提供海量存储，并且与 Chubby、MapReduce 及 BigTable 等技术结合十分紧密，处于所有核心技术的底层。由于 GFS 并不是一个开源的系统，我们仅仅能从 Google 公布的技术文档来获得一点了解，而无法进行深入的研究。http://research.google.com/archive/gfs.html 上的 The Google File System 是 Google 公布的关于 GFS 的最为详尽的技术文档，它从 GFS 产生的背景、特点、系统框架和性能测试等方面进行了详细的阐述。

当前主流分布式文件系统有 RedHat 的 GFS（Global File System）和 IBM 的 GPFS、Sun 的 Lustre 等。这些系统通常用于高性能计算或大型数据中心，对硬件设施条件要求较高。以 Lustre 文件系统为例，它只对元数据管理器 MDS 提供容错解决方案，而对于具体的数据存储节点 OST 来说，则依赖其自身来解决容错的问题。例如，Lustre 推荐 OST 节点采用 RAID 技术或 SAN 存储区域网来容错，但由于 Lustre 自身不能提供数据存储的容错，一旦 OST 发生故障就无法恢复，因此对 OST 的稳定性就提出了相当高的要求，从而大大增加了存储的成本，而且成本会随着规模的扩大线性增长。

　　正如李开复所说的那样，创新固然重要，但有用的创新更重要。创新的价值，取决于一项创新在新颖、有用和可行性这三个方面的综合表现。Google GFS 的新颖之处并不在于它采用了多么令人惊讶的技术，而在于它采用廉价的商用机器构建分布式文件系统，同时将 GFS 的设计与 Google 应用的特点紧密结合，并简化其实现，使之可行，最终达到创意新颖、有用和可行的完美组合。GFS 使用廉价的商用机器构建分布式文件系统，将容错的任务交由文件系统来完成，利用软件的方法解决系统可靠性问题，这样可以使得存储的成本成倍下降。由于 GFS 中服务器数目众多，在 GFS 中服务器死机是经常发生事情，甚至都不应当将其视为异常现象，那么如何在频繁的故障中确保数据存储的安全、保证提供不间断的数据存储服务是 GFS 最核心的问题。GFS 的精彩在于它采用了多种方法，从多个角度，使用不同的容错措施来确保整个系统的可靠性。

4.2.1　系统架构

　　GFS 的系统架构如图 4.5 所示。GFS 将整个系统的节点分为三类角色：Client（客户端）、Master（主服务器）和 Chunk Server（数据块服务器）。Client 是 GFS 提供给应用程序的访问接口，它是一组专用接口，不遵守 POSIX 规范，以库文件的形式提供。应用程序直接调用这些库函数，并与该库链接在一起。Master 是 GFS 的管理节点，在逻辑上只有一个，它保存系统的元数据，负责整个文件系统的管理，是 GFS 文件系统中的大脑。Chunk Server 负责具体的存储工作。数据以文件的形式存储在 Chunk Server 上，Chunk Server 的个数可以有多个，它的数目直接决定了 GFS 的规模。GFS 将文件按照固定大小进行分块，默认是 64MB，每一块称为一个 Chunk（数据块），每个 Chunk 都有一个对应的索引号（Index）。

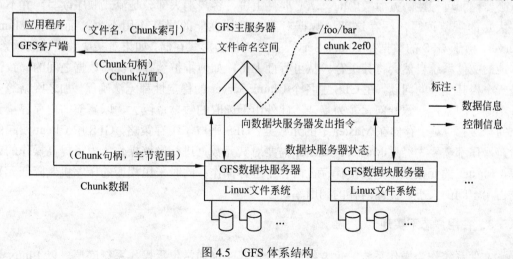

图 4.5　GFS 体系结构

　　客户端在访问 GFS 时，首先访问 Master 节点，获取将要与之进行交互的 Chunk Server 信息，然后直接访问这些 Chunk Server 完成数据存取。GFS 的这种设计方法实现了控制流和数据流的分离。Client 与 Master 之间只有控制流，而无数据流，这样就极大地降低了 Master 的负载，使之不成为系统性能的一个瓶颈。Client 与 Chunk Server 之间直接传输数据流，同时由于文件被分成多个 Chunk 进行分布式存储，Client 可以同时访问多个 Chunk Server，从而使得整个系统 I/O 高度并行，系统整体性能得到提高。

相对于传统的分布式文件系统，GFS 针对 Google 应用的特点从多个方面进行了简化，从而在一定规模下达到成本、可靠性和性能的最佳平衡。具体来说，它具有以下几个特点。

1. 采用中心服务器模式

GFS 采用中心服务器模式来管理整个文件系统，可以大大简化设计，从而降低实现难度。Master 管理了分布式文件系统中的所有元数据。文件划分为 Chunk 进行存储，对于 Master 来说，每个 Chunk Server 只是一个存储空间。Client 发起的所有操作都需要先通过 Master 才能执行。这样做有许多好处，增加新的 Chunk Server 是一件十分容易的事情，Chunk Server 只需要注册到 Master 上即可，Chunk Server 之间无任何关系。如果采用完全对等的和无中心的模式，那么如何将 Chunk Server 的更新信息通知到每一个 Chunk Server，会是设计的一个难点，而这也将在一定程度上影响系统的扩展性。Master 维护了一个统一的命名空间，同时掌握整个系统内 Chunk Server 的情况，据此可以实现整个系统范围内数据存储的负载均衡。由于只有一个中心服务器，元数据的一致性问题自然解决。当然，中心服务器模式也带来一些固有的缺点，比如极易成为整个系统的瓶颈等。GFS 采用多种机制来避免 Master 成为系统性能和可靠性上的瓶颈，如尽量控制元数据的规模、对 Master 进行远程备份、控制信息和数据分流等。

2. 不缓存数据

缓存机制是提升文件系统性能的一个重要手段，通用文件系统为了提高性能，一般需要实现复杂的缓存（Cache）机制。GFS 文件系统根据应用的特点，没有实现缓存，这是从必要性和可行性两方面考虑的。从必要性上讲，客户端大部分是流式顺序读写，并不存在大量的重复读写，缓存这部分数据对系统整体性能的提高作用不大；而对于 Chunk Server，由于 GFS 的数据在 Chunk Server 上以文件的形式存储，如果对某块数据读取频繁，本地的文件系统自然会将其缓存。从可行性上讲，如何维护缓存与实际数据之间的一致性是一个极其复杂的问题，在 GFS 中各个 Chunk Server 的稳定性都无法确保，加之网络等多种不确定因素，一致性问题尤为复杂。此外由于读取的数据量巨大，以当前的内存容量无法完全缓存。对于存储在 Master 中的元数据，GFS 采取了缓存策略，GFS 中 Client 发起的所有操作都需要先经过 Master。Master 需要对其元数据进行频繁操作，为了提高操作的效率，Master 的元数据都是直接保存在内存中进行操作；同时采用相应的压缩机制降低元数据占用空间的大小，提高内存的利用率。

3. 在用户态下实现

文件系统作为操作系统的重要组成部分，其实现通常位于操作系统底层。以 Linux 为例，无论是本地文件系统如 Ext3 文件系统，还是分布式文件系统如 Lustre 等，都是在内核态实现的。在内核态实现文件系统，可以更好地和操作系统本身结合，向上提供兼容的 POSIX 接口。然而，GFS 却选择在用户态下实现，主要基于以下考虑。

- □ 在用户态下实现，直接利用操作系统提供的 POSIX 编程接口就可以存取数据，无需了解操作系统的内部实现机制和接口，从而降低了实现的难度，并提高了通用性。

- ❑ POSIX 接口提供的功能更为丰富，在实现过程中可以利用更多的特性，而不像内核编程那样受限。
- ❑ 用户态下有多种调试工具，而在内核态中调试相对比较困难。
- ❑ 用户态下，Master 和 Chunk Server 都以进程的方式运行，单个进程不会影响到整个操作系统，从而可以对其进行充分优化。在内核态下，如果不能很好地掌握其特性，效率不但不会高，甚至还会影响到整个系统运行的稳定性。
- ❑ 用户态下，GFS 和操作系统运行在不同的空间，两者耦合性降低，从而方便 GFS 自身和内核的单独升级。

4. 只提供专用接口

通常的分布式文件系统一般都会提供一组与 POSIX 规范兼容的接口。其优点是应用程序可以通过操作系统的统一接口来透明地访问文件系统，而不需要重新编译程序。GFS 在设计之初，是完全面向 Google 的应用的，采用了专用的文件系统访问接口。接口以库文件的形式提供，应用程序与库文件一起编译，Google 应用程序在代码中通过调用这些库文件的 API，完成对 GFS 文件系统的访问。采用专用接口有以下好处。

- ❑ 降低了实现的难度。通常与 POSIX 兼容的接口需要在操作系统内核一级实现，而 GFS 是在应用层实现的。
- ❑ 采用专用接口可以根据应用的特点对应用提供一些特殊支持，如支持多个文件并发追加的接口等。
- ❑ 专用接口直接和 Client、Master、Chunk Server 交互，减少了操作系统之间上下文的切换，降低了复杂度，提高了效率。

4.2.2　容错机制

1. Master 容错

具体来说，Master 上保存了 GFS 文件系统的三种元数据。

- ❑ 命名空间（Name Space），也就是整个文件系统的目录结构。
- ❑ Chunk 与文件名的映射表。
- ❑ Chunk 副本的位置信息，每一个 Chunk 默认有三个副本。

首先就单个 Master 来说，对于前两种元数据，GFS 通过操作日志来提供容错功能。第三种元数据信息则直接保存在各个 Chunk Server 上，当 Master 启动或 Chunk Server 向 Master 注册时自动生成。因此当 Master 发生故障时，在磁盘数据保存完好的情况下，可以迅速恢复以上元数据。为了防止 Master 彻底死机的情况，GFS 还提供了 Master 远程的实时备份，这样在当前的 GFS Master 出现故障无法工作的时候，另外一台 GFS Master 可以迅速接替其工作。

2. Chunk Server 容错

GFS 采用副本的方式实现 Chunk Server 的容错。每一个 Chunk 有多个存储副本（默认为三个），分别存储在不同的 Chunk Server 上。副本的分布策略需要考虑多种因素，如网络的拓扑、机架的分布和磁盘的利用率等。对于每一个 Chunk，必须将所有的副本全部写入成功，才视为成功写入。在其后的过程中，如果相关的副本出现丢失或不可恢复等状况，Master 会自动将该副本复制到其他 Chunk Server，从而确保副本保持一定的个数。尽管一份数据需要存储三份，好像磁盘空间的利用率不高，但综合比较多种因素，加之磁盘的成本不断下降，采用副本无疑是最简单、最可靠和最有效，而且实现的难度也最小的一种方法。

GFS 中的每一个文件被划分成多个 Chunk，Chunk 的默认大小是 64MB，这是因为 Google 应用中处理的文件都比较大，以 64MB 为单位进行划分，是一个较为合理的选择。Chunk Server 存储的是 Chunk 的副本，副本以文件的形式进行存储。每一个 Chunk 以 Block 为单位进行划分，大小为 64KB，每一个 Block 对应一个 32bit 的校验和。当读取一个 Chunk 副本时，Chunk Server 会将读取的数据和校验和进行比较，如果不匹配，就会返回错误，从而使 Client 选择其他 Chunk Server 上的副本。

4.2.3　系统管理技术

严格意义上来说，GFS 是一个分布式文件系统，包含从硬件到软件的整套解决方案。除了上面提到的 GFS 的一些关键技术外，还有相应的系统管理技术来支持整个 GFS 的应用，这些技术可能并不一定为 GFS 所独有。

1. 大规模集群安装技术

安装 GFS 的集群中通常有非常多的节点，GFS 刚发明时 Google 内部最大的集群就超过 1000 个节点，而现在的 Google 数据中心动辄有万台以上的机器在运行。那么，迅速地安装、部署一个 GFS 的系统，以及迅速地进行节点的系统升级等，都需要相应的技术支撑。

2. 故障检测技术

GFS 是构建在不可靠的廉价计算机之上的文件系统，由于节点数目众多，故障发生十分频繁，如何在最短的时间内发现并确定发生故障的 Chunk Server，需要相关的集群监控技术。

3. 节点动态加入技术

当有新的 Chunk Server 加入时，如果需要事先安装好系统，那么系统扩展将是一件十分烦琐的事情。如果能够做到只需将裸机加入，就会自动获取系统并安装运行，那么将会大大减少 GFS 维护的工作量。

4. 节能技术

有关数据表明，服务器的耗电成本大于当初的购买成本，因此 Google 采用了多种机制来降低服务器的能耗。例如，对服务器主板进行修改，采用蓄电池代替昂贵的 UPS（不间断电源系统），提高能量的利用率。Rich Miller 在一篇关于数据中心的博客文章中表示，这个设计让 Google 的 UPS 利用率达到 99.9%，而一般数据中心只能达到 92%~95%。

4.3　并行数据处理 MapReduce

MapReduce 是 Google 提出的一个软件架构，是一种处理海量数据的并行编程模式，用于大规模数据集（通常大于 1TB）的并行运算。"Map（映射）"、"Reduce（化简）"的概念和主要思想，都是从函数式编程语言和矢量编程语言借鉴来的。正是由于 MapReduce 有函数式和矢量编程语言的共性，使得这种编程模式特别适合于非结构化和结构化的海量数据的搜索、挖掘、分析与机器智能学习等。

4.3.1　产生背景

MapReduce 这种并行编程模式思想最早是在 1995 年提出的，John Darlington, Yi-ke Guo, Hing Wing 在论文<<To. Structured parallel programming: theory meets practice. Computing tomorrow: future research directions in computer science book contents Pages: 49-65>>首次提出了"map"和"fold"的概念，和现在 Google 所使用的"Map"和"Reduce"思想是相吻合的。

与传统的分布式程序设计相比，MapReduce 封装了并行处理、容错处理、本地化计算和负载均衡等细节，还提供了一个简单而强大的接口。通过这个接口，可以把大尺度的计算自动地并发和分布执行，从而使编程变得非常容易。还可以通过由普通 PC 构成的巨大集群来达到极高的性能。另外，MapReduce 也具有较好的通用性，大量不同的问题都可以简单地通过 MapReduce 来解决。

MapReduce 把对数据集的大规模操作，分发给一个主节点管理下的各分节点共同完成，通过这种方式实现任务的可靠执行与容错机制。在每个时间周期，主节点都会对分节点的工作状态进行标记，一旦分节点状态标记为死亡状态，则这个节点的所有任务都将分配给其他分节点重新执行。

据相关统计，每使用一次 Google 搜索引擎，Google 的后台服务器就要进行 1011 次运算。这么庞大的运算量，如果没有好的负载均衡机制，有些服务器的利用率会很低，有些则会负荷太重，有些甚至可能死机，这些都会影响系统对用户的服务质量。而使用 MapReduce 这种编程模式，就保持了服务器之间的均衡，提高了整体效率。

4.3.2　编程模型

MapReduce 的运行模型如图 4.6 所示。图中有 M 个 Map 操作和 R 个 Reduce 操作。

简单地说，一个 Map 函数就是对一部分原始数据进行指定的操作。每个 Map 操作都针对不同的原始数据，因此 Map 与 Map 之间是互相独立的，这就使得它们可以充分并行化。一个 Reduce 操作就是对每个 Map 所产生的一部分中间结果进行合并操作，每个 Reduce 所处理的 Map 中间结果是互不交叉的，所有 Reduce 产生的最终结果经过简单连接就形成了完整的结果集，因此 Reduce 也可以在并行环境下执行。

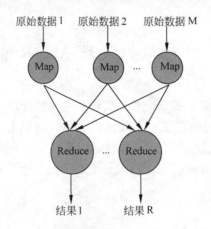

图 4.6　MapReduce 的运行模型

在编程的时候，开发者需要编写两个主要函数：

```
Map: (in_key, in_value)　{(keyj, valuej) | j = 1…k}
Reduce: (key, [value1,…,valuem])　(key, final_value)
```

Map 和 Reduce 的输入参数和输出结果根据应用的不同而有所不同。Map 的输入参数是 in_key 和 in_value，它指明了 Map 需要处理的原始数据是哪些。Map 的输出结果是一组 <key,value> 对，这是经过 Map 操作后所产生的中间结果。在进行 Reduce 操作之前，系统已经将所有 Map 产生的中间结果进行了归类处理，使得相同 key 对应的一系列 value 能够集结在一起提供给一个 Reduce 进行归并处理，也就是说，Reduce 的输入参数是（key, [value1,…,valuem]）。Reduce 的工作是需要对这些对应相同 key 的 value 值进行归并处理，最终形成（key, final_value）的结果。这样，一个 Reduce 处理了一个 key，所有 Reduce 的结果并在一起就是最终结果。

例如，假设我们想用 MapReduce 来计算一个大型文本文件中各个单词出现的次数，Map 的输入参数指明了需要处理哪部分数据，以 <在文本中的起始位置，需要处理的数据长度> 表示，经过 Map 处理，形成一批中间结果 <单词，出现次数>。而 Reduce 函数则是把中间结果进行处理，将相同单词出现的次数进行累加，得到每个单词总的出现次数。

4.3.3　实现机制

实现 MapReduce 操作的执行流程图如图 4.7 所示。

当用户程序调用 MapReduce 函数，就会引起如下操作（图中的数字标示和下面的数字标示相同）。

（1）用户程序中的 MapReduce 函数库首先把输入文件分成 M 块，每块大概 16M～64MB（可以通过参数决定），接着在集群的机器上执行处理程序。

（2）这些分派的执行程序中有一个程序比较特别，它是主控程序 Master。剩下的执行程序都是作为 Master 分派工作的 Worker（工作机）。总共有 M 个 Map 任务和 R 个 Reduce 任务需要分派，Master 选择空闲的 Worker 来分配这些 Map 或者 Reduce 任务。

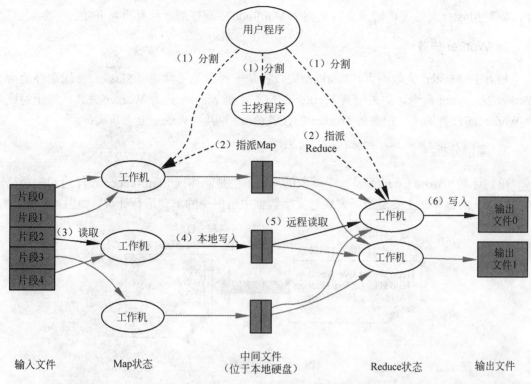

图 4.7　MapReduce 执行流程图

（3）一个分配了 Map 任务的 Worker 读取并处理相关的输入块。它处理输入的数据，并且将分析出的<key,value>对传递给用户定义的 Map 函数。Map 函数产生的中间结果<key,value>对暂时缓冲到内存。

（4）这些缓冲到内存的中间结果将被定时写到本地硬盘，这些数据通过分区函数分成 R 个区。中间结果在本地硬盘的位置信息将被发送回 Master，然后 Master 负责把这些位置信息传送给 Reduce Worker。

（5）当 Master 通知 Reduce 的 Worker 关于中间<key,value>对的位置时，它调用远程过程来从 Map Worker 的本地硬盘上读取缓冲的中间数据。当 Reduce Worker 读到所有的中间数据，它就使用中间 key 进行排序，这样可以使得相同 key 的值都在一起。因为有许多不同 key 的 Map 都对应相同的 Reduce 任务，所以，排序是必需的。如果中间结果集过于庞大，那么就需要使用外排序。

（6）Reduce Worker 根据每一个唯一中间 key 来遍历所有的排序后的中间数据，并且把 key 和相关的中间结果值集合传递给用户定义的 Reduce 函数。Reduce 函数的结果输出到一个最终的输出文件。

（7）当所有的 Map 任务和 Reduce 任务都已经完成的时候，Master 激活用户程序。此时 MapReduce 返回用户程序的调用点。

由于 MapReduce 是用在成百上千台机器上处理海量数据的，所以容错机制是不可或缺的。总的说来，MapReduce 是通过重新执行失效的地方来实现容错的。

1．Master 失效

在 Master 中，会周期性地设置检查点（checkpoint），并导出 Master 的数据。一旦某个任务失效了，就可以从最近的一个检查点恢复并重新执行。不过由于只有一个 Master 在运行，如果 Master 失效了，则只能终止整个 MapReduce 程序的运行并重新开始。

2．Worker 失效

相对于 Master 失效而言，Worker 失效算是一种常见的状态。Master 会周期性地给 Worker 发送 ping 命令，如果没有 Worker 的应答，则 Master 认为 Worker 失效，终止对这个 Worker 的任务调度，把失效 Worker 的任务调度到其他 Worker 上重新执行。

3．案例分析

单词计数（Word Count）是一个经典的问题，也是能体现 MapReduce 设计思想的最简单算法之一。该算法主要是为了完成对文字数据中所出现的单词进行计数，如图 4.8 所示。

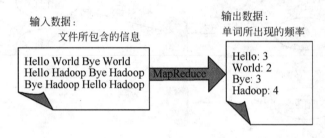

图 4.8　单词计数

伪代码如下：

```
Map(K,V){
For each word w in V
        Collect(w , 1);
}
Reduce(K,V[ ]){
int count = 0;
    For each v in V
        count += v;
    Collect(K , count);
}
```

下面就根据 MapReduce 的 4 个执行步骤对这一算法进行详细的介绍。

（1）根据文件所包含的信息分割（Split）文件，在这里把文件的每行分割为一组，共三组，如图 4.9 所示。这一步由系统自动完成。

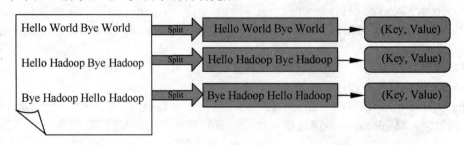

图 4.9　分割过程

（2）对分割之后的每一对<key,value>利用用户定义的 Map 进行处理，再生成新的 <key,value>对，如图 4.10 所示。

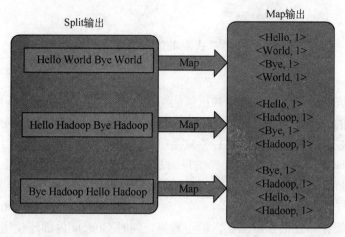

图 4.10 Map 过程

（3）Map 输出之后有一个内部的 Fold 过程，和第一步一样，都是由系统自动完成的，如图 4.11 所示。

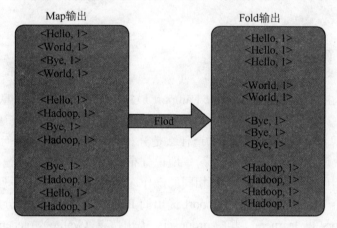

图 4.11 Fold 过程

（4）经过 Fold 步骤之后的输出与结果已经非常接近，再由用户定义的 Reduce 步骤完成最后的工作即可，如图 4.12 所示。

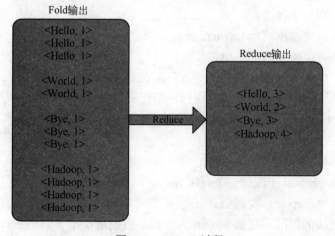

图 4.12 Reduce 过程

4.4　分布式锁服务 Chubby

Chubby 是 Google 设计的提供粗粒度锁服务的一个文件系统，它基于松耦合分布式系统，解决了分布的一致性问题。通过使用 Chubby 的锁服务，用户可以确保数据操作过程中的一致性。不过值得注意的是，这种锁只是一种建议性的锁（Advisory Lock）而不是强制性的锁（Mandatory Lock），如此选择的目的是使系统具有更大的灵活性。

GFS 使用 Chubby 来选取一个 GFS 主服务器，BigTable 使用 Chubby 指定一个主服务器并发现、控制与其相关的子表服务器。除了最常用的锁服务之外，Chubby 还可以作为一个稳定的存储系统存储包括元数据在内的小数据。同时 Google 内部还使用 Chubby 进行名字服务（Name Server）。本节首先简要介绍 Paxos 算法，因为 Chubby 内部一致性问题的实现用到了 Paxos 算法；然后围绕 Chubby 系统的设计和实现展开讲解。通过本节的学习读者应该对分布式系统中一致性问题的一般性算法有初步的了解，着重掌握 Chubby 系统设计和实现的精髓。

4.4.1　Paxos 算法

Paxos 算法是由供职于微软的 Leslie Lamport 最先提出的一种基于消息传递（Messages Passing）的一致性算法。在目前所有的一致性算法中，该算法最常用且被认为是最有效的。要想了解 Paxos 算法，我们首先需要知道什么是分布式系统中的一致性问题，因为 Paxos 算法就是为了解决这个问题而提出的。简单地说分布式系统的一致性问题，就是如何保证系统中初始状态相同的各个节点在执行相同的操作序列时，看到的指令序列是完全一致的，并且最终得到完全一致的结果。在 Lamport 提出的 Paxos 算法中节点被分成了三种类型：proposers、acceptors 和 learners。其中 proposers 提出决议（Value），acceptors 批准决议，learners 获取并使用已经通过的决议。一个节点可以兼有多重类型。在这种情况下，满足以下三个条件就可以保证数据的一致性：

（1）决议只有在被 proposers 提出后才能批准。

（2）每次只批准一个决议。

（3）只有决议确定被批准后 learners 才能获取这个决议。

Lamport 通过约束条件的不断加强，最后得到了一个可以实际运用到算法中的完整约束条件：如果一个编号为 n 的提案具有值 v，那么存在一个多数派，要么他们中没有人批准过编号小于 n 的任何提案，要么他们进行的最近一次批准具有值 v。为了保证决议的唯一性，acceptors 也要满足一个如下的约束条件：当且仅当 acceptors 没有收到编号大于 n 的请求时，acceptors 才批准编号为 n 的提案。

在这些约束条件的基础上，可以将一个决议的通过分成两个阶段。

（1）准备阶段：proposers 选择一个提案并将它的编号设为 n，然后将它发送给 acceptors 中的一个多数派。Acceptors 收到后，如果提案的编号大于它已经回复的所有消息，则 acceptors 将自己上次的批准回复给 proposers，并不再批准小于 n 的提案。

（2）批准阶段：当 proposers 接收到 acceptors 中这个多数派的回复后，就向回复请求的 acceptors 发送 accept 请求，在符合 acceptors 一方的约束条件下，acceptors 收到 accept 请求后即批准这个请求。

为了减少决议发布过程中的消息量，acceptors 将这个通过的决议发送给 learners 的一个子集，然后由这个子集中的 learners 去通知所有其他的 learners。一般情况下，以上的算法过程就可以成功地解决一致性问题，但是也有特殊情况。根据算法一个编号更大的提案会终止之前的提案过程，如果两个 proposer 在这种情况下都转而提出一个编号更大的提案，那么就可能陷入活锁。此时需要选举出一个 president，仅允许 president 提出提案。

以上只是简要地向大家介绍了 Paxos 算法的核心内容，关于更多的实现细节读者可以参考 Lamport 关于 Paxos 算法实现的文章。

4.4.2　Chubby 系统设计

通常情况下 Google 的一个数据中心仅运行一个 Chubby 单元（Chubby cell，下面会有详细讲解），而这个单元需要支持包括 GFS、BigTable 在内的众多 Google 服务。这种苛刻的服务要求使得 Chubby 在设计之初就要充分考虑到系统需要实现的目标以及可能出现的各种问题。

Chubby 的设计目标主要有以下几点。

（1）高可用性和高可靠性。这是系统设计的首要目标，在保证这一目标的基础上再考虑系统的吞吐量和存储能力。

（2）高扩展性。将数据存储在价格较为低廉的 RAM，支持大规模用户访问文件。

（3）支持粗粒度的建议性锁服务。提供这种服务的根本目的是提高系统的性能。

（4）服务信息的直接存储。可以直接存储包括元数据和系统参数在内的有关服务信息，而不需要再维护另一个服务。

（5）支持通报机制。客户可以及时地了解到事件的发生。

（6）支持缓存机制。通过一致性缓存将常用信息保存在客户端，避免了频繁地访问主服务器。

前面提到在分布式系统中保持数据一致性最常用也最有效的算法是 Paxos，很多系统就是将 Paxos 算法作为其一致性算法的核心。但是 Google 并没有直接实现一个包含了 Paxos 算法的函数库，相反，Google 设计了一个全新的锁服务 Chubby。Google 做出这种设计主要是考虑到以下几个问题：

（1）通常情况下开发者在开发的初期很少考虑系统的一致性问题，但是随着开发的不断进行，这种问题会变得越来越严重。单独的锁服务可以保证原有系统的架构不会发生改变，而使用函数库的话很可能需要对系统的架构做出大幅度的改动。

（2）系统中很多事件的发生是需要告知其他用户和服务器的，使用一个基于文件系统的锁服务可以将这些变动写入文件中。这样其他需要了解这些变动的用户和服务器直接访问这些文件即可，避免了因大量的系统组件之间的事件通信带来的系统性能下降。

（3）基于锁的开发接口容易被开发者接受。虽然在分布式系统中锁的使用会有很大的不同，但是和一致性算法相比，锁显然被更多的开发者所熟知。

一般来说分布式一致性问题通过 quorum 机制（简单来说就是根据少数服从多数的选举原则产生一个决议）做出决策，为了保证系统的高可用性，需要若干台机器，但是使用单独的锁服务的话一台机器也能保证这种高可用性。也就是说，Chubby 在自身服务的实现时利用若干台机器实现了高可用性，而外部用户利用 Chubby 则只需一台机器就可以保证高可用性。

正是考虑到以上几个问题，Google 设计了 Chubby，而不是单独地维护一个函数库（实际上，Google 有这样一个独立于 Chubby 的函数库，不过一般情况下并不会使用）。在设计的过程中有一些细节问题也值得我们关注，比如在 Chubby 系统中采用了建议性的锁而没有采用强制性的锁。两者的根本区别在于用户访问某个被锁定的文件时，建议性的锁不会阻止这种行为，而强制性的锁则会，实际上这是为了便于系统组件之间的信息交互行为。另外 Chubby 还采用了粗粒度（Coarse-Grained）锁服务而没有采用细粒度（Fine-Grained）锁服务，两者的差异在于持有锁的时间。细粒度的锁持有时间很短，常常只有几秒甚至更少，而粗粒度的锁持有的时间可长达几天，做出如此选择的目的是减少频繁换锁带来的系统开销。当然用户也可以自行实现细粒度锁，不过建议还是使用粗粒度的锁。

图 4.13 就是 Chubby 的基本架构。很明显，Chubby 被划分成两个部分：客户端和服务器端，客户端和服务器端之间通过远程过程调用（RPC）来连接。在客户这一端每个客户应用程序都有一个 Chubby 程序库（Chubby Library），客户端的所有应用都是通过调用这个库中的相关函数来完成的。服务器一端称为 Chubby 单元，一般是由五个称为副本（Replica）的服务器组成的，这五个副本在配置上完全一致，并且在系统刚开始时处于对等地位。这些副本通过 quorum 机制选举产生一个主服务器（Master），并保证在一定的时间内有且仅有一个主服务器，这个时间就称为主服务器租约期（Master Lease）。如果某个服务器被连续推举为主服务器的话，这个租约期就会不断地被更新。租约期内所有的客户请求都是由主服务器来处理的。客户端如果需要确定主服务器的位置，可以向 DNS 发送一个主服务器定位请求，非主服务器的副本将对该请求做出回应，通过这种方式客户端能够快速和准确地对主服务器做出定位。

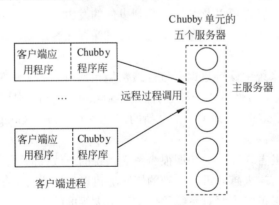

图 4.13　Chubby 的基本架构

4.4.3　Chubby 文件系统

Chubby 系统本质上就是一个分布式的和存储大量小文件的文件系统，它所有的操作都是在文件的基础上完成的。例如，在 Chubby 最常用的锁服务中，每一个文件就代表了一个锁，用户通过打开、关闭和读取文件，获取共享（Shared）锁或独占（Exclusive）锁。选举主服务器的过程中，符合条件的服务器都同时申请打开某个文件并请求锁住该文件。成功获得锁的服务器自动成为主服务器并将其地址写入这个文件夹，以便其他服务器和用户可以获知主服务器的地址信息。

Chubby 的文件系统和 UNIX 类似。例如，在文件名"/ls/foo/wombat/pouch"中，ls 代表 lock service，这是所有 Chubby 文件系统的共有前缀；foo 是某个单元的名称；/wombat/pouch 则是 foo 这个单元上的文件目录或者文件名。由于 Chubby 自身的特殊服务要求，Google 对 Chubby 做了一些与 UNIX 不同的改变。例如，Chubby 不支持内部文件的移动；不记录文件的最后访问时间；另外在 Chubby 中并没有符号连接（Symbolic Link，又叫软连接，类似于 Windows 系统中的快捷方式）和硬连接（Hard Link，类似于别名）的概念。在具体实现时，文件系统由许多节点组成，分为永久型和临时型，每个节点就是一个文件或目录。节点中保存着包括 ACL（Access Control List，访问控制列表）在内的多种系统元数据。为了用户能够及时了解元数据的变动，系统规定每个节点的元数据都应当包含以下四种单调递增的 64 位编号。

（1）实例号（Instance Number）：新节点实例号必定大于旧节点的实例号。

（2）内容生成号（Content Generation Number）：文件内容修改时该号增加。

（3）锁生成号（Lock Generation Number）：锁被用户持有时该号增加。

（4）ACL 生成号（ACL Generation Number）：ACL 名被覆写时该号增加。

用户在打开某个节点时就会获取一个类似于 UNIX 中文件描述符（File Descriptor）的句柄（Handles），这个句柄由以下三个部分组成。

（1）校验数位（Check Digit）：防止其他用户创建或猜测这个句柄。

（2）序号（Sequence Number）：用来确定句柄是由当前还是以前的主服务器创建的。

（3）模式信息（Mode Information）：用于新的主服务器重新创建一个旧的句柄。

在实际的执行中，为了避免所有的通信都使用序号带来的系统开销增长，Chubby 引入了 sequencer 的概念。sequencer 实际上就是一个序号，只不过这个序号只能由锁的持有者在获取锁时向系统发出请求来获得。这样一来 Chubby 系统中只有涉及锁的操作才需要序号，其他一概不用。在文件操作中，用户可以将句柄看做一个指向文件系统的指针。这个指针支持一系列的操作，常用的句柄操作函数如表 4-2 所示。

表 4.2　常用句柄函数及其作用

函数名称	作　　用
Open()	打开某个文件或者目录来创建句柄
Close()	关闭打开的句柄，后续的任何操作都将中止
Poison()	中止当前未完成及后续的操作，但不关闭句柄
GetContentsAndStat()	返回文件内容及元数据
GetStat()	只返回文件元数据
ReadDir()	返回子目录名称及其元数据
SetContents()	向文件中写入内容
SetACL()	设置 ACL 名称
Delete()	如果该节点没有子节点的话则执行删除操作
Acquire()	获取锁

续表

函数名称	作　用
Release()	释放锁
GetSequencer()	返回一个 sequencer
SetSequencer()	将 sequencer 和某个句柄进行关联
CheckSequencer()	检查某个 sequencer 是否有效

4.4.4　通信协议

客户端和主服务器之间的通信是通过 KeepAlive 协议来维持的。图 4.14 就是这一通信过程的简单示意图。

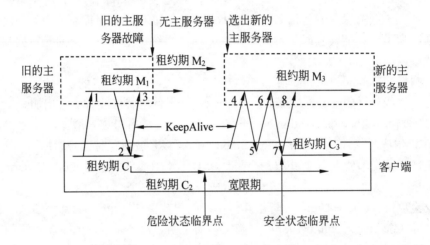

图 4.14　Chubby 客户端与服务器端的通信过程

图 4.14 中从左到右时间在增加，斜向上的箭头表示一次 KeepAlive 请求，斜向下的箭头则是主服务器的一次回应。M1、M2 和 M3 表示不同的主服务器租约期。C1、C2 和 C3 则是客户端对主服务器租约期时长做出的一个估计。KeepAlive 是周期发送的一种信息，它主要有两方面的功能：延迟租约的有效期和携带事件信息告诉用户更新。主要的事件包括文件内容被修改、子节点的增加、删除和修改、主服务器出错、句柄失效等。正常情况下，通过 KeepAlive 协议租约期会得到延长，事件也会及时地通知给用户。但是由于系统有一定的失效概率，引入故障处理措施是很有必要的。通常情况下系统可能会出现两种故障：客户端租约期过期和主服务器故障，对于这两种情况系统有着不同的应对方式。

1. 客户端租约过期

刚开始时，客户端向主服务器发出一个 KeepAlive 请求（图 4.14 中的 1），如果有需要通知的事件时则主服务器会立刻做出回应，否则主服务器并不立刻对这个请求做出回应，而是等到客户端的租约期 C1 快结束的时候才做出回应（图 4.14 中的 2），并更新主服务器租约期为 M2。客户端在接到这个回应后认为该主服务器仍处于活跃状态，于是将租约期更新为 C2 并立刻发出新的 KeepAlive 请求（图 4.14 中的 3）。同样的，主服务器可能不是立刻回应而是等待 C2 接近结束，但是在这个过程中主服务器出现故障停止使用。在等待了一段时间后 C2 到期，由于并没有收到主服务器的回应，系统向客户端发出一个危险（Jeopardy）事件，客户端清空并暂时停用自己的缓存，从而进入一个称为宽限期（Grace Period）的危险状态。这个宽限期默认是 45 秒。在宽限期内，客户端不会立刻断开其与服务器端的联系，而是不断地做探询。图 4.14 中新的主服务器很快被重新选出，当它接到客户端的第一个 KeepAlive 请求（图 4.14 中的 4）时会拒绝（图 4.14 中的 5），因为这个请求的纪元号（Epoch Number）错误。不同主服务器的纪元号不相同，客户端的每次请求都需要这个号来保证处理的请求是针对当前的主服务器。客户端在主服务器拒绝之后会使用新的纪元号来发送 KeepAlive 请求（图 4.14 中的 6）。新的主服务器接受这个请求并立刻做出回应（图 4.14 中的 7）。如果客户端接收到这个回应的时间仍处于宽限期内，则系统会恢复到安全状态，租约期更新为 C3。如果在宽限期未接到主服务器的相关回应，则客户端终止当前的会话。

2．主服务器出错

在客户端和主服务器端进行通信时可能会遇到主服务器故障，图 4.14 就出现了这种情况。正常情况下旧的主服务器出现故障后系统会很快地选举出新的主服务器，新选举的主服务器在完全运行前需要经历以下九个步骤。

（1）产生一个新的纪元号以便今后客户端通信时使用，这能保证当前的主服务器不必处理针对旧的主服务器的请求。

（2）只处理主服务器位置相关的信息，不处理会话相关的信息。

（3）构建处理会话和锁所需的内部数据结构。

（4）允许客户端发送 KeepAlive 请求，不处理其他会话相关的信息。

（5）向每个会话发送一个故障事件，促使所有的客户端清空缓存。

（6）等待直到所有的会话都收到故障事件或会话终止。

（7）开始允许执行所有的操作。

（8）如果客户端使用了旧的句柄则需要为其重新构建新的句柄。

（9）一定时间段后（1 分钟），删除没有被打开过的临时文件夹。

如果这一过程在宽限期内顺利完成，则用户不会感觉到任何故障的发生，也就是说新旧主服务器的替换对于用户来说是透明的，用户感觉到的仅仅是一个延迟。使用宽限期的好处正是如此。

在系统实现时，Chubby 还使用了一致性客户端缓存（Consistent Client-Side Caching）技术，这样做的目的是减少通信压力，降低通信频率。在客户端保存一个和单元上数据一致的本地缓存，这样需要时客户可以直接从缓存中取出数据而不用再和主服务器通信。当某个文件数据或者元数据需要修改时，主服务器首先将这个修改阻塞；然后通过查询主服务器自身维护的一个缓存表，向所有对修改的数据进行了缓存的客户端发送一个无效标志（Invalidation）；客户端收到这个无效标志后会返回一个确认（Acknowledge），主服务器在收到所有的确认后才解除阻塞并完成这次修改。这个过程的执行效率非常高，仅仅需要发送一次无效标志即可，因为主服务器对于没有返回确认的节点就直接认为其是未缓存的。

4.4.5　正确性与性能

1．一致性

前面提到过每个 Chubby 单元是由五个副本组成的，这五个副本中需要选举产生一个主服务器，这种选举本质上就是一个一致性问题。在实际的执行过程中，Chubby 使用 Paxos 算法来解决这个问题。

　　主服务器产生后客户端的所有读写操作都是由主服务器来完成的。读操作很简单，客户直接从主服务器上读取所需数据即可，但是写操作就涉及数据一致性的问题了。为了保证客户的写操作能够同步到所有的服务器上，系统再次利用了 Paxos 算法。因此，可以看出 Paxos 算法在分布式一致性问题中的作用是巨大的。

2．安全性

　　Chubby 采用的是 ACL 形式的安全保障措施。系统中有三种 ACL 名，分别是写 ACL 名（Write ACL Name）、读 ACL 名（Read ACL Name）和变更 ACL 名（Change ACL Name）。只要不被覆写，子节点都是直接继承父节点的 ACL 名。ACL 同样被保存在文件中，它是节点元数据的一部分，用户在进行相关操作时首先需要通过 ACL 来获取相应的授权。图 4.15 是一个用户成功写文件所需经历的过程。

　　用户 chinacloud 请求向文件 CLOUD 中写入内容。CLOUD 首先读取自身的写 ACL 名是 fun，接着在 fun 中查到了 chinacloud 这一行记录，于是返回信息允许 chinacloud 对文件进行写操作，此时 chinacloud 才被允许向 CLOUD 写入内容。其他的操作和写操作类似。

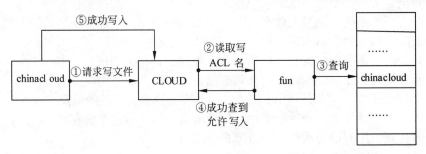

图 4.15　Chubby 的 ACL 机制

3．性能优化

　　为了满足系统的高可扩展性，Chubby 目前已经采取了一些措施。比如提高主服务器默认的租约期、使用协议转换服务将 Chubby 协议转换成较简单的协议。还有就是使用上面提到的客户端一致性缓存。除此之外，Google 的工程师们还考虑使用代理（Proxy）和分区（Partition）技术，虽然目前这两种技术并没有实际使用，但是在设计的时候还是被包含进系统，不排除将来使用的可能。代理可以减少主服务器处理 KeepAlive 以及读请求带来的服务器负载，但是它并不能减少写操作带来的通信量。不过根据 Google 自己的数据统计表明，在所有的请求中，写请求仅占极少的一部分，几乎可以忽略不计。使用分区技术的话可以将一个单元的命名空间（Name Space）划分成 N 份。除了少量的跨分区通信外，大部分的分区都可以独自地处理服务请求。通过分区可以减少各个分区上的读写通信量，但不能减少 KeepAlive 请求的通信量。因此，如果需要的话，将代理和分区技术结合起来使用才可以明显提高系统同时处理的服务请求量。

4.5　分布式结构化数据表 BigTable

　　BigTable 是 Google 开发的基于 GFS 和 Chubby 的分布式存储系统。Google 的很多数据，包括 Web 索引、卫星图像数据等在内的海量结构化和半结构化数据，都是存储在 BigTable 中的。从实现上来看，BigTable 并没有什么全新的技术，但是如何选择合适的技术并将这些技术高效、巧妙地结合在一起恰恰是最大的难点。Google 的工程师通过研究以及大量的实践，完美实现了相关技术的选择及融合。BigTable 在很多方面和数据库类似，但它并不是真正意义上的数据库。通过本节的学习，读者将会对 BigTable 的数据模型、系统架构、实现及它使用的一些数据库技术有一个全面的认识。

4.5.1　设计动机与目标

Google 设计 BigTable 的动机主要有如下三个方面。

（1）需要存储的数据种类繁多。Google 目前向公众开放的服务很多，需要处理的数据类型也非常多。包括 URL、网页内容和用户的个性化设置在内的数据都是 Google 需要经常处理的。

（2）海量的服务请求。Google 运行着目前世界上最繁忙的系统，它每时每刻处理的客户服务请求数量是普通的系统根本无法承受的。

（3）商用数据库无法满足 Google 的需求。一方面现有商用数据库的设计着眼点在于其通用性，面对 Google 的苛刻服务要求根本无法满足，而且在数量庞大的服务器上根本无法成功部署普通的商用数据库。另一方面对于底层系统的完全掌控会给后期的系统维护和升级带来极大的便利。

在仔细考察了 Google 的日常需求后，BigTable 开发团队确定了 BigTable 设计所需达到的如下几个基本目标。

（1）广泛的适用性。BigTable 是为了满足一系列 Google 产品而并非特定产品的存储要求。

（2）很强的可扩展性。根据需要随时可以加入或撤销服务器。

（3）高可用性。对于客户来说，有时候即使短暂的服务中断也是不能忍受的。BigTable 设计的重要目标之一就是确保几乎所有的情况下系统都可用。

（4）简单性。底层系统的简单性既可以减少系统出错的概率，也为上层应用的开发带来便利。

在目标确定之后，Google 开发者就在现有的数据库技术中进行了大规模的筛选，希望各种技术之间能够扬长避短，巧妙地结合起来。最终实现的系统也确实达到了原定的目标。下面就开始详细讲解 BigTable。

4.5.2　数据模型

BigTable 是一个分布式多维映射表，表中的数据是通过一个行关键字（Row Key）、一个列关键字（Column Key）及一个时间戳（Time Stamp）进行索引的。BigTable 对存储在其中的数据不做任何解析，一律看做字符串，具体数据结构的实现需要用户自行处理。BigTable 的存储逻辑可以表示为：

```
(row:string, column:string, time:int64)→string
```

BigTable 数据的存储格式如图 4.16 所示。

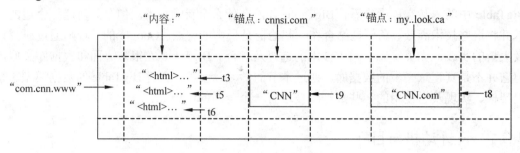

图 4.16 BigTable 数据模型

1. 行

BigTable 的行关键字可以是任意的字符串，但是大小不能够超过 64KB。BigTable 和传统的关系型数据库有很大不同，它不支持一般意义上的事务，但能保证对于行的读写操作具有原子性（Atomic）。表中数据都是根据行关键字进行排序的，排序使用的是词典序。图 4.16 是 BigTable 数据模型的一个典型实例，其中 com.cn.www 就是一个行关键字。不直接存储网页地址而将其倒排是 BigTable 的一个巧妙设计。这样做至少会带来以下两个好处。

（1）同一地址域的网页会被存储在表中的连续位置，有利于用户查找和分析。

（2）倒排便于数据压缩，可以大幅提高压缩率。

单个的大表由于规模问题不利于数据的处理，因此 BigTable 将一个表分成了很多子表（Tablet），每个子表包含多个行。子表是 BigTable 中数据划分和负载均衡的基本单位。有关子表的内容会在稍后详细讲解。

2. 列

BigTable 并不是简单地存储所有的列关键字，而是将其组织成所谓的列族（Column Family），每个族中的数据都属于同一个类型，并且同族的数据会被压缩在一起保存。引入了列族的概念之后，列关键字就采用下述的语法规则来定义。

族名：限定词（family：qualifier）

族名必须有意义，限定词则可以任意选定。在图 4.16 中，内容（Contents）和锚点（Anchor，就是 HTML 中的链接）都是不同的族。而 cnnsi.com 和 my.look.ca 则是锚点族中不同的限定词。通过这种方式组织的数据结构清晰明了，含义也很清楚。族同时也是 BigTable 中访问控制（Access Control）的基本单元，也就是说访问权限的设置是在族这一级别上进行的。

3. 时间戳

Google 的很多服务比如网页检索和用户的个性化设置等都需要保存不同时间的数据，这些不同的数据版本必须通过时间戳来区分。图 4.16 中内容列的 t3、t5 和 t6 表明其中保存了在 t3、t5 和 t6 这三个时间获取的网页。BigTable 中的时间戳是 64 位整型数，具体的赋值方式可以采取系统默认的方式，也可以用户自行定义。

为了简化不同版本的数据管理，BigTable 目前提供了两种设置：一种是保留最近的 N

个不同版本，图 4.16 中数据模型采取的就是这种方法，它保存最新的三个版本数据。另一种就是保留限定时间内的所有不同版本，比如可以保存最近 10 天的所有不同版本数据。失效的版本将会由 BigTable 的垃圾回收机制自动处理。

4.5.3　系统架构

BigTable 是在 Google 的另外三个云计算组件基础之上构建的，其基本架构如图 4.17所示。

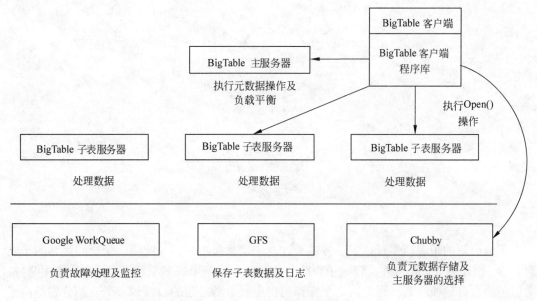

图 4.17　BigTable 基本架构

图中 WorkQueue 是一个分布式的任务调度器，它主要被用来处理分布式系统队列分组和任务调度，关于其实现 Google 并没有公开。在前面已经讲过，GFS 是 Google 的分布式文件系统，在 BigTable 中 GFS 主要用来存储子表数据及一些日志文件。BigTable 还需要一个锁服务的支持，BigTable 选用了 Google 自己开发的分布式锁服务 Chubby。在 BigTable中 Chubby 主要有以下几个作用。

（1）选取并保证同一时间内只有一个主服务器（Master Server）。

（2）获取子表的位置信息。

（3）保存 BigTable 的模式信息及访问控制列表。

另外在 BigTable 的实际执行过程中，Google 的 MapReduce 和 Sawzall 也被使用来改善其性能，不过需要注意的是这两个组件并不是实现 BigTable 所必需的。

BigTable 主要由三个部分组成：客户端程序库（Client Library）、一个主服务器（Master Server）和多个子表服务器（Tablet Server），这三个部分在图 4.17 中都有相应的表示。从图 4.17 中可以看出，客户需要访问 BigTable 服务时首先要利用其库函数执行 Open()操作来打开一个锁（实际上就是获取了文件目录），锁打开以后客户端就可以和子表服务器进行通信了。和许多具有单个主节点的分布式系统一样，客户端主要与子表服务器通信，几乎不和主服务器进行通信，这使得主服务器的负载大大降低。主服务主要进行一些元数据的操作及子表服务器之间的负载调度问题，实际的数据是存储在子表服务器上的。客户程序库的概念比较简单，这里不做讲解。下面对主服务器和子表服务器展开讲解。

4.5.4　主服务器

主服务的主要作用如图 4.18 所示。

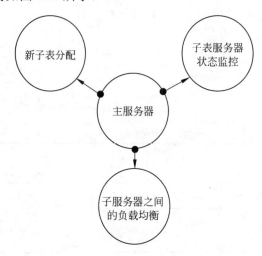

图 4.18　主服务器的主要作用

当一个新的子表产生时，主服务器通过一个加载命令将其分配给一个空间足够的子表服务器。创建新表、表合并及较大子表的分裂都会产生一个或多个新子表。对于前面两种，主服务器会自动检测到，因为这两个操作是由主服务器发起的，而较大子表的分裂是由子服务发起并完成的，所以主服务器并不能自动检测到，因此在分割完成之后子服务器需要向主服务发出一个通知。由于系统设计之初就要求能达到良好的扩展性，所以主服务器必须对子表服务器的状态进行监控，以便及时检测到服务器的加入或撤销。BigTable 中主服务器对子表服务器的监控是通过 Chubby 来完成的，子表服务器在初始化时都会从 Chubby 中得到一个独占锁。通过这种方式所有的子表服务器基本信息被保存在 Chubby 中一个称为服务器目录（Server Directory）的特殊目录之中。主服务器通过检测这个目录就可以随时获取最新的子表服务器信息，包括目前活跃的子表服务器及每个子表服务器上现已分配的子表。对于每个具体的子表服务器，主服务器会定期向其询问独占锁的状态。如果子表服务器的锁丢失或没有回应，则此时可能有两种情况，要么是 Chubby 出现了问题（虽然这种概率很小，但的确存在，Google 自己也做过相关测试），要么是子表服务器自身出现了问题。对此主服务器首先自己尝试获取这个独占锁，如果失败说明 Chubby 服务出现问题，需等待 Chubby 服务的恢复。如果成功则说明 Chubby 服务良好而子表服务器本身出现了问题。这种情况下主服务器会中止这个子表服务器并将其上的子表全部移至其他子表服务器。当在状态监测时发现某个子表服务器上负载过重时，主服务器会自动对其进行负载均衡操作。

基于系统出现故障是一种常态的设计理念（Google 几乎所有的产品都是基于这个设计理念），每个主服务器被设定了一个会话时间的限制。当某个主服务器到时退出后，管理系统就会指定一个新的主服务器，这个主服务器的启动需要经历以下四个步骤。

（1）从 Chubby 中获取一个独占锁，确保同一时间只有一个主服务器。

（2）扫描服务器目录，发现目前活跃的子表服务器。

（3）与所有的活跃子表服务器取得联系以便了解所有子表的分配情况。

（4）通过扫描元数据表（Metadata Table），发现未分配的子表并将其分配到合适的子表服务器。如果元数据表未分配，则首先需要将根子表（Root Tablet）加入未分配的子表中。由于根子表保存了其他所有元数据子表的信息，确保了扫描能够发现所有未分配的子表。

在成功完成以上四个步骤后主服务器就可以正常运行了。

4.5.5　子表服务器

BigTable 中实际的数据都是以子表的形式保存在子表服务器上的，客户一般也只和子表服务器进行通信，所以子表及子表服务器是我们重点讲解的概念。子表服务器上的操作主要涉及子表的定位、分配及子表数据的最终存储问题。其中子表分配在前面已经有了详细介绍，这里略过不讲。在讲解其他问题之前我们首先介绍一下 SSTable 的概念及子表的基本结构。

1．SSTable 及子表基本结构

SSTable 是 Google 为 BigTable 设计的内部数据存储格式。所有的 SSTable 文件都是存储在 GFS 上的，用户可以通过键来查询相应的值，图 4.19 是 SSTable 格式的基本示意图。

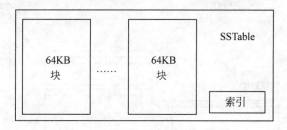

图 4.19　SSTable 结构

SSTable 中的数据被划分成一个个的块（Block），每个块的大小是可以设置的，一般来说设置为 64KB。在 SSTable 的结尾有一个索引（Index），这个索引保存了 SSTable 中块的位置信息，在 SSTable 打开时这个索引会被加载进内存，这样用户在查找某个块时首先在内存中查找块的位置信息，然后在硬盘上直接找到这个块，这种查找方法速度非常快。由于每个 SSTable 一般都不是很大，用户还可以选择将其整体加载进内存，这样查找起来会更快。

从概念上来讲子表是表中一系列行的集合，它在系统中的实际组成如图 4.20 所示。

每个子表都是由多个 SSTable 及日志（Log）文件构成的。有一点需要注意，那就是不同子表的 SSTable 可以共享，也就是说某些 SSTable 会参与多个子表的构成，而由子表构成的表则不存在子表重叠的现象。BigTable 中的日志文件是一种共享日志，也就是说系统

并不是对子表服务器上每个子表都单独地建立一个日志文件,每个子表服务器上仅保存一个日志文件,某个子表日志只是这个共享日志的一个片段。这样会节省大量的空间,但在恢复时却有一定的难度,因为不同的子表可能会被分配到不同的子表服务器上,一般情况下每个子表服务器都需要读取整个共享日志来获取其对应的子表日志。Google 为了避免这种情况出现,对日志做了一些改进。BigTable 规定将日志的内容按照键值进行排序,这样不同的子表服务器都可以连续读取日志文件了。一般来说每个子表的大小在 100MB~200MB 之间。每个子表服务器上保存的子表数量可以从几十到上千不等,通常情况下是 100 个左右。

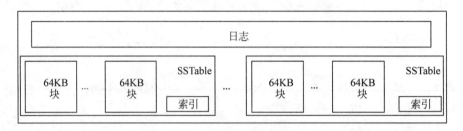

图 4.20　子表实际组成

2．子表地址

子表地址的查询是经常碰到的操作。在 BigTable 系统的内部采用的是一种类似 B+树的三层查询体系。子表地址结构如图 4.21 所示。

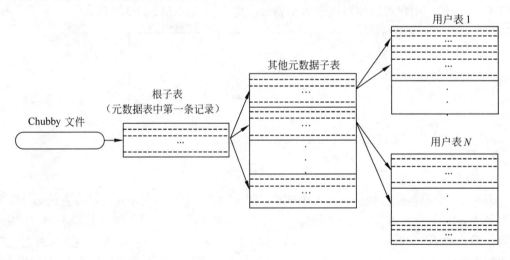

图 4.21　子表地址结构

所有的子表地址都被记录在元数据表中,元数据表也是由一个个的元数据子表(Metadata tablet)组成的。根子表是元数据表中一个比较特殊的子表,它既是元数据表的第一条记录,也包含了其他元数据子表的地址,同时 Chubby 中的一个文件也存储了这个根子表的信息。这样在查询时,首先从 Chubby 中提取这个根子表的地址,进而读取所需的元数据子表的位置,最后就可以从元数据子表中找到待查询的子表。除了这些子表的元数据之外,元数据表中还保存了其他一些有利于调试和分析的信息,比如事件日志等。

为了减少访问开销，提高客户访问效率，BigTable 使用了缓存（Cache）和预取（Prefetch）技术，这两种技术手段在体系结构设计中是很常用的。子表的地址信息被缓存在客户端，客户在寻址时直接根据缓存信息进行查找。一旦出现缓存为空或缓存信息过时的情况，客户端就需要按照图 4.21 所示的方式进行网络的来回通信（Network Round-trips）进行寻址，在缓存为空的情况下需要三个网络来回通信。如果缓存的信息是过时的，则需要六个网络来回通信。其中三个用来确定信息是过时的，另外三个获取新的地址。预取则是在每次访问元数据表时不仅仅读取所需的子表元数据，而是读取多个子表的元数据，这样下次需要时就不用再次访问元数据表。

3．子表数据存储及读写操作

在数据的存储方面 BigTable 做出了一个非常重要的选择，那就是将数据存储划分成两块。较新的数据存储在内存中一个称为内存表（Memtable）的有序缓冲里，较早的数据则以 SSTable 格式保存在 GFS 中。这种技术在数据库中不是很常用，但 Google 还是做出了这种选择，实际运行的效果也证明 Google 的选择虽然大胆却是正确的。

从图 4.22 中可以看出读和写操作有很大的差异性。做写操作（Write Op）时，首先查询 Chubby 中保存的访问控制列表确定用户具有相应的写权限，通过认证之后写入的数据首先被保存在提交日志（Commit Log）中。提交日志中以重做记录（Redo Record）的形式保存着最近的一系列数据更改，这些重做记录在子表进行恢复时可以向系统提供已完成的更改信息。数据成功提交之后就被写入内存表中。在做读操作（Read Op）时，首先还是要通过认证，之后读操作就要结合内存表和 SSTable 文件来进行，因为内存表和 SSTable 中都保存了数据。

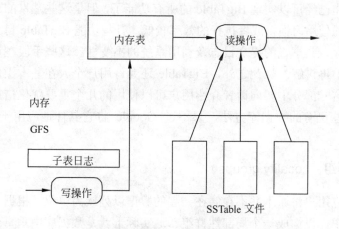

图 4.22　BigTable 数据存储及读写操作

在数据存储中还有一个重要问题，就是数据压缩的问题。内存表的空间毕竟是很有限的，当其容量达到一个阈值时，旧的内存表就会被停止使用并压缩成 SSTable 格式的文件。在 BigTable 中有三种形式的数据压缩，分别是次压缩（Minor Compaction）、合并压缩（Merging Compaction）和主压缩（Major Compaction）。三者之间的关系如图 4.23 所示。

每一次旧的内存表停止使用时都会进行一个次压缩操作，这会产生一个 SSTable。但如果系统中只有这种压缩的话，SSTable 的数量就会无限制地增加下去。由于读操作要使用 SSTable，数量过多的 SSTable 显然会影响读的速度。而在 BigTable 中，读操作实际上比写操作更重要，因此 BigTable 会定期地执行一次合并压缩的操作，将一些已有的 SSTable 和现有的内存表一并进行一次压缩。主压缩其实是合并压缩的一种，只不过它将所有的 SSTable 一次性压缩成一个大的 SSTable 文件。主压缩也是定期执行的，执行一次主压缩之后可以保证将所有的被压缩数据彻底删除，如此一来，既回收了空间又能保证敏感数据的安全性（因为这些敏感数据被彻底删除了）。

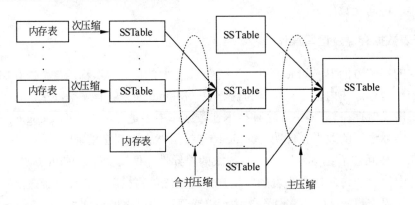

图 4.23　三种形式压缩之间的关系

4.5.6　性能优化

上述各种操作已经可以实现 BigTable 的所有功能了，但是这些基本的功能很多时候并不是很符合用户的使用习惯，或者执行的效率较低。有些功能 BigTable 自身已经进行了优化，包括使用缓存、共享式的提交日志及利用系统的不变性。这些手段在前面已经有了简单的介绍，这里不再讲解。除此之外，BigTable 还允许用户个人在基本操作基础上对系统进行一些优化。这一部分主要向读者介绍用户可以使用的几个重要优化措施。实际上这些技术手段都是一些已有的数据库方法，只不过 Google 将它具体地应用于 BigTable 之中罢了。

1.　局部性群组（Locality groups）

BigTable 允许用户将原本并不存储在一起的数据以列族为单位，根据需要组织在一个单独的 SSTable 中，以构成一个局部性群组。这实际上就是数据库中垂直分区技术的一个应用。结合图 4.24 的实例来看，在被 BigTable 保存的网页列关键字中，有的用户可能只对网页内容感兴趣，那么它可以通过设置局部性群组只看内容这一列。有的则会对诸如网页语言和网站排名等可以用于分析的信息比较感兴趣，它也可以将这些列设置到一个群组中。局部性群组如图 4.24 所示。

通过设置局部性群组用户可以只看自己感兴趣的内容，对某个用户来说的大量无用信息无需读取。对于一些较小的且会被经常读取的局部性群组，用户可以将其 SSTable 文件直接加载进内存，这可以明显地改善读取效率。

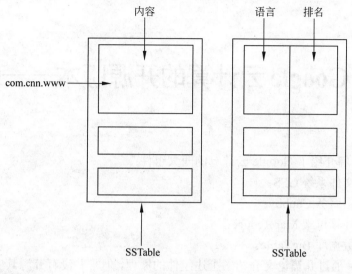

图 4.24　局部性群组

2. 压缩

压缩可以有效地节省空间，BigTable 中的压缩被应用于很多场合。首先压缩可以被用在构成局部性群组的 SSTable 中，可以选择是否对个人的局部性群组的 SSTable 进行压缩。BigTable 中这种压缩是对每个局部性群组独立进行的，虽然这样会浪费一些空间，但是在需要读时解压速度非常快。通常情况下，用户可以采用两步压缩的方式：第一步利用 Bentley & McIlroy 方式（BMDiff）在大的扫描窗口将常见的长串进行压缩；第二步采取 Zippy 技术进行快速压缩，它在一个 16KB 大小的扫描窗口内寻找重复数据，这个过程非常快。压缩技术还可以提高子表的恢复速度，当某个子表服务器停止使用后，需要将上面所有的子表移至另一个子表服务器来恢复服务。在转移之前要进行两次压缩，第一次压缩减少了提交日志中的未压缩状态，从而减少了恢复时间。在文件正式转移之前还要进行一次压缩，这次压缩主要是将第一次压缩后遗留的未压缩空间进行压缩。完成这两步之后压缩的文件就会被转移至另一个子表服务器。

3. 布隆过滤器（Bloom Filter）

BigTable 向用户提供了一种称为布隆过滤器的数学工具。布隆过滤器是巴顿·布隆在 1970 年提出的，实际上它是一个很长的二进制向量和一系列随机映射函数，在读操作中确定子表的位置时非常有用。布隆过滤器的速度快，省空间。而且它有一个最大的好处是它绝不会将一个存在的子表判定为不存在。不过布隆过滤器也有一个缺点，那就是在某些情况下它会将不存在的子表判断为存在。不过这种情况出现的概率非常小，跟它带来的巨大好处相比这个缺点是可以忍受的。

目前包括 Google Analytics、Google Earth、个性化搜索、Orkut 和 RRS 阅读器在内的几十个项目都使用了 BigTable。这些应用对 BigTable 的要求及使用的集群机器数量都是各不相同的，但是从实际运行来看，BigTable 完全可以满足这些不同需求的应用，而这一切都得益于其优良的构架以及恰当的技术选择。与此同时 Google 还在不断地对 BigTable 进行一系列的改进，通过技术改良和新特性的加入提高系统运行效率及稳定性。

第5章 Google 云计算的开源版本——Hadoop

上一章，我们介绍了 Google 云计算的四大组件：

❑ 分布式文件系统 GFS；

❑ 分布式锁服务 Chubby；

❑ 分布式计算框架 MapReduce；

❑ 分布式数据库 BigTable。

虽然 Google 通过几篇论文介绍了上述组件的原理，但是并没有开源其实现。本章就介绍其开源版本 Hadoop，其对应关系为：

❑ HDFS 对应 GFS；

❑ Zookeeper 对应 Chubby；

❑ MapReduce 在 Hadoop 中仍叫 MapReduce；

❑ HBase 对应 BigTable。

本章除了介绍相应的原理，重点放在实战上，包括软件安装和应用举例。

5.1 Hadoop 简介

5.1.1 Hadoop 发展史

Hadoop 是 Doug Cutting—Apache Lucene 这个使用广泛的文本搜索库的开发者。Hadoop 起源于 Apache Nutch，后者是一个开源的网络搜索引擎，本身也是 Lucene 项目的一部分。

Hadoop 名字的起源

Hadoop 这个名字不是一个缩写，它是一个虚构的名字。该项目的创建者，Doug Cutting 如此解释 Hadoop 的得名："这个名字是我孩子给一头吃饱了的棕黄色大象命名的。我的命名标准就是简短，容易发音和拼写，没有太多的意义，并且不会被用于别处。小孩子是这方面的高手。Google 就是由小孩命名的。"

Hadoop 及其子项目和后继模块所使用的名字往往也与其功能不相关，经常用一头大象或其他动物为主题（如"Pig"）。较小的各个组成部分给予更多描述性（因此也更俗）的名称，这是一个很好的原则，因为它意味着可以大致从其名字猜测其功能。例如，jobtracker 的任务就是跟踪 MapReduce 作业。

从头开始构建一个网络搜索引擎是一个雄心勃勃的目标，不只是要编写一个复杂的、能够抓取和索引网站的软件，还需要面临着没有专业运行团队支持的挑战，因为它有那么多独立组件。同样昂贵的还有：据 Mike Cafarella 和 Doug Cutting 估计，一个支持此 10 亿页的索引需要价值约 50 万美元的硬件投入，每月运行费用还需要 3 万美元。不过，他们相信这是一个有价值的目标，因为这会开放并最终使搜索引擎算法普及化。

　　Nutch 项目开始于 2002 年，一个可工作的抓取工具和搜索系统很快浮出水面。但他们意识到，他们的架构将无法扩展到拥有数十亿网页的网络。在 2003 年发表的一篇描述 Google 分布式文件系统（也就是 GFS）的论文为他们提供了及时的帮助，文中称 Google 正在使用此文件系统。GFS 或类似的东西，可以解决他们在网络抓取和索引过程中产生的大量文件的存储需求。具体而言，GFS 会省掉管理所花的时间，如管理存储节点。在 2004 年，他们开始写一个开放源码的应用，即 Nutch 的分布式文件系统（NDFS）。

　　2004 年，Google 发表了论文，向全世界介绍了 MapReduce。2005 年初，Nutch 的开发者在 Nutch 上有了一个可工作的 MapReduce 应用，到当年年中，所有主要的 Nutch 算法被移植到使用 MapReduce 和 NDFS 来运行。

　　Nutch 中的 NDFS 和 MapReduce 实现的应用远不只是搜索领域。在 2006 年 2 月，他们从 Nutch 转移出来成为一个独立的 Lucene 子项目，称为 Hadoop。大约在同一时间，Doug Cutting 加入雅虎，Yahoo 提供一个专门的团队和资源将 Hadoop 发展成一个可在网络上运行的系统。在 2008 年 2 月，雅虎宣布其搜索引擎产品部署在一个拥有 1 万个 CPU 核心的 Hadoop 集群上。

　　2008 年 1 月，Hadoop 已成为 Apache 顶级项目，证明它是成功的，是一个多样化和活跃的社区。通过这次机会，Hadoop 成功地被雅虎之外的很多公司应用，如 Last.fm、Facebook 和《纽约时报》。

　　有一个良好的宣传范例：《纽约时报》使用亚马逊的 EC2 云计算将 4 TB 的报纸扫描文档压缩，转换为用于 Web 的 PDF 文件。这个过程历时不到 24 小时，使用 100 台机器运行，如果不结合亚马逊的按小时付费的模式（即允许《纽约时报》在很短的一段时间内访问大量机器）和 Hadoop 易于使用的并行程序设计模型，该工作很可能不会这么快结束。

　　2008 年 4 月，Hadoop 打破世界纪录，成为最快排序 1TB 数据的系统。运行在一个 910 节点的群集，Hadoop 在 209 秒内排序了 1 TB 的数据（还不到三分半钟），击败了前一年的冠军 297 秒。同年 11 月，谷歌在报告中声称，它的 MapReduce 实现执行 1TB 数据的排序只用了 68 秒。在 2009 年 5 月，有报道宣称 Yahoo 的团队使用 Hadoop 对 1 TB 的数据进行排序只花了 62 秒时间。

　　Hadoop 大事记：

　　2004 年——最初的版本（现在称为 HDFS 和 MapReduce）由 Doug Cutting 和 Mike Cafarella 开始实施。

　　2005 年 12 月——Nutch 移植到新的框架，Hadoop 在 20 个节点上稳定运行。

　　2006 年 1 月——Doug Cutting 加入雅虎。

　　2006 年 2 月——Apache Hadoop 项目正式启动以支持 MapReduce 和 HDFS 的独立发展。

　　2006 年 2 月——雅虎的网格计算团队采用 Hadoop。

　　2006 年 4 月——标准排序（10 GB 每个节点）在 188 个节点上运行 47.9 个小时。

　　2006 年 5 月——雅虎建立了一个 300 个节点的 Hadoop 研究集群。

　　2006 年 5 月——标准排序在 500 个节点上运行 42 个小时（硬件配置比 4 月的更好）。

　　06 年 11 月——研究集群增加到 600 个节点。

　　06 年 12 月——标准排序在 20 个节点上运行 1.8 个小时，100 个节点 3.3 小时，500 个节点 5.2 小时，900 个节点 7.8 个小时。

07 年 1 月——研究集群到达 900 个节点。

07 年 4 月——研究集群达到两个 1000 个节点的集群。

08 年 4 月——赢得世界最快 1 TB 数据排序在 900 个节点上用时 209 秒。

08 年 10 月——研究集群每天装载 10 TB 的数据。

09 年 3 月——17 个集群总共 24 000 台机器。

09 年 4 月——赢得每分钟排序，59 秒内排序 500 GB（在 1400 个节点上）和 173 分钟内排序 100 TB 数据（在 3400 个节点上）。

5.1.2　Apache Hadoop 项目及体系结构

今天，Hadoop 是一个分布式计算基础架构这把"大伞"下的相关子项目的集合。这些项目属于 Apache 软件基金会（http://hadoop.apache.org），后者为开源软件项目社区提供支持。虽然 Hadoop 最出名的是 MapReduce 及其分布式文件系统（HDFS，从 NDFS 改名而来），但还有其他子项目提供配套服务，其他子项目提供补充性服务。除了图 5.1 列出的这些以外，还有一些其他项目比如 Pig 和 Hive。由于本章不讲解它们，因此这里不做介绍。如果读者需要这方面相关的知识，可以参考其他书籍。

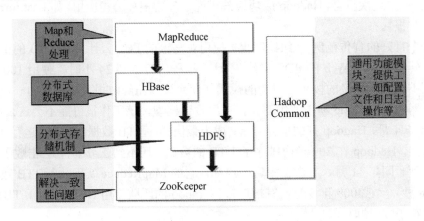

图 5.1　Hadoop 组件架构

- ❑ Common：一系列分布式文件系统和通用 I/O 的组件和接口（序列化、Java RPC 和持久化数据结构）。
- ❑ MapReduce：分布式数据处理模式和执行环境，运行于大型商用机集群。
- ❑ HDFS：分布式文件系统，运行于大型商用机集群。
- ❑ ZooKeeper：一个分布式的和高可用性的协调服务。ZooKeeper 提供分布式锁之类的基本服务用于构建分布式应用。
- ❑ Hbase：一个分布式的和列存储数据库。HBase 使用 HDFS 作为底层存储，同时支持 MapReduce 的批量式计算和点查询（随机读取）。

狭义的 Hadoop 只包括 Common、HDFS 和 MapReduce，广义的 Hadoop 指整个 Hadoop 生态环境，不仅包括图 5.1 中的组件，而且还包括本书中不讲的 Pig 和 Hive 等。

5.2　Hadoop 产生的原因

5.2.1　海量的数据

我们生活在数据时代，很难估计全球存储的电子数据总量是多少，但是据 IDC 估计 2006 年"数字全球"项目（Digital Universe）的数据总量为 0.18 ZB，并且预测到 2011 年这个数字将达到 1.8 ZB，是 2006 年的 10 倍。1 ZB 相当于 10 的 21 次方字节的数据，或者相当于 1000 EB、1 000 000 PB 或者大家更熟悉的 10 亿 TB 的数据！这相当于世界上每个人一个硬盘驱动器的数量级。

这一数据洪流有许多来源，考虑下文：

（1）纽约证券交易所每天产生 1 TB 的交易数据。

（2）著名社交网站 Facebook 的主机存储着约 100 亿张照片，占据 PB 级存储空间。

（3）Ancestry.com，一个家谱网站，存储着 2.5 PB 数据。

（4）互联网档案馆（The Internet Archive）存储着约 2 PB 数据，并以每月至少 20 TB 的速度增长。

（5）瑞士日内瓦附近的大型强子对撞机每年产生约 15 PB 的数据。

此外还有大量数据。但是你可能会想它对自己有何影响。大部分数据被锁定在最大的网页内容里面（如搜索引擎）或者是金融和科学机构，对不对？是不是所谓的"大数据"的出现会影响到较小的组织或个人？

我认为是这样的。以照片为例，我妻子的祖父是一个狂热的摄影爱好者，并且他成人之后，几乎一直都在拍照片。他的所有照片（中等格式、幻灯片和 35 mm 胶片），在扫描成高解析度照片时，占了大约 10 GB 的空间。相比之下，我家去年一年用数码相机拍摄的照片就占用了 5 GB 的空间。我家产生照片数据的速度是我妻子祖父的 35 倍！并且，随着拍摄更多的照片变得越来越容易，这个速度还在增加中。

更常见的情况是，个人数据的产生量正在快速地增长。微软研究院的 MyLifeBits 项目（http://research.microsoft.com/en-us/projects/mylifebits/default.aspx）显示，在不久的将来，个人信息档案将可能成为普遍现象。MyLifeBits 是这样的一个实验：一个人与外界的联系（电话、邮件和文件）被抓取和存储供以后访问。收集的数据包括每分钟拍摄的照片等，导致整个数据量达到每月 1 GB 的大小。当存储成本下降到使其可以存储连续的音频和视频时，服务于未来 MyLifeBits 项目的数据量将是现在的许多倍。

个人数据的增长的确是大势所趋，但更重要的是，计算机所产生的数据可能比人所产生的数据更多。机器日志、RFID 读取器、传感器网络、车载 GPS 和零售交易数据等，这些都会促使"数据之山越来越高"。

公开发布的数据量也在逐年增加。作为组织或企业，再也不能只管理自己的数据，未来的成功在很大程度上取决于它是否能从其他组织的数据中提取出价值。

这方面的先锋（如亚马逊网络服务器、Infochimps.org 或者 andtheinfo.org）的公共数据集，它们的存在就在于促进"信息共享"，任何人都可以共享并自由（或以 AWS 平台的形式，或以适度的价格）下载和分析这些数据。不同来源的信息混合处理后会带来意外的效果和至今难以想像的应用。

以 Astrometry.net 项目为例,这是一个研究 Flickr 网站上天体爱好者群中新照片的项目。它分析每一张上传的照片,并确定它是天空的哪一部分,或者是否是有趣的天体,如恒星或者星系。虽然这只是一个带实验性质的新服务,但是它显示了数据(这里特指摄影照片)的可用性并且被用来进行某些活动(图像分析),而这些活动很多时候并不是数据创建者预先能够想像到的。

有句话是这么说的:"算法再好,通常也难敌更多的数据。"意思是说对于某些问题(譬如基于既往偏好生成的电影和音乐推荐),不论你的算法有多么猛,它们总是会在更多的数据面前无能为力(更不用说没有优化过的算法了)。

现在,我们有一个好消息和一个坏消息。好消息是有海量数据!坏消息是我们正在为存储和分析这些数据而奋斗不息。

5.2.2　数据的存储和分析

问题很简单:多年来硬盘存储容量快速增加的同时,访问速度和数据从硬盘读取的速度却未能与时俱进。1990 年,一个普通的硬盘驱动器可存储 1370 MB 的数据并拥有 4.4 MB/s 的传输速度,所以,只需五分钟的时间就可以读取整个磁盘的数据。20 年过去了,1 TB 级别的磁盘驱动器是很正常的,但是数据传输的速度却在 100 MB/s 左右。所以它需要花两个半小时以上的时间读取整个驱动器的数据。

从一个驱动器上读取所有的数据需要很长的时间,写甚至更慢。一个很简单的减少读取时间的办法是同时从多个磁盘上读取数据。试想一下,我们拥有 100 个磁盘,每个存储百分之一的数据。如果它们并行运行,那么不到两分钟我们就可以读完所有的数据。

只使用一个磁盘的百分之一似乎很浪费。但是我们可以存储 100 个数据集,每个 1 TB,并让它们共享磁盘的访问。我们可以想像,此类系统的用户会很高兴看到共享访问可以缩短分析时间,并且,从统计角度来看,他们的分析工作会分散到不同的时间点,所以互相之间不会有太多干扰。

因此,现在更可行的是从多个磁盘并行读写数据。

第一个需要解决的问题是硬件故障。一旦开始使用多个硬件设施,其中有一个会出故障的概率是非常高的。避免数据丢失的常见做法是复制:通过系统保存数据的冗余副本,在故障发生时,可以使用数据的另一份副本。这就是冗余磁盘阵列的工作方式。Hadoop 的文件系统 HDFS(Hadoop Distributed File System)也是一个例子,虽然它采取的是另一种稍有不同的方法,详见后文描述。

第二个问题是大部分分析任务需要通过某种方式把数据合并起来,即从一个磁盘读取的数据可能需要和另外 99 个磁盘中读取的数据合并起来才能使用。各种不同的分布式系统能够组合多个来源的数据,但是如何保证正确性是一个非常难的挑战。MapReduce 提供了一个编程模型,其抽象出上述磁盘读写的问题,将其转换为计算一个由成对键/值组成的数据集。这种模型的具体细节将在后面的章节讨论。但是目前讨论的重点是,这个计算由两部分组成:Map 和 Reduce。这两者的接口就是"整合"之地。就像 HDFS 一样,MapReduce 是内建可靠性这个功能的。

简而言之,Hadoop 提供了一个稳定的共享存储和分析系统。存储由 HDFS 实现,分析由 MapReduce 实现。纵然 Hadoop 还有其他功能，但这些功能是它的核心所在。

5.3　Hadoop 和其他系统的比较

MapReduce 似乎采用的是一种蛮力方法。即针对每个查询，每一个数据集（至少是很大一部分）都会被处理。但这正是它的能力。MapReduce 可以处理一批查询，并且它针对整个数据集处理即席查询并在合理时间内获得结果的能力也是具有突破性的。它改变了我们对数据的看法，并且解放了以前存储在磁带和磁盘上的数据。它赋予我们对数据进行创新的机会。那些以前需要很长时间才能获得答案的问题现在已经迎刃而解，但反过来，这又带来了新的问题和见解。

例如，Rackspace 的邮件部门 Mailtrust，用 Hadoop 处理邮件的日志。他们写的一个查询是找到其用户的地理分布。他们是这样说的：

"随着我们的壮大，这些数据非常有用，我们每月运行一次 MapReduce 任务来帮助我们决定哪些 Rackspace 数据中心需要添加新的邮件服务器。"

通过将数百 GB 的数据整合，借助于分析工具，Rackspace 的工程师得以了解这些数据，否则他们永远都不会了解，并且他们可以运用这些信息去改善他们为用户提供的服务。

5.3.1　和关系型数据库管理系统（RDBMS）的比较

为什么我们不能使用数据库加上更多磁盘来做大规模的批量分析？为什么我们需要 MapReduce？

这个问题的答案来自于磁盘驱动器的另一个发展趋势：寻址时间的提高速度远远慢于传输速率的提高速度。寻址就是将磁头移动到特定位置进行读写操作的工序。它的特点是磁盘操作有延迟，而传输速率对应于磁盘的带宽。

如果数据的访问模式受限于磁盘的寻址，势必会导致它花更长时间（相较于流）来读或写大部分数据。另一方面，在更新一小部分数据库记录的时候，传统的 B 树（关系型数据库中使用的一种数据结构，受限于执行查找的速度）效果很好。但在更新大部分数据库数据的时候，B 树的效率就没有 MapReduce 的效率高，因为它需要使用排序/合并来重建数据库。

在许多情况下，MapReduce 能够被视为一种 RDBMS（关系型数据库管理系统）的补充。（两个系统之间的差异见表 5.1）。MapReduce 很适合处理那些需要分析整个数据集的问题，以批处理的方式，尤其是 Ad Hoc（自主或即时）分析。RDBMS 适用于点查询和更新（其中，数据集已经被索引以提供低延迟的检索和短时间的少量数据更新）。MapReduce 适合数据被一次写入和多次读取的应用，而关系型数据库更适合持续更新的数据集。

表 5.1　关系型数据库和MapReduce的比较

	传统关系型数据库	**MapReduce**
数据大小	GB	PB
访问	交互型和批处理	批处理

续表

	传统关系型数据库	MapReduce
更新	多次读写	一次写入多次读取
结构	静态模式	动态模式
集成度	高	低
伸缩性	非线性	线性

MapReduce 和关系型数据库之间的另一个区别是它们操作的数据集中结构化数据的数量。结构化数据是拥有准确定义的实体化数据，具有诸如 XML 文档或数据库表定义的格式，符合特定的预定义模式。这就是 RDBMS 包括的内容。另一方面，半结构化数据比较宽松，虽然可能有模式，但经常被忽略，所以它只能用作数据结构指南。例如，一张电子表格，其中的结构便是单元格组成的网格，尽管其本身可能保存任何形式的数据。非结构化数据没有什么特别的内部结构，如纯文本或图像数据。MapReduce 对于非结构化或半结构化数据非常有效，因为它被设计为在处理时间内解释数据。换句话说：MapReduce 输入的键和值并不是数据固有的属性，它们是由分析数据的人来选择的。

关系型数据往往是规范的，以保持其完整性和删除冗余。规范化为 MapReduce 带来的问题，因为它使读取记录成为一个非本地操作，并且 MapReduce 的核心假设之一就是，它可以进行（高速）流的读写。

Web 服务器日志是记录集的一个很好的非规范化例子（例如，客户端主机名每次都以全名来指定，即使同一客户端可能会出现很多次），这也是 MapReduce 非常适合用于分析各种日志文件的原因之一。

MapReduce 是一种线性的可伸缩的编程模型。程序员编写两个函数——Map 函数和 Reduce 函数，每一个都定义一个键/值对映射到另一个。这些函数无视数据的大小或者它们正在使用的集群的特性，这样它们就可以原封不动地应用到小规模数据集或者大的数据集上。更重要的是，如果放入两倍的数据量，运行的时间会少于两倍。但是如果是两倍大小的集群，一个任务当然只是和原来的一样快。这不是一般的 SQL 查询的效果。

随着时间的推移，关系型数据库和 MapReduce 之间的差异很可能变得模糊。关系型数据库都开始吸收 MapReduce 的一些思路（如 ASTER DATA 和 GreenPlum 的数据库），另一方面，基于 MapReduce 的高级查询语言（如 Pig 和 Hive）使 MapReduce 的系统更接近传统的数据库编程人员。

5.3.2　和网格计算的比较

高性能计算（High Performance Computing，HPC）和网格计算社区多年来一直在做大规模的数据处理，它们使用的是消息传递接口（Message Passing Interface，MPI）这样的 API。从广义上讲，高性能计算的方法是将作业分配给一个机器集群，这些机器访问共享文件系统，由一个存储区域网络（Storage Area Network，SAN）进行管理。这非常适用于以主计算密集型为主的作业，但当节点需要访问的大数据量（数百 GB 的数据，这是 MapReduce 实际开始"发光"的起点）时，这会成为一个问题，因为网络带宽成为"瓶颈"，所以计算节点闲置下来了。

MapReduce 尝试在计算节点本地存储数据，因此数据访问速度会因为它是本地数据而比较快。这项"数据本地化"功能，成为 MapReduce 的核心功能并且也是它拥有良好性能的原因之一。意识到网络带宽在数据中心环境是最有价值的资源（到处复制数据会很容易的把网络带宽饱和）之后，MapReduce 便通过显式网络拓扑结构不遗余力地加以保护。请注意，这种安排不会排除 MapReduce 中的高 CPU 使用分析。

　　MPI 赋予程序员很大的控制，但也要求显式控制数据流机制，需要使用传统的 C 语言的功能模块完成（如 socket），以及更高级的算法来进行分析。而 MapReduce 却是在更高层面上完成任务，即程序员从键/值对函数的角度来考虑，同时数据流是隐含的。

　　在一个大规模分布式计算平台上协调进程是一个很大的挑战。最困难的部分是恰当的处理失效与错误——在不知道一个远程进程是否已经失败的时候——仍然需要继续整个计算。MapReduce 将程序员从必须考虑失败任务的情况中解放出来，它检测失败的 map 或者 reduce 任务，在健康的机器上重新安排任务。MapReduce 能够做到这一点，因为它是一个无共享的架构，这意味着各个任务之间彼此并不依赖。（这里讲得稍微简单了一些，因为 mapper 的输出是反馈给 reducer 的，但这由 MapReduce 系统控制。在这种情况下，相对于返回失败的 map，应该对返回 reducer 给予更多关注，因为它必须确保它可以检索到必要的 map 输出，如果不行，必须重新运行相关的 map 从而生成必要的这些输出。）因此，从程序员的角度来看，执行任务的顺序是无关紧要的。相比之下，MPI 程序必须显式地管理自己的检查点和恢复机制，从而把更多控制权交给程序员，但这样会加大编程的难度。

　　MapReduce 听起来似乎是一个相当严格的编程模型，而且在某种意义上看的确如此：我们被限定于键/值对的类型（它们按照指定的方式关联在一起），mapper 和 reducer 彼此间的协作有限，一个接一个地运行（mapper 传输键/值对给 reducer）。对此，一个很自然的问题是：你是否能用它做点儿有用或普通的事情？

　　答案是肯定的。MapReduce 作为一个建立搜索索引产品系统，是由 Google 的工程师们开发出来的，因为他们发现自己一遍又一遍地解决相同的问题（MapReduce 的灵感来自传统的函数式编程、分布式计算和数据库社区），但它后来被应用于其他行业的其他许多应用。我们惊喜地看到许多算法的变体在 MapReduce 中得以表示，从图像图形分析，到基于图表的问题，再到机器学习算法。它当然不能解决所有问题，但它是一个很普遍的数据处理工具。

5.4　HDFS 的架构设计

　　上一章介绍过 Google GFS 的原理，由于 Hadoop 中的 HDFS 是其开源实现，那么在架构设计方面自然比较相似。下面列出 HDFS 和 GFS 的术语对比，读者在阅读的时候可以和前一章进行对比，加深理解，如表 5.2 所示。

表 5.2　GFS 和 HDFS 术语对比及解释

GFS 术语	HDFS 术语	术 语 解 释
Master	NameNode	整个文件系统的大脑，它提供整个文件系统的目录信息，并且管理各个数据服务器
Chunk Server	DataNode	分布式文件系统中的每一个文件都被切成若干个数据块，每一个数据块都被存储在不同的服务器上，此服务器称之为数据服务器

续表

GFS 术语	HDFS 术语	术　语　解　释
Chunk	Block	每个文件都会被切分成若干个块，每一块都有连续的一段文件内容，是存储的基本单位，在这里统一称作数据块

5.4.1　前提和设计目标

❑ 硬件错误是常态，而非异常情况，HDFS 可能是有成百上千的 Server 组成，任何一个组件都有可能一直失效，因此错误检测和快速、自动的恢复是 HDFS 的核心架构目标。

❑ 跑在 HDFS 上的应用与一般的应用不同，它们主要是以流式读为主，做批量处理；比之关注数据访问的低延迟问题，更关键的在于数据访问的高吞吐量。

❑ HDFS 以支持大数据集合为目标，一个存储在上面的典型文件大小一般都在千兆至 T 字节，一个单一 HDFS 实例应该能支撑数以千万计的文件。

❑ HDFS 应用对文件要求的是 write-one-read-many 访问模型。一个文件经过创建、写，关闭之后就不需要改变。这一假设简化了数据一致性问题，使高吞吐量的数据访问成为可能。典型的如 MapReduce 框架，或者一个 web crawler 应用都很适合这个模型。

❑ 移动计算的代价比之移动数据的代价低。一个应用请求的计算，离它操作的数据越近就越高效，这在数据达到海量级别的时候更是如此。将计算移动到数据附近，比之将数据移动到应用所在显然更好，HDFS 提供给应用这样的接口。

❑ 在异构的软硬件平台间的可移植性。

5.4.2　Namenode 和 Datanode

HDFS 采用 master/slave 架构。一个 HDFS 集群是有一个 Namenode 和一定数目的 Datanode 组成。Namenode 是一个中心服务器，负责管理文件系统的 namespace 和客户端对文件的访问。Datanode 在集群中一般是一个节点一个，负责管理节点上它们附带的存储。在内部，一个文件其实分成一个或多个 block，这些 block 存储在 Datanode 集合里。Namenode 执行文件系统的 namespace 操作，例如打开、关闭、重命名文件和目录，同时决定 block 到具体 Datanode 节点的映射。Datanode 在 Namenode 的指挥下进行 block 的创建、删除和复制。Namenode 和 Datanode 都是设计成可以跑在普通的廉价的运行 Linux 的机器上。HDFS 采用 Java 语言开发，因此可以部署在很大范围的机器上。一个典型的部署场景是一台机器跑一个单独的 Namenode 节点，集群中的其他机器各跑一个 Datanode 实例。这个架构并不排除一台机器上跑多个 Datanode，不过这比较少见，如图 5.2 所示。

单一节点的 Namenode 大大简化了系统的架构。Namenode 负责保管和管理所有的 HDFS 元数据，因而用户数据就不需要通过 Namenode（也就是说文件数据的读写是直接在 Datanode 上）。

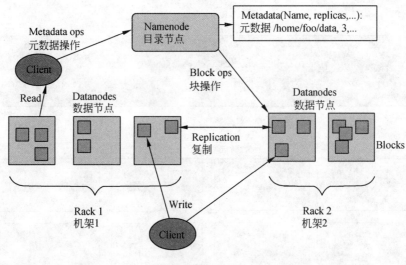

图 5.2　HDFS 的架构

5.4.3　文件系统的 Namespace

HDFS 支持传统的层次型文件组织，与大多数其他文件系统类似，用户可以创建目录，并在其间创建、删除、移动和重命名文件。HDFS 不支持 user quotas 和访问权限，也不支持链接（link），不过当前的架构并不排除实现这些特性。Namenode 维护文件系统的 Namespace，任何对文件系统 Namespace 和文件属性的修改都将被 Namenode 记录下来。应用可以设置 HDFS 保存的文件的副本数目，文件副本的数目称为文件的 replication 因子，这个信息也是由 Namenode 保存。

5.4.4　数据复制

HDFS 被设计成在一个大集群中可以跨机器地可靠地存储海量的文件。它将每个文件存储成 block 序列，除了最后一个 block，所有的 block 都是同样的大小。文件的所有 block 为了容错都会被复制。每个文件的 block 大小和 replication 因子都是可配置的。replication 因子可以在文件创建的时候配置，以后也可以改变。HDFS 中的文件是 write-one，并且严格要求在任何时候只有一个 writer。Namenode 全权管理 block 的复制，它周期性地从集群中的每个 Datanode 接收心跳包和一个 Block report。心跳包的接收表示该 Datanode 节点正常工作，而 Block report 包括了该 Datanode 上所有的 block 组成的列表，如图 5.3 所示。

（1）副本的存放，副本的存放是 HDFS 可靠性和性能的关键。HDFS 采用一种称为 rack-aware 的策略来改进数据的可靠性、有效性和网络带宽的利用。这个策略实现的短期目标是验证在生产环境下的表现，观察它的行为，构建测试和研究的基础，以便实现更先进的策略。庞大的 HDFS 实例一般运行在多个机架的计算机形成的集群上，不同机架间的两台机器的通讯需要通过交换机，显然通常情况下，同一个机架内的两个节点间的带宽会比不同机架间的两台机器的带宽大。

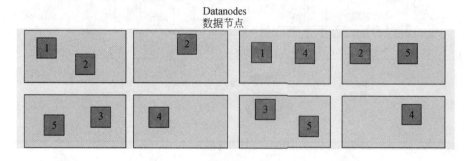

图 5.3　HDFS 中的块的复制示例

（2）通过一个称为 Rack Awareness 的过程，Namenode 决定了每个 Datanode 所属的 rack id。一个简单但没有优化的策略就是将副本存放在单独的机架上。这样可以防止整个机架（非副本存放）失效的情况，并且允许读数据的时候可以从多个机架读取。这个简单策略设置可以将副本分布在集群中，有利于组件失败情况下的负载均衡。但是，这个简单策略加大了写的代价，因为一个写操作需要传输 block 到多个机架。

（3）在大多数情况下，replication 因子是 3，HDFS 的存放策略是将一个副本存放在本地机架上的节点，一个副本放在同一机架上的另一个节点，最后一个副本放在不同机架上的一个节点。机架的错误远远比节点的错误少，这个策略不会影响到数据的可靠性和有效性。三分之一的副本在一个节点上，三分之二在一个机架上，其他保存在剩下的机架中，这一策略改进了写的性能。

（4）副本的选择，为了降低整体的带宽消耗和读延时，HDFS 会尽量让 reader 读最近的副本。如果在 reader 的同一个机架上有一个副本，那么就读该副本。如果一个 HDFS 集群跨越多个数据中心，那么 reader 也将首先尝试读本地数据中心的副本。

（5）SafeMode：Namenode 启动后会进入一个称为 SafeMode 的特殊状态，处在这个状态的 Namenode 是不会进行数据块的复制的。Namenode 从所有的 Datanode 接收心跳包和 Blockreport。Blockreport 包括了某个 Datanode 所有的数据块列表。每个 block 都有指定的最小数目的副本。当 Namenode 检测确认某个 Datanode 的数据块副本的最小数目，那么该 Datanode 就会被认为是安全的；如果一定百分比（这个参数可配置）的数据块检测确认是安全的，那么 Namenode 将退出 SafeMode 状态，接下来它会确定还有哪些数据块的副本没有达到指定数目，并将这些 block 复制到其他 Datanode。

5.4.5　文件系统元数据的持久化

Namenode 存储 HDFS 的元数据。对于任何对文件元数据产生修改的操作，Namenode

都使用一个称为 Editlog 的事务日志记录下来。例如，在 HDFS 中创建一个文件，Namenode 就会在 Editlog 中插入一条记录来表示；同样，修改文件的 replication 因子也将往 Editlog 插入一条记录。Namenode 在本地 OS 的文件系统中存储这个 Editlog。整个文件系统的 Namespace，包括 block 到文件的映射和文件的属性，都存储在称为 FsImage 的文件中，这个文件也是放在 Namenode 所在系统的文件系统上。

Namenode 在内存中保存着整个文件系统 Namespace 和文件 Blockmap 的映像。这个关键的元数据设计得很紧凑，因而一个带有 4G 内存的 Namenode 足够支撑海量的文件和目录。当 Namenode 启动时，它从硬盘中读取 Editlog 和 FsImage，将所有 Editlog 中的事务作用（apply）在内存中的 FsImage ，并将这个新版本的 FsImage 从内存中 flush 到硬盘上，然后再 truncate 这个旧的 Editlog，因为这个旧的 Editlog 的事务都已经作用在 FsImage 上了。这个过程称为 checkpoint。在当前实现中，checkpoint 只发生在 Namenode 启动时，在不久的将来将实现支持周期性的 checkpoint。

Datanode 并不知道关于文件的任何东西，除了将文件中的数据保存在本地的文件系统上。它把每个 HDFS 数据块存储在本地文件系统上隔离的文件中。Datanode 并不在同一个目录创建所有的文件，相反，它用启发式地方法来确定每个目录的最佳文件数目，并且在适当的时候创建子目录。在同一个目录创建所有的文件不是最优的选择，因为本地文件系统可能无法高效地在单一目录中支持大量的文件。当一个 Datanode 启动时，它扫描本地文件系统，对这些本地文件产生相应的一个所有 HDFS 数据块的列表，然后发送报告到 Namenode，这个报告就是 Blockreport。

5.4.6　通讯协议

所有的 HDFS 通讯协议都是构建在 TCP/IP 协议上。客户端通过一个可配置的端口连接到 Namenode，通过 ClientProtocol 与 Namenode 交互。而 Datanode 是使用 DatanodeProtocol 与 Namenode 交互。从 ClientProtocol 和 Datanodeprotocol 抽象出一个远程调用（RPC），在设计上，Namenode 不会主动发起 RPC，而是是响应来自客户端和 Datanode 的 RPC 请求。

5.4.7　健壮性

HDFS 的主要目标就是实现在失败情况下的数据存储可靠性。常见的三种失败：Namenode failures、Datanode failures 和网络分割（network partitions）。

1. 硬盘数据错误、心跳检测和重新复制

每个 Datanode 节点都向 Namenode 周期性地发送心跳包。网络切割可能导致一部分 Datanode 跟 Namenode 失去联系。 Namenode 通过心跳包的缺失检测到这一情况，并将这些 Datanode 标记为 dead，不会将新的 IO 请求发给它们。寄存在 dead Datanode 上的任何数据将不再有效。Datanode 的死亡可能引起一些 block 的副本数目低于指定值，Namenode 不断地跟踪需要复制的 block，在任何需要的情况下启动复制。在下列情况可能需要重新复制：某个 Datanode 节点失效，某个副本遭到损坏，Datanode 上的硬盘错误，或者文件的 replication 因子增大。

2. 集群均衡

HDFS 支持数据的均衡计划,如果某个 Datanode 节点上的空闲空间低于特定的临界点,那么就会启动一个计划自动地将数据从一个 Datanode 搬移到空闲的 Datanode。当对某个文件的请求突然增加,那么也可能启动一个计划创建该文件新的副本,并分布到集群中以满足应用的要求。这些均衡计划目前还没有实现。

3. 数据完整性

从某个 Datanode 获取的数据块有可能是损坏的,这个损坏可能是由于 Datanode 的存储设备错误、网络错误或者软件 bug 造成的。HDFS 客户端软件实现了 HDFS 文件内容的校验和。当某个客户端创建一个新的 HDFS 文件,会计算这个文件每个 block 的校验和,并作为一个单独的隐藏文件保存这些校验和在同一个 HDFS Namespace 下。当客户端检索文件内容,它会确认从 Datanode 获取的数据跟相应的校验和文件中的校验和是否匹配,如果不匹配,客户端可以选择从其他 Datanode 获取该 block 的副本。

4. 元数据磁盘错误

FsImage 和 Editlog 是 HDFS 的核心数据结构。这些文件如果损坏了,整个 HDFS 实例都将失效。因而,Namenode 可以配置成支持维护多个 FsImage 和 Editlog 的复制。任何对 FsImage 或者 Editlog 的修改,都将同步到它们的副本上。这个同步操作可能会降低 Namenode 每秒能支持处理的 Namespace 事务。这个代价是可以接受的,因为 HDFS 是数据密集的,而非元数据密集。当 Namenode 重启的时候,它总是选取最近的一致的 FsImage 和 Editlog 使用。

Namenode 在 HDFS 是单点存在,如果 Namenode 所在的机器错误,手工的干预是必须的。目前,在另一台机器上重启因故障而停止服务的 Namenode 这个功能还没实现。

5. 快照

快照支持某个时间的数据复制,当 HDFS 数据损坏的时候,可以恢复到过去一个已知正确的时间点。HDFS 目前还不支持快照功能。

5.4.8　数据组织

1. 数据块

兼容 HDFS 的应用都是处理大数据集合的。这些应用都是写数据一次,读却是一次到多次,并且读的速度要满足流式读。HDFS 支持文件的 write- once-read-many 语义。一个典型的 block 大小是 64MB,因而,文件总是按照 64M 切分成 chunk,每个 chunk 存储于不同的 Datanode。

2. 步骤

某个客户端创建文件的请求其实并没有立即发给 Namenode,事实上,HDFS 客户端会将文件数据缓存到本地的一个临时文件。应用的写被透明地重定向到这个临时文件。当这个临时文件累积的数据超过一个 block 的大小（默认 64M），客户端才会联系 Namenode。Namenode 将文件名插入文件系统的层次结构中，并且分配一个数据块给它，然后返回 Datanode 的标识符和目标数据块给客户端。客户端将本地临时文件 flush 到指定的 Datanode 上。当文件关闭时，在临时文件中剩余的没有 flush 的数据也会传输到指定的 Datanode，然后客户端告诉 Namenode 文件已经关闭。此时 Namenode 才将文件创建操作提交到持久存储。如果 Namenode 在文件关闭前挂了，该文件将丢失。

上述方法是对通过对 HDFS 上运行的目标应用认真考虑的结果。如果不采用客户端缓存，由于网络速度和网络堵塞会对吞估量造成比较大的影响。

3．流水线复制

当某个客户端向 HDFS 文件写数据的时候，一开始是写入本地临时文件，假设该文件的 replication 因子设置为 3，那么客户端会从 Namenode 获取一张 Datanode 列表来存放副本。然后客户端开始向第一个 Datanode 传输数据，第一个 Datanode 一小部分一小部分（4kb）地接收数据，将每个部分写入本地仓库，并且同时传输该部分到第二个 Datanode 节点。第二个 Datanode 也是这样，边收边传，一小部分一小部分地收，存储在本地仓库，同时传给第三个 Datanode，第三个 Datanode 就仅仅是接收并存储了。这就是流水线式的复制。

5.4.9　可访问性

HDFS 给应用提供了多种访问方式，可以通过 DFSShell 通过命令行与 HDFS 数据进行交互，可以通过 Java API 调用，也可以通过 C 语言的封装 API 访问，并且提供了浏览器访问的方式。正在开发通过 WebDav 协议访问的方式。具体使用参考文档。

5.4.10　空间的回收

1．文件的删除和恢复

用户或者应用删除某个文件，这个文件并没有立刻从 HDFS 中删除。相反，HDFS 将这个文件重命名，并转移到/trash 目录。当文件还在/trash 目录时，该文件可以被迅速地恢复。文件在/trash 中保存的时间是可配置的，当超过这个时间，Namenode 就会将该文件从 Namespace 中删除。文件的删除，也将释放关联该文件的数据块。注意到，在文件被用户删除和 HDFS 空闲空间的增加之间会有一个等待时间延迟。

当被删除的文件还保留在/trash 目录中的时候，如果用户想恢复这个文件，可以检索浏览/trash 目录并检索该文件。/trash 目录仅仅保存被删除文件的最近一次复制。/trash 目录与其他文件目录没有什么不同，除了一点：HDFS 在该目录上应用了一个特殊的策略来自动删除文件，目前的默认策略是删除保留超过 6 小时的文件，这个策略以后会定义成可配置的接口。

2．replication 因子的减小

当某个文件的 replication 因子减小，Namenode 会选择要删除过剩的副本。下次心跳检

测就将该信息传递给 Datanode，Datanode 就会移除相应的 block 并释放空间。同样，在调用 setReplication 方法和集群中的空闲空间增加之间会有一个时间延迟。

5.5　安装 Hadoop

这里的 Hadoop 指的是狭义上的 Hadoop，即 HDFS 和 Map-Reduce。

在 Linux 上安装 Hadoop 之前，需要先安装两个程序：

❑ JDK 1.6（或更高版本）。Hadoop 是用 Java 编写的程序，Hadoop 的编译及 MapReduce 的运行都需要使用 JDK。因此在安装 Hadoop 前，必须安装 JDK 1.6 或更高版本。

❑ SSH（安全外壳协议），推荐安装 OpenSSH。Hadoop 需要通过 SSH 来启动 Slave 列表中各台主机的守护进程，因此 SSH 也是必须安装的，即使是安装伪分布式版本（因为 Hadoop 并没有区分开集群式和伪分布式）。对于伪分布式，Hadoop 会采用与集群相同的处理方式，即按次序启动文件 conf/slaves 中记载的主机上的进程，只不过在伪分布式中 slave 为 localhost（即为自身），所以对于伪分布式 Hadoop，SSH 一样是必需的。

下面介绍安装 JDK 1.6 的具体步骤，本章的操作系统是 CentOS 6.3，64 位系统。

5.5.1　安装 JDK 1.7

1. 下载 JDK 1.7

确保可以连接到互联网，从 http://www.oracle.com/technetwork/java/javase/downloads 页面下载 JDK 1.7 安装包（文件名类似 jdk-7u55-linux-x64.tar.gz）到 JDK 安装目录（本章假设 JDK 安装目录均为/usr/local/java）。

2. 手动安装 JDK 1.7

在终端下进入 JDK 安装目录，并输入命令：

```
# tar zxvf jdk-7u55-linux-x64.tar.gz
# mv jdk1.7.0_55 /usr/local/java
```

3. 配置环境变量

输入命令：

```
sudo gedit /etc/profile
```

输入密码，打开 profile 文件。

在文件最下面输入如下内容：

```
JAVA_HOME=/usr/local/java
JRE_HOME=$JAVA_HOME/jre
CLASSPATH=.:$JAVA_HOME/jre/lib/rt.jar:$JAVA_HOME/lib/dt.jar:$JAVA_HOME/
lib/tools/jar
```

```
PATH=$PATH:$HOME/bin:$JAVA_HOME:$JRE_HOME:$CLASSPATH:$JAVA_HOME/bin:/
home/hadoop/hadoop-1.2.1/bin

export PATH
```

这一步的意义是配置环境变量，使系统可以找到 JDK。

4. 使配置生效

```
#source /etc/profile
```

5. 验证 JDK 是否安装成功

输入命令：

```
java -version
```

会出现如下 JDK 版本信息：

```
java version "1.7.0_55"
Java(TM) SE Runtime Environment (build 1.7.0_55-b13)
```

如果出现上述 JDK 版本信息，说明当前安装的 JDK 并未设置成系统默认的 JDK，接下来还需要手动将安装的 JDK 设置成系统默认的 JDK。

上述安装 Java 的过程需要在集群每台机器上执行。

5.5.2　安装 Hadoop

集群情况：　4 个节点，IP 分别如下。
- node0: 192.168.181.136 (NameNode/JobTracker)；
- node1: 192.168.181.132(DataNode/TaskTracker)；
- node2: 192.168.181.133(DataNode/TaskTracker)；
- node3: 192.168.181.134(DataNode/TaskTracker)。

此外，在所有的节点上建立同名的用户以便于后续的安装。下文所使用的 shell 命令（灰色方框内），以#开头表示在 root 用户下执行，以$开头表示在 Hadoop 用户下执行。后续的安装过程如下。

1. hosts 和 hostname 设置

安装分布式的 Hadoop 集群需要在每一个节点上都需要设置网络中的 hosts 和本机的 hostname。首先将/etc/hosts 文件中 127.0.0.1 这一行的中间一段改为本机的主机名，并在文件末尾添加 hosts 配置，每行为一个 IP 地址和对应的主机名，以空格分隔。以 node0 为例，在 hosts 文件写入以下内容：

```
192.168.181.136 node0
192.168.181.132 node1
192.168.181.133 node2
192.168.181.134 node3
```

然后设计每台机器主机名，如：

```
#hostname node0
```

然后保证互 ping 可以通。

2．添加用户

在 root 权限下使用以下命令添加 Hadoop 用户然后设计密码，在三个虚拟机上都添加这个用户：

```
#useradd hadoop
#passwd hadoop
```

下载 hadoop-1.2.1.tar 文件，将其放到/home/hadoop/目录下解压，然后修改解压后的文件夹的权限，命令如下：

```
#wget
http://mirror.esocc.com/apache/hadoop/common/hadoop-1.2.1/hadoop-1.2.1.
tar.gz
#tar -zxvf hadoop-1.2.1.tar
#chown -R hadoop:hadoop hadoop-1.2.1
```

3．配置 SSH 无密码登录

在 Hadoop 启动以后，Namenode 是通过 SSH（Secure Shell）来启动和停止各个 Datanode 上的各种守护进程的，这就需要在节点之间执行指令的时候是不需要输入密码的形式，故我们需要配置 SSH 运用无密码公钥认证的形式。

以本节中的四台机器为例，现在 node0 是主节点，它需要连接 node1、node2 和 node3。需要确定每台机器上都安装了 ssh，并且 Datanode 机器上 SSHD 服务已经启动。

```
$ ssh-keygen -t rsa
```

这个命令将为 Hadoop 上的用户 Hadoop 生成其密钥对，询问其保存路径时直接回车采用默认路径，当提示要为生成的密钥输入 passphrase 的时候，直接回车，也就是将其设定为空密码。生成的密钥对 id_rsa 和 id_rsa.pub，默认存储在/home/hadoop/.ssh 目录下然后将 id_rsa.pub 的内容复制到每个机器（也包括本机）的/home/hadoop/.ssh/authorized_keys 文件中，如果机器上已经有 authorized_keys 这个文件了，就在文件末尾加上 id_rsa.pub 中的内容，如果没有 authorized_keys 这个文件，直接复制过去即可。

下面是具体的过程。

（1）生成密钥对

```
#  su hadoop #切换 hadoop 用户
$  cd /home/hadoop
$  ssh-keygen -t rsa
```

在/home/hadoop 目录下会生成一个隐藏的.ssh 目录。

（2）生成 authorized_keys 文件并测试

进入.ssh 文件夹，然后将 id_rsa.pub 复制到 authorized_keys 文件，命令如下：

```
$ cd .ssh
$ cp id_rsa.pub authorized_keys #生成 authorized_keys 文件
$ ssh localhost #测试无密码登录，第一次可能需要密码
$ ssh node0 #同上一个命令一样
```

注：在四台主机上都要执行上述命令。

（3）在 node0、node1、node2 和 node3 上互换公钥

在 node1、node2 和 node3 依次执行以下命令。

```
#复制 authorized_keys 到 node1 的 tmp 目录中去
$scp authorized_keys hadoop@node1:/tmp
#把公钥追加到文件后面
$cat /tmp/authorized_keys>>/home/hadoop/.ssh/authorized_keys
```

现在 node0 上的 authorized 文件已经包含了四台主机的公钥。

最后把 node0 上的 authorized_keys，再复制回 node1、node2 和 node3 上。

```
$scp /home/hadoop/.ssh/authorized_key root@node1:/home/hadoop/.ssh
$scp /home/hadoop/.ssh/authorized_key root@node2:/home/hadoop/.ssh
$scp /home/hadoop/.ssh/authorized_key root@node3:/home/hadoop/.ssh
```

（4）设置文件权限并测试

```
$chmod 644 authorized_keys
```

此步非常重要，如果权限不对，则无密码访问不成功。

测试四台主机之间无密码互访，搞定。

4．安装 Hadoop

将当前用户切换到 Hadoop 用户，如果集群内机器的环境完全一样，可以在一台机器上配置好，然后把配置好的软件即 hadoop-1.2.1 整个文件夹复制到其他机器的相同位置即可。可以将 Master 上的 Hadoop 通过 scp 复制到每一个 slave 相同的目录下。

（1）配置 conf/hadoop-env.sh 文件

切换到 hadoop-1.2.1/conf 目录下，添加 JAVA_HOME 路径：

```
expor JAVA_HOME=/usr/local/java
```

（2）配置/conf/core-site.xml

```
<configuration>
  <property>
    <name>fs.default.name</name>
    <value>hdfs://node0:49000</value>
  </property>
  <property>
    <name>hadoop.tmp.dir</name>
    <value>/home/hadoop/hadoop-1.2.1/var</value>
  </property>
  <property>
    <name>dfs.support.append</name>
    <value>true</value>
  </property>
  <property>
    <name>dfs.permissions</name>
    <value>false</value>
  </property>
</configuration>
```

其中，

❑ fs.default.name 是 NameNode 的 URI。hdfs://主机名:端口/。

❑ Hadoop.tmp.dir：Hadoop 的默认临时路径，这个最好配置并提前创建好目录，如果在新增节点或者其他情况下莫名其妙的 DataNode 启动不了，就删除此文件中的 tmp 目录即可。不过如果删除了 nameNode 机器的此目录，那么就需要重新执行 NameNode 格式化的命令。

❑ 第三项关闭权限检查，方便以后的远程 hadoop-eclipse 插件访问 hdfs。

（3）配置/conf/mapred-site.xml

```
<configuration>
  <property>
    <name>mapred.job.tracker</name>
    <value>node0:49001</value>
  </property>
  <property>
    <name>mapred.local.dir</name>
    <value>/home/hadoop/hadoop-1.2.1/var</value>
  </property>
</configuration>
```

❑ mapred.job.tracker 是 JobTracker 的主机（或者 IP）和端口。

❑ /home/hadoop/hadoop_home/var 目录需要提前创建，并且注意用 chown -R 命令来修改目录权限，最好将其权限修改成 0777，也就是所有用户都能完全使用。

（4）配置/conf/hdfs-site.xml

```
错误！<configuration>
  <property>
    <name> dfs.name.dir</name>
    <value>/home/hadoop/name1</value>
    <description></description>
  </property>
  <property>
    <name>dfs.data.dir</name>
    <value>/home/hadoop/data1</value>
    <description></description>
  </property>
  <property>
    <name>dfs.replication</name>
    <value> 3</value>
  </property>
</configuration>
```

❑ dfs.name.dir 是 NameNode 持久存储名字空间及事务日志的本地文件系统路径。当这个值是一个逗号分割的目录列表时，nametable 数据将会被复制到所有目录中做冗余备份。

❑ dfs.replication 是数据需要备份的数量，默认是 3，如果此数大于集群的机器数会出错。

此处的 name1 和 data1 等目录不能提前创建，如果提前创建会出问题。

（5）配置 master 和 slaves 主从节点

配置 conf/masters 和 conf/slaves 来设置主从结点，注意最好使用主机名，并且保证机器之间通过主机名可以互相访问，每个主机名一行。

vi masters，输入：

```
node0
```

vi slaves，输入：

```
node1
node2
node3
```

配置结束，把配置好的 hadoop 文件夹复制到另外两台主机中，并且保证上面的配置对于其他机器而言正确：

```
$ scp -r /home/hadoop/hadoop-1.2.1 node1:/home/hadoop/
$ scp -r /home/hadoop/hadoop-1.2.1 node2:/home/hadoop/
$ scp -r /home/hadoop/hadoop-1.2.1 node3:/home/hadoop/
```

5. Hadoop 启动与测试

（1）格式化一个新的分布式文件系统

```
$ hadoop namenode -format #首次启动 hadoop 需要格式化文件系统
```

（2）启动所有节点

```
$ /home/hadoop/hadoop-1.2.1/bin/start-all.sh
```

可以使用浏览器访问 http://node0:50070 查看 HDFS 信息，访问 http://node0:50030 查看 Map-Reduce 信息，如果正常，则 Hadoop 安装成功。

关闭 Hadoop：

```
$ ~/hadoop-1.0.2/bin/stop-all.sh
```

Note：分布式模式下，Hadoop 的配置文件中不能使用 IP 地址，必须使用主机名。安装 Hadoop 必须在所有的节点上使用相同的配置和安装路径，并用相同的用户来启动。启动 Hadoop 的用户需要对安装目录和数据目录及其中的所有文件具有必要的权限。此外，Hadoop 中的 HDFS 和 Map-Reduce 可以分别启动，NameNode 和 JobTracker 也可以部署在不同节点上以分摊负载，但小集群通常会把两者部署在同一个节点上，并称这个节点为"主节点"。配置文件 masters 中指定的并不是集群的主节点，而是用于为 NameNode 提供备份的 SecondaryNameNode，SecondaryNameNode 可以有不止一个，并且应该和 NameNode 在不同的物理节点，这样当 NameNode 发生故障时可以保证 HDFS 中元数据的安全。但用于实验的小集群可以不考虑这么多。

5.6　HDFS 操作

5.6.1　使用 FS Shell 命令操作 HDFS

调用文件系统（FS）Shell 命令应使用 bin/hadoop fs <args> 的形式。所有的 FS shell 命令使用 URI 路径作为参数。URI 格式是 scheme://authority/path。对 HDFS 文件系统，scheme 是 hdfs，对本地文件系统，scheme 是 file。其中 scheme 和 authority 参数都是可选的，如果

未加指定，就会使用配置中指定的默认 scheme，默认 scheme 一般就是 hdfs。一个 HDFS 文件或目录比如/parent/child 可以表示成 hdfs://namenode:namenodeport/parent/child，或者更简单的/parent/child（假设你配置文件中的默认值是 namenode:namenodeport）。大多数 FS Shell 命令的行为和对应的 Unix Shell 命令类似，不同之处会在下面介绍各命令使用详情时指出。出错信息会输出到标准错误输出/stderr，其他信息输出到标准输出/stdout。

1．cat

使用方法：hadoop fs -cat URI [URI …] 将路径指定文件的内容输出到 stdout。
示例：

```
hadoop fs -cat hdfs://host1:port1/file1 hdfs://host2:port2/file2
hadoop fs -cat file:///file3 /user/hadoop/file4
```

返回值：成功返回 0，失败返回–1。

2．chgrp

使用方法：hadoop fs -chgrp [-R] GROUP URI [URI …]
改变文件所属的组。使用-R 将使改变在目录结构下递归进行。命令的使用者必须是文件的所有者或者超级用户。更多的信息请参见 HDFS 权限用户指南。

3．chmod

使用方法：hadoop fs -chmod [-R] <MODE[,MODE]... | OCTALMODE> URI [URI …]
改变文件的权限。使用-R 将使改变在目录结构下递归进行。命令的使用者必须是文件的所有者或者超级用户。更多的信息请参见 HDFS 权限用户指南。

4．chown

使用方法：hadoop fs -chown [-R] [OWNER][:[GROUP]] URI [URI]
改变文件的拥有者。使用-R 将使改变在目录结构下递归进行。命令的使用者必须是超级用户。更多的信息请参见 HDFS 权限用户指南。

5．copyFromLocal

使用方法：hadoop fs -copyFromLocal <localsrc> URI
除了限定源路径是一个本地文件外，和 put 命令相似。

6．copyToLocal

使用方法：hadoop fs -copyToLocal [-ignorecrc] [-crc] URI <localdst>
除了限定目标路径是一个本地文件外，和 get 命令类似。

7．cp

使用方法：hadoop fs -cp URI [URI …] <dest>
将文件从源路径复制到目标路径。这个命令允许有多个源路径，此时目标路径必须是一个目录。

示例：

```
hadoop fs -cp /user/hadoop/file1 /user/hadoop/file2
hadoop fs -cp /user/hadoop/file1 /user/hadoop/file2 /user/hadoop/dir
```

返回值：成功返回 0，失败返回–1。

8. du

使用方法：hadoop fs -du URI [URI …] 显示目录中所有文件的大小，或者当只指定一个文件时，显示此文件的大小。示例：hadoop fs -du /user/hadoop/dir1 /user/hadoop/file1 hdfs://host:port/user/hadoop/dir1。返回值：成功返回 0，失败返回–1。

9. dus

使用方法：hadoop fs -dus <args> 显示文件的大小。

10. expunge

使用方法：hadoop fs -expunge
清空回收站。请参考 HDFS 设计文档以获取更多关于回收站特性的信息。

11. get

使用方法：hadoop fs -get [-ignorecrc] [-crc] <src> <localdst> 复制文件到本地文件系统。可用-ignorecrc 选项复制 CRC 校验失败的文件。使用-crc 选项复制文件及 CRC 信息。示例：

```
hadoop fs -get /user/hadoop/file localfile
hadoop fs -get hdfs://host:port/user/hadoop/file localfile
```

返回值：成功返回 0，失败返回–1。

12. getmerge

使用方法：hadoop fs -getmerge <src> <localdst> [addnl] 接受一个源目录和一个目标文件作为输入，并且将源目录中所有的文件连接成本地目标文件。addnl 是可选的，用于指定在每个文件结尾添加一个换行符。

13. ls

使用方法：hadoop fs -ls <args> 如果是文件，则按照如下格式返回文件信息： 文件名 <副本数> 文件大小 修改日期 修改时间 权限 用户 ID 组 ID 如果是目录，则返回它直接子文件的一个列表，就像在 Unix 中一样。目录返回列表的信息如下：目录名 <dir> 修改日期 修改时间 权限用户 ID 组 ID。示例：hadoop fs -ls /user/hadoop/file1 /user/hadoop/file2 hdfs://host:port/user/hadoop/dir1 /nonexistentfile。返回值：成功返回 0，失败返回–1。

14. lsr

使用方法：hadoop fs -lsr <args> ls 命令的递归版本。类似于 Unix 中的 ls -R.

15．mkdir

使用方法：hadoop fs -mkdir <paths> 接受路径指定的 URI 作为参数，创建这些目录。其行为类似于 Unix 的 mkdir -p，它会创建路径中的各级父目录。示例：

```
hadoop fs -mkdir /user/hadoop/dir1 /user/hadoop/dir2
hadoop fs -mkdir hdfs://host1:port1/user/hadoop/dir hdfs://host2:port2/
user/hadoop/dir
```

返回值：成功返回 0，失败返回–1。

16．movefromLocal

使用方法：dfs -moveFromLocal <src> <dst>
输出一个 "not implemented" 信息。

17．mv

使用方法：hadoop fs -mv URI [URI …] <dest> 将文件从源路径移动到目标路径。这个命令允许有多个源路径，此时目标路径必须是一个目录。不允许在不同的文件系统间移动文件。示例：

```
hadoop fs -mv /user/hadoop/file1 /user/hadoop/file2
hadoop fs -mv hdfs://host:port/file1 hdfs://host:port/file2
hdfs://host:port/file3 hdfs://host:port/dir1
```

返回值：成功返回 0，失败返回–1。

18．put

使用方法：hadoop fs -put <localsrc> ... <dst> 从本地文件系统中复制单个或多个源路径到目标文件系统。也支持从标准输入中读取输入写入目标文件系统。

```
hadoop fs -put localfile /user/hadoop/hadoopfile
hadoop fs -put localfile1 localfile2 /user/hadoop/hadoopdir
hadoop fs -put localfile hdfs://host:port/hadoop/hadoopfile
hadoop fs -put - hdfs://host:port/hadoop/hadoopfile #从标准输入中读取输入
```

返回值：成功返回 0，失败返回–1。

19．rm

使用方法：hadoop fs -rm URI [URI …] 删除指定的文件。只删除非空目录和文件。请参考 rmr 命令了解递归删除。示例：

```
hadoop fs -rm hdfs://host:port/file /user/hadoop/emptydir
```

返回值：成功返回 0，失败返回–1。

20．rmr

使用方法：hadoop fs -rmr URI [URI …] delete 的递归版本。示例：

```
hadoop fs -rmr /user/hadoop/dir
hadoop fs -rmr hdfs://host:port/user/hadoop/dir
```

返回值：成功返回 0，失败返回–1。

21．setrep

使用方法：hadoop fs -setrep [-R] <path> 改变一个文件的副本系数。-R 选项用于递归改变目录下所有文件的副本系数。示例：

```
hadoop fs -setrep -w 3 -R /user/hadoop/dir1
```

返回值：成功返回 0，失败返回–1。

22．stat

使用方法：hadoop fs -stat URI [URI …] 返回指定路径的统计信息。
示例：

```
hadoop fs -stat path
```

返回值：成功返回 0，失败返回–1。

23．tail

使用方法：hadoop fs -tail [-f] URI 将文件尾部 1K 字节的内容输出到 stdout。支持-f 选项，行为和 Unix 中一致。
示例：

```
hadoop fs -tail pathname
```

返回值：成功返回 0，失败返回–1。

24．test

使用方法：hadoop fs -test -[ezd] URI。选项：-e 检查文件是否存在。如果存在则返回 0。-z 检查文件是否是 0 字节。如果是则返回 0。-d 如果路径是个目录，则返回 1，否则返回 0。
示例：

```
hadoop fs -test -e filename
```

25．text

使用方法：hadoop fs -text <src> 将源文件输出为文本格式。允许的格式是 zip 和 TextRecordInputStream。

26．touchz

使用方法：hadoop fs -touchz URI [URI …] 创建一个 0 字节的空文件。示例：

```
hadoop -touchz pathname
```

返回值：成功返回 0，失败返回–1。

5.6.2　编程读写 HDFS

利用 HDFS 给我们提供的 API，我们同样可以访问它。

在 Hadoop 中用作文件操作的主类位于 org.apache.hadoop.fs 软件包中。包括常见的 open、read、write 和 close。Hadoop 文件的 API 起点是 FileSystem 类，这是一个与文件系统交互的抽象类，我们通过调用 factory 的方法 FileSystem.get(Configuration conf)来取得所需的 FileSystem 实例，如下我们可以获得与 HDFS 接口的 FileSystem 对象：

```
Configuration conf = new Configuration();
FileSystem hdfs = FileSystem.get(conf);        //获得 HDFS 的 FileSystem 对象
```

如果我们要实现 HDFS 与本地文件系统的交互，还需要获取本地文件系统的 FileSystem 对象：

```
FileSystem local = FileSystem.getLocal(conf);//获得本地文件系统的 FileSystem 对象
```

以下代码讲解了一个例子，我们开发一个 PutMerge 程序，用于合并本地文件后放入 HDFS，因为大文件 HDFS 处理起来比较容易，所以这个程序可能经常在实际中用到。

```java
import java.io.IOException;
import org.apache.hadoop.conf.Configuration;
import org.apache.hadoop.fs.FSDataInputStream;
import org.apache.hadoop.fs.FSDataOutputStream;
import org.apache.hadoop.fs.FileStatus;
import org.apache.hadoop.fs.FileSystem;
import org.apache.hadoop.fs.Path;
public class PutMerge {
   public static void main(String[] args) throws IOException {
   Configuration conf = new Configuration();
   FileSystem hdfs =FileSystem.get(conf);         //获得 HDFS 文件系统的对象
   FileSystem local = FileSystem.getLocal(conf);   //获得本地文件系统的对象
   Path inputDir = new Path(args[0]);              //设定输入目录
   Path hdfsFile = new Path(args[1]);              //设定输出目录
   try{
      FileStatus[] inputFiles = local.listStatus(inputDir);
                  //FileStatus 的 listStatus()方法获得一个目录中的文件列表
   FSDataOutputStream out = hdfs.create(hdfsFile);//生成 HDFS 输出流
   for(int i = 0; i < inputFiles.length; i ++){
       System.out.println(inputFiles[i].getPath().getName());
       FSDataInputStream in = local.open(inputFiles[i].getPath());
                                              //打开本地输入流
     byte[] buffer = new byte[256];
       int bytesRead = 0;
       while((bytesRead = in.read(buffer))>0){
       out.write(buffer,0,bytesRead);               //通过一个循环来写入
     }
       in.close();
     }
     out.close();
   }catch (IOException e) {
      e.printStackTrace();
   }
 }
}
```

假设 PutMerge 在目录 putmerge 的 src 目录下（putmerge 还有一个目录 bin 用来存在 class 文件），先编译，再打包成 jar 包，再执行：

```
$ cd putmerge
$ javac -classpath ~/hadoop-1.2.1/hadoop-core-1.2.1.jar -d bin/ src/PutMerge.java
$ jar -cvf putmerge.jar -C bin/ .
$ ~/hadoop-1.2.1/bin/hadoop jar putmerge.jar PutMerge ~/input anotherinput
```

由于~/input 里面本来有 file01，file02 两个文件，所以输出：

```
file02
file01
```

还可以通过 hadoop 的一些命令如 cat 等来观察文件内容是否是本来的两个文件内容的合并。

5.7 Hadoop 中的 MapReduce 模型

Hadoop 中的 Map Reduce 术语和上一章介绍的 Google MapReduce 也有一些不同，以下是主要术语对照表，如表 5.3 所示。

表 5.3 Google版本的Map Reduce和Hadoop版本的对比

Google 术语	Hadoop 术语	相 关 解 释
Job	Job	用户的每一个计算请求，就称为一个作业
Master	JobTracker	用户提交作业的服务器，同时，它还负责各个作业任务的分配，管理所有的任务服务器
Worker	Tasktracker	Google 的命名很贴切，就是任劳任怨的工人，负责执行具体的任务
Task	Task	每一个作业都需要拆分开，交由多个服务器来完成，拆分出来的执行单位，就称为任务

5.7.1 MapReduce 计算模型

要了解 MapReduce，首先需要了解 MapReduce 的载体是什么。在 Hadoop 中，用于执行 MapReduce 任务的机器有两个角色：一个是 JobTracker，另一个是 TaskTracker。JobTracker 是用于管理和调度工作的，TaskTracker 是用于执行工作的。一个 Hadoop 集群中只有一台 JobTracker。

在 Hadoop 中，每个 MapReduce 任务都被初始化为一个 Job。每个 Job 又可以分为两个阶段：Map 阶段和 Reduce 阶段。这两个阶段分别用两个函数来表示，即 Map 函数和 Reduce 函数。Map 函数接收一个<key, value>形式的输入，然后产生同样为<key, value>形式的中间输出，Hadoop 会负责将所有具有相同中间 key 值的 value 集合到一起传递给 Reduce 函数，Reduce 函数接收一个如<key, (list of values)>形式的输入，然后对这个 value 集合进行处理并输出结果，Reduce 的输出也是<key, value>形式的。

为了方便理解，分别将三个<key, value>对标记为<k1, v1>、<k2, v2>和<k3, v3>，那么上面所述的过程就可以用图 5.4 来表示了。

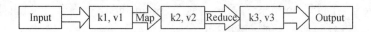

图 5.4　MapReduce 程序数据变化的基本模型

5.7.2　Hadoop 中的 Hello World 程序

上面所述的过程是 MapReduce 的核心，所有的 MapReduce 程序都具有图 5.4 所示的结构。下面我再举一个例子详述 MapReduce 的执行过程。

大家初次接触编程时学习的不论是哪种语言，看到的第一个示例程序可能都是"Hello World"。在 Hadoop 中也有一个类似于 Hello World 的程序。这就是 WordCount。本小节会结合这个程序具体讲解与 MapReduce 程序有关的所有类。这个程序的内容如下：

```java
import java.io.IOException;
import java.util.*;

import org.apache.hadoop.fs.Path;
import org.apache.hadoop.conf.*;
import org.apache.hadoop.io.*;
import org.apache.hadoop.mapred.*;
import org.apache.hadoop.util.*;

public class WordCount {

  //Map 类
  public static class Map extends MapReduceBase implements Mapper
  <LongWritable, Text, Text, IntWritable> {
    private final static IntWritable one = new IntWritable(1);
    private Text word = new Text();

    public void map(LongWritable key, Text value, OutputCollector<Text,
    IntWritable> output, Reporter reporter) throws IOException {
      String line = value.toString();
      StringTokenizer tokenizer = new StringTokenizer(line);
      while (tokenizer.hasMoreTokens()) {
        word.set(tokenizer.nextToken());
        output.collect(word, one);
      }
    }
  }

  //Reduce 类
  public static class Reduce extends MapReduceBase implements Reducer<Text,
  IntWritable, Text, IntWritable> {
    public void reduce(Text key, Iterator<IntWritable> values, OutputCollector
    <Text, IntWritable> output, Reporter reporter) throws IOException {
      int sum = 0;
      while (values.hasNext()) {
        sum += values.next().get();
      }
      output.collect(key, new IntWritable(sum));
    }
  }

  public static void main(String[] args) throws Exception {
```

```
//设置 Job 的配置信息
JobConf conf = new JobConf(WordCount.class);
conf.setJobName("wordcount");

conf.setOutputKeyClass(Text.class);
conf.setOutputValueClass(IntWritable.class);

conf.setMapperClass(Map.class);
conf.setReducerClass(Reduce.class);

conf.setInputFormat(TextInputFormat.class);
conf.setOutputFormat(TextOutputFormat.class);

FileInputFormat.setInputPaths(conf, new Path(args[0]));
FileOutputFormat.setOutputPath(conf, new Path(args[1]));

//执行 Job
JobClient.runJob(conf);
  }
}
```

同时，为了叙述方便，设定两个输入文件，如下：

```
echo "Hello World Bye World" > file01
echo "Hello Hadoop Goodbye Hadoop" > file02
```

看到这个程序，相信很多读者会对众多的预定义类感到很迷惑。其实这些类非常简单明了。首先，WordCount 程序的代码虽多，但是执行过程却很简单，在本例中，它首先将输入文件读进来，然后交由 Map 程序处理，Map 程序将输入读入后切出其中的单词，并标记它的数目为 1，形成<word , 1>的形式，然后交由 Reduce 处理，Reduce 将相同 key 值（也就是 word）的 value 值收集起来，形成<word, list of 1>的形式，之后将这些 1 值加起来，即为单词的个数，最后将这个<key, value>对以 TextOutputFormat 的形式输出到 HDFS 中。

针对这个数据流动过程，挑出了如下几句代码来表述它的执行过程：

```
JobConf conf = new JobConf(MyMapre.class);
conf.setJobName("wordcount");

conf.setInputFormat(TextInputFormat.class);
conf.setOutputFormat(TextOutputFormat.class);

conf.setMapperClass(Map.class);
conf.setReducerClass(Reduce.class);

FileInputFormat.setInputPaths(conf, new Path(args[0]));
FileOutputFormat.setOutputPath(conf, new Path(args[1]));
```

首先讲解一下 Job 的初始化过程。Main 函数调用 Jobconf 类来对 MapReduce Job 进行初始化，然后调用 setJobName()方法命名这个 Job。对 Job 进行合理的命名有助于更快地找到 Job，以便在 JobTracker 和 TaskTracker 的页面中对其进行监视。接着就会调用 setInputPath() 和 setOutputPath()设置输入输出路径。下面会结合 WordCount 程序重点讲解 Inputformat()、OutputFormat()、Map()和 Reduce()这 4 种方法。

1. InputFormat()和 InputSplit

InputSplit 是 Hadoop 中用来把输入数据传送给每个单独的 Map，InputSplit 存储的并非数据本身，而是一个分片长度和一个记录数据位置的数组。生成 InputSplit 的方法可以通过 Inputformat() 来设置。当数据传送给 Map 时，Map 会将输入分片传送到 InputFormat() 上，InputFormat() 则调用 getRecordReader() 方法生成 RecordReader，RecordReader 再通过 creatKey() 和 creatValue() 方法创建可供 Map 处理的 <key, value> 对，即 <k1, v1>。简而言之，InputFormat() 方法是用来生成可供 Map 处理的 <key, value> 对的。

Hadoop 预定义了多种方法将不同类型的输入数据转化为 Map 能够处理的 <key, value> 对，它们都继承自 InputFormat，分别是：

❑ BaileyBorweinPlouffe.BbpInputFormat；
❑ ComposableInputFormat；
❑ CompositeInputFormat；
❑ DBInputFormat；
❑ DistSum.Machine.AbstractInputFormat；
❑ FileInputFormat。

其中，FileInputFormat 又有多个子类，分别为：

❑ CombineFileInputFormat；
❑ KeyValueTextInputFormat；
❑ NLineInputFormat；
❑ SequenceFileInputFormat；
❑ TeraInputFormat；
❑ TextInputFormat。

其中，TextInputFormat 是 Hadoop 默认的输入方法，在 TextInputFormat 中，每个文件（或其一部分）都会单独作为 Map 的输入，而这是继承自 FileInputFormat 的。之后，每行数据都会生成一条记录，每条记录则表示成 <key, value> 形式：

key 值是每个数据的记录在数据分片中的字节偏移量，数据类型是 LongWritable；

value 值是每行的内容，数据类型是 Text。

也就是说，输入数据会以如下的形式被传入 Map 中。

file01：

```
0  hello world bye world
```

file02：

```
0  hello hadoop bye hadoop
```

因为 file01 和 file02 都会被单独输入到一个 Map 中，因此它们的 key 值都是 0。

2．OutputFormat()

对于每一种输入格式都有一种输出格式与其对应。同样，默认的输出格式是 TextOutputFormat，这种输出方式与输入类似，会将每条记录以一行的形式存入文本文件。不过，它的键和值可以是任意形式的，因为程序内部会调用 toString() 方法将键和值转换为 String 类型再输出。最后的输出形式如下所示：

```
Bye 2
Hadoop 2
```

```
Hello 2
World 2
```

3．Map()和 Reduce()

Map()方法和 Reduce()方法是本章的重点，从前面的内容知道，Map()函数接收经过 InputFormat 处理所产生的<k1, v1>，然后输出<k2, v2>。WordCount 的 Map()函数如下：

```
public class WordCount {
  public static class Map extends MapReduceBase implements Mapper
  <LongWritable, Text, Text, IntWritable> {
    private final static IntWritable one = new IntWritable(1);
    private Text word = new Text();

    public void map(LongWritable key, Text value,
OutputCollector<Text, IntWritable> output, Reporter reporter) throws
IOException {
      String line = value.toString();
      StringTokenizer tokenizer = new StringTokenizer(line);
      while (tokenizer.hasMoreTokens()) {
        word.set(tokenizer.nextToken());
        output.collect(word, one);
      }
    }
  }
}
```

Map()函数继承自 MapReduceBase，并且它实现了 Mapper 接口，此接口是一个范型类型，它有 4 种形式的参数，分别用来指定 Map()的输入 key 值类型、输入 value 值类型、输出 key 值类型和输出 value 值类型。在本例中，因为使用的是 TextInputFormat，它的输出 key 值是 LongWritable 类型，输出 value 值是 Text 类型，所以 Map()的输入类型即为<LongWritable, Text>。如前面的内容所述，在本例中需要输出<word, 1>这样的形式，因此输出的 key 值类型是 Text，输出的 value 值类型是 IntWritable。

实现此接口类还需要实现 Map()方法，Map()方法会负责具体对输入进行操作，在本例中，Map()方法对输入的行以空格为单位进行切分，然后使用 OutputCollect 收集输出的<word, 1>，即<k2, v2>。

下面来看 Reduce()函数：

```
public static class Reduce extends MapReduceBase implements Reducer<Text,
IntWritable, Text, IntWritable> {
  public void reduce(Text key, Iterator<IntWritable> values,
  OutputCollector<Text, IntWritable> output, Reporter reporter) throws
  IOException {
    int sum = 0;
    while (values.hasNext()) {
    sum += values.next().get();
    }
    output.collect(key, new IntWritable(sum));
  }
}
```

与 Map()类似，Reduce()函数也继承自 MapReduceBase，需要实现 Reducer 接口。Reduce()函数以 Map()的输出作为输入，因此 Reduce()的输入类型是<Text, IneWritable>。而 Reduce()的输出是单词和它的数目，因此，它的输出类型是<Text, IntWritable>。Reduce()函数也要

实现 Reduce()方法,在此方法中,Reduce()函数将输入的 key 值作为输出的 key 值,然后将获得的多个 value 值加起来,作为输出的 value 值。

5.7.3 运行 MapReduce 程序

读者可以在 Eclipse 里运行 MapReduce 程序,也可以在命令行中运行 MapReduce 程序,但是在实际应用中,还是推荐到命令行中运行程序。在命令行中需要先将源代码编译,然后将编译生成的.class 文件打包成 JAR 包,如下所示:

```
$ mkdir FirstJar
$ mkdir src
$ mkdir bin
```

将上一节中的 WourdCount 的程序写入文件 src/WourdCount.java:

```
$ javac -classpath ~/hadoop-1.2.1/hadoop-core-1.2.1.jar -d bin/ src/
WordCount.java
$ jar -cvf wordcount.jar -C bin/ .
```

首先建立 FirstJar,然后编译文件生成.class,存放到文件夹 FirstJar 中,并将 FirstJar 中的文件打包生成 wordcount.jar 文件。

接着上传输入文件(输入文件是 file01 和 file02,存放在~/input):

```
$ ~/hadoop-1.2.1/bin/hadoop fs -mkdir input
$ ~/hadoop-1.2.1/bin/hadoop dfs -put ~/input/file0* input
```

在此上传过程中,先建立文件夹 input,然后上传文件 file01 和 file02 到 input 中。

最后运行生成的 JAR 文件,为了叙述方便,先将生成的 JAR 文件放入 Hadoop 的安装文件夹中(HADOOP_HOME),然后运行如下命令。

```
$ ~/hadoop-1.2.1/bin/hadoop jar wordcount.jar WordCount input output
```

屏幕上输出如下:

```
[hadoop@node0 FirstJar]$ ~/hadoop-1.2.1/bin/hadoop jar wordcount.jar
WordCount input output
14/05/12 19:30:49 WARN mapred.JobClient: Use GenericOptionsParser for
parsing the arguments. Applications should implement Tool for the same.
14/05/12 19:30:49 INFO util.NativeCodeLoader: Loaded the native-hadoop
library
14/05/12 19:30:49 WARN snappy.LoadSnappy: Snappy native library not loaded
14/05/12 19:30:49 INFO mapred.FileInputFormat: Total input paths to process : 2
14/05/12 19:30:50 INFO mapred.JobClient: Running job: job_201405112041_0001
14/05/12 19:30:51 INFO mapred.JobClient:  map 0% reduce 0%
14/05/12 19:30:57 INFO mapred.JobClient:  map 100% reduce 0%
14/05/12 19:31:05 INFO mapred.JobClient:  map 100% reduce 33%
14/05/12 19:31:06 INFO mapred.JobClient:  map 100% reduce 100%
14/05/12 19:31:07 INFO mapred.JobClient: Job complete: job_201405112041_0001
14/05/12 19:31:07 INFO mapred.JobClient: Counters: 30
14/05/12 19:31:07 INFO mapred.JobClient:   Job Counters
14/05/12 19:31:07 INFO mapred.JobClient:     Launched reduce tasks=1
14/05/12 19:31:07 INFO mapred.JobClient:     SLOTS_MILLIS_MAPS=10041
14/05/12 19:31:07 INFO mapred.JobClient:     Total time spent by all reduces
waiting after reserving slots (ms)=0
14/05/12 19:31:07 INFO mapred.JobClient:     Total time spent by all maps
```

```
waiting after reserving slots (ms)=0
14/05/12 19:31:07 INFO mapred.JobClient:        Launched map tasks=3
14/05/12 19:31:07 INFO mapred.JobClient:        Data-local map tasks=3
14/05/12 19:31:07 INFO mapred.JobClient:        SLOTS_MILLIS_REDUCES=9268
14/05/12 19:31:07 INFO mapred.JobClient:        File Input Format Counters
14/05/12 19:31:07 INFO mapred.JobClient:        Bytes Read=53
14/05/12 19:31:07 INFO mapred.JobClient:        File Output Format Counters
14/05/12 19:31:07 INFO mapred.JobClient:        Bytes Written=41
14/05/12 19:31:07 INFO mapred.JobClient:        FileSystemCounters
14/05/12 19:31:07 INFO mapred.JobClient:        FILE_BYTES_READ=104
14/05/12 19:31:07 INFO mapred.JobClient:        HDFS_BYTES_READ=341
14/05/12 19:31:07 INFO mapred.JobClient:        FILE_BYTES_WRITTEN=220177
14/05/12 19:31:07 INFO mapred.JobClient:        HDFS_BYTES_WRITTEN=41
14/05/12 19:31:07 INFO mapred.JobClient:        Map-Reduce Framework
14/05/12 19:31:07 INFO mapred.JobClient:        Map output materialized bytes=116
14/05/12 19:31:07 INFO mapred.JobClient:        Map input records=2
14/05/12 19:31:07 INFO mapred.JobClient:        Reduce shuffle bytes=116
14/05/12 19:31:07 INFO mapred.JobClient:        Spilled Records=16
14/05/12 19:31:07 INFO mapred.JobClient:        Map output bytes=82
14/05/12 19:31:07 INFO mapred.JobClient:        Total  committed  heap  usage
(bytes)= 453509120
14/05/12 19:31:07 INFO mapred.JobClient:        CPU time spent (ms)=2010
14/05/12 19:31:07 INFO mapred.JobClient:        Map input bytes=50
14/05/12 19:31:07 INFO mapred.JobClient:        SPLIT_RAW_BYTES=288
14/05/12 19:31:07 INFO mapred.JobClient:        Combine input records=0
14/05/12 19:31:07 INFO mapred.JobClient:        Reduce input records=8
14/05/12 19:31:07 INFO mapred.JobClient:        Reduce input groups=5
14/05/12 19:31:07 INFO mapred.JobClient:        Combine output records=0
14/05/12 19:31:07 INFO mapred.JobClient:        hysical memory (bytes)
snapshot=64 1888256
14/05/12 19:31:07 INFO mapred.JobClient:        Reduce output records=5
14/05/12 19:31:07 INFO mapred.JobClient:        Virtual memory (bytes)
snapshot=304 8792064
14/05/12 19:31:07 INFO mapred.JobClient:        Map output records=8
```

Hadoop 命令（注意不是 Hadoop 本身）会启动一个 JVM 来运行这个 MapReduce 程序，并自动获取 Hadoop 的配置，同时把类的路径（及其依赖关系）加入到 Hadoop 的库中。以上就是 Hadoop Job 的运行记录，从这里面可以看到，这个 Job 被赋予了一个 ID 号：job_201101111819_0002，而且得知输入文件有两个（Total input paths to process : 2），同时还可以了解 Map 的输入输出记录（record 数及字节数）及 Reduce 的输入输出记录。比如说，在本例中，Map 的 task 数量是 2 个，Reduce 的 Task 数量是一个；Map 的输入 record 数是 2 个，输出 record 数是 8 个等。

可以通过命令查看输出文件输出文件为：

```
[hadoop@node0 FirstJar]$ ~/hadoop-1.2.1/bin/hadoop fs -cat output/part-
00000
Bye     1
Goodbye 1
Hadoop  2
Hello   2
World   2
```

5.7.4 Hadoop 中的 Hello World 程序——新的 API

从 0.20.2 版本开始，Hadoop 提供了一个新的 API。新的 API 是在 org.apache.

hadoop.mapreduce 中的，旧版的 API 则在 org.apache.hadoop.mapred 中。新的 API 不兼容旧的 API，WordCount 程序用新的 API 重写如下：

```java
import java.io.IOException;
import java.util.*;

import org.apache.hadoop.fs.Path;
import org.apache.hadoop.conf.*;
import org.apache.hadoop.io.*;
import org.apache.hadoop.mapreduce.*;
import org.apache.hadoop.mapreduce.lib.input.*;
import org.apache.hadoop.mapreduce.lib.output.*;
import org.apache.hadoop.util.*;

   public class WordCount extends Configured implements Tool {
    public static class Map extends Mapper<LongWritable, Text, Text,
    IntWritable> {
          private final static IntWritable one = new IntWritable(1);
          private Text word = new Text();
          public void map(LongWritable key, Text value, Context context)
          throws IOException, InterruptedException {
          String line = value.toString();
          StringTokenizer tokenizer = new StringTokenizer(line);
          while (tokenizer.hasMoreTokens()) {
            word.set(tokenizer.nextToken());
            context.write(word, one);
          }
        }
      }

  public static class Reduce extends Reducer<Text, IntWritable, Text,
  IntWritable> {
    public void reduce(Text key, Iterable<IntWritable> values, Context
    context) throws IOException, InterruptedException {
        int sum = 0;
        for (IntWritable val : values) {
          sum += val.get();
        }
        context.write(key, new IntWritable(sum));
    }
}

public int run(String [] args) throws Exception {
    Job job = new Job(getConf());
    job.setJarByClass(WordCount.class);
    job.setJobName("wordcount");

    job.setOutputKeyClass(Text.class);
    job.setOutputValueClass(IntWritable.class);

    job.setMapperClass(Map.class);
    job.setReducerClass(Reduce.class);

    job.setInputFormatClass(TextInputFormat.class);
    job.setOutputFormatClass(TextOutputFormat.class);

    FileInputFormat.setInputPaths(job, new Path(args[0]));
    FileOutputFormat.setOutputPath(job, new Path(args[1]));

    boolean success = job.waitForCompletion(true);
```

```
    return success ? 0 : 1;
}

 public static void main(String[] args) throws Exception {
     int ret = ToolRunner.run(new WordCount(), args);
     System.exit(ret);
 }
}
```

从这个程序可以看到新旧 API 的几个区别：

❑ 在新的 API 中，Mapper 与 Reducer 已经不是接口而是抽象类。而且 Map 函数与 Reduce 函数也已经不再实现 Mapper 和 Reducer 接口，而是继承 Mapper 和 Reducer 抽象类。这样做更容易扩展，因为添加方法到抽象类中更容易。

❑ 新的 API 中更广泛地使用了 context 对象，并使用 MapContext 进行 MapReduce 间 的通信，MapContext 同时充当 OutputCollector 和 Reporter 的角色。

❑ Job 的配置统一由 Configurartion 来完成，而不必额外地使用 JobConf 对守护进程 进行配置。

❑ 由 Job 类来负责 Job 的控制，而不是 JobClient，JobClient 在新的 API 中已经被 删除。

这些区别，都可以在以上的程序中看出。

此外，新的 API 同时支持"推"和"拉"式的迭代方式。在以往的操作中，<key, value> 对是被推入到 Map 中的，但是在新的 API 中，允许程序将数据拉入 Map 中，Reduce 也一 样。这样做更加方便程序分批处理数据。

5.7.5　MapReduce 的数据流和控制流

前面已经提到了 MapReduce 的数据流和控制流的关系，本小节将结合 WordCount 实例 具体解释它们的含义。图 5.5 是上例中 WordCount 程序的执行流程。

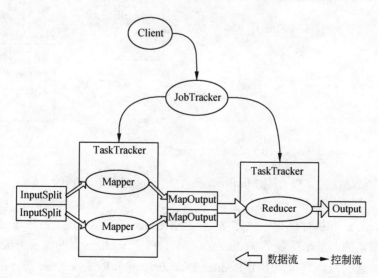

图 5.5　MapReduce 工作的简易图

　　由前面的内容知道，负责控制及调度 MapReduce 的 Job 的是 JobTracker，负责运行 MapReduce 的 Job 的是 TaskTracker。当然，MapReduce 在运行时是分成 Map Task 和 Reduce Task 来处理的，而不是完整的 Job。简单的控制流大概是这样的：JobTracker 调度任务给 TaskTracker，TaskTracker 执行任务时，会返回进度报告。JobTracker 则会记录进度的进行状况，如果某个 TaskTracker 上的任务执行失败，那么 JobTracker 会把这个任务分配给另一台 TaskTracker，直到任务执行完成。

　　这里更详细地解释一下数据流。上例中有两个 Map 任务及一个 Reduce 任务。数据首先按照 TextInputFormat 形式被处理成两个 InputSplit，然后输入到两个 Map 中，Map 程序会读取 InputSplit 指定位置的数据，然后按照设定的方式处理该数据，最后写入到本地磁盘中。注意，这里并不是写到 HDFS 上，这应该很好理解，因为 Map 的输出在 Job 完成后即可删除了，因此不需要存储到 HDFS 上，虽然存储到 HDFS 上会更安全，但是因为网络传输会降低 MapReduce 任务的执行效率，因此 Map 的输出文件是写在本地磁盘上的。如果 Map 程序在没来得及将数据传送给 Reduce 时就崩溃了（程序出错或机器崩溃），那么 JobTracker 只需要另选一台机器重新执行这个 Task 就可以了。

　　Reduce 会读取 Map 的输出数据，合并 value，然后将它们输出到 HDFS 上。Reduce 的输出会占用很多的网络带宽，不过这与上传数据一样是不可避免的。如果大家还是不能很好地理解数据流的话，下面有一个更具体的图（WordCount 执行时的数据流），如图 5.6 所示。

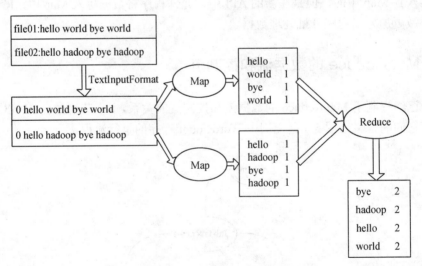

图 5.6　WordCount 数据流程图

相信看到图 5.6，大家就会对 MapReduce 的执行过程有更深刻的了解了。

除此之外，还有两种情况需要注意：

❑　MapReduce 在执行过程中往往不止一个 Reduce Task，Reduce Task 的数量是可以程序指定的。当存在多个 Reduce Task 时，每个 Reduce 会搜集一个或多个 key 值。需要注意的是，当出现多个 Reduce Task 时，每个 Reduce Task 都会生成一个输出文件。

❑　另外，没有 Reduce 任务的时候，系统会直接将 Map 的输出结果作为最终结果，同时 Map Task 的数量可以看做是 Reduce Task 的数量，即有多少个 Map Task 就有多少个输出文件。

5.8　Zookeeper

Zookeeper 主要是用来解决分布式应用中经常遇到的一些数据管理问题，如统一命名服务、状态同步服务、集群管理和分布式应用配置项的管理等。本节将从使用者角度详细介绍 Zookeeper 的安装和配置文件中各个配置项的意义，以及分析 Zookeeper 的典型的应用场景（配置文件的管理、集群管理、同步锁、Leader 选举和队列管理等），并用 Java 实现它们并给出示例代码。

5.8.1　Zookeeper 配置安装

Zookeeper 也有单机模式、伪集群和集群模式，由于篇幅有限，本小节只介绍集群模式。

下载并解压 zookeeper-3.4.5.tar.gz：

```
$ wget http://mirror.esocc.com/apache/zookeeper/zookeeper-3.4.5/zookeeper-
3.4.5.tar.gz
$ tar zxvf zookeeper-3.4.5.tar.gz
```

然后将 conf 目录下的 zoo-example.cfg 文件重命名为 zoo.cfg，修改其中的内容如下（未改动的内容省略）：

```
 initLimit=5
 syncLimit=2
dataDir=/home/hadoop/zookeeper
server.1=node1:2888:3888
server.2=node2:2888:3888
server.3=node3:2888:3888
```

initLimit：这个配置项是用来配置 Zookeeper 接受客户端（这里所说的客户端不是用户连接 Zookeeper 服务器的客户端，而是 Zookeeper 服务器集群中连接到 Leader 的 Follower 服务器）初始化连接时最长能忍受多少个心跳时间间隔数。当已经超过 10 个心跳的时间（也就是 tickTime）长度后 Zookeeper 服务器还没有收到客户端的返回信息，那么表明这个客户端连接失败。总的时间长度就是 5×2000=10 秒。

syncLimit：这个配置项标识 Leader 与 Follower 之间发送消息，请求和应答时间长度，最长不能超过多少个 tickTime 的时间长度，总的时间长度就是 2×2000=4 秒。

server.A=B：C：D：其中 A 是一个数字，表示这个是第几号服务器；B 是这个服务器的 IP 地址；C 表示的是这个服务器与集群中的 Leader 服务器交换信息的端口；D 表示的是万一集群中的 Leader 服务器挂了，需要一个端口来重新进行选举，选出一个新的 Leader，而这个端口就是用来执行选举时服务器相互通信的端口。如果是伪集群的配置方式，由于 B 都是一样，所以不同的 Zookeeper 实例通信端口号不能一样，所以要给它们分配不同的端口号。

除了修改 zoo.cfg 配置文件，集群模式下还要配置一个文件 myid，这个文件在 dataDir 目录下，这个文件里面就有一个数据就是 A 的值，Zookeeper 启动时会读取这个文件，拿到里面的数据与 zoo.cfg 里面的配置信息比较从而判断到底是哪个 server。

如在 node1 上执行：

```
$ echo 1>/home/hadoop/zookeeper/myid
```

在 server.1/2/3 上分别启动 Zookeeper：

```
$ ~/zookeeper-3.4.5/bin/zkServer.sh start
```

5.8.2　Zookeeper 的数据模型

Zookeeper 会维护一个具有层次关系的数据结构，它非常类似于一个标准的文件系统，如图 5.7 所示。

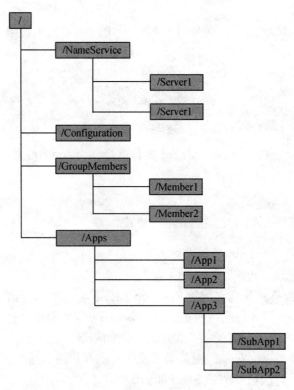

图 5.7　Zookeeper 数据结构

Zookeeper 这种数据结构有如下这些特点：

❑ 每个子目录项如 NameService 都被称作为 znode，这个 znode 是被它所在的路径唯一标识，如 Server1 这个 znode 的标识为/NameService/Server1。

❑ znode 可以有子节点目录，并且每个 znode 可以存储数据，注意 EPHEMERAL 类型的目录节点不能有子节点目录。

❑ znode 是有版本的，每个 znode 中存储的数据可以有多个版本，也就是一个访问路径中可以存储多份数据。

- ❏ znode 可以是临时节点，一旦创建这个 znode 的客户端与服务器失去联系，这个 znode 也将自动删除，Zookeeper 的客户端和服务器通信采用长连接方式，每个客户端和服务器通过心跳来保持连接，这个连接状态称为 session，如果 znode 是临时节点，这个 session 失效，znode 也就删除了。

- ❏ znode 的目录名可以自动编号，如 App1 已经存在，再创建的话，将会自动命名为 App2。

- ❏ znode 可以被监控，包括这个目录节点中存储的数据的修改，子节点目录的变化等，一旦变化可以通知设置监控的客户端，这个是 Zookeeper 的核心特性，Zookeeper 的很多功能都是基于这个特性实现的，后面在典型的应用场景中会有实例介绍。

5.8.3　Zookeeper 的基本使用

Zookeeper 作为一个分布式的服务框架，主要用来解决分布式集群中应用系统的一致性问题，它能提供基于类似于文件系统的目录节点树方式的数据存储，但是 Zookeeper 并不是用来专门存储数据的，它的作用主要是用来维护和监控你存储的数据的状态变化。通过监控这些数据状态的变化，从而可以达到基于数据的集群管理，后面将会详细介绍 Zookeeper 能够解决的一些典型问题，这里先介绍一下，Zookeeper 的操作接口和简单使用示例。

首先介绍 Zookeeper 的常用接口列表。

客户端要连接 Zookeeper 服务器可以通过创建 org.apache.zookeeper. ZooKeeper 的一个实例对象，然后调用这个类提供的接口来和服务器交互。

前面说了 ZooKeeper 主要是用来维护和监控一个目录节点树中存储的数据状态，所以我们能够操作 ZooKeeper 的也和操作目录节点树大体一样，如创建一个目录节点，给某个目录节点设置数据，获取某个目录节点的所有子目录节点，给某个目录节点设置权限和监控这个目录节点的状态变化。

这些接口如表 5.4 所示。

表 5.4　org.apache.zookeeper. ZooKeeper 方法列表

方　法　名	方法功能描述
Stringcreate(String path, byte[] data, List<ACL> acl,Create Mode createMode)	创建一个给定的目录节点 path，并给它设置数据，CreateMode 标识有四种形式的目录节点，分别是 PERSISTENT：持久化目录节点，这个目录节点存储的数据不会丢失；PERSISTENT_SEQUENTIAL：顺序自动编号的目录节点，这种目录节点会根据当前已近存在的节点数自动加 1，然后返回给客户端已经成功创建的目录节点名；EPHEMERAL：临时目录节点，一旦创建这个节点的客户端与服务器端口也就是 session 超时，这种节点会被自动删除；EPHEMERAL_SEQUENTIAL：临时自动编号节点
Statexists(String path, boolean watch)	判断某个 path 是否存在，并设置是否监控这个目录节点,这里的 watcher 是在创建 ZooKeeper 实例时指定的 watcher，exists 方法还有一个重载方法，可以指定特定的 watcher

方 法 名	方法功能描述
Statexists(String path,Watcher watcher)	重载方法，这里给某个目录节点设置特定的 watcher，watcher 在 ZooKeeper 是一个核心功能，watcher 可以监控目录节点的数据变化及子目录的变化，一旦这些状态发生变化，服务器就会通知所有设置在这个目录节点上的 watcher，从而每个客户端都很快知道它所关注的目录节点的状态发生变化，而做出相应的反应
void delete(String path, int version)	删除 path 对应的目录节点，version 为–1 可以匹配任何版本，也就删除了这个目录节点所有数据
List<String>getChildren(String path, boolean watch)	获取指定 path 下的所有子目录节点，同样 getChildren 方法也有一个重载方法可以设置特定的 watcher 监控子节点的状态
StatsetData(String path, byte[] data, int version)	给 path 设置数据，可以指定这个数据的版本号，如果 version 为–1 可以匹配任何版本
byte[] getData(String path, boolean watch, Stat stat)	获取这个 path 对应的目录节点存储的数据，数据的版本等信息可以通过 stat 来指定，同时还可以设置是否监控这个目录节点数据的状态
voidaddAuthInfo(String scheme, byte[] auth)	客户端将自己的授权信息提交给服务器，服务器将根据这个授权信息验证客户端的访问权限
StatsetACL(String path,List<ACL> acl, int version)	给某个目录节点重新设置访问权限，需要注意的是 Zookeeper 中的目录节点权限不具有传递性，父目录节点的权限不能传递给子目录节点。目录节点 ACL 由两部分组成：perms 和 id。 perms 有 ALL、READ、WRITE、CREATE、DELETE 和 ADMIN 几种而 ID 标识了访问目录节点的身份列表，默认情况下有以下两种：ANYONE_ID_UNSAFE = new Id("world", "anyone") 和 AUTH_IDS = new Id("auth", "") 分别表示任何人都可以访问和创建者拥有访问权限
List<ACL>getACL(String path,Stat stat)	获取某个目录节点的访问权限列表

除了以上这些表中列出的方法之外还有一些重载方法，如都提供了一个回调类的重载方法及可以设置特定 watcher 的重载方法，具体的方法可以参考 org.apache.zookeeper. ZooKeeper 类的 API 说明。

下面给出基本的操作 ZooKeeper 的示例代码，这样你就能对 ZooKeeper 有直观的认识了。下面的代码清单包括了创建与 ZooKeeper 服务器的连接及最基本的数据操作：

```
// 创建一个与服务器的连接
ZooKeeper zk = new ZooKeeper("localhost:" + CLIENT_PORT,
    ClientBase.CONNECTION_TIMEOUT, new Watcher() {
        // 监控所有被触发的事件
        public void process(WatchedEvent event) {
            System.out.println("已经触发了" + event.getType() + "事件！");
        }
    });
// 创建一个目录节点
zk.create("/testRootPath", "testRootData".getBytes(), Ids.OPEN_ACL_UNSAFE,
  CreateMode.PERSISTENT);
// 创建一个子目录节点
zk.create("/testRootPath/testChildPathOne", "testChildDataOne".getBytes(),
  Ids.OPEN_ACL_UNSAFE,CreateMode.PERSISTENT);
System.out.println(new String(zk.getData("/testRootPath",false,null)));
// 取出子目录节点列表
```

```
System.out.println(zk.getChildren("/testRootPath",true));
// 修改子目录节点数据
zk.setData("/testRootPath/testChildPathOne","modifyChildDataOne".
getBytes(),-1);
System.out.println("目录节点状态：["+zk.exists("/testRootPath",true)+"]");
// 创建另外一个子目录节点
zk.create("/testRootPath/testChildPathTwo", "testChildDataTwo".getBytes(),
  Ids.OPEN_ACL_UNSAFE,CreateMode.PERSISTENT);
System.out.println(new String(zk.getData("/testRootPath/testChildPathTwo",
true,null)));
// 删除子目录节点
zk.delete("/testRootPath/testChildPathTwo",-1);
zk.delete("/testRootPath/testChildPathOne",-1);
// 删除父目录节点
zk.delete("/testRootPath",-1);
// 关闭连接
zk.close();
```

输出的结果如下：

```
已经触发了 None 事件！
testRootData
[testChildPathOne]
目录节点状态：[5,5,1281804532336,1281804532336,0,1,0,0,12,1,6]
已经触发了 NodeChildrenChanged 事件！
testChildDataTwo
已经触发了 NodeDeleted 事件！
已经触发了 NodeDeleted 事件！
```

当对目录节点监控状态打开时，一旦目录节点的状态发生变化，watcher 对象的 process 方法就会被调用。

5.8.4　ZooKeeper 典型的应用场景

Zookeeper 从设计模式角度来看，是一个基于观察者模式设计的分布式服务管理框架，它负责存储和管理大家都关心的数据，然后接受观察者的注册。一旦这些数据的状态发生变化，Zookeeper 就将负责通知已经在 Zookeeper 上注册的那些观察者做出相应的反应，从而实现集群中类似 Master/Slave 管理模式，关于 Zookeeper 的详细架构等内部细节可以阅读 Zookeeper 的源码。

下面详细介绍这些典型的应用场景，也就是 Zookeeper 到底能帮我们解决哪些问题？下面将给出答案。

5.8.5　统一命名服务（Name Service）

分布式应用中，通常需要有一套完整的命名规则，既能够产生唯一的名称又便于人识别和记住，通常情况下用树形的名称结构是一个理想的选择。树形的名称结构是一个有层次的目录结构，既对人友好又不会重复。说到这里你可能想到了 JNDI，没错 Zookeeper 的 Name Service 与 JNDI 能够完成的功能是差不多的，它们都是将有层次的目录结构关联到一定资源上，但是 Zookeeper 的 Name Service 更加是广泛意义上的关联，也许你并不需要将名称关联到特定资源上，你可能只需要一个不会重复名称，就像数据库中产生一个唯一的数字主键一样。

Name Service 已经是 Zookeeper 内置的功能，你只要调用 Zookeeper 的 API 就能实现。如调用 create 接口就可以很容易创建一个目录节点。

配置管理（Configuration Management）：配置的管理在分布式应用环境中很常见。例如，同一个应用系统需要多台 PC Server 运行，但是它们运行的应用系统的某些配置项是相同的，如果要修改这些相同的配置项，那么就必须同时修改每台运行这个应用系统的 PC Server，这样非常麻烦而且容易出错。

像这样的配置信息完全可以交给 Zookeeper 来管理，将配置信息保存在 Zookeeper 的某个目录节点中，然后将所有需要修改的应用机器监控配置信息的状态，一旦配置信息发生变化，每台应用机器就会收到 Zookeeper 的通知，然后从 Zookeeper 获取新的配置信息应用到系统中，如图 5.8 所示。

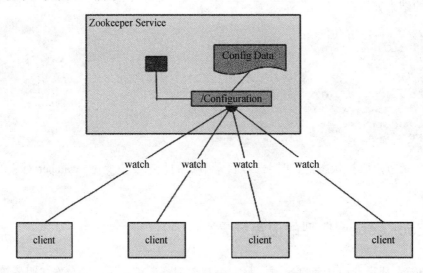

图 5.8　配置管理结构图

集群管理（Group Membership）：Zookeeper 能够很容易的实现集群管理的功能，如有多台 Server 组成一个服务集群，那么必须要一个"总管"知道当前集群中每台机器的服务状态，一旦有机器不能提供服务，集群中其他集群必须知道，从而做出调整重新分配服务策略。同样当增加集群的服务能力时，就会增加一台或多台 Server，同样也必须让"总管"知道，如图 5.9 所示。

Zookeeper 不仅能够帮你维护当前的集群中机器的服务状态，而且能够帮你选出一个"总管"，让这个总管来管理集群，这就是 Zookeeper 的另一个功能 Leader Election。

它们的实现方式都是在 Zookeeper 上创建一个 EPHEMERAL 类型的目录节点，然后每个 Server 在它们创建目录节点的父目录节点上调用 getChildren(String path, boolean watch) 方法并设置 watch 为 true，由于是 EPHEMERAL 目录节点，当创建它的 Server 死去，这个目录节点也随之被删除，所以 Children 将会变化，这时 getChildren 上的 Watch 将会被调用，所以其他 Server 就知道已经有某台 Server 死去了。新增 Server 也是同样的原理。

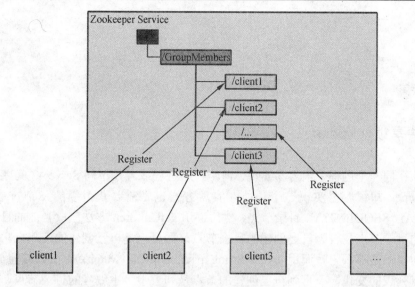

图 5.9　集群管理结构图

Zookeeper 如何实现 Leader Election，也就是选出一个 Master Server。和前面的一样每台 Server 创建一个 EPHEMERAL 目录节点，不同的是它还是一个 SEQUENTIAL 目录节点，所以它是个 EPHEMERAL_SEQUENTIAL 目录节点。之所以它是 EPHEMERAL_SEQUENTIAL 目录节点，是因为我们可以给每台 Server 编号，可以选择当前是最小编号的 Server 为 Master。假如这个最小编号的 Server 死去，由于是 EPHEMERAL 节点，死去的 Server 对应的节点也被删除，所以当前的节点列表中又出现一个最小编号的节点，我们就选择这个节点为当前 Master。这样就实现了动态选择 Master，避免了传统意义上单 Master 容易出现单点故障的问题。

这部分的示例代码如下：

```
void findLeader() throws InterruptedException {
    byte[] leader = null;
    try {
        //得到 leader 节点数据
        leader = zk.getData(root + "/leader", true, null);
    } catch (Exception e) {
        logger.error(e);
    }
    //存在 leader 节点，也就是 leader 存在
    if (leader != null) {
        following();
    } else {
        String newLeader = null;
        try {
            //leader 不存在，也创建 leader 节点，自己成为 leader
            byte[] localhost = InetAddress.getLocalHost().getAddress();
            newLeader = zk.create(root + "/leader", localhost,
            ZooDefs.Ids.OPEN_ACL_UNSAFE, CreateMode.EPHEMERAL);
        } catch (Exception e) {
            logger.error(e);
        }
        //自己成为了 leader
        if (newLeader != null) {
```

```
            leading();
    } else {
        mutex.wait();
    }
    }
}
```

5.8.6　共享锁（Locks）

　　共享锁在同一个进程中很容易实现，但是在跨进程或者在不同 Server 之间就不好实现了。Zookeeper 却很容易实现这个功能，实现方式也是需要获得锁的 Server 创建一个 EPHEMERAL_SEQUENTIAL 目录节点，然后调用 getChildren 方法获取当前的目录节点列表中最小的目录节点是否为自己创建的目录节点，如果正是自己创建的，那么它就获得了这个锁，如果不是那么它就调用 exists(String path, boolean watch) 方法并监控 Zookeeper 上目录节点列表的变化，一直到自己创建的节点是列表中最小编号的目录节点，从而获得锁，释放锁很简单，只要删除前面它自己所创建的目录节点就行了，如图 5.10 所示。

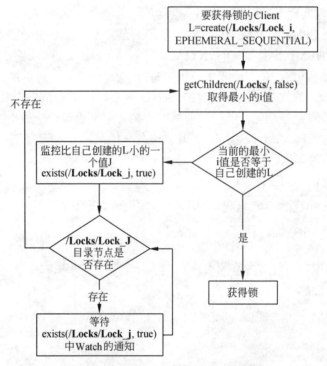

图 5.10　Zookeeper 实现 Locks 的流程图

　　同步锁的实现代码如下：

```
void getLock() throws KeeperException, InterruptedException{
    List<String> list = zk.getChildren(root, false);
    String[] nodes = list.toArray(new String[list.size()]);
    Arrays.sort(nodes);
    if(myZnode.equals(root+"/"+nodes[0])){
        doAction();
    }
    else{
```

```
        waitForLock(nodes[0]);
    }
}
void waitForLock(String lower) throws InterruptedException, KeeperException {
    Stat stat = zk.exists(root + "/" + lower,true);
    if(stat != null){
        mutex.wait();
    }
    else{
        getLock();
    }
}
```

5.8.7 队列管理

Zookeeper 可以处理两种类型的队列：

（1）当一个队列的成员都聚齐时，这个队列才可用，否则一直等待所有成员到达，这种是同步队列。

（2）队列按照 FIFO 方式进行入队和出队操作，例如实现生产者和消费者模型。

同步队列用 Zookeeper 实现的实现思路如下：

创建一个父目录 /synchronizing，每个成员都监控标志（Set Watch）位目录 /synchronizing/start 是否存在，然后每个成员都加入这个队列，加入队列的方式就是创建 /synchronizing/member_i 的临时目录节点，然后每个成员获取 /synchronizing 目录的所有目录节点，也就是 member_i。判断 i 的值是否已经是成员的个数，如果小于成员个数等待 /synchronizing/start 的出现，如果已经相等就创建 /synchronizing/start。

用下面的流程图更容易理解，如图 5.11 所示。

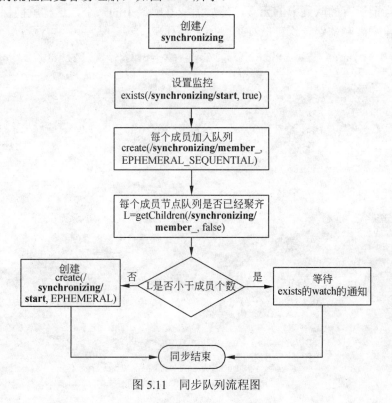

图 5.11 同步队列流程图

同步队列的关键代码如下：

```
void addQueue() throws KeeperException, InterruptedException{
    zk.exists(root + "/start",true);
    zk.create(root + "/" + name, new byte[0], Ids.OPEN_ACL_UNSAFE,
    CreateMode.EPHEMERAL_SEQUENTIAL);
    synchronized (mutex) {
        List<String> list = zk.getChildren(root, false);
        if (list.size() < size) {
            mutex.wait();
        } else {
            zk.create(root + "/start", new byte[0], Ids.OPEN_ACL_UNSAFE,
             CreateMode.PERSISTENT);
        }
    }
}
```

当队列没满是进入 wait()，然后会一直等待 Watch 的通知，Watch 的代码如下：

```
public void process(WatchedEvent event) {
    if(event.getPath().equals(root + "/start") &&
     event.getType() == Event.EventType.NodeCreated){
        System.out.println("得到通知");
        super.process(event);
        doAction();
    }
}
```

FIFO 队列用 Zookeeper 实现思路如下：

实现的思路也非常简单，就是在特定的目录下创建 SEQUENTIAL 类型的子目录 /queue_i，这样就能保证所有成员加入队列时都是有编号的，出队列时通过 getChildren()方法可以返回当前所有的队列中的元素，然后消费其中最小的一个，这样就能保证 FIFO。

下面是生产者和消费者这种队列形式的示例代码：

```
boolean produce(int i) throws KeeperException, InterruptedException{
    ByteBuffer b = ByteBuffer.allocate(4);
    byte[] value;
    b.putInt(i);
    value = b.array();
    zk.create(root + "/element", value, ZooDefs.Ids.OPEN_ACL_UNSAFE,
            CreateMode.PERSISTENT_SEQUENTIAL);
    return true;
}
```

消费者代码：

```
int consume() throws KeeperException, InterruptedException{
    int retvalue = -1;
    Stat stat = null;
    while (true) {
        synchronized (mutex) {
            List<String> list = zk.getChildren(root, true);
            if (list.size() == 0) {
                mutex.wait();
            } else {
                Integer min = new Integer(list.get(0).substring(7));
                for(String s : list){
                    Integer tempValue = new Integer(s.substring(7));
                    if(tempValue < min) min = tempValue;
```

```
        }
        byte[] b = zk.getData(root + "/element" + min,false, stat);
        zk.delete(root + "/element" + min, 0);
        ByteBuffer buffer = ByteBuffer.wrap(b);
        retvalue = buffer.getInt();
        return retvalue;
      }
    }
  }
}
```

5.8.8　Zookeeper 总结

Zookeeper 作为 Hadoop 项目中的一个子项目，是 Hadoop 集群管理的一个必不可少的模块，它主要用来控制集群中的数据，如它管理 Hadoop 集群中的 NameNode，还有 Hbase 中 Master Election 和 Server 之间状态同步等。

本节介绍的 Zookeeper 的基本知识，以及介绍了几个典型的应用场景。这些都是 Zookeeper 的基本功能，最重要的是 Zoopkeeper 提供了一套很好的分布式集群管理的机制，就是它这种基于层次型的目录树的数据结构，并对树中的节点进行有效管理，从而可以设计出多种多样的分布式的数据管理模型，而不仅仅局限于上面提到的几个常用应用场景。

5.9　HBase

5.9.1　简介

HBase 是 BigTable 的开源山寨版本。它是建立在 HDFS 之上，提供高可靠性、高性能、列存储和可伸缩、实时读写的数据库系统。

它介于 NoSQL 和 RDBMS 之间，仅能通过主键（row key）和主键的 range 来检索数据，仅支持单行事务（可通过 hive 支持来实现多表 join 等复杂操作）。主要用来存储非结构化和半结构化的松散数据。

与 Hadoop 一样，Hbase 目标主要依靠横向扩展，通过不断增加廉价的商用服务器，来增加计算和存储能力。

HBase 中的表一般有这样的特点，如下所示。

❑ 大：一个表可以有上亿行，上百万列。

❑ 面向列：面向列（族）的存储和权限控制，列（族）独立检索。

❑ 稀疏：对于为空（null）的列，并不占用存储空间，因此，表可以设计的非常稀疏。

5.9.2　逻辑视图

HBase 以表的形式存储数据。表有行和列组成。列划分为若干个列族（row family），如表 5.5 所示。

表 5.5　HBase逻辑视图示例

Row Key	column-family1	column-family2	column-family3		
column1	column1	column1	column2	column3	column1
key1	t1:abc t2:gdxdf		t4:dfads t3:hello t2:world		
key2	t3:abc t1:gdxdf		t4:dfads t3:hello	t2:dfdsfa t3:dfdf	
key3		t2:dfadfasd t1:dfdasddsf			t2:dfxxdfasd t1:taobao.com

1．Row Key

与 NoSQL 数据库一样，row key 是用来检索记录的主键。访问 HBase table 中的行，只有三种方式：

- ❑ 通过单个 row key 访问；
- ❑ 通过 row key 的 range；
- ❑ 全表扫描。

row key 行键（Row key）可以是任意字符串（最大长度是 64KB，实际应用中长度一般为 10-100bytes），在 HBase 内部，row key 保存为字节数组。

存储时，数据按照 row key 的字典序（byte order）排序存储。设计 key 时，要充分排序存储这个特性，将经常一起读取的行存储放到一起。

📖注意：字典序对 int 排序的结果是 1,10,100,11,12,13,14,15,16,17,18,19,2,20,21,…,9,91,92, 93,94,95,96,97,98,99。要保持整形的自然序，行键必须用 0 作左填充。

行的一次读写是原子操作（不论一次读写多少列）。这个设计决策能够使用户很容易的理解程序在对同一个行进行并发更新操作时的行为。

2．列族

HBase 表中的每个列，都归属于某个列族。列族是表的 chema 的一部分（而列不是），必须在使用表之前定义。列名都以列族作为前缀。例如 courses:history 和 courses:math 都属于 courses 这个列族。

访问控制、磁盘和内存的使用统计都是在列族层面进行的。实际应用中，列族上的控制权限能帮助我们管理不同类型的应用：我们允许一些应用可以添加新的基本数据、一些应用可以读取基本数据并创建继承的列族、一些应用则只允许浏览数据（甚至可能因为隐私的原因不能浏览所有数据）。

3．时间戳

HBase 中通过 row 和 columns 确定的为一个存贮单元称为 cell。每个 cell 都保存着同一份数据的多个版本。版本通过时间戳来索引。时间戳的类型是 64 位整型。时间戳可以由 hbase（在数据写入时自动）赋值，此时时间戳是精确到毫秒的当前系统时间。时间戳也可以由客户显式赋值。如果应用程序要避免数据版本冲突，就必须自己生成具有唯一性的时间戳。每个 cell 中，不同版本的数据按照时间倒序排序，即最新的数据排在最前面。

　　为了避免数据存在过多版本造成的的管理（包括存贮和索引）负担，HBase 提供了两种数据版本回收方式。一是保存数据的最后 n 个版本，二是保存最近一段时间内的版本（比如最近七天）。用户可以针对每个列族进行设置。

4．Cell

　　由{row key, column(=<family> + <label>), version}唯一确定的单元。cell 中的数据是没有类型的，全部是字节码形式存贮。

5.9.3　物理存储

　　本小节讲述 HBase 的物理存储，也就是一个巨大的 Table 如何分布式地存储在多台服务器上。HBase 的物理存储具有以下特点：

- ❑　已经提到过，Table 中的所有行都按照 row key 的字典序排列。
- ❑　Table 在行的方向上分割为多个 HRegion。
- ❑　HRegion 按大小分割的，每个表一开始只有一个 region，随着数据不断插入表，region 不断增大，当增大到一个阈值的时候，HRegion 就会等分为两个新的 HRegion。当 Table 中的行不断增多，就会有越来越多的 HRegion。
- ❑　HRegion 是 Hbase 中分布式存储和负载均衡的最小单元。最小单元就表示不同的 HRegion 可以分布在不同的 HRegion server 上。但一个 HRegion 是不会拆分到多个 server 上的。
- ❑　HRegion 虽然是分布式存储的最小单元，但并不是存储的最小单元。事实上，HRegion 由一个或者多个 Store 组成，每个 Store 保存一个 columns family。每个 Strore 又由一个 memStore 和 0 至多个 StoreFile 组成。如图 5.12 所示，StoreFile 以 HFile 格式保存在 HDFS 上。

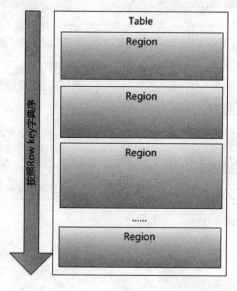

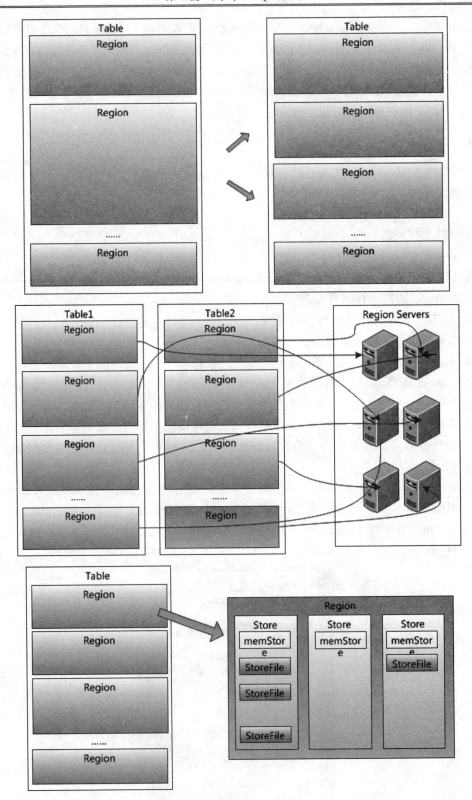

图 5.12　HBase 的存储

HFile 的格式，如图 5.13 所示。

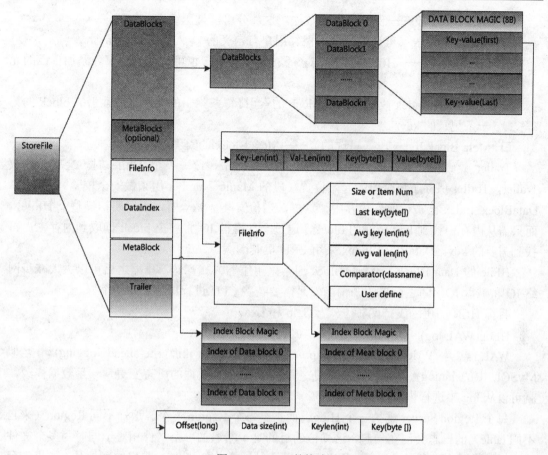

图 5.13　HFile 的格式

Trailer 部分的格式，如图 5.14 所示。

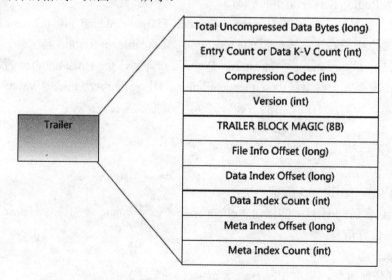

图 5.14　Trailer 的格式

HFile 分为以下部分：

❑ Data Block 段——保存表中的数据，这部分可以被压缩

❑ Meta Block 段（可选的）——保存用户自定义的 kv 对，可以被压缩。

❑ File Info 段——Hfile 的元信息，不被压缩，用户也可以在这一部分添加自己的元信息。

❑ Data Block Index 段——Data Block 的索引。每条索引的 key 是被索引的 block 的第一条记录的 key。

❑ Meta Block Index 段（可选的）——Meta Block 的索引。

Trailer 这一段是定长的。保存了每一段的偏移量，读取一个 HFile 时，会首先读取 Trailer，Trailer 保存了每个段的起始位置（段的 Magic Number 用来做安全校验），然后，DataBlock Index 会被读取到内存中，这样，当检索某个 key 时，不需要扫描整个 HFile，而只需从内存中找到 key 所在的 block，通过一次磁盘 IO 将整个 block 读取到内存中，再找到需要的 key。DataBlock Index 采用 LRU 机制淘汰。

HFile 的 Data Block 和 Meta Block 通常采用压缩方式存储，压缩之后可以大大减少网络 IO 和磁盘 IO，随之而来的开销当然是需要花费 CPU 进行压缩和解压缩。

目标 Hfile 的压缩支持两种方式：Gzip 和 Lzo。

HLog(WAL log)

WAL 意为 Write ahead log(http://en.wikipedia.org/wiki/Write-ahead_logging)，类似 MySQL 中的 binlog，用来做灾难恢复之用，Hlog 记录数据的所有变更，一旦数据修改，就可以从 log 中进行恢复。

每个 Region Server 维护一个 Hlog，而不是每个 Region 一个。这样不同 Region（来自不同 table）的日志会混在一起，这样做的目的是不断追加单个文件相对于同时写多个文件而言，可以减少磁盘寻址次数，因此可以提高对 table 的写性能。带来的麻烦是，如果一台 Region Server 下线，为了恢复其上的 Region，需要将 Region Server 上的 log 进行拆分，然后分发到其他 Region Server 上进行恢复。

HLog 文件就是一个普通的 Hadoop Sequence File，Sequence File 的 Key 是 HLogKey 对象，HLogKey 中记录了写入数据的归属信息，除了 table 和 Region 名字外，同时还包括 sequence number 和 timestamp，timestamp 是"写入时间"，sequence number 的起始值为 0，或者是最近一次存入文件系统中 sequence number。HLog Sequece File 的 Value 是 HBase 的 KeyValue 对象，即对应 HFile 中的 KeyValue，可参见上文描述。

5.9.4　系统架构

系统架构图，如图 5.15 所示。

Client：包含访问 HBase 的接口，client 维护着一些 cache 来加快对 HBase 的访问。比如 Regione 的位置信息。

Zookeeper：

❑ 保证任何时候，集群中只有一个 master。

❑ 存贮所有 Region 的寻址入口。

❑ 实时监控 Region Server 的状态，将 Region Server 的上线和下线信息实时通知给 Master。

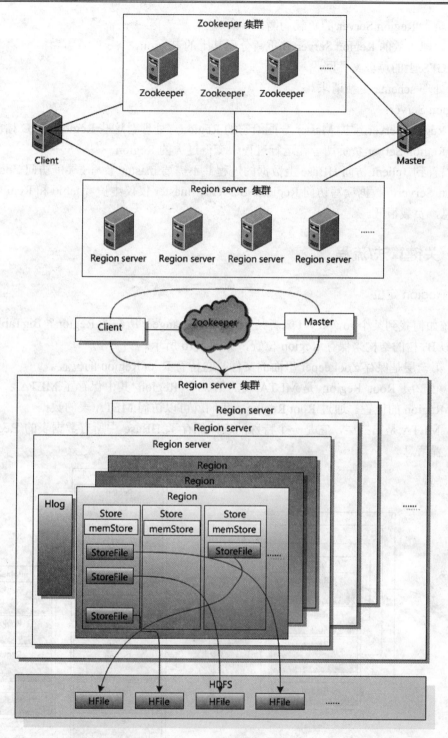

图 5.15 系统架构

❑ 存储 Hbase 的 schema，包括有哪些 table，每个 table 有哪些 column family。

Master：

❑ 为 Region Server 分配 Region。

- ❑ 负责 Region Server 的负载均衡。
- ❑ 发现失效的 Region Server 并重新分配其上的 Region。
- ❑ GFS 上的垃圾文件回收。
- ❑ 处理 schema 更新请求。

Region Server：

- ❑ Region Server 维护 Master 分配给它的 Region，处理对这些 Region 的 IO 请求。
- ❑ Region Server 负责切分在运行过程中变得过大的 Region。

可以看到，client 访问 HBase 上数据的过程并不需要 master 参与（寻址访问 Zookeeper 和 Region Server，数据读写访问 Regione Server），master 仅仅维护者 table 和 Region 的元数据信息，负载很低。

5.9.5 关键算法/流程

1. Region 定位

系统如何找到某个 row key（或者某个 row key range）所在的 Region？BigTable 使用三层类似 B+树的结构来保存 Region 位置，如图 5.16 所示。

- ❑ 第一层是保存 Zookeeper 里面的文件，它持有 Root Region 的位置。
- ❑ 第二层 Root Region 是.META.表的第一个 Region 其中保存了.META.z 表其他 Region 的位置。通过 Root Region，我们就可以访问.META.表的数据。
- ❑ .META.是第三层，它是一个特殊的表，保存了 HBase 中所有数据表的 Region 位置信息。

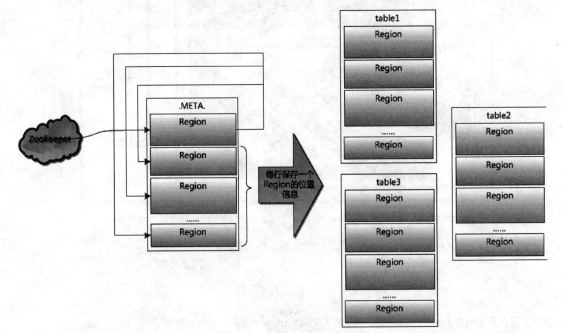

图 5.16 Region 的定位

说明：

- Root Region 永远不会被 split，保证了最需要三次跳转，就能定位到任意 Region。
- META.表每行保存一个 Region 的位置信息，row key 采用表名+表的最后一样编码而成。
- 为了加快访问，.META.表的全部 Region 都保存在内存中。

假设，.META.表的一行在内存中大约占用 1KB，并且每个 Region 限制为 128MB。

那么上面的三层结构可以保存的 Region 数目为：

(128MB/1KB) * (128MB/1KB) = = 2(34)个 Region

client 会将查询过的位置信息保存缓存起来，缓存不会主动失效，因此如果 client 上的缓存全部失效，则需要进行 6 次网络来回，才能定位到正确的 Region（其中三次用来发现缓存失效，另外三次用来获取位置信息）。

2. 读写过程

上文提到，HBase 使用 MemStore 和 StoreFile 存储对表的更新。

数据在更新时首先写入 Log（WAL log）和内存（MemStore）中，MemStore 中的数据是排序的，当 MemStore 累计到一定阈值时，就会创建一个新的 MemStore，并且将老的 MemStore 添加到 flush 队列，由单独的线程 flush 到磁盘上，成为一个 StoreFile。与此同时，系统会在 Zookeeper 中记录一个 redo point，表示这个时刻之前的变更已经持久化了。

当系统出现意外时，可能导致内存（MemStore）中的数据丢失，此时使用 Log（WAL log）来恢复 checkpoint 之后的数据。

前面提到过 StoreFile 是只读的，一旦创建后就不可以再修改。因此 HBase 的更新其实是不断追加的操作。当一个 Store 中的 StoreFile 达到一定的阈值后，就会进行一次合并（major compact），将对同一个 key 的修改合并到一起，形成一个大的 StoreFile，当 StoreFile 的大小达到一定阈值后，又会对 StoreFile 进行 split，等分为两个 StoreFile。

由于对表的更新是不断追加的，处理读请求时，需要访问 Store 中全部的 StoreFile 和 MemStore，将它们按照 row key 进行合并。由于 StoreFile 和 MemStore 都是经过排序的，并且 StoreFile 带有内存中索引，合并的过程还是比较快。

写请求处理过程，如图 5.17 所示：

- client 向 Region Server 提交写请求；
- Region Server 找到目标 Region；
- Region 检查数据是否与 schema 一致；
- 如果客户端没有指定版本，则获取当前系统时间作为数据版本；
- 将更新写入 WAL log；
- 将更新写入 Memstore；
- 判断 Memstore 的是否需要 flush 为 Store 文件。

3. Region 分配

任何时刻，一个 Region 只能分配给一个 Region Server。master 记录了当前有哪些可用的 Region Server。以及当前哪些 Region 分配给了哪些 Region Server，哪些 Region 还没有分配。当存在未分配的 Region，并且有一个 Region Server 上有可用空间时，master 就给这个 Region Server 发送一个装载请求，把 Region 分配给这个 Region Server。Region Server 得到请求后，就开始对此 Region 提供服务。

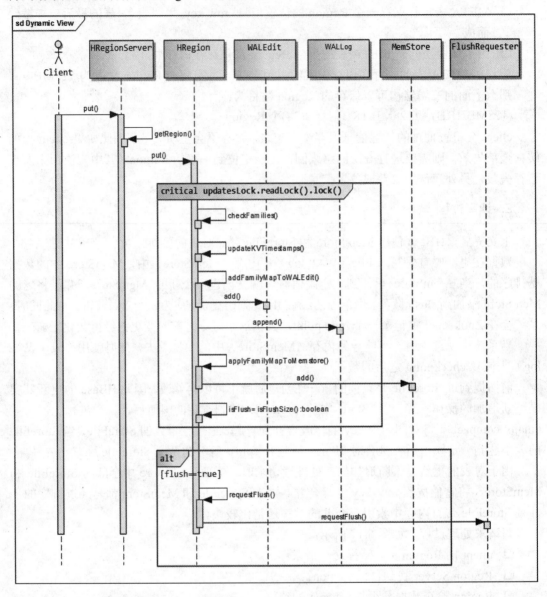

图 5.17　写请求处理过程

4．Region Server 上线

master 使用 Zookeeper 来跟踪 Region Server 状态。当某个 Region Server 启动时，会首先在 Zookeeper 上的 Server 目录下建立代表自己的文件，并获得该文件的独占锁。由于 master 订阅了 Server 目录上的变更消息，当 Server 目录下的文件出现新增或删除操作时，master 可以得到来自 Zookeeper 的实时通知。因此一旦 Region Server 上线，master 能马上得到消息。

5. Region Server 下线

当 Region Server 下线时，它和 Zookeeper 的会话断开，Zookeeper 而自动释放代表这台 Server 的文件上的独占锁。而 master 不断轮询 Server 目录下文件的锁状态。如果 master 发现某个 Region Server 丢失了它自己的独占锁，（或者 master 连续几次和 Region Server 通信都无法成功），master 就是尝试去获取代表这个 Region Server 的读写锁，一旦获取成功，就可以确定：

- ❑ Region Server 和 Zookeeper 之间的网络断开了。
- ❑ Region Server 挂了。

两种情况中的其中一种情况发生了，无论哪种情况，Region Server 都无法继续为它的 Region 提供服务了，此时 master 会删除 Server 目录下代表这台 Region Server 的文件，并将这台 Region Server 的 Region 分配给其他还活着的同志。

如果网络短暂出现问题导致 Region Server 丢失了它的锁，那么 Region Server 重新连接到 Zookeeper 之后，只要代表它的文件还在，它就会不断尝试获取这个文件上的锁，一旦获取到了，就可以继续提供服务。

6. master 上线

master 启动进行以下步骤：

- ❑ 从 Zookeeper 上获取唯一一个代码 master 的锁，用来阻止其他 master 成为 master。
- ❑ 扫描 Zookeeper 上的 Server 目录，获得当前可用的 Region Server 列表。
- ❑ 和上述中的每个 Region Server 通信，获得当前已分配的 Region 和 Region Server 的对应关系。
- ❑ 扫描 META.region 的集合，计算得到当前还未分配的 Region，将它们放入待分配 Region 列表。

7. master 下线

由于 master 只维护表和 Region 的元数据，而不参与表数据 IO 的过程，master 下线仅导致所有元数据的修改被冻结（无法创建删除表，无法修改表的 schema，无法进行 Region 的负载均衡，无法处理 Region 上下线，无法进行 Region 的合并，唯一例外的是 Region 的 split 可以正常进行，因为只有 Region Server 参与），表的数据读写还可以正常进行。因此 master 下线短时间内对整个 HBase 集群没有影响。从上线过程可以看到，master 保存的信息全是可以冗余信息（都可以从系统其他地方收集到或者计算出来），因此，一般 HBase 集群中总是有一个 master 在提供服务，还有一个以上的'master'在等待时机抢占它的位置。

5.10　HBase 的安装和配置

首先下载并解压 hbase-0.94.19.tar.gz：

```
$ wget http://mirror.esocc.com/apache/hbase/hbase-0.94.19/hbase-0.94.19.tar.gz
$ tar zxvf hbase-0.94.19.tar.gz
```

解压后，修改 conf 目录下的 3 个配置文件，如下所示。

1. hbase-env.sh

和 hadoop-env.sh 一样，该文件设定了 HBase 的环境，修改的部分如下：

```
export JAVA_HOME=/usr/local/java
export HBASE_CLASSPATH=/home/hadoop/hadoop-1.2.1/conf
export HBASE_HEAPSIZE=2048
export HBASE_MANAGES_ZK=false
```

其中，HBASE_CLASSPATH 指向存放有 Hadoop 配置文件的目录，这样 HBase 可以找到 HDFS 的配置信息，由于本文 Hadoop 和 HBase 部署在相同的物理节点，所以就指向了 Hadoop 安装路径下的 conf 目录。HBASE_HEAPSIZE 单位为 MB，可以根据需要和实际剩余内存设置，默认为 1000。HBASE_MANAGES_ZK=false 指示 HBase 使用已有的 Zookeeper 而不是自带的。

2. hbase-site.xml 文件

hbase-site.xml 该文件是 HBase 最主要的配置文件，配置如下：

```
<configuration>
<property>
<name>hbase.rootdir</name>
<value>hdfs://node0:49000/hbase</value>
</property>
<property>
<name>hbase.cluster.distributed</name>
 <value>true</value>
</property>
<property>
<name>hbase.tmp.dir</name>
<value>/home/hadoop/hbase</value>
 </property> </configuration>
```

第一项指定了 HBase 所使用的文件系统为 HDFS，根目录为 hdfs://node0:49000/hbase，该目录应该由 HBase 自动创建，只需要指定到正确的 HDFS NameNode 上即可。其中 hdfs://node0:49000 为 hadoop/config/core-site.xml 中的 fs.default.name 的值，这里必须对应。第二项指定 HBase 的工作模式为分布式的，第三项指定 HBase 将元数据存放路径为 /home/hadoop/hbase，需要在 node0(Master)上创建该目录。

3. RegionServers

此文件指定了 HBase 的 RegionServers，相当于 Hadoop 配置文件中的 slaves。本文将 node1/2/3 作为 RegionServer，所以文件内容为：

```
node1
node2
node3
```

另外将 5.8 节中安装的 Zookeeper 的配置文件 zoo.cfg 复制到 HBase 的配置文件夹下，使得 HBase 可以找到 Zookeeper 的配置

至此，HBase 配置完成，将其分发到所有的 Master 和 RegionServer 节点上的相同目录

下，如/home/hadoop/hbase-0.94.19。

```
$ scp -r hbase-0.94.19 node1:/home/hadoop/
$ scp -r hbase-0.94.19 node2:/home/hadoop/
$ scp -r hbase-0.94.19 node3:/home/hadoop/
```

首先按照前面的章节启动 Hadoop 和 Zookeeper，这里不再赘述。

然后在 Master(node0)上启动 HBase：

```
$~/hbase-0.94.19/bin/start-hbase.sh
```

用浏览器访问：

```
http://node0:60010
```

可以看到 HBase 的运行信息，如果 Attributes->Load average 中有数字，Tables 中有 -ROOT-和.META.两张表，并且 RegionServer 中的信息也都正常，则 HBase 正常启动了。关闭的顺序和启动的顺序相反，先关闭 HBase：

```
$~/hbase-0.94.0/bin/stop-hbase.sh
```

然后关闭 Zookeeper 和 HDFS。

最好在 HBase 的所有节点上修改一下系统的最大文件数限制和最大进程数限制。CentOS 只需要在/etc/security/limits.conf 文件中加上两行：

```
hadoop-nofile 32768
hadoop soft/hard nproc 32000
```

其中，Hadoop 为用于启动 HBase 的用户名。修改后需要注销并重新登录使得修改生效。

5.11　HBase 使用例子

HBase 提供了一个类似于 MySQL 等关系型数据库的 shell。通过该 shell 我们可以对 HBase 的内的相关表及列族进行控制和处理。HBase shell 的 help 命令比较详细的列出了 HBase 所支持的命令，具体使用方法可以参见其文档。

这里我们用一个学生成绩表作为例子，对 HBase 的基本操作和基本概念进行讲解。

下面是学生的成绩表：

```
name grad course:math course:art
Tom 1 87 97
Jerry 2 100 80
```

这里 grad 对于表来说是一个列，course 对于表来说是一个列族，这个列族由两个列组成：math 和 art，当然我们可以根据我们的需要在 course 中建立更多的列族，如 computer 和 physics 等相应的列添加入 course 列族。

有了上面的想法和需求，我们就可以在 HBase 中建立相应的数据表啦！

（1）建立一个表格 scores 具有两个列族 grad 和 courese：

```
hbase(main):002:0> create 'scores', 'grade', 'course'
```

```
0 row(s) in 4.1610 seconds
```

（2）查看当前 HBase 中具有哪些表：

```
hbase(main):003:0> list
scores
1 row(s) in 0.0210 seconds
```

（3）查看表的构造：

```
hbase(main):004:0> describe 'scores'
{NAME => 'scores', IS_ROOT => 'false', IS_META => 'false', FAMILIES => [{NAME
=> 'course', BLOOMFILTER => 'false', IN_MEMORY => 'false', LENGTH =>
'2147483647', BLOCKCACHE => 'false', VERSIONS => '3', TTL => '-1',
COMPRESSION => 'NONE'}, {NAME => 'grade', BLOOMFILTER => 'false', IN_MEMORY
=> 'false', LENGTH => '2147483647', BLOCKCACHE => 'false', VERSIONS => '3',
TTL => '-1', COMPRESSION => 'NONE'}]}
1 row(s) in 0.0130 seconds
```

（4）加入一行数据，其行名称为 Tom，列族名为 grad，列名为"，值为 1：

```
hbase(main):005:0> put 'scores', 'Tom', 'grade:', '1'
0 row(s) in 0.0070 seconds
```

（5）给 Tom 这一行的数据的列族添加一列<math,87>：

```
hbase(main):006:0> put 'scores', 'Tom', 'course:math', '87'
0 row(s) in 0.0040 seconds
```

（6）给 Tom 这一行的数据的列族添加一列<art,97>：

```
hbase(main):007:0> put 'scores', 'Tom', 'course:art', '97'
0 row(s) in 0.0030 seconds
```

（7）加入一行数据，其行名称为 Jerry，列族名为 grad，列名为" "，值为 2：

```
hbase(main):008:0> put 'scores', 'Jerry', 'grade:', '2'
0 row(s) in 0.0040 seconds
```

（8）给 Jerry 这一行的数据的列族添加一列<math,100>：

```
hbase(main):009:0> put 'scores', 'Jerry', 'course:math', '100'
0 row(s) in 0.0030 seconds
```

（9）给 Jerry 这一行的数据的列族添加一列<art,80>：

```
hbase(main):010:0> put 'scores', 'Jerry', 'course:art', '80'
0 row(s) in 0.0050 seconds
```

（10）查看 scores 表中 Tom 的相关数据：

```
hbase(main):010:0> get 'scores', 'Tom'
COLUMN                             CELL
 course:art                        timestamp=1399896918521, value=97
 course:math                       timestamp=1399896911208, value=87
 grade:                            timestamp=1399896890129, value=1
3 row(s) in 0.0300 seconds
```

（11）查看 scores 表中所有数据：

```
hbase(main):011:0> scan 'scores'
ROW                     COLUMN+CELL
```

```
Jerry            column=course:art, timestamp=1399896937960, value=80
Jerry            column=course:math, timestamp=1399896931547, value=100
Jerry            column=grade:, timestamp=1399896925574, value=2
Tom              column=course:art, timestamp=1399896918521, value=97
Tom              column=course:math, timestamp=1399896911208, value=87
Tom              column=grade:, timestamp=1399896890129, value=1
2 row(s) in 0.0390 seconds
```

（12）查看 scores 表中所有数据 courses 列族的所有数据：

```
hbase(main):016:0> scan 'scores', {COLUMNS=>['course:']}
ROW                COLUMN+CELL
 Jerry            column=course:art, timestamp=1399896937960, value=80
 Jerry            column=course:math, timestamp=1399896931547, value=100
 Tom              column=course:art, timestamp=1399896918521, value=97
 Tom              column=course:math, timestamp=1399896911208, value=87
2 row(s) in 2.5830 seconds
```

上面就是 HBase 的基本 shell 操作的一个例子，可以看出 HBase 的 shell 还是比较简单易用的，从中也可以看出 HBase shell 缺少很多传统 SQL 中的一些类似于 like 等相关操作，当然，HBase 作为 BigTable 的一个开源实现，而 BigTable 是作为 Google 业务的支持模型，很多 SQL 语句中的一些东西可能还真的不需要。

第 3 篇　Key/Value NoSQL 系统

第6章 Dynamo：Amazon 的高可用键值对存储

本章介绍 Amazon 的 Dynamo 系统，Dynamo 系统是一个高可用的 key-value 系统，Amazon 以论文的形式给出了其原理，但是并没有将其开源。Dynamo 系统是 NoSQL 系统的两个起源之一（另一个是 Google 的 BigTable），Amazon 也是云计算的主要发起者之一（另一个也是 Google），时至今日，Amazon 和 Google 仍是云计算的主要提供商。下面我们开始介绍 Dynamo 这个系统，它包含了许多 NoSQL 中使用的技术，读者可以把它和理论篇中的各种原理互相对照，这样可以理解得更加深刻，也更容易明白为什么 Dynamo 是 NoSQL 系统的起源之一。为了让读者更好地检索，本章不少名词同时给出了其英文术语。

6.1 简　　介

Amazon，这个世界上最大的电子商务公司之一，在繁忙时段使用位于世界各地的许多数据中心的数千台服务器为几千万的客户服务。Amazon 平台有严格的性能、可靠性和效率方面操作的要求，并支持客户的持续增长，因此平台需要高度可扩展性。可靠性是最重要的要求之一，因为即使最轻微的系统中断都有显著的经济后果和影响客户的信赖，但是在如此巨大的规模中，各种大大小小的部件故障持续不断发生。此外，为了支持数据和请求量的持续增长，平台需要高度的水平可扩展性。

Amazon 在运营其数据平台时所获得的教训之一是，一个系统的可靠性和可扩展性依赖于它的应用状态如何管理。Amazon 采用一种高度去中心化，松散耦合，由数百个服务组成的面向服务架构。在这种环境中特别需要一个始终可用的存储平台。例如，即使磁盘故障，网络状态摇摆不定，或某个数据中心被龙卷风摧毁时，客户应该仍然能够查看和添加物品到自己的购物车。因此，负责管理购物车的服务，它可以随时写入和读取数据，并且数据需要跨越多个数据中心。

Dynamo 系统在 Amazon 得到了广泛的应用，一些 Amazon 的核心服务使用它用以提供一个"永远在线"的用户体验。为了达到这个级别的可用性，Dynamo 在某些故障的场景中将牺牲一致性。它大量使用对象版本和应用程序协助的冲突协调方式，以提供一个开发人员可以使用的新颖接口。

在一个由数百万个组件组成的基础设施中进行故障处理是 Dynamo 的标准运作模式；在任何给定的时间段，总有很小比例的但相当数量的服务器和网络组件故障，因此 Amazon 的软件系统需要将错误处理当作正常情况下来建造，而不影响可用性或性能。

为了满足可靠性和可伸缩性的需要，Amazon 开发了许多存储技术，其中 Amazon 简单存储服务（即广为人知的 Amazon S3–Simple Storage Service，Amazon 提供的一种外部可使用的云计算服务）大概最为人熟知。Dynamo 是另一个构建在 Amazon 的平台上的高度可用和可扩展的分布式数据存储系统。Dynamo 被用来管理服务的状态并且要求具有非常高的可靠性，而且需要严格控制可用性和一致性，并能在不同的应用场景下，调整在不同的成本效益和性能之间的权衡。Amazon 平台的不同应用对存储要求差异非常高。一部分应用需要存储技术具有足够的灵活性，让应用程序设计人员配置适当的数据存储来达到一种平衡，以实现高可用性和最具成本效益的方式保证性能。

Amazon 服务平台中的许多服务只需要主键访问数据存储。对于许多服务，如提供最畅销书排行榜、购物车、客户的偏好、会话管理、销售等级和产品目录，常见的使用关系数据库的模式会导致效率低下，有限的可扩展性和可用性。Dynamo 提供了一个简单的主键唯一的接口，以满足这些应用的要求。

Dynamo 综合了一些著名的技术来实现可扩展性和可用性：数据划分和复制使用了一致性哈希，数据的一致性是通过对象版本（object versioning）实现的。在更新时，副本之间的一致性是由类似仲裁（quorum-like）的技术和去中心化的副本同步协议来维持的。Dynamo 采用了基于 gossip 的分布式来检测故障和管理成员。Dynamo 是一个去中心化的系统，其将人工管理降到了最低。存储节点可以添加和删除，而整个数据不需要任何手动划分或重新分配。

在这些年，Dynamo 已经成为 Amazon 电子商务平台的核心服务的底层存储技术。它能够有效地扩展以应对繁忙的假日购物季节的极端高峰负载，而没有任何的停机时间。例如，维护购物车（购物车服务）的服务，在一天内承担数千万的请求，并因此导致超过 300 万结算，以及管理十万计的并发活跃会话的状态。

Dynamo 系统展现了本书理论篇中的技术如何能够结合在一起，并最终提供一个整体的高可用性的系统。它表明一个最终一致性的存储系统可以在生产环境中被苛刻的应用程序所采用。它也对这些技术的调整进行了深入的分析，以满足性能要求非常严格的生产系统的需求。

6.2　背　　景

Amazon 电子商务平台由数百个服务组成，它们协同工作，提供的功能包括商品推荐，完成订单到欺诈检测。每个服务有一个明确定义的接口，并能通过网络访问。这些服务运行在位于世界各地的许多数据中心的数万台服务器组成的基础设施之上，其中一些服务是无状态（比如，一些服务只是聚合其他服务的返回值），有些是有状态的（比如，通过访问持久化存储区中的状态，执行业务逻辑，进而给出响应）。

传统的生产环境中的系统（production system，和用于做实验的系统对应）将状态存储在关系数据库中。对于许多更通用的状态存储模式，关系数据库方案远远不够理想。因为这些服务大多只通过数据的主键存储和检索数据，并且不需要关系数据库提供的复杂的查询和管理功能。对于关系数据库的多余的功能，其运作需要昂贵的硬件和高技能人才，使其成为一个非常低效的解决方案。此外，现有的关系数据库的复制技术是有限的，通常选择一致性，并以牺牲可用性为代价。虽然最近几年已经有了许多进展，但数据库水平扩展或使用负载平衡智能划分方案仍然不那么容易。

Dynamo 是一个高度可用的数据存储系统，能够满足这些重要类型的服务的需求。Dynamo 有一个简单的键/值接口，它是高可用的并同时具有清晰定义的一致性窗口，它在资源利用方面是高效的，并且当规模增长或请求率上升时具有一个简单的水平扩展方案。每个使用 Dynamo 的服务运行它自己的 Dynamo 实例。

6.2.1　系统假设和要求

这种类型的服务的存储系统具有以下要求。

查询模型：对数据项简单的读，写是通过一个主键唯一性标识。状态存储为一个由唯一性键确定的二进制数据对象。没有横跨多个数据项的操作，也不需要关系数据库中的 join 等功能。通过观察，Amazon 认为相当一部分的服务可以使用这个简单的查询模型。Dynamo 的目标应用程序需要存储的对象都比较小（通常小于 1MB）。

ACID 属性：ACID（原子性、一致性、隔离性和持久性）是一种保证数据库事务可靠地处理的属性。在数据库方面的，对数据单一的逻辑操作被称作所谓的事物。Amazon 的经验表明，保证 ACID 的数据存储往往可用性很差。这已被业界和学术界所公认。Dynamo 的目标应用程序是高可用性和弱一致性。Dynamo 不提供任何数据隔离性保证，只允许单一的关键更新。

效率：系统需运作在普通的商业硬件基础设施（比如我们自己家里使用的电脑）上。Amazon 平台的服务都有着严格的延时要求，一般延时所需要度量到分布的 99.9 百分位。在服务操作中鉴于对状态的访问起着至关重要的作用，存储系统必须能够满足那些严格的 SLA（见以下 6.2.2 小节），服务必须能够通过配置 Dynamo，使它们不断达到延时和吞吐量的要求。因此，必须在成本效率、可用性和耐用性之间做权衡。

其他假设：Dynamo 仅被 Amazon 内部的服务使用。它的操作环境被假定为不怀恶意的，没有任何安全相关的身份验证和授权的要求。此外，由于每个服务使用其特定的 Dynamo 实例，它的最初设计目标的规模高达上百的存储主机。我们将在后面的章节讨论 Dynamo 可扩展性的限制和相关可能的扩展性的延伸。

6.2.2　服务水平协议（SLA）

为了保证应用程序可以在限定的时间内成功的响应，此平台内的被依赖的操作都必须在一个更加限定的时间内完成其功能。客户端和服务端采用服务水平协议，其为客户端和服务端在几个系统相关的特征上达成一致的一个正式协商合约，其中，最突出的包括客户对特定的 API 的请求速率分布的预期要求，以及根据这些条件，服务的预期延时。一个简单的例子是一个服务的 SLA 保证：在客户端每秒 500 个请求负载高峰时，99.9%的响应时间为 300 毫秒。

在 Amazon 的去中心化的面向服务的基础设施中，服务水平协议发挥了重要作用。例如，一个页面请求某个电子商务网站，通常需要页面渲染（rendering）引擎通过发送请求到 150 多个服务来构造其响应。这些服务通常有多个依赖关系，这往往是其他服务，因此，有一层以上调用路径的应用程序通常并不少见。为了确保该网页渲染引擎在递送页面时可以保持明确的时限，调用链内的每个服务必须履行合约中的性能指标。

　　图 6.1 显示了 Amazon 平台的架构，动态网页的内容是由页面呈现组件生成，该组件进而查询许多其他服务。一个服务可以使用不同的数据存储来管理其状态，这些数据存储仅在其服务范围才能访问。有些服务作为聚合器使用其他一些服务，可产生合成的响应。通常情况下，聚合服务是无状态，虽然它们广泛地利用缓存。

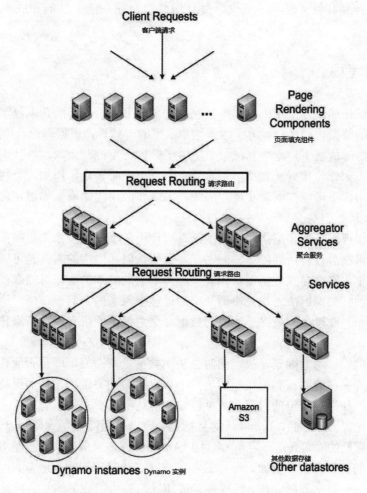

图 6.1　面向服务的 Amazon 平台架构。

　　在 IT 行业中，表示面向性能的 SLA 的共同做法是使用平均数、中位数和数学预期。Amazon 发现，这些指标不够好，如果目标是建立一个对所有，而不是大多数客户都有着良好体验的系统。例如，如果个性化（personalization）技术被广泛使用，那么有很长历史的客户需要更多的处理，那么这些用户的处理时间就比较长。前面所述的基于平均或中值响应时间的 SLA 不能解决这些重要客户段的性能问题。为了解决这个问题，在 Amazon，SLA 是基于分布的 99.9% 来表达和测量的。选择 99.9% 的而不是更高是根据成本效益分析，其显示出在 99.9% 之后，要继续提高这一数值，成本将大幅增加。系统的经验与 Amazon 的生产表明，相比于那些基于平均或中值定义的 SLA 的系统，该方法提供了更好的整体体验。

　　本章多次提到这种 99.9% 分布，这反映了 Amazon 工程师从客户体验角度对性能的不懈追求。许多其他技术统计平均数，所以在本章的一些地方包括它可以用来作比较。然而，

Amazon 的工程和优化没有侧重于平均数。有些技术，如在写的过程中，如何在平衡负载的同时选择哪个服务器执行写，纯粹是为了保证将目标性能控制在 99.9%的。

存储层的系统在建立服务的 SLA 中通常扮演重要角色，特别是如果业务逻辑比较轻量时，许多 Amazon 的服务就是这种情况，状态管理此时就成为一个服务的 SLA 的主要组成部分。对 Dynamo 的主要设计考虑的问题之一就是给各个使用 Dynamo 的服务控制权，通过系统属性来控制其持久性和一致性，并让服务自己在功能、性能和成本效益之间进行权衡。

6.2.3 设计考虑

在商业系统比如银行系统中，数据复制算法传统上采用同步的副本复制技术，以提供一个强一致性的数据访问接口。为了达到这个水平的一致性，根据理论篇中讲述过的 CAP 原理，在某些故障情况下，这些算法被迫牺牲了数据可用性。例如，与其不能确定答案的正确性与否，不如让该数据一直不可用直到它绝对正确时。众所周知，当网络故障时，强一致性和高可用性不可能性同时实现。因此，系统和应用程序需要知道在何种情况下可以达到哪些属性。

对于容易出现服务器和网络故障的系统，可使用乐观复制技术来提高系统的可用性，数据的更新可以在后台传播到副本，同时，并发的访问和网络的断开是可以容忍的。这种方法的挑战在于，它会导致数据更新冲突，因为不同的副本的数据可能都被修改了，而这些冲突必须检测并协调解决。这种协调冲突的过程引入了两个问题：何时协调它们，谁协调它们。Dynamo 被设计成最终一致性的数据存储系统，即所有的更新操作，最终都达到所有副本。

一个重要的设计考虑因素是决定何时去协调数据更新冲突，即是否应该在读或写过程中协调冲突。许多传统数据存储在写的过程中执行协调冲突过程，从而保持读相对简单。在这种系统中，如果在给定的时间内数据存储不能达到所要求的所有或大多数副本数，写入可能会被拒绝。另一方面，Dynamo 的目标是一个"永远可写"（always writable）的数据存储（即数据存储的"写"是高可用）。对于 Amazon 许多服务来讲，拒绝客户的更新操作可能导致糟糕的客户体验。例如，即使服务器或网络故障，购物车服务必须让客户仍然可向他们的购物车中添加和删除项。这项规定迫使我们将协调冲突的复杂性推给"读"，以确保"写"永远不会被拒绝。

下一设计选择是谁执行协调冲突的过程。这可以通过数据存储服务器端或者客户端应用程序。如果冲突的协调是通过数据存储的服务器端，它的选择是相当有限的。在这种情况下，数据存储只可能使用简单的策略，如"最后一次写入获胜"（last write wins），以协调冲突的更新操作。另一方面，因为客户端应用程序知道数据方案，因此它可以基于最适合的客户体验来决定协调冲突的方法。例如，维护客户的购物车的应用程序，可以选择"合并"冲突的版本，并返回一个统一的购物车。尽管具有这种灵活性，某些应用程序开发人员可能不希望写自己的协调冲突的机制，并选择将责任推给数据存储，从而选择简单的策略，例如"最后一次写入获胜"。

设计中包含的其他重要的设计原则如下。

❑ 增量的可扩展性：Dynamo 应能够一次水平扩展一台存储主机（以下也称为"节

点"），而对系统操作者和系统本身的影响很小。

❑ 对称性：每个 Dynamo 节点应该与它的对等节点（peers）有一样的责任；不应该存在有区别的节点或采取特殊的角色或额外的责任的节点。对称性简化了系统的配置和维护。

❑ 去中心化：是对对称性的延伸，设计应采用有利于去中心化而不是集中控制的技术。在过去，集中控制的设计造成系统中断，而本目标是尽可能避免它。这最终造就一个更简单、更具扩展性和更可用的系统。

❑ 异质性：系统必须能够利用异质性的基础设施运行。例如，负载的分配必须与各个独立的服务器的能力成比例。这样就可以一次只增加一个高处理能力的节点，而无需一次升级所有的主机。

Dynamo 的目标需求：

❑ 首先，Dynamo 主要是针对应用程序需要一个"永远可写"的数据存储，不会由于故障或并发写入而导致更新操作被拒绝。这是许多 Amazon 应用的关键要求。

❑ 其次，如前所述，Dynamo 是建立在一个所有节点被认为是值得信赖的单个管理域的基础设施之上。

❑ 第三，使用 Dynamo 的应用程序不需要支持分层命名空间（许多文件系统采用）或复杂的（由传统的数据库支持）关系模式的支持。

❑ 第四，Dynamo 是为延时敏感应用程序设计的，需要至少 99.9％的读取和写入操作必须在几百毫秒内完成。为了满足这些严格的延时要求，这促使我们必须避免通过多个节点路由请求。这是因为多条路由将增加响应时间的可变性，从而导致请求的延时的增加。Dynamo 可以被定性为零跳（zero-hop）的分布式哈希表，每个节点维护足够的路由信息从而直接从本地将请求路由到相应的节点。

6.3　系　统　架　构

一个生产环境里的存储系统的架构是复杂的。除了实际的数据持久化组件，系统需要有负载平衡、成员和故障检测、故障恢复、副本同步、过载处理、状态转移、并发性和工作调度、请求路由、系统监控和报警，及配置管理等可扩展的且强大的功能。描述系统的每一个细节是不可能的，因此本节的重点是 Dynamo 的核心技术：数据划分、复制、版本（versioning）、会员、故障处理和扩展性。表 6.1 给出了简要的 Dynamo 使用的技术及其优势。

表 6.1　Dynamo使用的核心技术和其优势

问　　题	技　　术	优　　势
数据划分	一致性哈希	增量可扩展性/伸缩性
写的高可用性	读过程中的向量时钟	版本的多少与数据更新操作的频率无关
暂时性的失败处理	草率仲裁（Sloppy Quorum），并暗示移交（hinted handoff）	提供高可用性和耐用性的保证，即使一些副本不可用时

问　　题	技　　术	优　　势
永久故障恢复	使用 Merkle 树的反熵（Anti-entropy）	在后台同步不同的副本
会员和故障检测	Gossip 的成员和故障检测协议	保持对称性并且避免了用一个集中注册服务节点来存储会员和节点的活跃信息

6.3.1　系统接口

Dynamo 通过一个简单的接口将对象与 key 关联，它暴露了两个操作：get()和 put()。get(key)操作在存储系统中定位与 key 关联的对象副本，并返回一个对象或一个包含冲突的版本和对应的上下文对象列表。put(key,context,object)操作基于关联的 key 决定将对象的副本放在哪，并将副本写入到磁盘。该 context 所包含的该对象的系统元数据对于调用者是无用的，但其包含了对象的版本信息。上下文信息是与对象一起存储，以便系统可以验证请求中提供的上下文的有效性。

Dynamo 将调用者提供的 key 和对象当成一个字节数组。它使用 MD5 对 key 进行 Hash 以产生一个 128 位的标识符，它是用来确定负责哪个 key 的存储节点。

6.3.2　划分算法

Dynamo 的关键设计要求之一是必须增量可扩展性。这就需要一个机制来将数据动态划分到系统中的节点（即存储主机）上去。Dynamo 的分区方案依赖于一致哈希将负载分发到多个存储主机。在一致的哈希中，一个哈希函数的输出范围被视为一个固定的圆形空间或"环"（即最大的哈希值绕到最小的哈希值）。系统中的每个节点被分配了这个空间中的一个随机值，它代表着它的在环上的"位置"。每个由 key 标识的数据项通过计算数据项的 key 的 Hash 值来产生其在环上的位置。然后沿顺时针方向找到第一个其位置比计算的数据项的位置大的节点。因此，每个节点变成了环上的一个负责它自己与它的前身节点间的区域（Region）。一致性哈希的主要优点是节点的删除或进入只影响其最直接的邻居，而对其他节点没影响。

这对基本的一致性哈希算法提出了一些挑战。首先，每个环上的任意位置的节点分配导致非均匀的数据和负荷分布。其次，该算法无视节点的性能的差异。为了解决这些问题，Dynamo 采用了一致性哈希的变体：每个节点被分配到环上的多点而不是映射到环上的一个单点。为此，Dynamo 使用了"虚拟节点"的概念。系统中一个虚拟节点看起来像单个节点，但每个节点可对应多个虚拟节点。实际上，当一个新的节点添加到系统中，它被分配环上的多个位置（以下简称"标记"Token）。对 Dynamo 的划分方案进一步细化在第 6.5 节中讨论。

使用虚拟节点具有以下优点：

如果一个节点不可用（由于故障或日常维护），这个节点处理的负载将均匀地分散在剩余的可用节点。当一个节点再次可用，或一个新的节点添加到系统中，新的可用节点接受来自其他可用的每个节点的负载量大致相当。一个节点负责的虚拟节点的数目可以根据其处理能力来决定，这就考虑了其性能的差异。

6.3.3　复制

为了实现高可用性和耐用性，Dynamo 将数据复制到多台主机上。每个数据项被复制到 N 台主机，其中 N 是一个配置参数。每个键和 K，被分配到一个协调（coordinator）节点。协调器节点掌控其负责范围内的复制数据项。除了在本地存储其范围内的每个 key 外，协调节点复制这些 key 到环上顺时针方向的 N-1 后继节点。这样的结果是，系统中每个节点负责环上的从其自己到第 N 个前继节点间的一段区域。在图 6.2 中，节点 B 除了在本地存储键 K 外，在节点 C 和 D 处复制键 K。节点 D 将存储落在范围(A,B],(B,C]和(C,D]上的所有键。

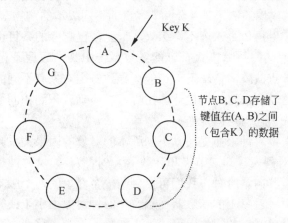

图 6.2　Dynamo 的划分和键的复制

一个负责存储一个特定的键的节点列表被称为首选列表（preference list）。该系统的设计，如将 6.5.2 小节中解释，让系统中每一个节点可以决定对于任意 key 哪些节点应该在这个清单中。出于对节点故障的考虑，首选清单可以包含超过 N 个节点。请注意，因使用虚拟节点，对于一个特定的 key 的第一个 N 个后继位置可能属于少于 N 个物理节点（即节点可以持有多个首选列表中的位置）。为了解决这个问题，一个 key 首选列表的构建将跳过环上的一些位置，以确保该列表只包含不同的物理节点。

6.3.4　版本的数据

Dynamo 提供最终一致性，从而允许更新操作可以异步地传播到所有副本。put()调用可能在更新操作被所有的副本执行之前就返回给调用者，这可能会导致一个场景：在随后的 get()操作可能返回不是最新的对象。如果没有失败，那么更新操作的传播时间将有一个上限。但是，在某些故障情况下（如服务器故障或网络有 partition/分区），更新操作可能在一个较长时间内无法到达所有的副本。

在 Amazon 的平台，有些类型的应用可以容忍这种不一致，并且在这种条件下可以继续操作。例如，购物车应用程序要求一个"添加到购物车"动作从来没有被忘记或拒绝。

如果购物车的最近的状态是不可用，并且用户对一个较旧版本的购物车做了更改，这种变化仍然是有意义的并且应该保留。但同时它不应取代当前不可用的状态，因为这不可用的状态本身可能含有的变化也需要保留。请注意在 Dynamo 中"添加到购物车"和"从购物车删除项目"这两个操作都被转成 put 请求。当客户希望增加一个项目到购物车（或从购物车删除）但最新的版本不可用时，该项目将被添加到旧版本（或从旧版本中删除）并且不同版本将在后来协调。

为了提供这种保证，Dynamo 将每次数据修改的结果当作一个新的且不可改变的数据版本。它允许系统中同一时间出现多个版本的对象。大多数情况，新版本包括老的版本，且系统自己可以决定权威版本。然而，版本分支可能发生在不同副本并发的更新操作与副本协调失败同时出现的情况，由此产生版本冲突的对象。在这种情况下，系统无法协调同一对象的多个版本，那么客户端必须执行协调，将多个分支演化后的数据崩塌成一个合并的版本。一个典型的崩塌的例子是"合并"客户的不同版本的购物车。使用这种协调机制，一个"添加到购物车"操作是永远不会丢失。但是，已删除的条目可能会重新出现。

重要的是要了解某些故障模式有可能导致系统中某个数据不止两个，而是好几个版本。在网络分裂和节点故障的情况下，可能会导致一个对象有不同的分历史，系统将需要在未来协调对象。这就要求我们在设计应用程序，明确意识到相同数据的多个版本的可能性（以便从来不会失去任何更新操作）。

Dynamo 使用矢量时钟来捕捉同一不同版本的对象的因果关系。矢量时钟实际上是一个（node,counter）对列表（即（节点和计数器）列表）。矢量时钟是与每个对象的每个版本相关联。通过审查其向量时钟，我们可以判断一个对象的两个版本是平行分支或有因果顺序。如果第一个时钟对象上的计数器在第二个时钟对象上小于或等于其他所有节点的计数器，那么第一个是第二个的祖先，可以被人忽略。否则，这两个变化被认为是冲突，并要求协调。

在 Dynamo 中，当客户端更新一个对象，它必须指定它正要更新哪个版本。这是通过传递它从早期的读操作中获得的上下文对象来指定的，它包含了向量时钟信息。当处理一个读请求，如果 Dynamo 访问到多个不能语法协调（syntactically reconciled）的分支，它将返回分支叶子处的所有对象，其包含与上下文相应的版本信息。使用这种上下文的更新操作被认为已经协调了更新操作的不同版本并且分支都被倒塌到一个新的版本。

为了说明使用矢量时钟，让我们考虑图 6.3 所示的例子。

（1）客户端写入一个新的对象。节点（比如说 Sx），它处理对这个 key 的写：序列号递增，并用它来创建数据的向量时钟。该系统现在有对象 D1 和其相关的时钟[(Sx，1)]。

（2）客户端更新该对象。假定也由同样的节点处理这个要求。现在该系统有对象 D2 和其相关的时钟[(Sx，2)]。D2 继承自 D1，因此覆写 D1，但是节点中或许存在还没有看到 D2 的 D1 的副本。

（3）让我们假设，同样的客户端更新这个对象但不同的服务器（比如 Sy）处理了该请求。目前该系统具有数据 D3 及其相关的时钟[(Sx，2)，(Sy，1)]。

（4）接下来假设不同的客户端读取 D2，然后尝试更新它，并且另一个服务器节点（如 Sz）进行写操作。该系统现在具有 D4（D2 的子孙），其版本时钟[(Sx，2)，(Sz，1)]。一个对 D1 或 D2 有所了解的节点可以决定，在收到 D4 和它的时钟时，新的数据将覆盖 D1 和 D2，可以被垃圾收集。一个对 D3 有所了解的节点，在接收 D4 时将会发现，它们之间不存在因果关系。换句话说，D3 和 D4 都有更新操作，但都未在对方的变化中反映出来。这两个版本的数据都必须保持并提交给客户端（在读时）进行语义协调。

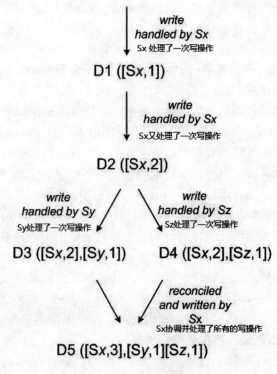

图 6.3　对象的版本随时间演变

（5）现在假定一些客户端同时读取到 D3 和 D4（上下文将反映这两个值是由 read 操作发现的）。读的上下文包含有 D3 和 D4 时钟的概要信息，即[(Sx，2)，(Sy，1)，(Sz，1)]的时钟总结。如果客户端执行协调，且由节点 Sx 来协调这个写操作，Sx 将更新其时钟的序列号。D5 的新数据将有以下时钟：[(Sx，3)，(Sy，1)，(Sz，1)]。

关于向量时钟一个可能的问题是，如果许多服务器协调对一个对象的写，向量时钟的大小可能会增长。实际上，这是不太可能的，因为写入通常是由首选列表中的前 N 个节点中的一个节点处理。在网络分裂或多个服务器故障时，写请求可能会被不是首选列表中的前 N 个节点中的一个处理的，因此会导致矢量时钟的大小增长。在这种情况下，值得限制向量时钟的大小。为此，Dynamo 采用了以下时钟截断方案：伴随着每个（节点，计数器）对，Dynamo 存储一个时间戳表示最后一次更新的时间。当向量时钟中（节点，计数器）对的数目达到一个阈值（如 10），最早的一对将从时钟中删除。显然，这个截断方案会导至在协调时效率低下，因为后代关系不能准确得到。不过，这个问题还没有出现在生产环境中，因此这个问题没有得到彻底研究。

6.3.5　执行 get()和 put()操作

Dynamo 中的任何存储节点都有资格接收客户端的任何对 key 的 get 和 put 操作。在本小节中，对简单起见，我们将描述如何在一个从不失败的（failure-free）环境中执行这些操作，并在随后的章节中，我们描述了在故障的情况下读取和写入操作是如何执行的。

get 和 put 操作都使用基于 Amazon 基础设施的特定要求，通过 HTTP 的处理框架来调用。一个客户端可以用有两种策略之一来选择一个节点：（1）通过一个普通的负载平衡器路由请求，它将根据负载信息选择一个节点，或（2）使用一个分区（partition）敏感的客户端库直接路由请求到适当的协调程序节点。第一个方法的优点是，客户端没有链接（link）任何 Dynamo 特定的代码在到其应用中，而第二个策略，Dynamo 可以实现较低的延时，因为它跳过一个潜在的转发步骤。

处理读或写操作的节点被称为协调员。通常，这是首选列表中跻身前 N 个节点中的第一个。如果请求是通过负载平衡器收到，访问 key 的请求可能被路由到环上任何随机节点。在这种情况下，如果接收到请求节点不是请求的 key 的首选列表中前 N 个节点之一，它不会协调处理请求。相反，该节点将请求转发到首选列表中第一个跻身前 N 个节点。

读取和写入操作涉及到首选清单中的前 N 个健康节点，跳过那些瘫痪的（down）或者不可达（inaccessible）的节点。当所有节点都健康，key 的首选清单中的前 N 个节点都将被访问。当有节点故障或网络分裂，首选列表中排名较低的节点将被访问。

为了保持副本的一致性，Dynamo 使用的一致性协议类似于仲裁（quorum）。该协议有两个关键配置值：R 和 W。R 是必须参与一个成功读取操作的最少数节点数目。W 是必须参加一个成功写操作的最少数节点数。设定 R 和 W，使得 R+W>N 产生类似仲裁的系统。在此模型中，一个 get(or out) 操作延时是由最慢的 R（或 W）副本决定的。基于这个原因，R 和 W 通常配置为小于 N，为客户提供更好的延时。

当收到对 key 的 put() 请求时，协调员生成新版本向量时钟并在本地写入新版本。协调员然后将新版本（与新的向量时钟一起）发送给首选列表中的排名前 N 个的可达节点。如果至少 W-1 个节点返回了响应，那么这个写操作被认为是成功的。

同样，对于一个 get() 请求，协调员为 key 从首选列表中排名前 N 个可达节点处请求所有现有版本的数据，然后等待 R 个响应，然后返回结果给客户端。如果最终协调员收集的数据的多个版本，它返回所有它认为没有因果关系的版本。不同版本将被协调，并且取代当前的版本，最后写回。

6.3.6　故障处理：暗示移交（Hinted Handoff）

Dynamo 如果使用传统的仲裁方式，在服务器故障和网络分裂的情况下它将是不可用，即使在最简单的失效条件下也将降低耐久性。为了弥补这一点，它不严格执行仲裁，即使用了"马虎仲裁"（"sloppy quorum"），所有的读和写操作是由首选列表上的前 N 个健康的节点执行的，它们可能不总是在散列环上遇到的那前 N 个节点。

考虑在图 6.2 例子中 Dynamo 的配置，给定 N=3。在这个例子中，如果写操作过程中节点 A 暂时 Down 或无法连接，然后通常本来在 A 上的一个副本现在将发送到节点 D。这样做是为了保持期待的可用性和耐用性。发送到 D 的副本在其原数据中将有一个暗示，表明哪个节点才是在副本预期的接收者（在这种情况下是 A）。接收暗示副本的节点将数据保存在一个单独的本地存储中，他们被定期扫描。在检测到了 A 已经复苏，D 会尝试发送副本到 A。一旦传送成功，D 可将数据从本地存储中删除而不会降低系统中的副本总数。

使用暗示移交，Dynamo 确保读取和写入操作不会因为节点临时或网络故障而失败。

需要最高级别的可用性的应用程序可以设置 W 为 1，这确保了只要系统中有一个节点将 key 已经持久化到本地存储，一个写是可以接受的（即一个写操作完成即意味着成功）。因此，只有系统中的所有节点都无法使用时写操作才会被拒绝。然而，在实践中，大多数 Amazon 生产服务设置了更高的 W 来满足耐久性级别的要求。对 N、R 和 W 的更详细的配置讨论在后续的第 6.5 节。

　　一个高度可用的存储系统具备处理整个数据中心故障的能力是非常重要的。数据中心由于断电，冷却装置故障，网络故障和自然灾害发生故障。Dynamo 可以配置成跨多个数据中心地对每个对象进行复制。从本质上讲，一个 key 的首选列表的构造是基于跨多个数据中心的节点的。这些数据中心通过高速网络连接。这种跨多个数据中心的复制方案使我们能够处理整个数据中心故障。

6.3.7　处理永久性故障：副本同步

　　Hinted Handoff 在系统成员流动性（churn）低，节点短暂的失效的情况下工作良好。有些情况下，在 Hinted 副本移交回原来的副本节点之前，暗示副本是不可用的。为了处理这样的及其他威胁的耐久性问题，Dynamo 实现了反熵（anti-entropy，或叫副本同步）协议来保持副本同步。

　　为了更快地检测副本之间的不一致性，并且减少传输的数据量，Dynamo 采用 MerkleTree。MerkleTree 是一个哈希树（Hash Tree），其叶子是各个 key 的哈希值。树中较高的父节点均为其各自孩子节点的哈希。该 MerkleTree 的主要优点是树的每个分支可以独立地检查，而不需要下载整个树或整个数据集。此外，MerkleTree 有助于减少为检查副本间不一致而传输的数据的大小。例如，如果两树的根哈希值相等，且树的叶节点值也相等，那么节点不需要同步。如果不相等，它意味着，一些副本的值是不同的。在这种情况下，节点可以交换 children 的哈希值，处理直到它到达了树的叶子，此时主机可以识别出"不同步"的 key。MerkleTree 减少为同步而需要转移的数据量，减少在反熵过程中磁盘执行读取的次数。

　　Dynamo 在反熵中这样使用 MerkleTree：每个节点为它承载的每个 key 范围（由一个虚拟节点覆盖 key 集合）维护一个单独的 MerkleTree。这使得节点可以比较 key range 中的 key 是否是最新。在这个方案中，两个节点交换 MerkleTree 的根，对应于它们承载的共同的键范围。其后，使用上面所述树遍历方法，节点确定他们是否有任何差异和执行适当的同步行动。方案的缺点是，当节点加入或离开系统时有许多 key rangee 变化，从而需要重新对树进行计算。通过由 6.5.2 小节所述的更精炼 partitioning 方案，这个问题得到解决。

6.3.8　会员和故障检测

1. 环会员

　　Amazon 环境中，节点中断（由于故障和维护任务）常常是暂时的，但持续的时间间隔可能会延长。一个节点故障很少意味着一个节点永久离开，因此应该不会导致对已分配的分区重新平衡（rebalancing）和修复无法访问的副本。同样，人工错误可能导致意外启动新的 Dynamo 节点。基于这些原因，应当适当使用一个明确的机制来发起节点的增加和从环中移除节点。管理员使用命令行工具或浏览器连接到一个节点，并发出成员改变（membership change）指令指示一个节点加入到一个环或从环中删除一个节点。接收这一请求的节点写入成员变化以及适时写入持久性存储。该成员的变化形成了历史，因为节点可以被删除，重新添加多次。一个基于 Gossip 的协议传播成员变动，并维持成员的最终一致性。每个节点每间隔一秒随机选择随机的对等节点，两个节点有效地协调他们持久化的成员变动历史。

当一个节点第一次启动时，它选择它的 Token（在虚拟空间的一致哈希节点）并将节点映射到各自的 Token 集（Token set）。该映射被持久到磁盘上，最初只包含本地节点和 Token 集。在不同的节点中存储的映射（节点到 token set 的映射）将在协调成员的变化历史的通信过程中一同被协调。因此，划分和布局信息也是基于 Gossip 协议传播的，因此每个存储节点都了解对等节点所处理的标记范围。这使得每个节点可以直接转发一个 key 的读/写操作到正确的数据集节点。

2．外部发现

上述机制可能会暂时导致逻辑分裂的 Dynamo 环。例如，管理员可以将节点 A 加入到环，然后将节点 B 加入环。在这种情况下，节点 A 和 B 各自都将认为自己是环的一员，但都不会立即了解到其他的节点（也就是 A 不知道 B 的存在，B 也不知道 A 的存在，这叫逻辑分裂）。为了防止逻辑分裂，有些 Dynamo 节点扮演种子节点的角色。种子的发现（discovered）是通过外部机制来实现的并且所有其他节点都知道（实现中可能直接在配置文件中指定 seed node 的 IP，或者实现一个动态配置服务，seed register）。因为所有的节点，最终都会和种子节点协调成员关系，逻辑分裂是极不可能的。种子可从静态配置或配置服务获得。通常情况下，种子在 Dynamo 环中是一个全功能节点。

3．故障检测

Dynamo 中，故障检测是用来避免在进行 get() 和 put() 操作时尝试联系无法访问节点，同样还用于分区转移（transferring partition）和暗示副本的移交。为了避免在通信失败的尝试，一个纯本地概念的失效检测完全足够了：如果节点 B 不对节点 A 的信息进行响应（即使 B 响应节点 C 的消息），节点 A 可能会认为节点 B 失败。在一个客户端请求速率相对稳定并产生节点间通信的 Dynamo 环中，一个节点 A 可以快速发现另一个节点 B 不响应时，节点 A 则使用映射到 B 的分区的备用节点服务请求，并定期检查节点 B 后来是否被复苏。在没有客户端请求推动两个节点之间流量的情况下，节点双方并不真正需要知道对方是否可以访问或可以响应。

去中心化的故障检测协议使用一个简单的 Gossip 式的协议，使系统中的每个节点可以了解其他节点到达（或离开）。早期 Dynamo 的设计使用去中心化的故障检测器以维持一个失败状态的全局性的视图。后来认为，显式的节点加入和离开的方法排除了对一个失败状态的全局性视图的需要。这是因为节点是可以通过节点的显式加入和离开的方法直到节点永久性增加和删除，而短暂的节点失效是由独立的节点在他们不能与其他节点通信时发现的（当转发请求时）。

6.3.9　添加/删除存储节点

当一个新的节点（如 X）添加到系统中时，它被分配一些随机散落在环上的 Token。对于每一个分配给节点 X 的 key range，当前负责处理落在其 key range 中的 key 的节点数可能有好几个（小于或等于 N）。由于 key range 的分配指向 X，一些现有的节点不再需要存储他们的一部分 key，这些节点将这些 key 传给 X，让我们考虑一个简单的引导（bootstrapping）场景，节点 X 被添加到图 6.2 所示的环中 A 和 B 之间，当 X 添加到系统，它负责的 key 范围为(F,G)、(G，A]和(A，X]。因此，节点 B、C 和 D 都各自有一部分不再需要储存 key 范围（在 X 加入前，B 负责(F,G]、(G,A]和(A,B]；C 负责(G,A)、(A,B]和(B,C]；D 负责(A,B]、(B,C]和(C,D]。而在 X 加入后，B 负责(G,A)、(A,X]和(X,B]；C 负责(A,X]、(X,B]和(B,C]；D 负责(X,B]、(B,C]和(C,D]）。因此，节点 B、C 和 D，当收到从 X 来的确认信号时将供出（offer）适当的 key。当一个节点从系统中删除，key 的重新分配情况按一个相反的过程进行。

实际经验表明，这种方法可以将负载均匀地分布到存储节点，其重要的是满足了延时要求，且可以确保快速引导。最后，在源和目标间增加一轮确认（confirmation round）以确保目标节点不会重复收到任何一个给定的 key range 转移。

6.4　实　　现

在 Dynamo 中，每个存储节点有三个主要的软件组件：请求协调、成员（membership）和故障检测，及本地持久化引擎。所有这些组件都由 Java 实现。

Dynamo 的本地持久化组件允许插入不同的存储引擎，如 Berkeley 数据库（BDB 版本）交易数据存储、BDB Java 版、MySQL 及一个具有持久化后被存储的内存缓冲。设计一个可插拔的持久化组件的主要理由是要按照应用程序的访问模式选择最适合的存储引擎。例如，BDB 可以处理的对象通常为几十千字节的数量级，而 MySQL 能够处理更大尺寸的对象。应用根据其对象的大小分布选择相应的本地持久性引擎。生产中，Dynamo 多数使用 BDB 事务处理数据存储。

请求协调组成部分是建立在事件驱动通讯基础上的，其中消息处理管道分为多个阶段类似 SEDA 的结构。所有的通信都使用 Java NIO Channels。协调员执行读取和写入：通过收集从一个或多个节点数据（在读的情况下），或在一个或多个节点存储的数据（写入）。每个客户的请求中都将导致在收到客户端请求的节点上一个状态机的创建。每一个状态机包含以下逻辑：标识负责一个 key 的节点，发送请求，等待回应，可能的重试处理，加工和包装返回客户端响应。每个状态机实例只处理一个客户端请求。例如，一个读操作实现了以下状态机：(i) 发送读请求到相应节点，(ii) 等待所需的最低数量的响应，(iii) 如果在给定的时间内收到的响应太少，那么请求失败，(iv) 否则，收集所有数据的版本，并确定要返回的版本(v) 如果启用了版本控制，执行语法协调，并产生一个对客户端不透明写上下文，其包括一个涵盖所有剩余的版本的矢量时钟。为了简洁起见，没有包含故障处理和重试逻辑。

在读取响应返回给调用方后，状态机等待一小段时间以接受任何悬而未决的响应。如果任何响应返回了过时了的（stale）版本，协调员将用最新的版本更新这些节点（当然是在后台了）。这个过程被称为读修复（read repair），因为它是用来修复一个在某个时间曾经错过更新操作的副本，同时 read repair 可以消除不必的反熵操作。

如前所述，写请求是由首选列表中某个排名前 N 的节点来协调的。虽然总是选择前 N 节点中的第一个节点来协调是可以的，但在单一地点序列化所有的写的做法会导致负荷分配不均，进而导致违反 SLA。为了解决这个问题，首选列表中的前 N 的任何节点都允许协调。特别是，由于写通常跟随在一个读操作之后，写操作的协调员将由节点上最快答复之前那个读操作的节点来担任，这是因为这些信息存储在请求的上下文中（指的是 write 操作的请求）。这种优化使我们能够选择哪个存有同样被之前读操作使用过的数据的节点，从而提高"读你的写"（read-your-writes）一致性。它也减少了为了将处理请求的性能提高到 99.9 百分位时性能表现的差异。

6.5　Amazon 使用的经验与教训

Dynamo 由几个不同的配置的服务使用。这些实例有着不同的版本协调逻辑和读/写仲裁（quorum）的特性。以下是 Dynamo 的主要使用模式。

业务逻辑特定的协调：这是一个普遍使用的 Dynamo 案例。每个数据对象被复制到多个节点。在版本发生分岔时，客户端应用程序执行自己的协调逻辑。前面讨论的购物车服务是这一类的典型例子。其业务逻辑是通过合并不同版本的客户的购物车来协调不同的对象。

基于时间戳的协调：此案例不同于前一个在于协调机制。在出现不同版本的情况下，Dynamo 执行简单的基于时间戳的协调逻辑——"最后的写获胜"，也就是说，具有最大时间戳的对象被选为正确的版本。一些维护客户的会话信息的服务是使用这种模式的很好的例子。

高性能读取引擎：虽然 Dynamo 被构建成一个"永远可写"的数据存储，一些服务通过调整其仲裁的特性把它作为一个高性能读取引擎来使用。通常，这些服务有很高的读取请求速率但只有少量的更新操作。在此配置中，通常 R 是设置为 1，且 W 为 N。对于这些服务，Dynamo 提供了划分和跨多个节点的复制能力，从而提供增量可扩展性（incremental scalability）。一些这样的实例被当成权威数据缓存用来缓存重量级后台存储的数据。那些保持产品目录及促销项目的服务适合此种类别。

Dynamo 的主要优点是它的客户端应用程序可以调的 N、R 和 W 的值，以实现其期待的性能，可用性和耐用性的水平。例如，N 的值决定了每个对象的耐久性。Dynamo 用户使用的一个典型的 N 值是 3。

W 和 R 影响对象的可用性、耐用性和一致性。举例来说，如果 W 设置为 1，只要系统中至少有一个节点活就可以成功地处理一个写请求，那么系统将永远不会拒绝写请求。不过，低的 W 和 R 值会增加不一致性的风险，因为写请求被视为成功并返回到客户端，即使它们还未被大多数副本处理。这也引入了一个耐用性漏洞（vulnerability）窗口：即使它只是在少数几个节点上持久化了但写入请求成功返回到客户端。

传统的观点认为，耐用性和可用性关系总是非常紧密。但是，这并不一定总是真的。例如，耐用性漏洞窗口可以通过增加 W 来减少，但这将增加请求被拒绝的机率（从而减少可用性），因为为处理一个写请求需要更多的存储主机活着。

被好几个 Dynamo 实例采用的（N, R, W）配置通常为（3,2,2）。选择这些值是为满足性能、耐用性、一致性和可用性 SLAs 的需求。

所有在本节中测量的是一个在线系统，其工作在（3,2,2）配置并运行在几百个同质硬件配置上。如前所述，每一个实例包含位于多个数据中心的 Dynamo 节点。这些数据中心通常是通过高速网络连接。回想一下，产生一个成功的 get（或 put）响应，R（或 W）个节点需要响应协调员。显然，数据中心之间的网络延时会影响响应时间，因此节点（及其数据中心位置）的选择要使得应用的目标 SLAs 得到满足。

6.5.1　平衡性能和耐久性

虽然 Dynamo 主要的设计目标是建立一个高度可用的数据存储，性能是在 Amazon 平台中是一个同样重要的衡量标准。如前所述，为客户提供一致的客户体验，Amazon 的服务定在较高的百分位（如 99.9 或 99.99），一个典型的使用 Dynamo 的服务的 SLA 要求 99.9% 的读取和写入请求在 300 毫秒内完成。

由于 Dynamo 是运行在标准的日用级硬件组件上，这些组件的 I/O 吞吐量远比不上高端企业级服务器，因此提供一致性的高性能的读取和写入操作并不是一个简单的任务。再加上涉及到多个存储节点的读取和写入操作，让我们更加具有挑战性，因为这些操作的性能是由最慢的 R 或 W 副本限制的。图 6.4 显示了 Dynamo 为期 30 天的读/写的平均和 99.9 百分位的延时。正如图 6.4 中可以看出，延时表现出明显的昼夜模式这是因为进来的请求速率存在昼夜模式的结果造成的（即请求速率在白天和黑夜有着显著差异）。此外，写延时明显高于读取延时，因为写操作总是导致磁盘访问。此外，99.9 百分位的延时大约是 200 毫秒，比平均水平高出一个数量级。这是因为 99.9 百分位的延时受几个因素，如请求负载，对象大小和位置格局的变化影响。

在 X 轴的刻度之间的间隔相当于连续 12 小时。延时遵循昼夜模式类似请求速率 99.9 百分点比平均水平高出一个数量级。

虽然这种性能水平是可以被大多数服务所接受，一些面向客户的服务需要更高的性能。针对这些服务，Dynamo 能够牺牲持久性来保证性能。在这个优化中，每个存储节点维护一个内存中的对象缓冲区（BigTable 中的 memtable）。每次写操作都存储在缓冲区，"写"线程定期将缓冲写到存储中。在这个方案中，读操作首先检查请求的 key 是否存在于缓冲区。如果是这样，对象是从缓冲区读取，而不是存储引擎。

这种优化的结果是 99.9 百分位在流量高峰期间的延时降低达 5 倍之多，即使是一千个对象（参见图 6.5）的非常小的缓冲区。此外，如图中所示，写缓冲在较高百分位具有平滑延时。显然，这个方案是平衡耐久性来提高性能的。在这个方案中，服务器崩溃可能会导致写操作丢失，即那些在缓冲区队列中的写（还未持久化到存储中的写）。为了减少耐用性风险，更细化的写操作要求协调员选择 N 副本中的一个执行"持久写"。由于协调员只需等待 W 个响应（译，这里讨论的这种情况包含 W-1 个缓冲区写，1 个持久化写），写操作的性能不会因为单一一个副本的持久化写而受到影响。

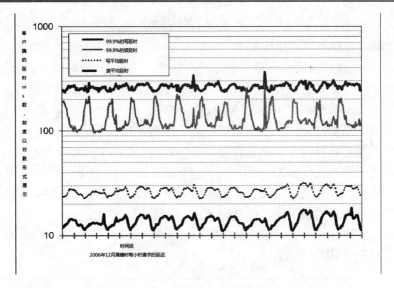

图 6.4　读，写操作的平均和 99.9 百分点延时，2006 年 12 月高峰时的请求

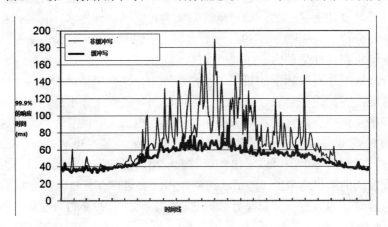

图 6.5　24 小时内的 99.9 百分位延时缓冲和非缓冲写的性能比较。在 x 轴的刻度之间的间隔连续为一小时

6.5.2　确保均匀的负载分布

Dynamo 采用一致性的散列将 key space（键空间）分布在其所有的副本上，并确保负载均匀分布。假设对 key 的访问分布不会高度偏移，一个统一的 key 分配可以帮助我们达到均匀的负载分布。特别地，Dynamo 设计假定，即使访问的分布存在显著偏移，只要在流行的那端（popular end）有足够多的 keys，那么对那些流行的 key 的处理的负载就可以通过 partitioning 均匀地分散到各个节点。本小节讨论 Dynamo 中所出现负载不均衡和不同的划分策略对负载分布的影响。

为了研究负载不平衡与请求负载的相关性，通过测量各个节点在 24 小时内收到的请求总数-细分为 30 分钟一段。在一个给定的时间窗口，如果该节点的请求负载偏离平均负载没有超过某个阈值（这里 15%），认为一个节点被认为是"平衡的"。否则，节点被认为是"失去平衡"。图 6.6 给出了一部分在这段时间内"失去平衡"的节点（以下简称"失衡比例"）。作为参考，整个系统在这段时间内收到的相应的请求负载也被绘制。正如图 6.6 所示，不平衡率随着负载的增加而下降。例如，在低负荷时，不平衡率高达 20%，在高负荷接近 10%。直观地说，这可以解释为，在高负荷时大量流行键（popular key）访问且由于 key 的均匀分布，负载最终均匀分布。然而，在（其中负载为高峰负载的八分之一）低负载下，当更少的流行键被访问，将导致一个比较高的负载不平衡。

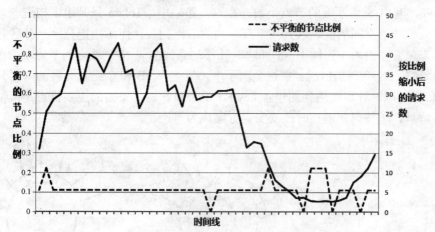

图 6.6　部分失去平衡的节点（即节点的请求负载高于系统平均负载的某一阈值）和其相应的请求负载。X 轴刻度间隔相当于一个 30 分钟的时间

下面讨论 Dynamo 的划分方案（partitioning scheme）是如何随着时间和负载分布的影响进行演化的。

策略 1：每个节点 T 个随机 Token 和基于 Token 值进行分割：这是最早部署在生产环境的策略。在这个方案中，每个节点被分配 T 个 Tokens（从哈希空间随机均匀地选择）。所有节点的 Token，是按照其在哈希空间中的值进行排序的。每两个连续的 Token 定义一个范围。最后的 Token 与最开始的 Token 构成一区域(range)：从哈希空间中最大值绕（wrap）到最低值。由于 Token 是随机选择，范围大小是可变的。节点加入和离开系统导致 Token 集的改变，最终导致 ranges 的变化，请注意，每个节点所需的用来维护系统的成员的空间与系统中节点的数目成线性关系。

在使用这一策略时，遇到了以下问题。首先，当一个新的节点加入系统时，它需要"窃取"（steal）其他节点的键范围。然而，这些需要移交 key ranges 给新节点的节点必须扫描他们的本地持久化存储来得到适当的数据项。请注意，在生产节点上执行这样的扫描操作是非常复杂的，因为扫描是资源高度密集的操作，他们需要在后台执行，而不至于影响客户的性能。这就要求我们必须将引导工作设置为最低的优先级。然而，这将大大减缓了引导过程，在繁忙的购物季节，当节点每天处理数百万的请求时，引导过程可能需要几乎一天才能完成。第二，当一个节点加入/离开系统，由许多节点处理的 key ranges 的变化以及新的范围的 MertkleTree 需要重新计算，在生产系统上，这不是一个简单的操作。最后，由于 key ranges 的随机性，没有一个简单的办法为整个 key space 做一个快照，这使得归档过程复杂化。在这个方案中，归档整个 key space 需要分别检索每个节点的 key，这是非常低效的。

这个策略的根本问题是，数据划分和数据安置的计划交织在一起。例如，在某些情况下，最好是添加更多的节点到系统，以应对处理请求负载的增加。但是，在这种情况下，添加节点（导致数据安置）不可能不影响数据划分。理想的情况下，最好使用独立划分和安置计划。为此，对以下策略进行了评估：

策略 2：每个节点 T 个随机 Token 和同等大小的分区：在此策略中，节点的哈希空间分为 Q 个同样大小的分区/范围，每个节点被分配 T 个随机 Token。Q 是通常设置使得 Q>>N 和 Q>>S*T，其中 S 为系统的节点个数。在这一策略中，Token 只是用来构造一个映射函数，该函数将哈希空间的值映射到一个有序列的节点列表，而不决定分区。分区是放置在从分区的末尾开始沿着一致性 Hash 环顺时针移动遇到的前 N 个独立的节点上。图 6.7 说明了这一策略当 N=3 时的情况。在这个例子中，节点 A、B 和 C 是从分区的末尾开始沿着一致性 Hash 环顺时针移动遇到的包含 key K1 的节点。这一策略的主要优点是：①划分和分区布局解耦，②使得在运行时改变安置方案成为可能。

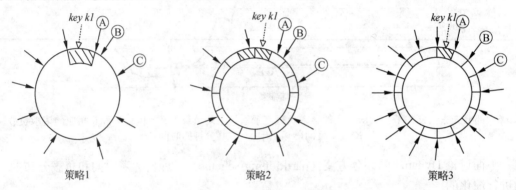

图 6.7　三个策略的分区和 key 的位置

甲、乙和丙描述三个独立的节点，形成 keyK1 在一致性哈希环上的首选列表（N=3）。

阴影部分表示节点 A、B 和 C 形式的首选列表负责的 keyrangee。

黑色箭头标明各节点的 Token 的位置。

策略 3：每个节点 Q/S 个 Token，大小相等的分区。类似策略 2，这一策略空间划分成同样大小为 Q 的散列分区，以及分区布局（placement of partition）与划分方法（partitioning scheme）脱钩。此外，每个节点被分配 Q/S 个 Token，其中 S 是系统的节点数。当一个节点离开系统，为使这些属性被保留，它的 Token 随机分发到其他节点。同样，当一个节点加入系统，新节点将通过一种可以保留这种属性的方式从系统的其他节点“偷”Token。

对这三个策略的效率评估使用 S=30 和 N=3 配置的系统。然而，以一个比较公平的方式这些不同的策略是很难的，因为不同的策略有不同的配置来调整他们的效率。例如，策略 1 取决于负荷的适当分配（即 T），而策略 3 信赖于分区的个数（即 Q）。一个公平的比较方式是在所有策略中使用相同数量的空间来维持他们的成员信息时，通过评估负荷分布的偏斜。例如，策略 1 每个节点需要维护所有环内的 Token 位置，策略 3 每个节点需要维护分配到每个节点的分区信息。

在我们的下一个实验，通过改变相关的参数（T 和 Q），对这些策略进行了评价。每个策略的负载均衡的效率是根据每个节点需要维持的成员信息的大小的不同来测量，负载平衡效率是指每个节点服务的平均请求数与最忙（hottest）的节点服务的最大请求数之比。

结果示于图 6.8。正如图中看到，策略 3 达到最佳的负载平衡效率，而策略 2 最差负载均衡的效率。一个短暂的时期，在将 Dynamo 实例从策略 1 到策略 3 的迁移过程中，策略 2 曾作为一个临时配置。相对于策略 1，策略 3 达到更好的效率并且在每个节点需要维持的信息的大小规模降低了三个数量级。虽然存储不是一个主要问题，但节点间周期地 Gossip 成员信息，因此最好是尽可能保持这些信息紧凑。除了这个，策略 3 有利于且易于部署，理由如下。(ⅰ) 更快的 bootstrapping/恢复：由于分区范围是固定的，它们可以被保存在单独的文件，这意味着一个分区可以通过简单地转移文件并作为一个单位重新安置（避免随机访问需要定位具体项目）。这简化了引导和恢复过程。(ⅱ) 易于档案：对数据集定期归档是 Amazon 存储服务提出的强制性要求。Dynamo 在策略 3 下归档整个数据集很简单，因为分区的文件可以被分别归档。相反，在策略 1，Token 是随机选取的，归档存储的数据需要分别检索各个节点的 key，这通常是低效和缓慢的。策略 3 的缺点是，为维护分配所需的属性改变节点成员时需要协调。

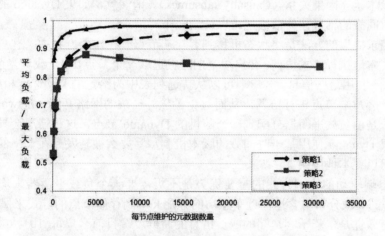

图 6.8　比较 30 个维持相同数量的元数据节的点，N=3 的系统不同策略的负载分布效率。
系统的规模和副本的数量的值是按照我们部署的大多数服务的典型配置

6.5.3　不同版本：何时以及有多少

如前所述，Dynamo 被设计成为获得可用性而牺牲了一致性。为了解不同的一致性失败导致的确切影响，多方面的详细的数据是必需的：中断时长、失效类型、组件可靠性和负载量等。详细地呈现所有这些数字超出本文的范围。不过，本小节讨论了一个很好的简要的度量尺度：在现场生产环境中的应用所出现的不同版本的数量。

不同版本的数据项出现在两种情况下。首先是当系统正面临着如节点失效故障的情况下，数据中心的故障和网络分裂。二是当系统的并发处理大量写单个数据项，并且最终多个节点同时协调更新操作。无论从易用性和效率的角度来看，都应首先确保在任何特定时间内不同版本的数量尽可能少。如果版本不能单独通过矢量时钟在语法上加以协调，他们必须被传递到业务逻辑层进行语义协调。语义协调给服务应用引入了额外的负担，因此应尽量减少它的需要。

在我们的下一个实验中，返回到购物车服务的版本数量是基于 24 小时为周期来剖析的。在此期间，99.94% 的请求恰好看到了 1 个版本。0.00057% 的请求看到 2 个版本，0.00047%

的请求看到 3 个版本和 0.00009%的请求看到 4 个版本。这表明，不同版本创建的很少。

经验表明，不同版本的数量的增加不是由于失败而是由于并发写操作的数量增加造成的。数量递增的并发写操作通常是由忙碌的机器人（busy robot-自动化的客户端程序）导致而很少是人为触发。由于敏感性，这个问题还没有详细讨论。

6.5.4　客户端驱动或服务器驱动协调

如第 5 条所述，Dynamo 有一个请求协调组件，它使用一个状态机来处理进来的请求。客户端的请求均匀分配到环上的节点是由负载平衡器完成的。Dynamo 的任何节点都可以充当一个读请求协调员。另一方面，写请求将由 key 的首选列表中的节点来协调。此限制是由于这一事实——这些首选节点具有附加的责任：即创建一个新的版本标识，使之与写请求更新的版本建立因果关系（Causally subsumes）。请注意，如果 Dynamo 的版本方案是建基于物理时间戳的话，任何节点都可以协调一个写请求。

另一种请求协调的方法是将状态机移到客户端节点。在这个方案中，客户端应用程序使用一个库在本地执行请求协调。客户端定期随机选取一个节点，并下载其当前的 Dynamo 成员状态视图。利用这些信息，客户端可以从首选列表中为给定的 key 选定相应的节点集。读请求可以在客户端节点进行协调，从而避免了额外一跳的网络开销（network hop），比如，如果请求是由负载平衡器分配到一个随机的 Dynamo 节点，这种情况会导致这样的额外一跳。如果 Dynamo 使用基于时间戳的版本机制，写要么被转发到在 key 的首选列表中的节点，也可以在本地协调。

一个客户端驱动的协调方式的重要优势是不再需要一个负载平衡器来均匀分布客户的负载。公平的负载分布隐含地由近乎平均的分配 key 到存储节点的方式来保证的。显然，这个方案的有效性是信赖于客户端的成员信息的新鲜度。目前客户每 10 秒随机地轮循一 Dynamo 节点来更新成员信息。一个基于抽取（pull）而不是推送（push）的方法被采用，因为前一种方法在客户端数量比较大的情况下扩展性好些，并且服务端只需要维护一小部分关于客户端的状态信息。然而，在最坏的情况下，客户端可能持有长达 10 秒的陈旧的成员信息。如果客户端检测其成员列表是陈旧的（例如，当一些成员是无法访问）情况下，它会立即刷新其成员信息。

表 6.2 显示了 24 小时内观察到的，对比于使用服务端协调方法，使用客户端驱动的协调方法，在 99.9 百分位延时和平均延时的改善。如表 6.2 所示，客户端驱动的协调方法，99.9 百分位减少至少 30 毫秒的延时，以及降低了 3～4 毫秒的平均延时。延时的改善是因为客户端驱动的方法消除了负载平衡器额外的开销以及网络一跳，这在请求被分配到一个随机节点时将导致的开销。如表所示，平均延时往往要明显比 99.9 百分位延时低。这是因为 Dynamo 的存储引擎缓存和写缓冲器具有良好的命中率。此外，由于负载平衡器和网络引入额外的对响应时间的可变性，在响应时间方面，99.9th 百分位这种情况下（即使用负载平衡器）获得好处比平均情况下要高。

表 6.2　客户驱动和服务器驱动的协调方法的性能

	99.9th 百分读延时（毫秒）	99.9th 百分写入延时（毫秒）	平均读取延时时间（毫秒）	平均写入延时（毫秒）
服务器驱动	68.9	68.5	3.9	4.02
客户驱动	30.4	30.4	1.55	1.9

6.5.5　权衡后台和前台任务

每个节点除了正常的前台 put/get 操作，还将执行不同的后台任务，如数据的副本的同步和数据移交（handoff）（由于暗示（hinting）或添加/删除节点导致）。在早期的生产设置中，这些后台任务触发了资源争用问题，影响了正常的 put 和 get 操作的性能。因此，有必要确保后台任务只有在不会显著影响正常的关键操作时运行。为了达到这个目的，所有后台任务都整合了管理控制机制。每个后台任务都使用此控制器，以预留所有后台任务共享的时间片资源（如数据库）。采用一个基于对前台任务进行监控的反馈机制来控制用于后台任务的时间片数。

管理控制器在进行前台 put/get 操作时不断监测资源访问的行为，监测数据包括对磁盘操作延时，由于锁争用导致的失败的数据库访问和交易超时，以及请求队列等待时间。此信息是用于检查在特定的后沿时间窗口延时（或失败）的百分位是否接近所期望的阈值。例如，背景控制器检查，看看数据库的 99 百分位的读延时（在最后 60 秒内）与预设的阈值（比如 50 毫秒）的接近程度。该控制器采用这种比较来评估前台业务的资源可用性。随后，它决定多少时间片可以提供给后台任务，从而利用反馈环来限制背景活动的侵扰。请注意，一个与后台任务管理类似的问题已经有所研究。

6.5.6　讨论

本节总结了 Amazon 在实现和维护 Dynamo 过程中获得的一些经验。很多 Amazon 的内部服务在过去几年中已经使用了 Dynamo，它给应用提供了很高级别的可用性。特别是，应用程序的 99.9995％的请求都收到成功的响应（无超时），到目前为止，无数据丢失事件发生。

此外，Dynamo 的主要优点是，它提供了使用三个参数的（N、R 和 W），根据自己的需要来调整它们的实例。不同于流行的商业数据存储，Dynamo 将数据一致性与协调的逻辑问题暴露给开发者。开始，人们可能会认为应用程序逻辑会变得更加复杂。然而，从历史上看，Amazon 平台都为高可用性而构建，且许多应用内置了处理不同的失效模式和可能出现的不一致性。因此，移植这些应用程序到使用 Dynamo 是一个相对简单的任务。对于那些希望使用 Dynamo 的应用，需要开发的初始阶段做一些分析，以选择正确的冲突的协调机制以适当地满足业务情况。最后，Dynamo 采用全成员（full membership）模式，其中每个节点都知道其对等节点承载的数据。要做到这一点，每个节点都需要积极地与系统中的其他节点 Gossip 完整的路由表。这种模式在一个包含数百个节点的系统中运作良好，然而，扩展这样的设计以运行成千上万节点并不容易，因为维持路由表的开销将随着系统的大小的增加而增加。克服这种限制可能需要通过对 Dynamo 引入分层扩展。此外，请注意这个问题正在积极由 O(1)DHT 的系统解决。

6.6 结 论

本章介绍了 Dynamo，一个高度可用和可扩展的数据存储系统，Amazon.com 电子商务平台用其存储许多核心服务的状态。Dynamo 提供了所需的可用性和性能水平，并已成功处理服务器故障，数据中心故障和网络分裂。Dynamo 是增量扩展，并允许服务的拥有者根据请求负载按比例增加或减少。Dynamo 让服务的所有者通过调整参数 N、R 和 W 来达到他们渴求的性能、耐用性和一致性的 SLA。

Amazon 过去多年的生产系统使用 Dynamo 表明，各种分散的技术可以结合起来提供一个整体的高可用性系统。其成功应用在最具挑战性的应用环境之一中表明，最终一致性的存储系统可以是一个高度可用的应用程序的组成部分。

第 7 章　LevelDb——出自 Google 的 Key-Value 数据库

7.1　LevelDb 简介

说起 LevelDb 也许你不清楚，但是如果作为 IT 工程师，不知道下面两位大神级别的工程师，那你的领导估计会 Hold 不住了。Jeff Dean 和 Sanjay Ghemawat 这两位是 Google 公司重量级的工程师，为数甚少的 Google Fellow 之二。

- ❑ Jeff Dean 其人：http://research.google.com/people/jeff/index.html，Google 大规模分布式平台 BigTable 和 MapReduce 主要设计和实现者。
- ❑ Sanjay Ghemawat 其人：http://research.google.com/people/sanjay/index.html，Google 大规模分布式平台 GFS、BigTable 和 MapReduce 主要设计和实现工程师。

LevelDb 就是这两位大神级别的工程师发起的开源项目，简而言之，LevelDb 是能够处理十亿级别规模 Key-Value 型数据持久性存储的 C++ 程序库。正像上面介绍的，这二位是 BigTable 的设计和实现者，如果了解 BigTable 的话，应该知道在这个影响深远的分布式存储系统中有两个核心的部分：Master Server 和 Tablet Server。其中 Master Server 做一些管理数据的存储及分布式调度工作，实际的分布式数据存储及读写操作是由 Tablet Server 完成的，而 LevelDb 则可以理解为一个简化版的 Tablet Server。

LevelDb 有如下一些特点：

首先，LevelDb 是一个持久化存储的 KV 系统，和 Redis 这种内存型的 KV 系统不同，LevelDb 不会像 Redis 一样狂吃内存，而是将大部分数据存储到磁盘上。

其次，LevleDb 在存储数据时，是根据记录的 key 值有序存储的，就是说相邻的 key 值在存储文件中是依次顺序存储的，而应用可以自定义 key 大小比较函数，LevleDb 会按照用户定义的比较函数依序存储这些记录。

再次，像大多数 KV 系统一样，LevelDb 的操作接口很简单，基本操作包括写记录、读记录及删除记录。也支持针对多条操作的原子批量操作。

另外，LevelDb 支持数据快照（snapshot）功能，使得读取操作不受写操作影响，可以在读操作过程中始终看到一致的数据。

除此外，LevelDb 还支持数据压缩等操作，这对于减小存储空间及增快 IO 效率都有直接的帮助。

LevelDb 性能非常突出，官方网站报道其随机写性能达到 40 万条记录每秒，而随机读性能达到 6 万条记录每秒。总体来说，LevelDb 的写操作要大大快于读操作，而顺序读写操作则大大快于随机读写操作。至于为何是这样，看了后续章节，估计你会了解其内在原因。

7.2　LevelDb 的静态部分

7.2.1　整体架构

LevelDb 本质上是一套存储系统及在这套存储系统上提供的一些操作接口。为了便于理解整个系统及其处理流程，我们可以从两个不同的角度来看待 LevleDb：静态角度和动态角度。从静态角度，可以假想整个系统正在运行过程中（不断插入删除读取数据），此时我们给 LevelDb 照相，从照片可以看到之前系统的数据在内存和磁盘中是如何分布的，处于什么状态等。从动态的角度，主要是了解系统是如何写入一条记录、读出一条记录和删除一条记录的，同时也包括除了这些接口操作外的内部操作比如 compaction，系统运行时崩溃后如何恢复系统等方面。

本节所讲的整体架构主要从静态角度来描述。之后接下来的几节内容会详述静态结构涉及到的文件或者内存数据结构。本章后半部分主要介绍动态视角下的 LevelDb，就是说整个系统是怎么运转起来的。

LevelDb 作为存储系统，数据记录的存储介质包括内存及磁盘文件。如果像上面说的，当 LevelDb 运行了一段时间，此时我们给 LevelDb 进行透视拍照，那么你会看到如下一番景象，如图 7.1 所示。

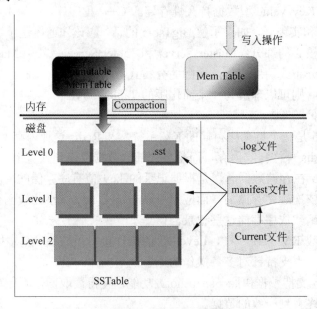

图 7.1　LevelDb 结构

从图中可以看出，构成 LevelDb 静态结构包括六个主要部分：内存中的 MemTable 和 Immutable MemTable 及磁盘上的几种主要文件有 Current 文件、Manifest 文件、log 文件及

SSTable 文件。当然，LevelDb 除了这六个主要部分还有一些辅助的文件，但是以上六个文件和数据结构是 LevelDb 的主体构成元素。

LevelDb 的 log 文件和 MemTable 与 BigTable 论文中介绍的是一致的，当应用写入一条 Key:Value 记录的时候，LevelDb 会先往 log 文件里写入，成功后将记录插进 MemTable 中，这样基本就算完成了写入操作，因为一次写入操作只涉及一次磁盘顺序写和一次内存写入，所以这是为何说 LevelDb 写入速度极快的主要原因。

log 文件在系统中的作用主要是用于系统崩溃恢复而不丢失数据。假如没有 log 文件，因为写入的记录刚开始是保存在内存中的，此时如果系统崩溃，内存中的数据还没有来得及 Dump 到磁盘，所以会丢失数据（Redis 就存在这个问题）。为了避免这种情况，LevelDb 在写入内存前先将操作记录到 log 文件中，然后再记入内存中，这样即使系统崩溃，也可以从 log 文件中恢复内存中的 MemTable，不会造成数据的丢失。

当 MemTable 插入的数据占用内存到了一个界限后，需要将内存的记录导出到外存文件中，LevleDb 会生成新的 log 文件和 MemTable，原先的 MemTable 就成为 Immutable MemTable，顾名思义，就是说这个 MemTable 的内容是不可更改的，只能读不能写入或者删除。新到来的数据被记入新的 log 文件和 MemTable，LevelDb 后台调度会将 Immutable MemTable 的数据导出到磁盘，形成一个新的 SSTable 文件。SSTable 就是由内存中的数据不断导出并进行 Compaction 操作后形成的，而且 SSTable 的所有文件是一种层级结构，第一层为 Level 0，第二层为 Level 1，依次类推，层级逐渐增高，这也是为何称之为 LevelDb 的原因。

SSTable 中的文件是 key 有序的，就是说在文件中小 key 记录排在大 key 记录之前，各个 Level 的 SSTable 都是如此，但是这里需要注意的一点是：Level 0 的 SSTable 文件（后缀为.sst）和其他 Level 的文件相比有特殊性：这个层级内的.sst 文件，两个文件可能存在 key 重叠，比如有两个 level 0 的 sst 文件，文件 A 和文件 B，文件 A 的 key 范围是：{bar, car}，文件 B 的 key 范围是{blue,samecity}，那么很可能两个文件都存在 key="blood"的记录。对于其他 Level 的 SSTable 文件来说，则不会出现同一层级内.sst 文件的 key 重叠现象，就是说 Level L 中任意两个.sst 文件，那么可以保证它们的 key 值是不会重叠的。这点需要特别注意，后面你会看到很多操作的差异都是由于这个原因造成的。

SSTable 中的某个文件属于特定层级，而且其存储的记录是 key 有序的，那么必然有文件中的最小 key 和最大 key，这是非常重要的信息，LevelDb 应该记下这些信息。Manifest 就是干这个的，它记载了 SSTable 各个文件的管理信息，比如属于哪个 Level，文件名称叫什么，最小 key 和最大 key 各自是多少。图 7.2 是 Manifest 所存储内容的示意图。

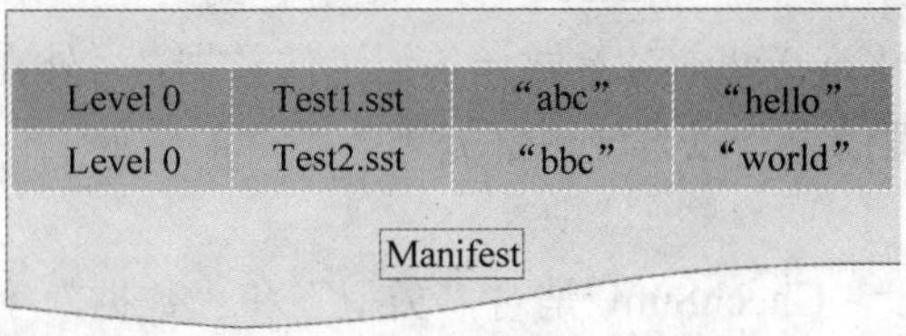

Level 0	Test1.sst	"abc"	"hello"
Level 0	Test2.sst	"bbc"	"world"
	Manifest		

图 7.2　Manifest 存储示意图

图中只显示了两个文件（Manifest 会记载所有 SSTable 文件的这些信息），即 Level 0 的 test.sst1 和 test.sst2 文件，同时记载了这些文件各自对应的 key 范围。比如 test.sstt1 的 key 范围是 "an" 到 "banana"，而文件 test.sst2 的 key 范围是 "baby" 到 "samecity"，可以看出两者的 key 范围是有重叠的。

Current 文件是干什么的呢？这个文件的内容只有一个信息，就是记载当前的 Manifest 文件名。因为在 LevleDb 的运行过程中，随着 Compaction 的进行，SSTable 文件会发生变化，会有新的文件产生，老的文件被废弃，Manifest 也会跟着反映这种变化，此时往往会新生成 Manifest 文件来记载这种变化，而 Current 则用来指出哪个 Manifest 文件才是我们关心的那个 Manifest 文件。

以上介绍的内容就构成了 LevelDb 的整体静态结构，在接下来的内容中，我们会首先介绍重要文件或者内存数据的具体数据布局与结构。

7.2.2　log 文件

上小节内容讲到 log 文件在 LevelDb 中的主要作用是系统故障恢复时，能够保证不会丢失数据。因为在将记录写入内存的 MemTable 之前，会先写入 log 文件，这样即使系统发生故障，MemTable 中的数据没有来得及 Dump 到磁盘的 SSTable 文件，LevelDB 也可以根据 log 文件恢复内存的 MemTable 数据结构内容，不会造成系统丢失数据，在这点上 LevelDb 和 BigTable 是一致的。

下面我们带大家看看 log 文件的具体物理和逻辑布局是怎样的，LevelDb 对于一个 log 文件，会把它切割成以 32K 为单位的物理 Block，每次读取的单位以一个 Block 作为基本读取单位，图 7.3 展示的 log 文件由 3 个 Block 构成，所以从物理布局来讲，一个 log 文件就是由连续的 32K 大小 Block 构成的。

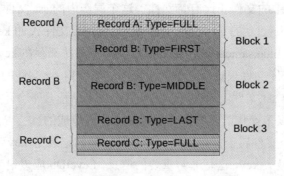

图 7.3　log 文件布局

在应用的视野里是看不到这些 Block 的，应用看到的是一系列的 Key:Value 对。在 LevelDb 内部，会将一个 Key:Value 对看做一条记录的数据，另外在这个数据前增加一个记录头，用来记载一些管理信息，以方便内部处理，图 7.4 显示了一个记录在 LevelDb 内部是如何表示的。

记录头包含三个字段，ChechSum 是对 "类型" 和 "数据" 字段的校验码，为了避免处理不完整或者是被破坏的数据，当 LevelDb 读取记录数据的时候会对数据进行校验，如果发现和存储的 CheckSum 相同，说明数据完整无破坏，可以继续后续流程。"记录长度"

记载了数据的大小，"数据"则是上面讲的 Key:Value 数值对，"类型"字段则指出了每条记录的逻辑结构和 log 文件物理分块结构之间的关系。具体而言，主要有以下四种类型：FULL、FIRST、MIDDLE 和 LAST。

| Record i | CheckSum | 记录长度 | 类型 | 数据 |
| Record i+1 | CheckSum | 记录长度 | 类型 | 数据 |

类型：FULL/FIRST/MIDDLE/LAST

图 7.4　记录结构

如果记录类型是 FULL，代表了当前记录内容完整地存储在一个物理 Block 里，没有被不同的物理 Block 切割开；如果记录被相邻的物理 Block 切割开，则类型会是其他三种类型中的一种。我们以图 7.3 所示的例子来具体说明。

假设目前存在三条记录，Record A、Record B 和 Record C，其中 Record A 大小为 10K，Record B 大小为 80K，Record C 大小为 12K，那么其在 log 文件中的逻辑布局会如图 7.3 所示。Record A 是图中蓝色区域所示，因为大小为 10K<32K，能够放在一个物理 Block 中，所以其类型为 FULL；Record B 大小为 80K，而 Block 1 因为放入了 Record A，所以还剩下 22K，不足以放下 Record B，所以在 Block 1 的剩余部分放入 Record B 的开头一部分，类型标识为 FIRST，代表了是一个记录的起始部分；Record B 还有 58K 没有存储，这些只能依次放在后续的物理 Block 里面，因为 Block 2 大小只有 32K，仍然放不下 Record B 的剩余部分，所以 Block 2 全部用来放 Record B，且标识类型为 MIDDLE，意思是这是 Record B 中间一段数据；Record B 剩下的部分可以完全放在 Block 3 中，类型标识为 LAST，代表了这是 Record B 的末尾数据；图中黄色的 Record C 因为大小为 12K，Block 3 剩下的空间足以全部放下它，所以其类型标识为 FULL。

从这个小例子可以看出逻辑记录和物理 Block 之间的关系，LevelDb 一次物理读取为一个 Block，然后根据类型情况拼接出逻辑记录，供后续流程处理。

7.2.3　SSTable 文件

SSTable 是 BigTable 中至关重要的一块，对于 LevelDb 来说也是如此，对 LevelDb 的 SSTable 实现细节的了解也有助于了解 BigTable 中一些实现细节。

本节内容主要讲述 SSTable 的静态布局结构，我们曾在前面说过，SSTable 文件形成了不同 Level 的层级结构，至于这个层级结构是如何形成的我们放在后面 Compaction 一节细说。本节主要介绍 SSTable 某个文件的物理布局和逻辑布局结构，这对了解 LevelDb 的运行过程很有帮助。

LevelDb 不同层级有很多 SSTable 文件（以后缀.sst 为特征），所有.sst 文件内部布局都是一样的。上小节介绍 log 文件是物理分块的，SSTable 也一样会将文件划分为固定大小的物理存储块，但是两者逻辑布局大不相同，根本原因是：log 文件中的记录是 Key 无序的，即先后记录的 key 大小没有明确大小关系，而.sst 文件内部则是根据记录的 Key 由小到大排列的，从下面介绍的 SSTable 布局可以体会到 Key 有序是为何如此设计.sst 文件结构的关键。

图 7.5 展示了一个.sst 文件的物理划分结构，同 log 文件一样，也是划分为固定大小的存储块，每个 Block 分为三个部分，红色部分是数据存储区，蓝色的 Type 区用于标识数据存储区是否采用了数据压缩算法（Snappy 压缩或者无压缩两种），CRC 部分则是数据校验码，用于判别数据是否在生成和传输中出错。

Block 1	Type	CRC
Block 2	Type	CRC
Block 3	Type	CRC
Block 4	Type	CRC
Block 5	Type	CRC
Block 6	Type	CRC
Block 7	Type	CRC
Block 8	Type	CRC

图 7.5　.sst 文件的分块结构

以上是.sst 的物理布局。下面介绍.sst 文件的逻辑布局，所谓逻辑布局，就是说尽管大家都是物理块，但是每一块存储什么内容，内部又有什么结构等。图 7.6 展示了.sst 文件的内部逻辑解释。

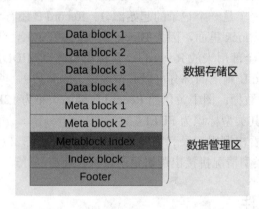

图 7.6　逻辑布局

从图 7.6 可以看出，从大的方面，可以将.sst 文件划分为数据存储区和数据管理区，数据存储区存放实际的 Key:Value 数据，数据管理区则提供一些索引指针等管理数据，目的是更快速便捷的查找相应的记录。两个区域都是在上述的分块基础上的，就是说文件的前面若干块实际存储 KV 数据，后面数据管理区存储管理数据。管理数据又分为四种不同类型：Meta Block、MetaBlock 索引和数据索引块及一个文件尾部块。

LevelDb 1.2 版对于 Meta Block 尚无实际使用，只是保留了一个接口，估计会在后续版本中加入内容。下面我们看看数据索引区和文件尾部 Footer 的内部结构。

图 7.7 是数据索引的内部结构示意图。再次强调一下，Data Block 内的 KV 记录是按照 Key 由小到大排列的，数据索引区的每条记录是对某个 Data Block 建立的索引信息，每条索引信息包含三个内容。以图 7.7 所示的数据块 i 的索引 Index i 来说：红色部分的第一个字段记载大于等于数据块 i 中最大的 Key 值的那个 Key，第二个字段指出数据块 i 在.sst 文

件中的起始位置，第三个字段指出 Data Block i 的大小（有时候是有数据压缩的）。后面两个字段好理解，是用于定位数据块在文件中的位置的，第一个字段需要详细解释一下，在索引里保存的这个 Key 值未必一定是某条记录的 Key。以图 7.7 的例子来说，假设数据块 i 的最小 Key= "samecity"，最大 Key= "the best"；数据块 i+1 的最小 Key= "the fox"，最大 Key= "zoo"，那么对于数据块 i 的索引 Index i 来说，其第一个字段记载大于等于数据块 i 的最大 Key("the best")同时要小于数据块 i+1 的最小 Key("the fox")，所以例子中 Index i 的第一个字段是："the c"，这个是满足要求的；而 Index i+1 的第一个字段则是"zoo"，即数据块 i+1 的最大 Key。

文件末尾 Footer 块的内部结构见图 7.8，metaindex_handle 指出了 metaindex block 的起始位置和大小；inex_handle 指出了 index Block 的起始地址和大小；这两个字段可以理解为索引的索引，是为了正确读出索引值而设立的，后面跟着一个填充区和魔数。

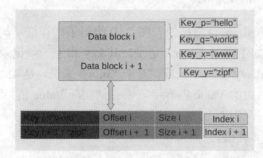
图 7.7　数据索引

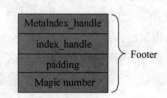
图 7.8　Footer

上面主要介绍的是数据管理区的内部结构。下面我们看看数据区的一个 Block 的数据部分内部是如何布局的（图 7.6 中的红色部分），图 7.9 是其内部布局示意图。

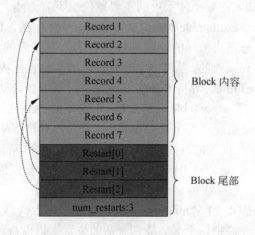
图 7.9　数据 Block 内部结构

从图中可以看出，其内部也分为两个部分，前面是一个个 KV 记录，其顺序是根据 Key 值由小到大排列的，在 Block 尾部则是一些"重启点"（Restart Point），其实是一些指针，指出 Block 内容中的一些记录位置。

"重启点"是干什么的呢？我们一再强调，Block 内容里的 KV 记录是按照 Key 大小有序的，这样的话，相邻的两条记录很可能 Key 部分存在重叠，比如 key i= "the Car"，Key i+1= "the color"，那么两者存在重叠部分 "the c"，为了减少 Key 的存储量，Key i+1 可以只存储和上一条 Key 不同的部分 "olor"，两者的共同部分从 Key i 中可以获得。记录的 Key 在 Block 内容部分就是这么存储的，主要目的是减少存储开销。"重启点" 的意思是：在这条记录开始，不再采取只记载不同的 Key 部分，而是重新记录所有的 Key 值，假设 Key i+1 是一个重启点，那么 Key 里面会完整存储 "the color"，而不是采用简略的 "olor" 方式。Block 尾部就是指出哪些记录是这些重启点的。

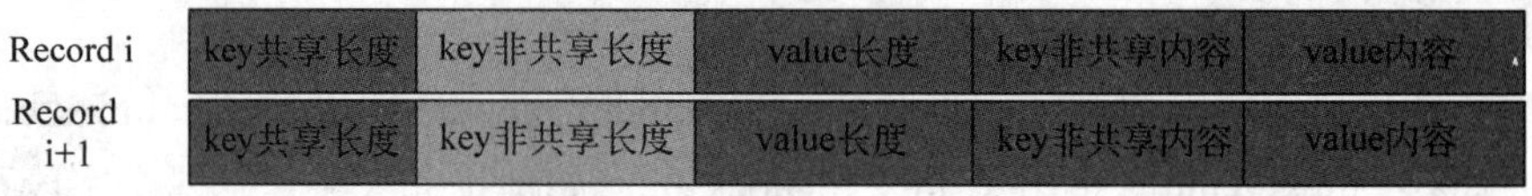

Record i	key共享长度	key非共享长度	value长度	key非共享内容	value内容
Record i+1	key共享长度	key非共享长度	value长度	key非共享内容	value内容

图 7.10　记录格式

在 Block 内容区，每个 KV 记录的内部结构是怎样的？图 7.10 给出了其详细结构，每个记录包含 5 个字段：key 共享长度。比如上面的 "olor" 记录，其 key 和上一条记录共享的 Key 部分长度是 "the c" 的长度，即 5；key 非共享长度，对于 "olor" 来说，是 4；value 长度指出 Key:Value 中 Value 的长度，在后面的 Value 内容字段中存储实际 Value 值；而 key 非共享内容则实际存储 "olor" 这个 Key 字符串。

上面讲的这些就是.sst 文件的全部内部奥秘。

7.2.4　MemTable 详解

本章前面的小节大致讲述了磁盘文件相关的重要静态结构。本小节讲述内存中的数据结构 MemTable，MemTable 在整个体系中的重要地位也不言而喻。总体而言，所有 KV 数据都是存储在 MemTable、Immutable MemTable 和 SSTable 中的，Immutable MemTable 从结构上讲和 MemTable 是完全一样的，区别仅仅在于其是只读的，不允许写入操作，而 MemTable 则是允许写入和读取的。当 MemTable 写入的数据占用内存到达指定数量，则自动转换为 Immutable MemTable，等待 Dump 到磁盘中，系统会自动生成新的 MemTable 供写操作写入新数据，理解了 MemTable，那么 Immutable MemTable 自然不在话下。

LevelDb 的 MemTable 提供了将 KV 数据写入、删除及读取 KV 记录的操作接口，但是事实上 MemTable 并不存在真正的删除操作，删除某个 Key 的 Value 在 MemTable 内是作为插入一条记录实施的，但是会打上一个 Key 的删除标记，真正的删除操作是 Lazy 的，会在以后的 Compaction 过程中去掉这个 KV。

需要注意的是，LevelDb 的 MemTable 中 KV 对是根据 Key 大小有序存储的，在系统插入新的 KV 时，LevelDb 要把这个 KV 插到合适的位置上以保持这种 Key 有序性。其实，LevelDb 的 MemTable 类只是一个接口类，真正的操作是通过背后的 SkipList 来做的，包括插入操作和读取操作等，所以 MemTable 的核心数据结构是一个 SkipList。

SkipList 是由 William Pugh 发明。他在 Communications of the ACM June 1990, 33(6) 668-676 发表了 Skip lists: a probabilistic alternative to balanced trees，在该论文中详细解释了 SkipList 的数据结构和插入删除操作。

SkipList 是平衡树的一种替代数据结构，但是和红黑树不相同的是，SkipList 对于树的平衡的实现是基于一种随机化的算法的，这样也就是说 SkipList 的插入和删除的工作是比较简单的。

关于 SkipList 的详细介绍可以参考这篇文章：http://www.cnblogs.com/xuqiang/archive/2011/05/22/2053516.html，讲述的很清楚，LevelDb 的 SkipList 基本上是一个具体实现，并无特殊之处。

SkipList 不仅是维护有序数据的一个简单实现，而且相比较平衡树来说，在插入数据的时候可以避免频繁的树节点调整操作，所以写入效率是很高的，LevelDb 整体而言是个高写入系统，SkipList 在其中应该也起到了很重要的作用。Redis 为了加快插入操作，也使用了 SkipList 来作为内部实现数据结构。

7.3 LevelDb 的动态部分

7.3.1 写入与删除记录

在之前的 4 小节中，我们介绍了 LevelDb 的一些静态文件及其详细布局，从本节开始，我们看看 LevelDb 的一些动态操作，比如读写记录、Compaction 和错误恢复等操作。

本节介绍 LevelDb 的记录更新操作，即插入一条 KV 记录或者删除一条 KV 记录。LevelDb 的更新操作速度是非常快的，源于其内部机制决定了这种更新操作的简单性。

图 7.11 是 LevelDb 如何更新 KV 数据的示意图，从图中可以看出，对于一个插入操作 Put(Key,Value)来说，完成插入操作包含两个具体步骤：首先是将这条 KV 记录以顺序写的方式追加到之前介绍过的 log 文件末尾，因为尽管这是一个磁盘读写操作，但是文件的顺序追加写入效率是很高的，所以并不会导致写入速度的降低。第二个步骤是：如果写入 log 文件成功，那么将这条 KV 记录插入内存中的 MemTable 中，前面介绍过，MemTable 只是一层封装，内部其实是一个 Key 有序的 SkipList 列表，插入一条新记录的过程也很简单，即先查找合适的插入位置，然后修改相应的链接指针将新记录插入即可。完成这一步，写入记录就算完成了，所以一个插入记录操作涉及一次磁盘文件追加写和内存 SkipList 插入操作，这是为何 LevelDb 写入速度如此高效的根本原因。

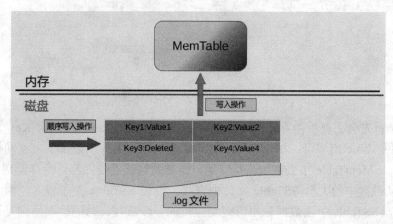

图 7.11 LevelDb 写入记录

从上面的介绍过程中也可以看出：log 文件内是 key 无序的，而 MemTable 中是 key 有序的。那么如果是删除一条 KV 记录呢？对于 levelDb 来说，并不存在立即删除的操作，而是与插入操作相同的，区别是，插入操作插入的是 Key:Value 值，而删除操作插入的是"Key：删除标记"，并不真正去删除记录，而是后台 Compaction 的时候才去做真正的删除操作。

LevelDb 的写入操作就是如此简单。真正的麻烦在后面将要介绍的读取操作中。

7.3.2　读取记录

LevelDb 是针对大规模 Key/Value 数据的单机存储库，从应用的角度来看，LevelDb 就是一个存储工具。而作为称职的存储工具，常见的调用接口无非是新增 KV、删除 KV、读取 KV 和更新 Key 对应的 Value 值这么几种操作。LevelDb 的接口没有直接支持更新操作的接口，如果需要更新某个 Key 的 Value，你可以选择直接生猛地插入新的 KV，保持 Key 相同，这样系统内的 key 对应的 Value 就会被更新；或者你可以先删除旧的 KV，之后再插入新的 KV，这样比较委婉地完成 KV 的更新操作。

假设应用提交一个 Key 值，下面我们看看 LevelDb 是如何从存储的数据中读出其对应的 Value 值的。图 7.12 是 LevelDb 读取过程的整体示意图。

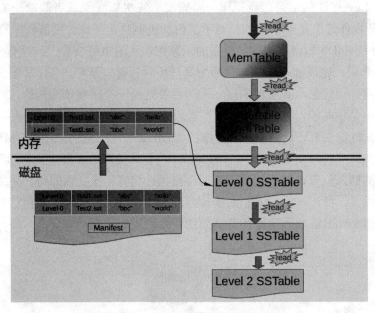

图 7.12　LevelDb 读取记录流程

LevelDb 首先会去查看内存中的 MemTable，如果 MemTable 中包含 Key 及其对应的 Value，则返回 Value 值即可；如果在 MemTable 没有读到 Key，则接下来到同样处于内存中的 Immutable MemTable 中去读取，类似地，如果读到就返回，若是没有读到，那么只能万般无奈下从磁盘中的大量 SSTable 文件中查找。因为 SSTable 数量较多，而且分成多个 Level，所以在 SSTable 中读数据是相当蜿蜒曲折的一段旅程。总的读取原则是这样的：首先从属于 level 0 的文件中查找，如果找到则返回对应的 Value 值，如果没有找到那么到 level

1 中的文件中去找，如此循环往复，直到在某层 SSTable 文件中找到这个 Key 对应的 Value 为止（或者查到最高 level，查找失败，说明整个系统中不存在这个 Key）。

那么为什么是从 MemTable 到 Immutable MemTable，再从 Immutable MemTable 到文件，而文件中为何是从低 level 到高 level 这么一个查询路径呢？道理何在？之所以选择这么个查询路径，是因为从信息的更新时间来说，很明显 MemTable 存储的是最新鲜的 KV 对；Immutable MemTable 中存储的 KV 数据对的新鲜程度次之；而所有 SSTable 文件中的 KV 数据新鲜程度一定不如内存中的 MemTable 和 Immutable MemTable 的。对于 SSTable 文件来说，如果同时在 level L 和 Level L+1 找到同一个 key，level L 的信息一定比 Level L+1 的要新。也就是说，上面列出的查找路径就是按照数据新鲜程度排列出来的，越新鲜的越先查找。

为啥要优先查找新鲜的数据呢？这个道理不言而喻，举个例子。比如我们先往 LevelDb 里面插入一条数据 {key="www.samecity.com"　value="我们"}，过了几天，samecity 网站改名为：69 同城，此时我们插入数据{key="www.samecity.com"　value="69 同城"}，同样的 key，不同的 value；逻辑上理解好像 LevelDb 中只有一个存储记录，即第二个记录，但是在 LevelDb 中很可能存在两条记录，即上面的两个记录都在 LevelDb 中存储了，此时如果用户查询 key="www.samecity.com"，我们当然希望找到最新的更新记录，也就是第二个记录返回，这就是为何要优先查找新鲜数据的原因。

前文有讲：对于 SSTable 文件来说，如果同时在 level L 和 Level L+1 找到同一个 key，level L 的信息一定比 Level L+1 的要新。这是一个结论，理论上需要一个证明过程，否则会导致如下的问题：为什么呢？从道理上讲呢，很明白：因为 Level L+1 的数据不是从石头缝里蹦出来的，也不是做梦梦到的，那它是从哪里来的？Level L+1 的数据是从 Level L 经过 Compaction 后得到的（如果你不知道什么是 Compaction，那么........也许以后会知道的），也就是说，你看到的现在的 Level L+1 层的 SSTable 数据是从原来的 Level L 中来的，现在的 Level L 比原来的 Level L 数据要新鲜，所以可证明，现在的 Level L 比现在的 Level L+1 的数据要新鲜。

SSTable 文件很多，如何快速地找到 key 对应的 Value 值？在 LevelDb 中，level 0 一直都爱搞特殊化，在 level 0 和其他 level 中查找某个 key 的过程是不一样的。因为 level 0 下的不同文件可能 key 的范围有重叠，某个要查询的 key 有可能多个文件都包含，这样的话 LevelDb 的策略是先找出 level 0 中哪些文件包含这个 key（manifest 文件中记载了 level 和对应的文件及文件里 key 的范围信息，LevelDb 在内存中保留这种映射表），之后按照文件的新鲜程度排序，新的文件排在前面，之后依次查找，读出 key 对应的 Value。而如果是非 level 0 的话，因为这个 level 的文件之间 key 是不重叠的，所以只从一个文件就可以找到 key 对应的 Value。

最后一个问题，如果给定一个要查询的 key 和某个 key range 包含这个 key 的 SSTable 文件，那么 LevelDb 是如何进行具体查找过程的呢？LevelDb 一般会先在内存中的 Cache 中查找是否包含这个文件的缓存记录，如果包含，则从缓存中读取；如果不包含，则打开 SSTable 文件，同时将这个文件的索引部分加载到内存中并放入 Cache 中。这样 Cache 里面就有了这个 SSTable 的缓存项，但是只有索引部分在内存中，之后 LevelDb 根据索引可以定位到哪个内容 Block 会包含这条 key，从文件中读出这个 Block 的内容，再根据记录一一比较，如果找到则返回结果，如果没有找到，那么说明这个 level 的 SSTable 文件并不包含这个 key，所以到下一级别的 SSTable 中去查找。

从之前介绍的 LevelDb 的写操作和这里介绍的读操作可以看出，相对写操作，读操作处理起来要复杂很多，所以写的速度必然要远远高于读数据的速度，也就是说，LevelDb 比较适合写操作多于读操作的应用场合。而如果应用是很多读操作类型的，那么顺序读取效率会比较高，因为这样大部分内容都会在缓存中找到，尽可能避免大量的随机读取操作。

7.3.3　Compaction 操作

前文有述，对于 LevelDb 来说，写入记录操作很简单，删除记录仅仅写入一个删除标记就算完事，但是读取记录比较复杂，需要在内存及各个层级文件中依照新鲜程度依次查找，代价很高。为了加快读取速度，LevelDb 采取了 Compaction 的方式来对已有的记录进行整理压缩，通过这种方式，来删除掉一些不再有效的 KV 数据、减小数据规模和减少文件数量等。

LevelDb 的 Compaction 机制和过程与 BigTable 所讲述的是基本一致的，BigTable 中讲到三种类型的 Compaction: minor，major 和 full。所谓 minor Compaction，就是把 MemTable 中的数据导出到 SSTable 文件中；major Compaction 就是合并不同层级的 SSTable 文件，而 full Compaction 就是将所有 SSTable 进行合并。

LevelDb 包含其中两种，minor 和 major。

我们将为大家详细叙述其机理。

先来看看 minor Compaction 的过程。minor Compaction 的目的是当内存中的 MemTable 大小到了一定值时，将内容保存到磁盘文件中，图 7.13 是其机理示意图。

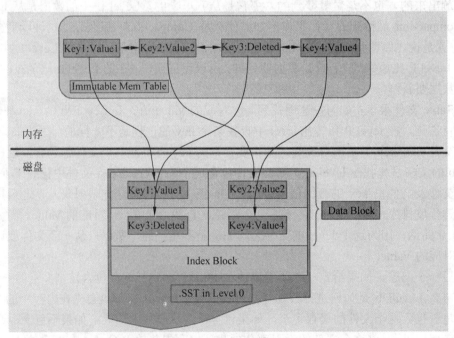

图 7.13　minor Compaction

从图 7.13 可以看出，当 MemTable 数量到了一定程度会转换为 immutable MemTable，此时不能往其中写入记录，只能从中读取 KV 内容。之前介绍过，immutable MemTable 其实是一个多层级队列 SkipList，其中的记录是根据 key 有序排列的。所以这个 minor Compaction 实现起来也很简单，就是按照 immutable MemTable 中记录由小到大遍历，并依次写入一个 level 0 的新建 SSTable 文件中，写完后建立文件的 index 数据，这样就完成了一次 minor Compaction。从图中也可以看出，对于被删除的记录，在 minor Compaction 过程中并不真正删除这个记录，原因也很简单，这里只知道要删掉 key 记录，但是这个 KV 数据在哪里?那需要复杂的查找，所以在 minor Compaction 的时候并不做删除，只是将这个 key 作为一个记录写入文件中，至于真正的删除操作，在以后更高层级的 Compaction 中会去做。

当某个 Level 下的 SSTable 文件数目超过一定设置值后，LevelDb 会从这个 Level 的 SSTable 中选择一个文件（level>0），将其和高一层级的 level+1 的 SSTable 文件合并，这就是 major Compaction。

我们知道在大于 0 的层级中，每个 SSTable 文件内的 Key 都是由小到大有序存储的，而且不同文件之间的 Key 范围（文件内最小 Key 和最大 Key 之间）不会有任何重叠。Level 0 的 SSTable 文件有些特殊，尽管每个文件也是根据 Key 由小到大排列，但是因为 level 0 的文件是通过 minor Compaction 直接生成的，所以任意两个 level 0 下的两个 SSTable 文件可能在 key 范围上有重叠。所以在做 major Compaction 的时候，对于大于 level 0 的层级，选择其中一个文件就行，但是对于 level 0 来说，指定某个文件后，本 level 中很可能有其他 SSTable 文件的 key 范围和这个文件有重叠，这种情况下，要找出所有有重叠的文件和 level 1 的文件进行合并，即 level 0 在进行文件选择的时候，可能会有多个文件参与 major Compaction。

LevelDb 在选定某个 level 进行 Compaction 后，还要选择是具体哪个文件要进行 Compaction，LevelDb 在这里有个小技巧，就是说轮流来，比如这次是文件 A 进行 Compaction，那么下次就是在 key range 上紧挨着文件 A 的文件 B 进行 Compaction，这样每个文件都会有机会轮流和高层的 level 文件进行合并。

如果选好了 level L 的文件 A 和 level L+1 层的文件进行合并，那么问题又来了，应该选择 level L+1 哪些文件进行合并? levelDb 选择 L+1 层中和文件 A 在 key range 上有重叠的所有文件来和文件 A 进行合并。

也就是说，选定了 level L 的文件 A，之后在 level L+1 中找到了所有需要合并的文件 B,C,D……。剩下的问题就是具体是如何进行 major 合并的? 就是说给定了一系列文件，每个文件内部是 key 有序的，如何对这些文件进行合并，使得新生成的文件仍然 Key 有序，同时抛掉那些不再有价值的 KV 数据。

图 7.14 说明了这一过程。

major Compaction 的过程如下：对多个文件采用多路归并排序的方式，依次找出其中最小的 Key 记录，也就是对多个文件中的所有记录重新进行排序。之后采取一定的标准判断这个 Key 是否还需要保存，如果判断没有保存价值，那么直接抛掉，如果觉得还需要继续保存，那么就将其写入 Level L+1 层中新生成的一个 SSTable 文件中。就这样对 KV 数据一一处理，形成了一系列新的 L+1 层数据文件，之前的 L 层文件和 L+1 层参与 Compaction

的文件数据此时已经没有意义了，所以全部删除。这样就完成了 L 层和 L+1 层文件记录的合并过程。

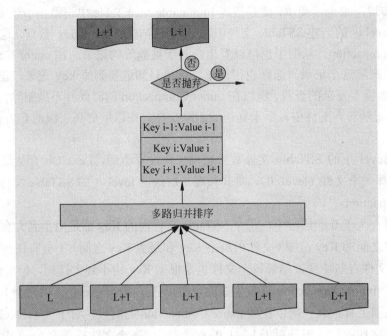

图 7.14　SSTable Compaction

那么在 major Compaction 过程中，判断一个 KV 记录是否抛弃的标准是什么呢？其中一个标准是：对于某个 key 来说，如果在小于 L 层中存在这个 Key，那么这个 KV 在 major Compaction 过程中可以抛掉。因为我们前面分析过，对于层级低于 L 的文件中如果存在同一 Key 的记录，那么说明对于 Key 来说，有更新鲜的 Value 存在，那么过去的 Value 就等于没有意义了，所以可以删除。

7.3.4　LevelDb 中的 Cache

前面讲过对于 LevelDb 来说，读取操作如果没有在内存的 MemTable 中找到记录，要多次进行磁盘访问操作。假设最优情况，即第一次就在 level 0 中最新的文件中找到了这个 key，那么也需要读取两次磁盘，一次是将 SSTable 的文件中的 index 部分读入内存，这样根据这个 index 可以确定 key 是在哪个 block 中存储；第二次是读入这个 block 的内容，然后在内存中查找 key 对应的 Value。

LevelDb 中引入了两个不同的 Cache:Table Cache 和 Block Cache。其中 Block Cache 是配置可选的，即在配置文件中指定是否打开这个功能，如图 7.15 所示。

图 7.15 是 table cache 的结构。在 Cache 中，key 值是 SSTable 的文件名称，Value 部分包含两部分，一个是指向磁盘打开的 SSTable 文件的文件指针，这是为了方便读取内容；另外一个是指向内存中这个 SSTable 文件对应的 Table 结构指针，table 结构在内存中，保存了 SSTable 的 index 内容以及用来指示 block cache 用的 cache_id，当然除此外还有其他

一些内容。

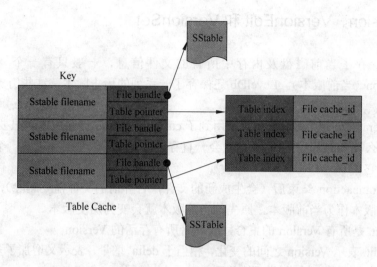

图 7.15　table cache

比如在 get(key)读取操作中，如果 LevelDb 确定了 key 在某个 Level 下某个文件 A 的 key range 范围内，那么需要判断是不是文件 A 真的包含这个 KV。此时，LevelDb 会首先查找 table cache，看这个文件是否在缓存里，如果找到了，那么根据 index 部分就可以查找是哪个 block 包含这个 key。如果没有在缓存中找到文件，那么打开 SSTable 文件，将其 index 部分读入内存，然后插入 cache 里面，去 index 里面定位哪个 block 包含这个 Key 。如果确定了文件哪个 block 包含这个 key，那么需要读入 block 内容，这是第二次读取。

File cache_id+block_offset	block内容
File cache_id+block_offset	block内容
File cache_id+block_offset	block内容
File cache_id+block_offset	block内容

图 7.16　block cache

block cache 是为了加快这个过程的，图 7.16 是其结构示意图。其中的 key 是文件的 cache_id 加上这个 block 在文件中的起始位置 block_offset。而 Value 则是这个 block 的内容。

如果 LevelDb 发现这个 block 在 block cache 中，那么可以避免读取数据，直接在 cache 里的 block 内容里面查找 key 的 Value 就行，如果没找到呢？那么读入 block 内容并把它插入 block cache 中。LevelDb 就是这样通过两个 cache 来加快读取速度的。从这里可以看出，如果读取的数据局部性比较好，也就是说要读的数据大部分在 cache 里面都能读到，那么读取效率应该还是很高的，而如果是对 key 进行顺序读取效率也应该不错，因为一次读入后可以多次被复用。但是如果是随机读取，你可以推断下其效率如何。

7.3.5　Version、VersionEdit 和 VersionSet

Version 保存了当前磁盘及内存中所有的文件信息，一般只有一个 Version 叫做 "current" version（当前版本）。LevelDb 还保存了一系列的历史版本，这些历史版本有什么作用呢？

当一个 Iterator 创建后，Iterator 就引用到了 current version（当前版本），只要这个 Iterator 不被 delete 那么被 Iterator 引用的版本就会一直存活。这就意味着当你用完一个 Iterator 后，需要及时删除它。

当一次 Compaction 结束后（会生成新的文件，合并前的文件需要删除），LevelDb 会创建一个新的版本作为当前版本，原先的当前版本就会变为历史版本。

VersionSet 是所有 Version 的集合，管理着所有存活的 Version。

VersionEdit 表示 Version 之间的变化，相当于 delta 增量，表示又增加了多少文件，删除了多少文件。下面表示它们之间的关系。

```
Version0 +VersionEdit-->Version1
```

VersionEdit 会保存到 MANIFEST 文件中，当做数据恢复时就会从 MANIFEST 文件中读出来重建数据。

LevelDb 的这种版本的控制，让我想到了双 buffer 切换，双 buffer 切换来自于图形学中，用于解决屏幕绘制时的闪屏问题，在服务器编程中也有用处。

比如我们的服务器上有一个字典库，每天我们需要更新这个字典库，我们可以新开一个 buffer，将新的字典库加载到这个新 buffer 中，等到加载完毕，将字典的指针指向新的字典库。

LevelDb 的 Version 管理和双 buffer 切换类似，但是如果原 Version 被某个 iterator 引用，那么这个 Version 会一直保持，直到没有被任何一个 iterator 引用，此时就可以删除这个 Version。

第 8 章 Redis 实战

Redis 是一个开源的和高级的 key-value 存储系统。它支持存储多种 value 类型，不仅包括基本的 String 类型，还包括 List、Set、Zset 和 Hash 类型。这些数据类型都支持 push/pop、add/remove 及取交集、并集、差集和其他更丰富的操作，而且这些操作都是原子性的。在此基础上，Redis 支持各种不同方式的排序。

为了保证效率，Redis 中的数据都是缓存在内存中的。根据实际运行中的配置，Redis 会周期性的把数据写入磁盘或者把修改操作写入追加的记录文件，并且在此基础上实现了 master-slave（主从）同步。

Redis 支持很多语言的客户端调用，如 Python、Ruby、Erlang 和 PHP，使用很方便。另外，Redis 的代码遵循 ANSI C 标准，可以在支持 Posix 标准的系统上安装运行，如 Linux 和 BSD 等，Windows 上还不能正式支持。

本章中的实例都是在安装 CentOS 6.5 的 Linux 上运行的，其他发行版的 Linux 可能稍有不同，以后不再赘述。

8.1 Redis 安装与准备

8.1.1 下载与安装

Redis 采用"主版本号.次版本号.补丁版本号"的版本号命名规则。在次版本号的位置上，偶数代表稳定发布版本，如 1.2、2.0、2.2 和 2.4。奇数代表测试版本，如 1.3.X。目前，Redis 的最新稳定版本为 2.8.6。

我们可以通过以下几个网站获取到 Redis 最新稳定版本的代码。

❏ Redis 官网：http://redis.io/download。

❏ Github：https://github.com/antirez/redis/downloads。

❏ Google code：http://code.google.com/p/redis/downloads/list?can=1。

下载代码后即可进行解压和编译。以当前获取到最新的 2.8.6 版本代码为例（这里直接用 wget 下载）：

```
$wget http://download.redis.io/releases/redis-2.8.6.tar.gz
$tzxvf redis-2.8.6.tar.gz
$cd redis-2.8.6
$make
$make install
```

make 命令执行完成后，会在 src 目录下生成六个可执行文件，分别是 redis-server、redis-cli、redis-benchmark、redis-stat redis-check-dump 和 redis-check-aof，它们的作用如下。

❑ redis-server：Redis 服务器的 daemon 启动程序。

❑ redis-cli：Redis 命令行操作工具。当然，你也可以用 telnet 根据其纯文本协议来操作。

❑ redis-benchmark：Redis 性能测试工具，测试 Redis 在你的系统及你的配置下的读写性能。

❑ redis-stat：Redis 状态检测工具，可以检测 Redis 当前状态参数及延迟状况。

❑ redis-check-dump：Redis dump 数据文件的修复工具，dump 数据文件在本章后面会讲到。

❑ redis-check-aof：Redis aof 日志文件修复工具，aof 日志文件在本章后面会讲到。

make install 命令把以上可执行程序复制到/usr/local/bin 目录下，由于/usr/local/bin 是环境变量 PATH 的路径之一，以后运行上面六个 Redis 的命令可以不带路径了。

8.1.2　配置文件修改

可以修改配置文件 redis.conf，并将其复制到 etc 目录下。

```
$vim redis.conf
$cp redis.conf /etc/redis.conf
```

如果不指定配置文件，直接执行 redis-server 即可运行 Redis，此时它是按照默认配置来运行的（默认配置不会以后台方式运行）。如果希望 Redis 按我们的要求运行，则需要修改配置文件。

下面是 redis.conf 的主要配置参数的含义。

❑ daemonize：是否以后台 daemon 方式运行，一般的 Linux 程序在我们退出 shell 终端后就会自动退出而停止运行，但是后台 daemon 程序不会这样，而会一直运行。

❑ pidfile：pid 文件位置。

❑ port：监听的端口号。

❑ timeout：当客户端长时间无请求，将会被服务器端关闭。

❑ loglevel：log 信息级别，总共支持四个级别，分别为 debug、verbose、notice 和 warning，默认为 verbose。

❑ logfile：log 文件位置。

❑ databases：开启数据库的数量，使用"SELECT 库 ID"方式切换操作各个数据库。

❑ save * *：保存快照的频率，第一个*表示多长时间，第三个*表示执行多少次写操作。在一定时间内执行一定数量的写操作时，自动保存快照。可设置多个条件。

❑ rdbcompression：是否使用压缩。

❑ dbfilename：数据快照文件名（只是文件名，不包括目录）。默认值为 dump.rdb。

❑ dir：数据快照的保存目录（这个是目录）。

❑ appendonly：是否开启 appendonlylog，开启的话每次写操作会记一条 log，这会提高数据抗风险能力，但影响效率。

❑ appendfsync：appendonlylog 如何同步到磁盘（三个选项，分别是每次写都强制调用 fsync、每秒启用一次 fsync、不调用 fsync 等待系统自己同步）。

下面是一个修改后的配置文件内容：

```
#以后台方式运行程序
 daemonize yes
#pid 文件为/usr/local/redis/var/redis.pid
 pidfile /usr/local/redis/var/redis.pid
#Redis 服务器监听端口为 6379
 port 6379
#如果一个客户端超过 300 秒没有请求，将会被关闭
 timeout 300
#loglevel 为 debug，保存最详细的 log
 loglevel debug
#log 文件为/usr/local/redis/var/redis.log
 logfile /usr/local/redis/var/redis.log
#数据库的数量为 16
 databases 16
#三个 save 只要有一个条件成立就会将数据同步到磁盘。分别表示 900 秒内有 1 次更改，300 秒
内有 10 次更改及 60 秒内有 10000 次更改
 save 900 1
 save 300 10
 save 60 10000
#指定同步至磁盘存储文件时压缩以减小占用的磁盘空间
 rdbcompression yes
#本地保存的磁盘存储文件名
 dbfilename dump.rdb
#本地保存的磁盘存储文件目录
 dir /usr/local/redis/var/
#指定在每次更新操作后，是否进行日志记录。如果不进行日志记录，数据一段时间内会存储在内存，
但有丢失的风险。如果进行日志记录，没有丢失的风险，但是效率会降低。这里选择不进行日志记录
 appendonly no
#表示每次日志记录更新后强制调用 fsync 保证硬盘和内存一致
 appendfsync always
#在向客户端应答时，将较小的包合并成一个大包
 glueoutputbuf yes
```

8.1.3　启动 Redis

在 8.1.1 小节中我们已经下载了 Redis 源代码并完成了编译和安装，最后得到了 6 个可执行文件，其中 redis-server 是用来启动 Redis 服务器的，而 redis-cli 用来启动 Redis 的命令行终端的。

启动服务器：只需要在 Linux shell 终端下执行 redis-server 这个可执行程序，如不指定配置文件，则以默认配置启动。

```
$redis-server
```

或者明确的指定配置文件。

```
$redis-server /etc/redis.conf
```

查看是否成功启动：如果下面的命令有任何输出就表示启动成功。

```
$ ps -ef | grep redis |grep -v grep
```

ps -ef 列出所有的进程，grep redis 选出进程名或命令参数中有 redis 的进程，但是 grep

redis 本身也会启动一个进程，这样其本身也可能会被列出，因此 grep -v grep 将其剔除。如还有不明白之处，请查看 Linux 的命令手册。

或者启动 Redis 的客户端终端，实验如下的命令。如果实验结果如下所示，则表示 Redis 服务器启动成功。

```
$ redis-cli
127.0.0.1:6379>set foo bar
OK
127.0.0.1:6379>get foo
"r"
```

客户端也可以使用 telnet 形式连接。

首先我们需要安装 telnet，使用命令 yum 安装，出现 Y/N 的选项时都选 Y。

```
yum install telnet
```

安装成功后就可以使用 telnet 了。在下面的例子中，假定配置文件中 Redis 的监听端口设置为 6379。

```
$telnet 127.0.0.1 6379          #假定启动 Redis 的配置文件中监听端口设置为 6379
Trying 127.0.0.1...
Connected to dbcache (127.0.0.1).
Escape character is '^]'.        #出现这句话表示 Redis 服务器启动成功，如果出现
                                  cannot connect 表示 Redis 服务器启动不成功
^]                               #在键盘上，同时按 CTRL 和 ] 键

telnet> quit                     #出现 telnet>后，输入 quit，然后回车
Connection closed.
```

8.1.4　停止 Redis

redis-cli shutdown 会停止端口号和/etc/redis.conf 中指定的端口号相同的 Redis 服务器。当然，也可以使用-p 选项明确的指定要停止的 Redis 服务器的端口号。

```
$ redis-cli shutdown
#关闭端口号为 6379 的 redis-server
$ redis-cli -p 6379 shutdown
```

8.2　Redis 所支持的数据结构

如表 8.1 所示，在 key-value 对中，Redis 允许的 value 的数据结构类型有五种：String/字符串、List/列表、Set/集合、Hash/哈希和 Zset/有序集合。这五个不同的数据结构有一些共同的命令（DEL、TYPE 和 RENAME 等），但是也有一些命令只能使用在一种或两种数据结构上。在 Redis 的五种数据结构中，String、List 和 Hash 为大多数程序员所熟悉。它们的操作方法及语义和其他语言中类似的数据结构相似。一些编程语言也有 Set 数据结构，和 Redis 中也很类似。Zset 可能是 Redis 独特的数据结构，但是当我们熟悉了之后就会觉得非常方便。在表 8.1 比较了五种结构并简要说明了它们的语义。

表 8.1　Redis中的五种数据结构及其操作

数据结构类型	Value 可以作为	读 写 操 作
String	字符串、整数和浮点数	读写整个或部分字符串，对整数/浮点数递增/递减
List	字符串链表	对链表的两端执行 push/pop 操作，读一项或多项字符串，按照值查找或删除某个字符串
Set	无序的字符串集合，字符串不能重复	插入、删除和读取某个字符串，查看某个字符串是否属于集合，对集合执行归、并、差操作
Hash	无序的 key 到 value 的 hashtable	插入、删除和读取某项，读写整个 hashtable
Zset	字符串集合，每个字符串映射到一个浮点数分数，按分数排序	插入、删除和读取某项，根据分数范围读取

　　命令列表：当我们在讨论每种数据类型时，都会给出一个该数据结构不完整的命令表。如果需要一个完整的命令列表文档，可以访问 http://redis.io/commands。

　　在本节中，你将看到如何表示这五种数据结构，并且学习如何使用 Redis 中的命令来操作这些结构。在这本书中，所有的例子都使用 Python 讲解，所以应该已经安装了 Python 和必要的 Redis 库。如果可能的话，应该在一台电脑上安装了 Redis、Python 和 redis-py 库。这样当阅读本书的时候，可以实验这些命令。

　　即使你之前没有使用过 Python，如果你熟悉过程式或面向对象的编程语言，也应该可以很容易的理解它。如果你使用其他语言，应该能够把我们的实验从 Python 翻译到所需要的语言，虽然方法的名称可能不同，参数的位置也可能不太一样。

　　虽然本书中没有包括，但所有代码清单可以转换为 Ruby、JavaScript 和 Java。

　　作为一个风格问题，我们试图用最简单的方式使用 Python 操作 Redis：编写函数来执行操作，而不是编写一些类或采用其他方式。这样做的目的是为了使用 Redis 来解决问题，而不是讲解 Python 的语法。

8.2.1　String

　　String 可以保存二进制字节的序列。通常在 Redis 的 String 用来存储三种类型的值，如下所示。

- ❑ 二进制序列的字符串；
- ❑ 整型数据；
- ❑ 浮点数据。

1．String 作为字符串

　　我们首先讨论 String 最简单的用法：作为字符串。

　　在 Redis 中，String 作为字符串时，和我们在其他语言或其他 key-value 系统中见到的是类似的。

　　对于一个 String，我们可以 GET、SET 及 DEL 其 value。可以使用 redis-cli 命令行终端尝试 SET、GET 和 DEL 命令。这些命令的基本涵义在表 8.2 给出了描述。

表 8.2　String的命令

命令/Command	例子及描述
GET	GET key：读取此 key 对应的 value
SET	SET key newvalue：改此 key 对应的 value
DEL	DEL key：删除此 key 及其对应的 value，对所有数据结构都适用

使用 redis-cli：我们将采用 redis-cli 命令行终端介绍 Redis 的一些命令。这可以让我们更快的熟悉 Redis，轻松地上手。Redis 命令行终端的启动请参考 8.1.3 小节。

除了能够 GET、SET 和 DEL String 的 value，还有其他命令用于读写的 String 的一部分。当对 String 应用 SETRANGE SETBIT 命令进行修改时，如果以前的值不够长，其就会自动延长并以空字符填充，然后再写入新的数据。当使用 GETRANGE 读取字符串时，任何超出了字符串结尾的数据请求将不会被返回；但当读取位 GETBIT，任何超出字符串的结尾的部分被认为是零。

Redis 的另外提供了读/写部分字符串值的方法（整数和浮点值也能被当作字符串访问，虽然这种使用方法比较少见）。如果我们要使用 Redis 的字符串值打包一个结构化的数据，那么这就是一个有效的方式。表 8.3 所示显示了一些方法，可以用来对 Redis 的字符串进行位操作和子串操作。

表格 8.3　String读写部分字符串的命令

命　　令	例　　子
APPEND	APPEND key value：如果 key 已经存在并且是一个字符串，APPEND 命令将 value 追加到 key 原来的值的末尾。如果 key 不存在，APPEND 就简单地将给定 key 设为 value，就像执行 SET key value 一样
GETRANGE	GETRANGE key start end：返回 key 中字符串值的子字符串，字符串的截取范围由 start 和 end 两个偏移量决定（包括 start 和 end 在内）。 负数偏移量表示从字符串最后开始计数，–1 表示最后一个字符，–2 表示倒数第二个，以此类推。 GETRANGE 通过保证子字符串的值域（range）不超过实际字符串的值域来处理超出范围的值域请求
SETRANGE	SETRANGE key offset value：用 value 参数覆写（overwrite）给定 key 所储存的字符串值，从偏移量 offset 开始。 不存在的 key 当作空白字符串处理。 SETRANGE 命令会确保字符串足够长以便将 value 设置在指定的偏移量上，如果给定 key 原来储存的字符串长度比偏移量小（比如字符串只有 5 个字符长，但你设置的 offset 是 10），那么原字符和偏移量之间的空白将用零字节（zerobytes, "\x00"）来填充。 注意你能使用的最大偏移量是 2^29-1（536870911），因为 Redis 字符串的大小被限制在 512 兆（megabytes）以内。如果你需要使用比这更大的空间，你可以使用多个 key
GETBIT	GETBIT key offset：对 key 所储存的字符串值，获取指定偏移量上的位（bit）。 当 offset 比字符串值的长度大，或者 key 不存在时，返回 0
SETBIT	SETBIT key offset value：对 key 所储存的字符串值,设置或清除指定偏移量上的位(bit)。 位的设置或清除取决于 value 参数，可以是 0 也可以是 1。 当 key 不存在时，自动生成一个新的字符串值。 字符串会进行伸展（grown）以确保它可以将 value 保存在指定的偏移量上。当字符串值进行伸展时，空白位置以 0 填充。 offset 参数必须大于或等于 0，小于 2^32（bit 映射被限制在 512 MB 之内）

命　令	例　子
BITCOUNT	BITCOUNT key [start] [end]：计算给定字符串中，被设置为 1 的比特位的数量。 一般情况下，给定的整个字符串都会被进行计数，通过指定额外的 start 或 end 参数，可以让计数只在特定的位上进行。 start 和 end 参数的设置和 GETRANGE 命令类似，都可以使用负数值：比如 −1 表示最后一个位，而 −2 表示倒数第二个位，以此类推。 不存在的 key 被当成是空字符串来处理，因此对一个不存在的 key 进行 BITCOUNT 操作，结果为 0
BITOP	BITOP operation destkey key [key ...]：对一个或多个保存二进制位的字符串 key 进行位元操作，并将结果保存到 destkey 上。 operation 可以是 AND、OR、NOT 和 XOR 这四种操作中的任意一种： BITOP AND destkey key [key ...]，对一个或多个 key 求逻辑并，并将结果保存到 destkey。 BITOP OR destkey key [key ...]，对一个或多个 key 求逻辑或，并将结果保存到 destkey。 BITOP XOR destkey key [key ...]，对一个或多个 key 求逻辑异或，并将结果保存到 destkey。 BITOP NOT destkey key，对给定 key 求逻辑非，并将结果保存到 destkey。 除了 NOT 操作之外，其他操作都可以接受一个或多个 key 作为输入。 处理不同长度的字符串 当 BITOP 处理不同长度的字符串时，较短的那个字符串所缺少的部分会被看作 0。空的 key 也被看作是包含 0 的字符串序列

在下面的列表中，可以看到这些字符串命令的使用。

```
#对不存在的 key 执行 APPEND

127.0.0.1:6379> EXISTS myphone           #确保 myphone 不存在
(integer) 0

127.0.0.1:6379> APPEND myphone "nokia"  #对不存在的 key 进行 APPEND，等同于 SET
                                          myphone "nokia"
(integer) 5                              #字符长度


#对已存在的字符串进行 APPEND

127.0.0.1:6379> APPEND myphone " - 1110"  #长度从 5 个字符增加到 12 个字符
(integer) 12
redis> SET greeting "hello, my friend"
OK

127.0.0.1:6379> GETRANGE greeting 0 4     #返回索引 0-4 的字符，包括 4
"hello"

127.0.0.1:6379> GETRANGE greeting -1 -5   #不支持回绕操作
""

127.0.0.1:6379> GETRANGE greeting -3 -1   #负数索引
"end"

127.0.0.1:6379> GETRANGE greeting 0 -1    #从第一个到最后一个
"hello, my friend"
```

```
127.0.0.1:6379> GETRANGE greeting 0 1008611        #值域范围不超过实际字符串，超
                                                    过部分自动被忽略
"hello, my friend"
127.0.0.1:6379> SETRANGE greeting 6 "Redis"
(integer) 16

127.0.0.1:6379> GET greeting
"hello,Redisriend"

127.0.0.1:6379> SETBIT bit 10086 1
(integer) 0

127.0.0.1:6379> GETBIT bit 10086
(integer) 1

127.0.0.1:6379> GETBIT bit 100      #bit 默认被初始化为 0
(integer) 0
```

2．String 作为整数或浮点数

下面我们再讨论 String 的另一种用法：作为整数或浮点数。

String 作为整数或者浮点数时，可以递增或递减任意数值（在递增或递减之后，如有必要，整数转换成浮点数）。整数的范围和运行平台的长整数的范围相同（在 32 位平台上的 32 位带符号整数，在 64 位平台上的 64 位带符号整数），浮点数的范围和 IEEE754 标准的双精度浮点数相同。Redis 这种将 String 作为整数和浮点数的能力，使它比只允许表示为字符串值提供了更多的灵活性。

在表 8.4 所示中，你可以看到整数，浮点数递增/递减操作。

表 8.4　String作为整数或浮点数时的命令

命　　令	例子及描述
INCRBY	INCRBY key-name amount：将 key-name 所对应的 value 增大 amount
DECRBY	DECRBY key-name amount：将 key-name 所对应的 value 减小 amount
INCRBYFLOAT	INCRBYFLOAT key-name amount：将 key-name 所对应的 value 增大 amount，amount 可以为浮点数

在 Redis 中，当一个 String 为赋值时，如果该值可以被解释为底数为 10 的整数或浮点值，Redis 让这个值可以使用各种不同的递增/递减操作。如果尝试递增或递减的 key 不存在，或者对应一个空字符串，Redis 会认为该 key 的 value 为零。如果尝试递增或递减的一个不能被解释为以整数或浮点数的 value，将收到一个错误。在接下来的列表中，你可以看到这些命令的交互使用。

```
#key 存在且是数字值
127.0.0.1:6379> SET rank 50
OK
127.0.0.1:6379> INCRBY rank 20
(integer) 70
127.0.0.1:6379> GET rank
"70"

#key 不存在时
127.0.0.1:6379> EXISTS counter
```

```
(integer) 0
127.0.0.1:6379> INCRBY counter 30
(integer) 30
127.0.0.1:6379> GET counter
"30"

#key 不是数字值时
127.0.0.1:6379> SET book "long long ago..."
OK
127.0.0.1:6379> INCRBY book 200
(error) ERR value is not an integer or out of range
```

使用 APPEND 和 SETRANGE 等方法，我们可以使用 String 存储某些类型的序列，但我们对这个序列只有非常有限的操作方法，而且不太方便。所幸 Redis 提供了 List 这种数据结构，并提供了更广泛的命令和方法。接下来让我们看看 Redis 中的 List。

8.2.2　List

Redis 在 key-value 系统中的独特之处在于它支持一个链表的结构。List 在 Redis 存储为有序的字符串序列。

1．List 基本命令

List 支持的操作和在所有编程语言中都是非常类似的。我们可以使用命令 LPUSH/RPUSH 在头部或者尾部插入一个字符串；使用 RPOP/LPOP 可以从尾部或头部弹出一个字符串；通过 LINDEX，可以获取给定的位置的项；我们可以取得一系列项，通过 LRANGE。我们继续使用 Redis 的客户端交互来理解 List。表 8.5 所示给出了这些命令的解释。

表 8.5　List支持的基本命令

命　　令	解　　释
RPUSH	从右边插入一个字符串
LPUSH	从左边插入一个字符串
LRANGE	从 List 中取得一个范围中的字符串
LINDEX	从给定位置取得一个字符串
LPOP	弹出左边/头部的字符串并返回它
RPOP	弹出右边/尾部的字符串并返回它
LLEN	返回 List 的长度

```
#当我们插入字符串时，返回 List 的长度
127.0.0.1:6379> rpush list-key item1
(integer) 1
127.0.0.1:6379> rpush list-key item2
(integer) 2
127.0.0.1:6379> rpush list-key item3
(integer) 3

#我们可以取得 List 中的所有项，开始位置应为 0，结束位置应为-1
127.0.0.1:6379> lrange list-key 0 -1
1) "item1"
2) "item2"
```

```
3) "item3"

#也可以从左边插入字符串
127.0.0.1:6379> lpush list-key item0
(integer) 4

127.0.0.1:6379> lrange list-key 0 -1
1) "item0"
2) "item1"
3) "item2"
4) "item3"

#取得位置为 1 的单项
127.0.0.1:6379> lindex list-key 1
"item1"

#当弹出后，该项就不在 List 中了
127.0.0.1:6379> lpop list-key
"item0"
127.0.0.1:6379> lrange list-key 0 -1
1) "item1"
2) "item2"
3) "item3"

127.0.0.1:6379>llen list-key
(integer) 3

#也可以从右边弹出
127.0.0.1:6379> rpop list-key
"item3"
127.0.0.1:6379> llen list-key
(integer) 2

127.0.0.1:6379>>
```

上面我们探索了 List 在两端进行修改的命令。即使我们对 List 只做上述操作，Redis 已经是一个可以解决各种问题的有用数据结构。但是，List 还有一些高级命令：我们也可以删除项，在中间插入项，修剪 List 列表使其具有特定大小（丢弃一端或两端）。下面我们再来研究 List 的高级命令。

2．List 高级命令

表 8.6　List支持的高级命令

命　　令	解　　释
LTRIM	对 List 进行修剪，就是说，让 List 只保留指定区间内的元素，不在指定区间之内的元素都将被删除
LINSERT	LINSERT key BEFORE|AFTER pivot value 将值 value 插入到列表 key 当中，位于值 pivot 之前或之后 当 pivot 不存在于列表 key 时，不执行任何操作 当 key 不存在时，key 被视为空列表，不执行任何操作 如果 key 不是列表类型，返回一个错误
LLSET	LSET key index value 将列表 key 下标为 index 的元素的值设置为 value 当 index 参数超出范围，或对一个空列表（key 不存在）进行 LSET 时，返回一个错误

续表

命　令	解　释
RPOPLPUSH	RPOPLPUSH source destination 命令 RPOPLPUSH 在一个原子时间内，执行以下两个动作： 将列表 source 中的最后一个元素（尾元素）弹出，并返回给客户端。 将 source 弹出的元素插入到列表 destination，作为 destination 列表的的头元素
BLPOP	BLPOP key [key ...] timeout BLPOP 是列表的阻塞式（blocking）弹出原语。 它是 LPOP 命令的阻塞版本，当给定列表内没有任何元素可供弹出的时候，连接将 被 BLPOP 命令阻塞，直到等待超时或发现可弹出元素为止
BRPOP	BRPOP key timeout BRPOP 是列表的阻塞式（blocking）弹出原语。 它是 RPOP 命令的阻塞版本，当给定列表内没有任何元素可供弹出的时候，连接将 被 BRPOP 命令阻塞，直到等待超时或发现可弹出元素为止
BRPOPLPUSH	BRPOPLPUSH source destination timeout: BRPOPLPUSH 是 RPOPLPUSH 的阻塞版本，当给定列表 source 不为空时， BRPOPLPUSH 的表现和 RPOPLPUSH 一样。 当列表 source 为空时，BRPOPLPUSH 命令将阻塞连接，直到等待超时，或有另一 个客户端对 source 执行 LPUSH 或 RPUSH 命令为止。 超时参数 timeout 接受一个以秒为单位的数字作为值。超时参数设为 0 表示阻塞时 间可以无限期延长（block indefinitely）

List 的高级命令的解释如表 8.6 所示，其中 LTRIM、LINSERT 和 LSET 仍是操作一个列表的，这些命令的示例如下：

```
#当我们插入字符串时，返回 List 的长度
127.0.0.1:6379> lrange list-key 0 -1
1) "item1"
2) "item2"
127.0.0.1:6379> ltrim list-key 1 -1
OK
127.0.0.1:6379> lrange list-key 0 -1
"item1"

127.0.0.1:6379> ltrim list-key 10086 1
OK

#得到所有项，目前无数据
127.0.0.1:6379> lrange list-key 0 -1
(empty list or set)

#我们可以取得 List 中的所有项，开始位置应为 0，结束位置应为-1,注意引号不要用汉语
127.0.0.1:6379> rpush list-key "ello"
(integer) 1

127.0.0.1:6379> rpush list-key "world"
(integer) 2

127.0.0.1:6379>linsert list-key before "world" "there"
(integer)3

#得到所有项
127.0.0.1:6379> lrange list-key 0 -1
```

```
"hello"
"there"
"world"


#取得位置为 1 的单项
127.0.0.1:6379> lset list-key 1 "here"
OK

127.0.0.1:6379> lrange list-key 0 -1
1) "hello"
2) "here"
3) "world"


#当弹出后，该项就不在 List 中了
127.0.0.1:6379> lpop list-key
"hello"
127.0.0.1:6379> lrange list-key 0 -1
1) "here"
2) "world"

127.0.0.1:6379>llen list-key
(integer) 2
```

BLPOP/BRPOP/BRPOPLPUSH 是阻塞式命令，它们最常使用在消息队列中。下面我们看一个示例：

```
#我们先往 list1 和 list2 中插入一些数据
127.0.0.1:6379>rpush list1 item1
(integer) 1

127.0.0.1:6379>rpush list1 item2
(integer) 2

127.0.0.1:6379>rpush list2 item3
(integer) 1

#从 list2 中移动一个数据到 list1 中，这个数据也是命令的返回值。可以理解为从消息队列
list2 中取出一条数据放入 list1 中
127.0.0.1:6379>brpoplpush list2 list1 100
"item3"

#当一个 List 为空时（可以理解为从消息队列 list2 中没有消息），阻塞式弹出会阻塞住，直到
超时，超时时间是 100s
127.0.0.1:6379>brpoplpush list2 list1 100
(nil)
(100.93s)

127.0.0.1:6379>lrange list1 0 -1
"item3"
"item1"
"item2"

#将消息从 list1 中移动到 list2 中
127.0.0.1:6379>brpoplpush list1 list2 100
"item2"

127.0.0.1:6379>lrange list1 0 -1
```

```
1) "item3"
2) "item1"

127.0.0.1:6379>lrange list2 0 -1
"item2"

#弹出一条数据。可以理解为从消息队列 list1 中取出一条数据，超时时间设置为 100s
127.0.0.1:6379>blpop list1 100
1)list1
2) "item3"

#再次弹出一条数据
127.0.0.1:6379>blpop list1 100
1)list1
2) "item1"

#消息队列 list1 中一直没有数据。100s 后，超时
127.0.0.1:6379>blpop list1 100
(nil)
(100.92s)
```

8.2.3 Set

1. 单个 Set 的操作命令

在 Redis 中，Set 和 List 类似，它们都是一个字符串序列，但不同之处在于 Set 内部使用哈希表来保持所有字符串的唯一性（虽然没有关联的值）。

由于 Redis 中 Set 是无序的，我们不能像 List 一样，从两端 push/pop 成员。但命令 SADD/SREM 可以添加和删除成员；SISMEMBER 可以通过确定一个元素是否在 Set 中；SMEMBERS 可以取得全部的元素（当 Set 成员较多时，此操作较慢，因此要小心）；SCARD 可以返回 Set 中元素的个数；SRANDMEMBER 可以返回 Set 中一个随机的元素；SPOP 返回 Set 中的一个随机的元素并从 Set 中删除。

表 8.7 介绍了这些了命令，通过下面的 Redis 客户端例子也能学习 Set 怎么使用。

表 8.7 单个 Set 的操作命令

命　　令	示例及描述
SADD	SADD key-name item1 item2：将某个/多个元素加入 key-name 所代表的 Set，返回成功插入的元素个数，因此 0 表示一个元素都没有插入成功
SREM	SREM key-name item1 item2：将某个/多个元素从 key-name 所代表的 Set 中删除，返回成功删除的元素个数
SISMEMBER	SISMEMBER key-name item：判断 item 是否是 key-name 所代表的 Set 的成员，返回值 1 表示是，0 表示不是
SMEMBERS	SMEMBERS key-name：返回 key-name 所代表的 Set 中的所有元素
SCARD	SCARD key-name：返回 key-name 所代表的 Set 中元素的个数
SRANDMEMBER	SRANDMEMBER key-name：返回 key-name 所代表的 Set 中的一个随机元素
SPOP	SPOP key-name：随机删除并返回 key-name 所代表的 Set 中的一个元素

```
#通过 sadd 命令添加元素，返回 set 中元素的个数
127.0.0.1:6379> sadd set-key item1
(integer) 1
```

```
127.0.0.1:6379> sadd set-key item2
(integer) 1

127.0.0.1:6379> sadd set-key item3
(integer) 1

#如果 set 中已有这个元素，则添加失败，此操作被该 set 忽略
127.0.0.1:6379> sadd set-key item1
(integer) 0

#查看 set 中的所有元素
127.0.0.1:6379> smembers set-key
1) "item1"
2) "item2"
3) "item3"

#查看 set 中元素的个数
127.0.0.1:6379>scard set-key
(integer)3

#判断 item4 是否是 set 中的一个元素:item4 不是 set 中的元素
127.0.0.1:6379> sismember set-key item4
(integer) 0

#判断 item4 是否是 set 中的一个元素:item1 是 set 中的元素
127.0.0.1:6379> sismember set-key item1
(integer) 1

#将 item2 从 set 中删除
127.0.0.1:6379> srem set-key item2
(integer) 1

#如果元素不在 set 中，则删除失败，该操作被该 set 忽略
127.0.0.1:6379> srem set-key item2
(integer) 0

127.0.0.1:6379> smembers set-key
1) "item1"
2) "item3"

#随机返回一个元素
127.0.0.1:6379> srandmember set-key
"item1"

#随机返回一个元素并删除
127.0.0.1:6379> spop set-key
"item3"

#"item1"已经被删除
127.0.0.1:6379> smembers set-key
1) "item1"

redis>
```

2．操作多个 Set 的命令

Set 除了对一个 Set 中的元素进行增加、删除操作外，还可以同时操作多个 Set。可以将一个 Set 的元素移动到另一个 Set 中，也可以对多个 Set 进行并、交、差的操作（这里的

并、交、差符合数学意义上的集合操作的定义，如果对数学上的集合操作有疑问，请参考相关数学书籍）。

表 8.8 对每个命令做出了解释，下面的客户端示例也示范了如何使用。

表 8.8　多个Set的命令

命　令	示例及描述
SMOVE	SMOVE source destination member:将 member 元素从 source 所代表的 Set 移动到 destination 所代表的 Set
SINTER	SINTER key1 [key2 ...]：返回一个 Set 的全部成员，该 Set 是所有给定 Set（key1,key2...所代表的 Set）的交集
SINTERSTORE	SINTERSTORE destination key1 [key2 ...]：这个命令类似于 SINTER 命令，但它将结果保存到 destination 所代表的 Set，而不是简单地返回
SUNION	SUNION key1 [key2 ...]：返回一个 Set 的全部成员，该 Set 是所有给定 Set（key1,key2...所代表的 Set）的并集
SUNIONSTORE	SUNIONSTORE destination key1 [key2 ...]：这个命令类似于 SUNION 命令，但它将结果保存到 destination 所代表的 Set，而不是简单地返回结果
SDIFF	SDIFF key1 [key2 ...]：返回一个 Set 的全部成员，该 Set 是所有给定 Set（key1,key2...所代表的 Set）之间的差集。注意：key1，key2 所对应 Set 的差集和 key2，key1 所对应 Set 的差集结果不一样，也就是差集不是对称的
SDIFFSTORE	SDIFFSTORE destination key1 [key2 ...]：这个命令的作用和 SDIFF 类似，但它将结果保存到 destination 所代表的 Set，而不是简单地返回结果

```
#先通过 sadd 命令构造两个 Set:set1 和 set2
127.0.0.1:6379> sadd set1 item1
(integer) 1

127.0.0.1:6379> sadd set1 item2
(integer) 1

127.0.0.1:6379> sadd set2 item1
(integer) 1

127.0.0.1:6379> sadd set2 item3
(integer) 1

127.0.0.1:6379> sadd set2 item4
(integer) 1

#确认 set1 和 set2 中的元素
127.0.0.1:6379> smembers set1
1) "item1"
2) "item2"

127.0.0.1:6379> smembers set2
1) "item1"
2) "item3"
3) "item4"

#将 item3 从 set2 中移动到 set1 中，返回成功
127.0.0.1:6379> smove set2 set1 item3
(integer) 1

#通过检查 set1 和 set2 中的成员元素，可以看出 item3 确实从 set2 移动到 set1 中了
127.0.0.1:6379> smembers set1
```

```
1) "item1"
2) "item2"
3) "item3"

127.0.0.1:6379> smembers set2
1) "item1"
2) "item4"

#求 set1 和 set2 的交集
127.0.0.1:6379>sinter set1 set2
1) "item1"

#求 set1 和 set2 的并集
127.0.0.1:6379>sunion set1 set2
1) "item1"
2) "item2"
3) "item3"
4) "item4"

#求 set1 和 set2 的差集,注意 set1 和 set2 的差集不同于 set2 和 set1 的差集,这一点和交集、
并集不同
127.0.0.1:6379>sdiff set1 set2
1) "item2"
2) "item3"

127.0.0.1:6379>sdiff set2 set1
1) "item4"

127.0.0.1:6379>
```

8.2.4　Hash/哈希/散列

在本章的剩余章节中，可能出现 Hash、哈希和散列，它们是同义词，都是指的 Redis
中 Hash 这种数据结构。

1．对单个 key/value 操作的命令

在 Redis 中，List 和 Set 都包含多个元素，而哈希
表用来存储键（key）/值（value）对。可以存储在哈
希表中的 value 和存储在 String 中的元素一样：纯粹的
字符串，或可以解释为数的数值，该数值可以递增或
递减。图 8.1 显示一个包含两个 key/value 对的哈希。

在很多方面，我们可以把哈希看成是 Redis 自身
的微型版本。一些 String 的命令，只要稍作修改，就
能应用在哈希的值上面。尝试下面的清单来学习如何
在 Hash 中执行插入、取得和删除命令。

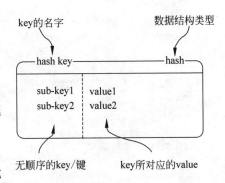

图 8.1　含有两个 key/value 的 Hash

```
#在 Shell 命令行启动 Redis 客户端程序
$ redis-cli
#给键值为 myhash 的键设置字段为 field1，值为 stephen
127.0.0.1:6379> hset myhash field1 "stephen"
(integer) 1
#获取键值为 myhash，字段为 field1 的值
```

```
127.0.0.1:6379> hget myhash field1
"stephen"
#myhash 键中不存在 field2 字段，因此返回 nil
127.0.0.1:6379> hget myhash field2
(nil)
#给 myhash 关联的 Hashes 值添加一个新的字段 field2，其值为 liu
127.0.0.1:6379> hset myhash field2 "liu"
(integer) 1
#获取 myhash 键的字段数量
redis 127.0.0.1:6379> hlen myhash
(integer) 2
#判断 myhash 键中是否存在字段名为 field1 的字段，由于存在，返回值为 1
127.0.0.1:6379> hexists myhash field1
(integer) 1
#删除 myhash 键中字段名为 field1 的字段，删除成功返回 1
redis 127.0.0.1:6379> hdel myhash field1
(integer) 1
#再次删除 myhash 键中字段名为 field1 的字段，由于上一条命令已经将其删除，因为没有删除，
返回 0
127.0.0.1:6379> hdel myhash field1
(integer) 0
#判断 myhash 键中是否存在 field1 字段，由于上一条命令已经将其删除，因此返回 0
127.0.0.1:6379> hexists myhash field1
(integer) 0
#通过 hsetnx 命令给 myhash 添加新字段 field1，其值为 stephen，因为该字段已经被删除，
所以该命令添加成功并返回 1
127.0.0.1:6379> hsetnx myhash field1 stephen
(integer) 1
#由于 myhash 的 field1 字段已经通过上一条命令添加成功,因为本条命令不做任何操作后返回 0
127.0.0.1:6379> hsetnx myhash field1 stephen
(integer) 0
```

表 8.9 是这些命令的描述。

表 8.9　对单个 key/value 操作的命令

命令原型	命 令 描 述	返 回 值
HSET key field value	为指定的 Key 设定 Field/Value 对，如果 Key 不存在，该命令将创建新 Key 以参数中的 Field/Value 对，如果参数中的 Field 在该 Key 中已经存在，则用新值覆盖其原有值	1 表示新的 Field 被设置了新值，0 表示 Field 已经存在，用新值覆盖原有值
HGET key field	返回指定 Key 中指定 Field 的关联值	返回参数中 Field 的关联值，如果参数中的 Key 或 Field 不存在，返回 nil
HEXISTS key field	判断指定 Key 中的指定 Field 是否存在	1 表示存在，0 表示参数中的 Field 或 Key 不存在
HLEN key	获取该 Key 所包含的 Field 的数量	返回 Key 包含的 Field 数量，如果 Key 不存在，返回 0
HDEL key field [field ...]	时间复杂度中的 N 表示参数中待删除的字段数量。从指定 Key 的 Hashes Value 中删除参数中指定的多个字段，如果不存在的字段将被忽略。如果 Key 不存在，则将其视为空 Hashes，并返回 0	实际删除的 Field 数量
HSETNX key field value	只有当参数中的 Key 或 Field 不存在的情况下，为指定的 Key 设定 Field/Value 对，否则该命令不会进行任何操作	1 表示新的 Field 被设置了新值，0 表示 Key 或 Field 已经存在，该命令没有进行任何操作

续表

命令原型	命令描述	返回值
HINCRBY key field increment	增加指定 Key 中指定 Field 关联的 Value 的值。如果 Key 或 Field 不存在，该命令将会创建一个新 Key 或新 Field，并将其关联的 Value 初始化为 0，之后再指定数字增加的操作。该命令支持的数字是 64 位有符号整型，即 increment 可以负数	返回运算后的值

如果熟悉文档型或关系数据库，我们可以将 Redis 中的哈希看成一个文档数据库中的文档，或关系数据库中的行，我们可以同时访问或更改多个域。

Hincrby、hincrbyfloat、String 的 incrby 和 incrbyfloat 命令一样，只是用于 Hash 的值。下面是命令 Hincrby 的示例：

```
#删除该键，便于后面示例的测试
127.0.0.1:6379> del myhash
(integer) 1
#准备测试数据，该 myhash 的 field 字段设定值 1
127.0.0.1:6379> hset myhash field 5
(integer) 1
#给 myhash 的 field 字段的值加 1，返回加后的结果
127.0.0.1:6379> hincrby myhash field 1
(integer) 6
#给 myhash 的 field 字段的值加-1，返回加后的结果
127.0.0.1:6379> hincrby myhash field -1
(integer) 5
#给 myhash 的 field 字段的值加-10，返回加后的结果
127.0.0.1:6379> hincrby myhash field -10
(integer) -5
```

2．批量操作 key/value 的命令

这些命令和上一小节的命令很相似，但它们能同时操纵多个键/值。这些命令减少了客户端的调用次数以及客户端和 Redis 之间的网络时间，从而方便了编程，改善了性能。它们的说明如表 8.10 所示。

表 8.10　批量操作 key/value 的命令

命令原型	命令描述	返回值
HGETALL key	时间复杂度中的 N 表示 Key 包含的 Field 数量。获取该键包含的所有 Field/Value。其返回格式为一个 Field、一个 Value，并以此类推	Field/Value 的列表
HKEYS key	时间复杂度中的 N 表示 Key 包含的 Field 数量。返回指定 Key 的所有 Fields 名	Field 的列表
HVALS key	时间复杂度中的 N 表示 Key 包含的 Field 数量。返回指定 Key 的所有 Values 名	Value 的列表
HMGET key field [field ...]	时间复杂度中的 N 表示请求的 Field 数量。获取和参数中指定 Fields 关联的一组 Values。如果请求的 Field 不存在，其值返回 nil。如果 Key 不存在，该命令将其视为空 Hash，因此返回一组 nil	返回和请求 Fields 关联的一组 Values，其返回顺序等同于 Fields 的请求顺序

续表

命 令 原 型	命 令 描 述	返 回 值
HMSET　key field　　value [field value ...]	时间复杂度中的 N 表示被设置的 Field 数量。逐对依次设置参数中给出的 Field/Value 对。如果其中某个 Field 已经存在，则用新值覆盖原有值。如果 Key 不存在，则创建新 Key，同时设定参数中的 Field/Value	

hgetall 命令看起来似乎不如 hkeys 和 hvalues 有用，因为可以先得到所有的键，然后再一个一个的遍历所有的值，但是如果 hash 的键很多，hgetall 可以一次就得到所有的键值从而提高了性能。

```
#删除该键，便于后面示例测试
127.0.0.1:6379> del myhash
(integer) 1
#为该键 myhash，一次性设置多个字段，分别是 field1 = "hello", field2 = "world"
127.0.0.1:6379> hmset myhash field1 "hello" field2 "world"
OK
#获取 myhash 键的多个字段，其中 field3 并不存在，因为在返回结果中与该字段对应的值为 nil
127.0.0.1:6379> hmget myhash field1 field2 field3
1) "hello"
2) "world"
3) (nil)
#返回 myhash 键的所有字段及其值，从结果中可以看出，它们是逐对列出的
127.0.0.1:6379> hgetall myhash
1) "field1"
2) "hello"
3) "field2"
4) "world"
#仅获取 myhash 键中所有字段的名字
127.0.0.1:6379> hkeys myhash
1) "field1"
2) "field2"
#仅获取 myhash 键中所有字段的值
127.0.0.1:6379> hvals myhash
1) "hello"
2) "world"
```

8.2.5　有序集合/Zset

1. 操纵单个 Zset 的命令

Zset 和 Set 类型极为相似，它们都是字符串的集合，都不允许重复的成员出现在一个 Set 中。它们之间的主要差别是 Zset 中的每一个成员都会有一个分数（score）与之关联，Redis 正是通过分数来为集合中的成员进行从小到大的排序。然而需要额外指出的是，尽管 Zsets 中的成员必须是唯一的，但是分数（score）却是可以重复的。

在 Zset 中添加、删除或更新一个成员都是非常快速的操作，其时间复杂度为集合中成员数量的对数。由于 Zset 中的成员在集合中的位置是有序的，因此，即便是访问位于集合中部的成员也仍然是非常高效的。事实上，Redis 所具有的这一特征在很多其他类型的数据库中是很难实现的，换句话说，在该点上要想达到和 Redis 同样的高效，在其他数据库中进行建模是非常困难的。

操作单个 Zset 的命令如表 8.11 所示。

表 8.11　操作单个 Zset 的命令

命 令 原 型	命 令 描 述	返 回 值
ZADD key score member [score][member]	时间复杂度中的 N 表示 Zsets 中成员的数量。添加参数中指定的所有成员及其分数到指定 key 的 Zset 中，在该命令中我们可以指定多组 score/member 作为参数。如果在添加时参数中的某一成员已经存在，该命令将更新此成员的分数为新值，同时再将该成员基于新值重新排序。如果键不存在，该命令将为该键创建一个新的 Zsets Value，并将 score/member 对插入其中。如果该键已经存在，但是与其关联的 Value 不是 Zsets 类型，相关的错误信息将被返回	本次操作实际插入的成员数量
ZCARD key	获取与该 Key 相关联的 Zsets 中包含的成员数量	返回 Zsets 中的成员数量，如果该 Key 不存在,返回 0
ZCOUNT key min max	时间复杂度中的 N 表示 Zsets 中成员的数量，M 则表示 min 和 max 之间元素的数量。该命令用于获取分数（score）在 min 和 max 之间的成员数量。针对 min 和 max 参数需要额外说明的是，-inf 和+inf 分别表示 Zsets 中分数的最高值和最低值。缺省情况下，min 和 max 表示的范围是闭区间范围，即 min <= score <= max 内的成员将被返回。然而我们可以通过在 min 和 max 的前面添加"("字符来表示开区间，如(min max 表示 m in<score<=max，而(min(max 表示 min<score<max	分数指定范围内成员的数量
ZINCRBY key increment member	时间复杂度中的 N 表示 Zsets 中成员的数量。该命令将为指定 Key 中的指定成员增加指定的分数。如果成员不存在，该命令将添加该成员并假设其初始分数为 0，此后再将其分数加上 increment。如果 Key 不存在，该命令将创建该 Key 及其关联的 Zsets，并包含参数指定的成员，其分数为 increment 参数。如果与该 Key 关联的不是 Zsets 类型，相关的错误信息将被返回	以字符串形式表示的新分数
ZRANGE key start stop [WITHSCORES]	时间复杂度中的 N 表示 Zset 中成员的数量，M 则表示返回的成员数量。该命令返回顺序在参数 start 和 stop 指定范围内的成员，这里 start 和 stop 参数都是 0-based，即 0 表示第一个成员，–1 表示最后一个成员。如果 start 大于该 Zset 中的最大索引值，或 start > stop，此时一个空集合将被返回。如果 stop 大于最大索引值，该命令将返回从 start 到集合的最后一个成员。如果命令中带有可选参数 WITHSCORES 选项，该命令在返回的结果中将包含每个成员的分数值，如 value1,score1,value2,score2...	返回索引在 start 和 stop 之间的成员列表
ZRANGEBYSCORE key min max [WITHSCORES] [LIMIT offset count]	时间复杂度中的 N 表示 Zset 中成员的数量，M 则表示返回的成员数量。该命令将返回分数在 min 和 max 之间的所有成员，即满足表达式 min <= score <= max 的成员，其中返回的成员是按照其分数从低到高的顺序返回，如果成员具有相同的分数，则按成员的字典顺序返回。可选参数 LIMIT 用于限制返回成员的数量范围。可选参数 offset 表示从符合条件的第 offset 个成员开始返回，同时返回 count 个成员。可选参数 WITHSCORES 的含义参照 ZRANGE 中该选项的说明。最后需要说明的是参数中 min 和 max 的规则可参照命令 ZCOUNT	返回分数在指定范围内的成员列表

命 令 原 型	命 令 描 述	返 回 值
ZRANK key member	时间复杂度中的 N 表示 Zset 中成员的数量。Zset 中的成员都是按照分数从低到高的顺序存储，该命令将返回参数中指定成员的位置值，其中 0 表示第一个成员，它是 Zset 中分数最低的成员	如果该成员存在，则返回它的位置索引值。否则返回 nil
ZREM key member [member ...]	时间复杂度中 N 表示 Zset 中成员的数量，M 则表示被删除的成员数量。该命令将移除参数中指定的成员，其中不存在的成员将被忽略。如果与该 Key 关联的 Value 不是 Zset，相应的错误信息将被返回	实际被删除的成员数量
ZREVRANGE key start stop [WITHSCORES]	时间复杂度中的 N 表示 Zset 中成员的数量，M 则表示返回的成员数量。该命令的功能和 ZRANGE 基本相同，唯一的差别在于该命令是通过反向排序获取指定位置的成员，即从高到低的顺序。如果成员具有相同的分数，则按降序字典顺序排序	返回指定的成员列表
ZREVRANK key member	时间复杂度中的 N 表示 Zset 中成员的数量。该命令的功能和 ZRANK 基本相同，唯一的差别在于该命令获取的索引是从高到低排序后的位置，同样 0 表示第一个元素，即分数最高的成员	如果该成员存在，则返回它的位置索引值。否则返回 nil
ZSCORE key member	获取指定 Key 的指定成员的分数	如果该成员存在，以字符串的形式返回其分数，否则返回 nil
ZREVRANGEBYSCORE key max min [WITHSCORES] [LIMIT offset count]	时间复杂度中的 N 表示 Zset 中成员的数量，M 则表示返回的成员数量。该命令除了排序方式是基于从高到低的分数排序之外，其他功能和参数含义均与 ZRANGEBYSCORE 相同	返回分数在指定范围内的成员列表
ZREMRANGEBYRANK key start stop	时间复杂度中的 N 表示 Zset 中成员的数量，M 则表示被删除的成员数量。删除索引位置位于 start 和 stop 之间的成员，start 和 stop 都是 0-based，即 0 表示分数最低的成员，-1 表示最后一个成员，即分数最高的成员	被删除的成员数量
ZREMRANGEBYSCORE key min max	时间复杂度中的 N 表示 Zset 中成员的数量，M 则表示被删除的成员数量。删除分数在 min 和 max 之间的所有成员，即满足表达式 min <= score <= max 的所有成员。对于 min 和 max 参数，可以采用开区间的方式表示，具体规则参照 ZCOUNT	被删除的成员数量

ZADD/ZCARD/ZCOUNT/ZREM/ZINCRBY/ZSCORE/ZRANGE/ZRANK 的命令示例如下：

```
#在 Shell 的命令行下启动 Redis 客户端工具
$ redis-cli
#添加一个分数为 1 的成员
127.0.0.1:6379> zadd myZset 1 "one"
(integer) 1
#添加两个分数分别是 2 和 3 的两个成员
127.0.0.1:6379> zadd myZset 2 "two" 3 "three"
(integer) 2
#0 表示第一个成员，-1 表示最后一个成员。WITHSCORES 选项表示返回的结果中包含每个成员及
其分数，否则只返回成员
127.0.0.1:6379> zrange myZset 0 -1 WITHSCORES
```

```
1) "one"
2) "1"
3) "two"
4) "2"
5) "three"
6) "3"
#获取成员 one 在 Zset 中的位置索引值。0 表示第一个位置
127.0.0.1:6379> zrank myZset one
(integer) 0
#成员 four 并不存在，因此返回 nil
127.0.0.1:6379> zrank myZset four
(nil)
#获取 myZset 键中成员的数量
redis 127.0.0.1:6379> zcard myZset
(integer) 3
#返回与 myZset 关联的 Zset 中，分数满足表达式 1 <= score <= 2 的成员的数量
127.0.0.1:6379> zcount myZset 1 2
(integer) 2
#删除成员 one 和 two，返回实际删除成员的数量
127.0.0.1:6379> zrem myZset one two
(integer) 2
#查看是否删除成功
127.0.0.1:6379> zcard myZset
(integer) 1
#获取成员 three 的分数。返回值是字符串形式
redis 127.0.0.1:6379> zscore myZset three
"3"
#由于成员 two 已经被删除，所以该命令返回 nil
127.0.0.1:6379> zscore myZset two
(nil)
#将成员 one 的分数增加 2，并返回该成员更新后的分数
127.0.0.1:6379> zincrby myZset 2 one
"2"
#将成员 one 的分数增加-1，并返回该成员更新后的分数
127.0.0.1:6379> zincrby myZset -1 one
"1"
#查看在更新了成员的分数后是否正确
127.0.0.1:6379> zrange myZset 0 -1 WITHSCORES
1) "one"
2) "1"
3) "three"
4) "3"
```

ZRANGEBYSCORE/ZREMRANGEBYRANK/ZREMRANGEBYSCORE 命令的示例如下：

```
127.0.0.1:6379> del myZset
(integer) 1
127.0.0.1:6379> zadd myZset 1 one 2 two 3 three 4 four
(integer) 4
#获取分数满足表达式 1 <= score <= 2 的成员
127.0.0.1:6379> zrangebyscore myZset 1 2
"one"
2) "two"
#获取分数满足表达式 1 < score <= 2 的成员
127.0.0.1:6379> zrangebyscore myZset (1 2
"two"
```

```
#-inf 表示第一个成员，+inf 表示最后一个成员，limit 后面的参数用于限制返回成员的自己，
#2 表示从位置索引(0-based)等于 2 的成员开始，去后面 3 个成员
127.0.0.1:6379> zrangebyscore myZset -inf +inf limit 2 3
"three"
2) "four"
#删除分数满足表达式 1 <= score <= 2 的成员，并返回实际删除的数量
127.0.0.1:6379> zremrangebyscore myZset 1 2
(integer) 2
#看一下上面的删除是否成功
127.0.0.1:6379> zrange myZset 0 -1
1) "three"
2) "four"
#删除位置索引满足表达式 0 <= rank <= 1 的成员
127.0.0.1:6379> zremrangebyrank myZset 0 1
(integer) 2
#查看上一条命令是否删除成功
127.0.0.1:6379> zcard myZset
(integer) 0
```

ZREVRANGE/ZREVRANGEBYSCORE/ZREVRANK 命令的示例如下：

```
#为后面的示例准备测试数据
127.0.0.1:6379> del myZset
(integer) 0
127.0.0.1:6379> zadd myZset 1 one 2 two 3 three 4 four
(integer) 4
#以位置索引从高到低的方式获取并返回此区间内的成员
127.0.0.1:6379> zrevrange myZset 0 -1 WITHSCORES
1) "four"
2) "4"
3) "three"
4) "3"
5) "two"
6) "2"
7) "one"
8) "1"
#由于是从高到低的排序，所以位置等于 0 的是 four，1 是 three，并以此类推
127.0.0.1:6379> zrevrange myZset 1 3
1) "three"
2) "two"
3) "one"
#由于是从高到低的排序，所以 one 的位置是 3
127.0.0.1:6379> zrevrank myZset one
(integer) 3
#由于是从高到低的排序，所以 four 的位置是 0
127.0.0.1:6379> zrevrank myZset four
(integer) 0
#获取分数满足表达式 3 >= score >= 0 的成员，并以相反的顺序输出，即从高到底的顺序
127.0.0.1:6379> zrevrangebyscore myZset 3 0
1) "three"
2) "two"
3) "one"
#该命令支持 limit 选项，其含义等同于 zrangebyscore 中的该选项，只是在计算位置时按照相
反的顺序计算和获取
127.0.0.1:6379> zrevrangebyscore myZset 4 0 limit 1 2
1) "three"
2) "two"
```

2．多个 Zset 的交集和并集操作

为了便于理解 Zset 的并集和交集的含义，我们画了几张图来描述交集和并集的过程。图 8.2 描述了两个 Zset 的交集及结果。在这个例子中，我们使用的聚合操作是默认的 sum 操作，因此结果 Zset 中的 score 是原来两个 Zset 相应 score 的相加。

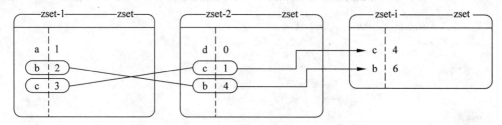

图 8.2　Zset-1 和 Zset-2 的交集操作，Zset-i 是结果

并集和交集不同，当我们执行并集操作时，只要一个元素在某个输入的 Zset 中存在，它就会出现在结果 Zset 中。图 8.3 展示了并集操作的结果，在这个例子中，我们所采用的聚合操作是 min，即取最小值。

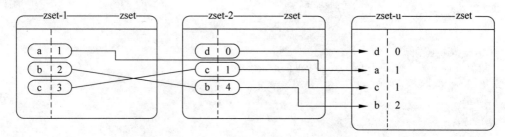

图 8.3　Zset-1 和 Zset-2 的并集操作，Zset-u 是结果

Zset 还能与 set 执行并集操作，图 8.4 是这样的一个例子。

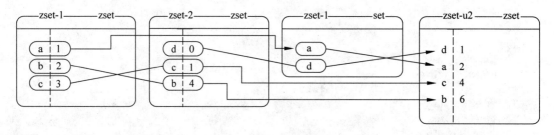

图 8.4　Zset-1、Zset-2 和 set-1 的并集操作，Zset-u2 是结果

8.3　Key 操作命令

8.3.1　概述

在本章的前面章节中，主要讲述的是与 Redis 数据类型相关的命令，如 String、List、

Set、Hashes 和 Zset。这些命令都具有一个共同点，即所有的操作都是针对与 Key 关联的 Value 的。而这节将主要讲述与 Key 相关的 Redis 命令。学习这些命令对于学习 Redis 是非常重要的基础，也是能够充分挖掘 Redis 潜力的利器。

在这节中，我们将一如既往的给出所有相关命令的明细列表和典型示例，以便于我们现在的学习和今后的查阅。

相关命令列表如表 8.12 所示。

表 8.12　key的操作命令

命 令 原 型	命 令 描 述	返 回 值
KEYS pattern	时间复杂度中的 N 表示数据库中 Key 的数量。获取所有匹配 pattern 参数的 Keys。需要说明的是，在我们的正常操作中应该尽量避免对该命令的调用，因为对于大型数据库而言，该命令是非常耗时的，对 Redis 服务器的性能打击也是比较大的。pattern 支持 glob-style 的通配符格式，如*表示任意一个或多个字符，?表示任意字符，[abc]表示方括号中任意一个字母	匹配模式的键列表
DEL key [key ...]	时间复杂度中的 N 表示删除的 Key 数量。从数据库删除中参数中指定的 keys，如果指定键不存在，则直接忽略。还需要另行指出的是，如果指定的 Key 关联的数据类型不是 String 类型，而是 List、Set、Hashes 和 Sorted Set 等容器类型，该命令删除每个键的时间复杂度为 O(M)，其中 M 表示容器中元素的数量。而对于 String 类型的 Key，其时间复杂度为 O(1)	实际被删除的 Key 数量
EXISTS key	判断指定键是否存在	1 表示存在，0 表示不存在
MOVE key db	将当前数据库中指定的键 Key 移动到参数中指定的数据库中。如果该 Key 在目标数据库中已经存在，或者在当前数据库中并不存在，该命令将不做任何操作并返回 0	移动成功返回 1,否则 0
RENAME key newkey	为指定的键重新命名，如果参数中的两个 Keys 的命令相同，或者是源 Key 不存在，该命令都会返回相关的错误信息。如果 newKey 已经存在，则直接覆盖	
RENAMENX key newkey	如果新值不存在，则将参数中的原值修改为新值。其他条件和 RENAME 一致	1 表示修改成功，否则 0
PERSIST key	如果 Key 存在过期时间，该命令会将其过期时间消除，使该 Key 不再有超时，而是可以持久化存储	1 表示 Key 的过期时间被移出，0 表示该 Key 不存在或没有过期时间
EXPIRE key seconds	该命令为参数中指定的 Key 设定超时的秒数，在超过该时间后，Key 被自动的删除。如果该 Key 在超时之前被修改，与该键关联的超时将被移除	1 表示超时被设置，0 则表示 Key 不存在，或不能被设置
EXPIREAT key timestamp	该命令的逻辑功能和 EXPIRE 完全相同，唯一的差别是该命令指定的超时时间是绝对时间，而不是相对时间。该时间参数是 Unix timestamp 格式的，即从 1970 年 1 月 1 日开始所流经的秒数	1 表示超时被设置，0 则表示 Key 不存在，或不能被设置

命 令 原 型	命 令 描 述	返 回 值
TTL key	获取该键所剩的超时描述	返回所剩描述，如果该键不存在或没有超时设置，则返回–1
RANDOMKEY	从当前打开的数据库中随机的返回一个 Key	返回的随机键，如果该数据库是空的则返回 nil
TYPE key	获取与参数中指定键关联值的类型，该命令将以字符串的格式返回	返回的字符串为 string、list、set、hash 和 Zset，如果 key 不存在返回 none
SORT key [BY pattern] [LIMIT offset count] [GET pattern [GET pattern ...]] [ASC|DESC] [ALPHA] [STORE destination]	这个命令相对来说是比较复杂的，因此我们这里只是给出最基本的用法，有兴趣的读者可以去参考 redis 的官方文档	返回排序后的原始列表

8.3.2　命令示例

KEYS/RENAME/DEL/EXISTS/MOVE/RENAMENX 的命令示例如下：

```
#在 Shell 命令行下启动 Redis 客户端工具
$ redis-cli
#清空当前选择的数据库，以便于对后面示例的理解
127.0.0.1:6379> flushdb
OK
#添加 String 类型的模拟数据
127.0.0.1:6379> set mykey 2
OK
127.0.0.1:6379> set mykey2 "hello"
OK
#添加 Set 类型的模拟数据
127.0.0.1:6379> sadd mysetkey 1 2 3
(integer) 3
#添加 Hash 类型的模拟数据
127.0.0.1:6379> hset mmtest username "stephen"
(integer) 1
#根据参数中的模式，获取当前数据库中符合该模式的所有 key，从输出可以看出，该命令在执行
时并不区分与 Key 关联的 Value 类型
127.0.0.1:6379> keys my*
1) "mysetkey"
2) "mykey"
3) "mykey2"
#删除了两个 Keys
127.0.0.1:6379> del mykey mykey2
(integer) 2
#查看一下刚刚删除的 Key 是否还存在，从返回结果看，mykey 确实已经删除了
127.0.0.1:6379> exists mykey
(integer) 0
```

```
#查看一下没有删除的 Key，以和上面的命令结果进行比较
127.0.0.1:6379> exists mysetkey
(integer) 1
#将当前数据库中的 mysetkey 键移入到 ID 为 1 的数据库中，从结果可以看出已经移动成功
127.0.0.1:6379> move mysetkey 1
(integer) 1
#打开 ID 为 1 的数据库
127.0.0.1:6379> select 1
OK
#查看一下刚刚移动过来的 Key 是否存在，从返回结果看已经存在了
127.0.0.1:6379[1]> exists mysetkey
(integer) 1
#在重新打开 ID 为 0 的缺省数据库
127.0.0.1:6379[1]> select 0
OK
#查看一下刚刚移走的 Key 是否已经不存在，从返回结果看已经移走
127.0.0.1:6379> exists mysetkey
(integer) 0
#准备新的测试数据
127.0.0.1:6379> set mykey "hello"
OK
#将 mykey 改名为 mykey1
127.0.0.1:6379> rename mykey mykey1
OK
#由于 mykey 已经被重新命名，再次获取将返回 nil
127.0.0.1:6379> get mykey
(nil)
#通过新的键名获取
127.0.0.1:6379> get mykey1
"hello"
#由于 mykey 已经不存在了，所以返回错误信息
127.0.0.1:6379> rename mykey mykey1
(error) ERR no such key
#为 renamenx 准备测试 key
127.0.0.1:6379> set oldkey "hello"
OK
127.0.0.1:6379> set newkey "world"
OK
#由于 newkey 已经存在，因此该命令未能成功执行
127.0.0.1:6379> renamenx oldkey newkey
(integer) 0
#查看 newkey 的值，发现它也没有被 renamenx 覆盖
127.0.0.1:6379> get newkey
"world"
```

PERSIST/EXPIRE/EXPIREAT/TTL 的命令示例如下：

```
#为后面的示例准备的测试数据
127.0.0.1:6379> set mykey "hello"
OK
#将该键的超时设置为 100 秒
127.0.0.1:6379> expire mykey 100
(integer) 1
#通过 ttl 命令查看一下还剩下多少秒
127.0.0.1:6379> ttl mykey
```

```
(integer) 97
#立刻执行 persist 命令，该存在超时的键变成持久化的键，即将该 Key 的超时去掉
127.0.0.1:6379> persist mykey
(integer) 1
#ttl 的返回值告诉我们，该键已经没有超时了
127.0.0.1:6379> ttl mykey
(integer) -1
#为后面的 expire 命令准备数据
127.0.0.1:6379> del mykey
(integer) 1
127.0.0.1:6379> set mykey "hello"
OK
#设置该键的超时为 100 秒
127.0.0.1:6379> expire mykey 100
(integer) 1
#用 ttl 命令看一下当前还剩下多少秒，从结果中可以看出还剩下 96 秒
127.0.0.1:6379> ttl mykey
(integer) 96
#重新更新该键的超时时间为 20 秒，从返回值可以看出该命令执行成功
127.0.0.1:6379> expire mykey 20
(integer) 1
#再用 ttl 确认一下，从结果中可以看出果然被更新了
127.0.0.1:6379> ttl mykey
(integer) 17
#立刻更新该键的值，以使其超时无效
127.0.0.1:6379> set mykey "world"
OK
#从 ttl 的结果可以看出，在上一条修改该键的命令执行后，该键的超时也无效了
127.0.0.1:6379> ttl mykey
(integer) -1

TYPE/RANDOMKEY/SORT 的命令示例如下：
#由于 mm 键在数据库中不存在，因此该命令返回 none
127.0.0.1:6379> type mm
none
#mykey 的值是字符串类型，因此返回 string
127.0.0.1:6379> type mykey
string
#准备一个值是 set 类型的键
127.0.0.1:6379> sadd mysetkey 1 2
(integer) 2
#mysetkey 的键是 set，因此返回字符串 set
127.0.0.1:6379> type mysetkey
set
#返回数据库中的任意键
127.0.0.1:6379> randomkey
"oldkey"
#清空当前打开的数据库
127.0.0.1:6379> flushdb
OK
#由于没有数据了，因此返回 nil
127.0.0.1:6379> randomkey
(nil)
```

8.4　事　　物

8.4.1　事物概述

和众多其他数据库一样，Redis 作为 NoSQL 数据库也同样提供了事务机制。在 Redis 中，MULTI/EXEC/DISCARD/WATCH 这四个命令是我们实现事务的基石。相信对有关系型数据库开发经验的开发者而言这一概念并不陌生，即便如此，我们还是会简要的列出 Redis 中事务的实现特征：

❑ 在事务中的所有命令都将会被串行化的顺序执行，事务执行期间，Redis 不会再为其他客户端的请求提供任何服务，从而保证了事物中的所有命令被原子执行。

❑ 和关系型数据库中的事务相比，在 Redis 事务中如果有某一条命令执行失败，其后的命令仍然会被继续执行。

❑ 我们可以通过 MULTI 命令开启一个事务，有关系型数据库开发经验的人可以将其理解为 "BEGIN TRANSACTION" 语句。在该语句之后执行的命令都将被视为事务之内的操作，最后我们可以通过执行 EXEC/DISCARD 命令来提交/回滚该事务内的所有操作。这两个 Redis 命令可被视为等同于关系型数据库中的 COMMIT/ROLLBACK 语句。

❑ 在事务开启之前，如果客户端与服务器之间出现通讯故障并导致网络断开，其后所有待执行的语句都将不会被服务器执行。然而如果网络中断事件是发生在客户端执行 EXEC 命令之后，那么该事务中的所有命令都会被服务器执行。

❑ 当使用 Append-Only 模式时，Redis 会通过调用系统函数 write 将该事务内的所有写操作在本次调用中全部写入磁盘。然而如果在写入的过程中出现系统崩溃，如电源故障导致的宕机，那么此时也许只有部分数据被写入到磁盘，而另外一部分数据却已经丢失。Redis 服务器会在重新启动时执行一系列必要的一致性检测，一旦发现类似问题，就会立即退出并给出相应的错误提示。此时，我们就要充分利用 Redis 工具包中提供的 redis-check-aof 工具，该工具可以帮助我们定位到数据不一致的错误，并将已经写入的部分数据进行回滚。修复之后我们就可以再次重新启动 Redis 服务器了。

8.4.2　相关命令

事物的相关命令如表 8.13 所示。

表 8.13　事物的相关命令

命 令 原 型	命 令 描 述	返 回 值
MULTI	用于标记事务的开始，其后执行的命令都将被存入命令队列，直到执行 EXEC 时，这些命令才会被原子的执行	始终返回 OK

续表

命 令 原 型	命 令 描 述	返 回 值
EXEC	执行在一个事务内命令队列中的所有命令，同时将当前连接的状态恢复为正常状态，即非事务状态。如果在事务中执行了 WATCH 命令，那么只有当 WATCH 所监控的 Keys 没有被修改的前提下，EXEC 命令才能执行事务队列中的所有命令，否则 EXEC 将放弃当前事务中的所有命令	原子性的返回事务中各条命令的返回结果。如果在事务中使用了 WATCH，一旦事务被放弃，EXEC 将返回 NULL-multi-bulk 回复
DISCARD	回滚事务队列中的所有命令，同时再将当前连接的状态恢复为正常状态，即非事务状态。如果 WATCH 命令被使用，该命令将 UNWATCH 所有的 Keys	始终返回 OK
WATCH key [key ...]	在 MULTI 命令执行之前，可以指定待监控的 Keys，然而在执行 EXEC 之前，如果被监控的 Keys 发生修改，EXEC 将放弃执行该事务队列中的所有命令	始终返回 OK
UNWATCH	取消当前事务中指定监控的 Keys，如果执行了 EXEC 或 DISCARD 命令，则无需再手工执行该命令了，因为在此之后，事务中所有被监控的 Keys 都将自动取消	始终返回 OK
MULTI	用于标记事务的开始，其后执行的命令都将被存入命令队列，直到执行 EXEC 时，这些命令才会被原子的执行	
EXEC	执行在一个事务内命令队列中的所有命令，同时将当前连接的状态恢复为正常状态，即非事务状态。如果在事务中执行了 WATCH 命令，那么只有当 WATCH 所监控的 Keys 没有被修改的前提下，EXEC 命令才能执行事务队列中的所有命令，否则 EXEC 将放弃当前事务中的所有命令	
DISCARD	回滚事务队列中的所有命令，同时再将当前连接的状态恢复为正常状态，即非事务状态。如果 WATCH 命令被使用，该命令将 UNWATCH 所有的 Keys	
WATCH key [key ...]	在 MULTI 命令执行之前，可以指定待监控的 Keys，然而在执行 EXEC 之前，如果被监控的 Keys 发生修改，EXEC 将放弃执行该事务队列中的所有命令	
UNWATCH	取消当前事务中指定监控的 Keys，如果执行了 EXEC 或 DISCARD 命令，则无需再手工执行该命令了，因为在此之后，事务中所有被监控的 Keys 都将自动取消	

8.4.3　命令示例

1．事务被正常执行

```
#在 Shell 命令行下执行 Redis 的客户端工具
$ redis-cli
#在当前连接上启动一个新的事务
127.0.0.1:6379> multi
OK
#执行事务中的第一条命令，从该命令的返回结果可以看出，该命令并没有立即执行，而是存于事务的命令队列
127.0.0.1:6379> incr t1
QUEUED
```

```
#又执行一个新的命令，从结果可以看出，该命令也被存于事务的命令队列
127.0.0.1:6379> incr t2
QUEUED
#执行事务命令队列中的所有命令，从结果可以看出，队列中命令的结果得到返回
127.0.0.1:6379> exec
(integer) 1
(integer) 1
```

2. 事务中存在失败的命令

```
#开启一个新的事务
127.0.0.1:6379> multi
OK
#设置键 a 的值为 string 类型的 3
127.0.0.1:6379> set a 3
QUEUED
#从键 a 所关联的值的头部弹出元素，由于该值是字符串类型，而 lpop 命令仅能用于 List 类型，
因此在执行 exec 命令时，该命令将会失败
127.0.0.1:6379> lpop a
QUEUED
#再次设置键 a 的值为字符串 4
127.0.0.1:6379> set a 4
QUEUED
#获取键 a 的值，以便确认该值是否被事务中的第二个 set 命令设置成功
127.0.0.1:6379> get a
QUEUED
#从结果中可以看出，事务中的第二条命令 lpop 执行失败，而其后的 set 和 get 命令均执行成功，
这一点是 Redis 的事务与关系型数据库中的事务之间最为重要的差别
127.0.0.1:6379> exec
1) OK
2) (error) ERR Operation against a key holding the wrong kind of value
3) OK
4) "4"
```

3. 回滚事务

```
#为键 t2 设置一个事务执行前的值
127.0.0.1:6379> set t2 tt
OK
#开启一个事务
127.0.0.1:6379> multi
OK
#在事务内为该键设置一个新值
127.0.0.1:6379> set t2 ttnew
QUEUED
#放弃事务
127.0.0.1:6379> discard
OK
#查看键 t2 的值，从结果中可以看出该键的值仍为事务开始之前的值
127.0.0.1:6379> get t2
"tt"
```

8.4.4　WATCH 命令和基于 CAS 的乐观锁

在 Redis 的事务中，WATCH 命令可用于提供 CAS（check-and-set）功能。假设我们通过 WATCH 命令在事务执行之前监控了多个 Keys，倘若在 WATCH 之后有任何 Key 的值

发生了变化，EXEC 命令执行的事务都将被放弃，同时返回 Null multi-bulk 应答以通知调用者事务执行失败。例如，我们再次假设 Redis 中并未提供 incr 命令来完成键值的原子性递增，如果要实现该功能，我们只能自行编写相应的代码。其代码如下：

```
val = GET mykey
val = val + 1
SET mykey $val
```

以上代码只有在单连接的情况下才可以保证执行结果是正确的，因为如果在同一时刻有多个客户端在同时执行该段代码，那么就会出现多线程程序中经常出现的一种错误场景——竞态争用（race condition）。比如，客户端 A 和 B 都在同一时刻读取了 mykey 的原有值，假设该值为 10，此后两个客户端又均将该值加 1 后 set 回 Redis 服务器，这样就会导致 mykey 的结果为 11，而不是我们认为的 12。为了解决类似的问题，我们需要借助 WATCH 命令的帮助，见如下代码：

```
WATCH mykey
val = GET mykey
val = val + 1
MULTI
SET mykey $val
EXEC
```

和此前代码不同的是，新代码在获取 mykey 的值之前先通过 WATCH 命令监控了该键，此后又将 set 命令包围在事务中，这样就可以有效的保证每个连接在 执行 EXEC 之前，如果当前连接获取的 mykey 的值被其他连接的客户端修改，那么当前连接的 EXEC 命令将执行失败。这样调用者在判断返回值后就可以获悉 val 是否被重新设置成功。

8.5　Redis 的主从复制

8.5.1　Redis 的 Replication

这里首先需要说明的是，在 Redis 中配置 Master-Slave 模式真是太简单了。相信在阅读完本节之后你也可以轻松做到。这里我们还是先列出一些理论性的知识，后面给出实际操作的案例。

下面的内容清楚的解释了 Redis Replication 的特点和优势。

- ❑ 同一个 Master 可以同步多个 Slaves。
- ❑ Slave 同样可以接受其他 Slaves 的连接和同步请求，这样可以有效的分载 Master 的同步压力。因此我们可以将 Redis 的 Replication 架构视为树结构。
- ❑ Master Server 是以非阻塞的方式为 Slaves 提供服务。所以在 Master-Slave 同步期间，客户端仍然可以提交查询或修改请求。
- ❑ Slave Server 同样是以非阻塞的方式完成数据同步。在同步期间，如果有客户端提交查询请求，Redis 则返回同步之前的数据。
- ❑ 为了分载 Master 的读操作压力，Slave 服务器可以为客户端提供只读操作的服务，写服务仍然必须由 Master 来完成。即便如此，系统的伸缩性还是得到了很大的提高。

❑ Master 可以将数据保存操作交给 Slaves 完成，从而避免了在 Master 中要有独立的进程来完成此操作。

8.5.2　Replication 的工作原理

在 Slave 启动并连接到 Master 之后，它将主动发送一个 SYNC 命令。此后 Master 将启动后台存盘进程，同时收集所有接收到的用于修改数据集的命令，在后台进程执行完毕后，Master 将传送整个数据库文件到 Slave，以完成一次完全同步。而 Slave 服务器在接收到数据库文件数据之后将其存盘并加载到内存中。此后，Master 继续将所有已经收集到的修改命令，和新的修改命令依次传送给 Slaves，Slave 将在本次执行这些数据修改命令，从而达到最终的数据同步。

如果 Master 和 Slave 之间的链接出现断连现象，Slave 可以自动重连 Master，但是在连接成功之后，一次完全同步将被自动执行。

8.5.3　如何配置 Replication

配置 Replication 的步骤如下所示。

❑ 同时启动两个 Redis 服务器，可以考虑在同一台机器上启动两个 Redis 服务器，分别监听不同的端口，如 6379 和 6380。

❑ 在 Slave 服务器上执行以下命令：

```
127.0.0.1:6380> redis-cli -p 6380  #这里我们假设 Slave 的端口号是 6380
127.0.0.1:6380> slaveof 127.0.0.1 6379 #我们假设 Master 和 Slave 在同一台主机，
Master 的端口为 6379
OK
```

上面的方式只是保证了在执行 slaveof 命令之后，端口号为 6380 成为了端口号为 6379 的 Redis 的 slave，但是一旦端口号为 6380 的服务重新启动之后，它们之间的复制关系将终止。

如果希望长期保证这两个服务器之间的 Replication 关系，可以在端口号为 6380 的服务的配置文件/etc/redis_6380 做如下修改：

```
$cd /etc/redis  #切换 Redis 服务器配置文件所在的目录
$ ls
redis.conf  6380.conf
$vi 6380.conf
```

将

```
#slaveof <masterip> <masterport>
```

改为

```
slaveof 127.0.0.1 6379
```

保存退出

这样就可以保证 Redis_6380 服务程序在每次启动后都会主动建立与端口号为 6379 的服务的 Replication 连接了。

8.5.4　应用示例

这里我们假设 Master-Slave 已经建立。

```
#启动 master 服务器
$ redis-cli -p 6379
127.0.0.1:6379>
#情况 Master 当前数据库中的所有 Keys
127.0.0.1:6379> flushdb
OK
#在 Master 中创建新的 Keys 作为测试数据
127.0.0.1:6379> set mykey hello
OK
127.0.0.1:6379> set mykey2 world
OK
#查看 Master 中存在哪些 Keys
127.0.0.1:6379> keys *
1) "mykey"
2) "mykey2"

#启动 slave 服务器
$ redis-cli -p 6380
#查看 Slave 中的 Keys 是否和 Master 中一致，从结果看，它们是相等的
127.0.0.1:6380> keys *
1) "mykey"
2) "mykey2"

#在 Master 中删除其中一个测试 Key，并查看删除后的结果
127.0.0.1:6379> del mykey2
(integer) 1
127.0.0.1:6379> keys *
1) "mykey"

#在 Slave 中查看是否 mykey2 也已经在 Slave 中被删除
127.0.0.1:6380> keys *
1) "mykey"
```

8.6　Redis 的持久化

8.6.1　持久化机制

Redis 提供了哪些持久化机制，如下所示。

- ❑ RDB 持久化：该机制是指在指定的时间间隔内将内存中的数据集快照写入磁盘。
- ❑ AOF 持久化：该机制将以日志的形式记录服务器所处理的每一个写操作，在 Redis 服务器启动之初会读取该文件来重新构建数据库，以保证启动后数据库中的数据是完整的。
- ❑ 无持久化：我们可以通过配置的方式禁用 Redis 服务器的持久化功能，这样我们就可以将 Redis 视为一个功能加强版的 memcached 了。

❑ 同时应用 AOF 和 RDB。

8.6.2　RDB 机制的优势和劣势

RDB 存在哪些优势呢？

❑ 一旦采用该方式，那么你的整个 Redis 数据库将只包含一个文件，这对于文件备份而言是非常完美的。比如，你可能打算每个小时归档一次最近 24 小时的数据，同时还要每天归档一次最近 30 天的数据。通过这样的备份策略，一旦系统出现灾难性故障，我们可以非常容易的进行恢复。

❑ 对于灾难恢复而言，RDB 是非常不错的选择。因为我们可以非常轻松的将一个单独的文件压缩后再转移到其他存储介质上。

❑ 性能最大化。对于 Redis 的服务进程而言，在开始持久化时，它唯一需要做的只是 fork 出子进程，之后再由子进程完成这些持久化的工作，这样就可以极大的避免服务进程执行 IO 操作了。

❑ 相比于 AOF 机制，如果数据集很大，RDB 的启动效率会更高。

RDB 又存在哪些劣势呢？

❑ 如果你想保证数据的高可用性，即最大限度的避免数据丢失，那么 RDB 将不是一个很好的选择。因为系统一旦在定时持久化之前出现宕机现象，此前没有来得及写入磁盘的数据都将丢失。

❑ 由于 RDB 是通过 fork 子进程来协助完成数据持久化工作的，因此，如果当数据集较大时，可能会导致整个服务器停止服务几百毫秒，甚至是 1 秒钟。

8.6.3　AOF 机制的优势和劣势

AOF 的优势有哪些呢？

❑ 该机制可以带来更高的数据安全性，即数据持久性。Redis 中提供了 3 种同步策略，即每秒同步、每修改同步和不同步。事实上，每秒同步也是异步完成的，其效率也是非常高的，所差的是一旦系统出现宕机现象，那么这一秒钟之内修改的数据将会丢失。而每修改同步，我们可以将其视为同步持久化，即每次发生的数据变化都会被立即记录到磁盘中。可以预见，这种方式在效率上是最低的。至于无同步，无需多言，我想大家都能正确的理解它。

❑ 由于该机制对日志文件的写入操作采用的是 append 模式，因此在写入过程中即使出现宕机现象，也不会破坏日志文件中已经存在的内容。然而如果我们本次操作只是写入了一半数据就出现了系统崩溃问题，不用担心，在 Redis 下一次启动之前，我们可以通过 redis-check-aof 工具来帮助我们解决数据一致性的问题。

❑ 如果日志过大，Redis 可以自动启用 rewrite 机制。即 Redis 以 append 模式不断的将修改数据写入到老的磁盘文件中，同时 Redis 还会创建一个新的文件用于记录此期间有哪些修改命令被执行。因此在进行 rewrite 切换时可以更好的保证数据安全性。

❑ AOF 包含一个格式清晰、易于理解的日志文件用于记录所有的修改操作。事实上，我们也可以通过该文件完成数据的重建。

AOF 的劣势有哪些呢？

- 对于相同数量的数据集而言，AOF 文件通常要大于 RDB 文件。
- 根据同步策略的不同，AOF 在运行效率上往往会慢于 RDB。总之，每秒同步策略的效率是比较高的，同步禁用策略的效率和 RDB 一样高效。

8.6.4　其他

1．快照 Snapshot 及其机制

缺省情况下，Redis 会将数据集的快照 dump 到 dump.rdb 文件中。此外，我们也可以通过配置文件来修改 Redis 服务器 dump 快照的频率，打开/etc/redis.conf 文件之后，我们搜索 save，可以看到下面的配置信息：

```
#在 900 秒（15 分钟）之后，如果至少有 1 个 key 发生变化，则 dump 内存快照
save 900 1
#在 300 秒（5 分钟）之后，如果至少有 10 个 key 发生变化，则 dump 内存快照
save 300 10
#在 60 秒（1 分钟）之后，如果至少有 10000 个 key 发生变化，则 dump 内存快照
save 60 10000
```

Dump 快照的机制为：

- Redis 先 fork 子进程。
- 子进程将快照数据写入到临时 RDB 文件中。
- 当子进程完成数据写入操作后，再用临时文件替换老的文件。

2．AOF 文件

上面已经多次讲过，RDB 的快照定时 dump 机制无法保证很好的数据持久性。如果我们的应用确实非常关注此点，我们可以考虑使用 Redis 中的 AOF 机制。对于 Redis 服务器而言，其缺省的机制是 RDB，如果需要使用 AOF，则需要修改配置文件中的以下条目：

将 appendonly no 改为 appendonly yes。

从现在起，Redis 在每一次接收到数据修改的命令之后，都会将其追加到 AOF 文件中。在 Redis 下一次重新启动时，需要加载 AOF 文件中的信息来构建最新的数据到内存中。

3．AOF 的配置

在 Redis 的配置文件中存在三种同步方式，它们分别是：

- appendfsync always：每次有数据修改发生时都会写入 AOF 文件。
- appendfsync everysec：每秒钟同步一次，该策略为 AOF 的缺省策略。
- appendfsync no：从不同步。高效但是数据不会被持久化。

4．如何修复坏损的 AOF 文件

- 将现有已经坏损的 AOF 文件额外复制出来一份。
- 执行"redis-check-aof --fix <filename>"命令来修复坏损的 AOF 文件。

❑ 用修复后的 AOF 文件重新启动 Redis 服务器。

5. Redis 的数据备份

在 Redis 中我们可以通过 copy 的方式在线备份正在运行的 Redis 数据文件。这是因为 RDB 文件一旦被生成之后就不会再被修改。Redis 每次都是将最新的数据 dump 到一个临时文件中，之后在利用 rename 函数原子性的将临时文件改名为原有的数据文件名。因此我们可以说，在任意时刻 copy 数据文件都是安全的和一致的。鉴于此，我们就可以通过创建 cron job 的方式定时备份 Redis 的数据文件，并将备份文件 copy 到安全的磁盘介质中。

8.7　Redis 的虚拟内存

8.7.1　简介

和大多 NoSQL 数据库一样，Redis 同样遵循了 Key/Value 数据存储模型。在有些情况下，Redis 会将 Keys/Values 保存在内存中以提高数据查询和数据修改的效率，然而这样的做法并非总是很好的选择。鉴于此，我们可以将之进一步优化，即尽量在内存中只保留 Keys 的数据，这样可以保证数据检索的效率，而 Values 数据在很少使用的时候则可以被换出到磁盘。

在实际的应用中，大约只有 10% 的 Keys 属于相对比较常用的键，这样 Redis 就可以通过虚存将其余不常用的 Keys 和 Values 换出到磁盘上，而一旦这些被换出的 Keys 或 Values 需要被读取时，Redis 则将其再次读回到主内存中。

8.7.2　应用场景

对于大多数数据库而言，最为理想的运行方式就是将所有的数据都加载到内存中，而之后的查询操作则可以完全基于内存数据完成。然而在现实中这样的场景却并不普遍，更多的情况则是只有部分数据可以被加载到内存中。

在 Redis 中，有一个非常重要的概念，即 keys 一般不会被交换，所以如果你的数据库中有大量的 keys，其中每个 key 仅仅关联很小的 value，那么这种场景就不是非常适合使用虚拟内存。如果恰恰相反，数据库中只是包含少量的 keys，而每一个 key 所关联的 value 却非常大，那么这种场景对于使用虚存就再合适不过了。

在实际的应用中，为了能让虚存更为充分的发挥作用以帮助我们提高系统的运行效率，我们可以将带有很多较小值的 keys 合并为带有少量较大值的 keys。其中最主要的方法就是将原有的 Key/Value 模式改为基于 Hash 的模式，这样可以让很多原来的 keys 成为 Hash 中的属性。

8.7.3　配置

在配置文件中添加以下配置项，以使当前 Redis 服务器在启动时打开虚存功能。

```
vm-enabled yes
```

在配置文件中设定 Redis 最大可用的虚存字节数。如果内存中的数据大于该值，则有部分对象被换出到磁盘中，其中被换出对象所占用内存将被释放，直到已用内存小于该值时才停止换出。

```
vm-max-memory (bytes)
```

Redis 的交换规则是尽量考虑"最老"的数据，即最长时间没有使用的数据将被换出。如果两个对象的 age 相同，那么 Value 较大的数据将先被换出。 需要注意的是，Redis 不会将 keys 交换到磁盘，因此如果仅仅 keys 的数据就已经填满了整个虚存，那么这种数据模型将不适合使用虚存机制，或者是将该值设置的更大，以容纳整个 keys 的数据。在实际的应用，如果考虑使用 Redis 虚拟内存，我们应尽可能的分配更多的内存交给 Redis 使用，以避免频繁的换入换出。

在配置文件中设定页的数量及每一页所占用的字节数。为了将内存中的数据传送到磁盘上，我们需要使用交换文件。这些文件与数据持久性无关，Redis 会在退出前会将它们全部删除。由于对交换文件的访问方式大多为随机访问，因此建议将交换文件存储在固态磁盘上，这样可以大大提高系统的运行效率。

```
vm-pages 134217728
vm-page-size 32
```

在上面的配置中，Redis 将交换文件划分为 vm-pages 个页，其中每个页所占用的字节为 vm-page-size，那么 Redis 最终可用的交换文件大小为：vm-pages*vm-page-size。由于一个 value 可以存放在一个或多个页上，但是一个页不能持有多个 value，鉴于此，我们在设置 vm-page- size 时需要充分考虑 Redis 的该特征。

在 Redis 的配置文件中有一个非常重要的配置参数，即：

```
vm-max-threads 4
```

该参数表示 Redis 在对交换文件执行 IO 操作时所应用的最大线程数量。通常而言，我们推荐该值等于主机的 CPU cores。如果将该值设置为 0，那么 Redis 在与交换文件进行 IO 交互时，将以同步的方式执行此操作。

对于 Redis 而言，如果操作交换文件是以同步的方式进行，那么当某一客户端正在访问交换文件中的数据时，其他客户端如果再试图访问交换文件中的数据， 该客户端的请求就将被挂起，直到之前的操作结束为止。特别是在相对较慢或较忙的磁盘上读取较大的数据值时，这种阻塞所带来的影响就更为突兀了。然而同步操作也并非一无是处，事实上，从全局执行效率视角来看，同步方式要好于异步方式，毕竟同步方式节省了线程切换、线程间同步，以及线程拉起等操作产生的额外开销。特别是当大部分频繁使用的数据都可以直接从主内存中读取时，同步方式的表现将更为优异。

如果你的现实应用恰恰相反，即有大量的换入换出操作，同时你的系统又有很多的 cores，有鉴于此，你又不希望客户端在访问交换文件之前不得不阻塞一小段时间，如果确实是这样，我想异步方式可能更适合于你的系统。

至于最终选用哪种配置方式，最好的答案将来自于不断的实验和调优。

8.8　pipeline/管线

8.8.1　请求应答协议和 RTT

Redis 是一种典型的基于 C/S 模型的 TCP 服务器。在客户端与服务器的通讯过程中，通常都是客户端率先发起请求，服务器在接收到请求后执行相应的任务，最后再将获取的数据或处理结果以应答的方式发送给客户端。在此过程中，客户端都会以阻塞的方式等待服务器返回的结果。见如下命令序列：

```
Client: INCR X
Server: 1
Client: INCR X
Server: 2
Client: INCR X
Server: 3
Client: INCR X
Server: 4
```

在每一对请求与应答的过程中，我们都不得不承受网络传输所带来的额外开销。我们通常将这种开销称为 RTT（Round Trip Time）。现在我们假设每一次请求与应答的 RTT 为 250 毫秒，而我们的服务器可以在一秒内处理 100k 的数据，可结果则是我们的服务器每秒至多处理 4 条请求。要想解决这一性能问题，我们该如何进行优化呢？

8.8.2　管线（pipelining）

Redis 在很早的版本中就已经提供了对命令管线的支持。在给出具体解释之前，我们先将上面的同步应答方式的例子改造为基于命令管线的异步应答方式，这样可以让大家有一个更好的感性认识。

```
Client: INCR X
Client: INCR X
Client: INCR X
Client: INCR X
Server: 1
Server: 2
Server: 3
Server: 4
```

从以上示例可以看出，客户端在发送命令之后，不用立刻等待来自服务器的应答，而是可以继续发送后面的命令。在命令发送完毕后，再一次性的读取之前所有命令的应答。这样便节省了同步方式中 RTT 的开销。

最后需要说明的是，如果 Redis 服务器发现客户端的请求是基于管线的，那么服务器端在接受到请求并处理之后，会将每条命令的应答数据存入队列，之后再发送到客户端。

8.8.3　Benchmark

以下是来自 Redis 官网的测试用例和测试结果。需要说明的是，该测试是基于 Loopback（127.0.0.1）的，因此网络延迟所占用的时间相对很少，如果是基于实际网络接口，那么管线机制所带来的性能提升就更为显著了。

```python
#!/usr/bin/python
import redis
import time
def without_pipeline():
    r=redis.Redis()
    for i in range(10000):
        r.ping()
    return
def with_pipeline():
    r=redis.Redis()
    pipeline=r.pipeline()
    for i in range(10000):
        pipeline.ping()
    pipeline.execute()
    return
def bench(desc):
    start=time.clock()
    desc()
    stop=time.clock()
    diff=stop-start
    print "%s has taken %s seconds" % (desc.func_name,str(diff))
if __name__=='__main__':
    bench(without_pipeline)
    bench(with_pipeline)
```

执行这个脚本需要先安装 Redis 的 python 客户端。

所有 Redis 的客户端都可以从网址 http://redis.io/clients 上查到。Python 客户端下载网址为：https://github.com/andymccurdy/redis-py/releases，选择 2.8.0 下载（和我们的 Redis 版本 2.8.6 最接近）。下面可以直接采用 wget 下载，然后安装。

```
$ wget https://github.com/andymccurdy/redis-py/archive/2.8.0.tar.gz
$ tar zxvf 2.8.0.tar.gz
$ cd redis-py-2.8.0
$ python setup.py install
```

执行上面的测试脚本 pipetest.py 并输出结果：

```
$ python pipetest.py
without_pipeline has taken 0.57 seconds
with_pipeline has taken 0.32 seconds
```

8.9　实　　例

在之前的章节中已经非常详细地介绍了 Redis 的各种操作命令、运行机制和服务器初始化参数配置。本节是本章的最后一节，在这里将给出基于 Redis 客户端组件访问并操作

Redis 服务器的代码示例。然而需要说明的是，由于 Redis 官方并未提供基于 C 接口的 Windows 平台客户端，因此下面的示例仅可运行于 Linux/Unix 平台。但是对于使用其他编程语言的开发者而言，如 C#和 Java，Redis 则提供了针对这些语言的客户端组件，通过该方式，同样可以达到基于 Windows 平台与 Redis 服务器进行各种交互的目的。

　　本节中使用的客户端包含在本章第一节中 Redis 包所解压形成的目录 redis-2.8.6 的子目录/deps/hiredis，是 Redis 推荐的基于 C 接口的客户端组件，由于我们在 redis-2.8.6 目录下已经执行过 make 命令，因此 hiredis 中有客户端的静态库 libhiredis.a，另外 hiredis.h 是客户端接口文件，也在该目录中。

　　在下面的代码示例 redistest.cpp 中，将给出两种最为常用的 Redis 命令操作方式，即普通调用方式和基于管线的调用方式。在阅读代码时请留意注释。

```cpp
#include <stdio.h>
#include <stdlib.h>
#include <stddef.h>
#include <stdarg.h>
#include <string.h>
#include <strings.h>
#include <assert.h>
#include <hiredis.h>

void doTest()
{
    //连接 Redis 服务器，获取该连接的上下文对象
    //该对象将用于其后所有与 Redis 操作的函数
    redisContext* c = redisConnect("127.0.0.1",6379);
    if (c->err) {
        redisFree(c);
        return;
    }
    const char* command1 = "set stest1 value1";
    redisReply* r = (redisReply*)redisCommand(c,command1);
    //需要注意的是，如果返回的对象是 NULL，则表示客户端和服务器之间出现严重错误，必须
      重新链接
    //这里只是举例说明，简便起见，后面的命令就不再做这样的判断了
    if (NULL == r) {
        redisFree(c);
        return;
    }
    //不同的 Redis 命令返回的数据类型不同，在获取之前需要先判断它的实际类型
    //字符串类型的 set 命令的返回值的类型是 REDIS_REPLY_STATUS，然后只有当返回信息
      是"OK"
    //时，才表示该命令执行成功。后面的例子以此类推，就不再过多赘述了
    if (!(r->type == REDIS_REPLY_STATUS && strcasecmp(r->str,"OK") == 0))
{
        printf("Failed to execute command[%s].\n",command1);
        freeReplyObject(r);
        redisFree(c);
        return;
    }
     //由于后面重复使用该变量，所以需要提前释放，否则内存泄漏
    freeReplyObject(r);
   printf("Succeed to execute command[%s].\n",command1);

    const char* command2 = "strlen stest1";
```

```
r = (redisReply*)redisCommand(c,command2);
if (r->type != REDIS_REPLY_INTEGER) {
    printf("Failed to execute command[%s].\n",command2);
    freeReplyObject(r);
    redisFree(c);
    return;
}
int length = r->integer;
freeReplyObject(r);
printf("The length of 'stest1' is %d.\n",length);
printf("Succeed to execute command[%s].\n",command2);

const char* command3 = "get stest1";
r = (redisReply*)redisCommand(c,command3);
if (r->type != REDIS_REPLY_STRING) {
    printf("Failed to execute command[%s].\n",command3);
    freeReplyObject(r);
    redisFree(c);
    return;
}
printf("The value of 'stest1' is %s.\n",r->str);
freeReplyObject(r);
printf("Succeed to execute command[%s].\n",command3);

const char* command4 = "get stest2";
r = (redisReply*)redisCommand(c,command4);
//这里需要先说明一下，由于 stest2 键并不存在，因此 Redis 会返回空结果，这里只是为
    了演示
if (r->type != REDIS_REPLY_NIL) {
    printf("Failed to execute command[%s].\n",command4);
    freeReplyObject(r);
    redisFree(c);
    return;
}
freeReplyObject(r);
printf("Succeed to execute command[%s].\n",command4);

const char* command5 = "mget stest1 stest2";
r = (redisReply*)redisCommand(c,command5);
//不论 stest2 存在与否，Redis 都会给出结果，只是第二个值为 nil
//由于有多个值返回，因为返回应答的类型是数组类型
if (r->type != REDIS_REPLY_ARRAY) {
    printf("Failed to execute command[%s].\n",command5);
    freeReplyObject(r);
    redisFree(c);
    //r->elements 表示子元素的数量，不管请求的 key 是否存在，该值都等于请求是键
        的数量
    assert(2 == r->elements);
    return;
}
for (int i = 0; i < r->elements; ++i) {
    redisReply* childReply = r->element[i];
    //之前已经介绍过，get 命令返回的数据类型是 string
    //对于不存在 key 的返回值，其类型为 REDIS_REPLY_NIL
    if (childReply->type == REDIS_REPLY_STRING)
        printf("The value is %s.\n",childReply->str);
}
//对于每一个子应答，无需使用者单独释放，只需释放最外部的 redisReply 即可
freeReplyObject(r);
```

```
printf("Succeed to execute command[%s].\n",command5);

printf("Begin to test pipeline.\n");
//该命令只是将待发送的命令写入到上下文对象的输出缓冲区中，直到调用后面的
//redisGetReply 命令才会批量将缓冲区中的命令写出到 Redis 服务器。这样可以
//有效的减少客户端与服务器之间的同步等候时间，以及网络 IO 引起的延迟
if (REDIS_OK != redisAppendCommand(c,command1)
    || REDIS_OK != redisAppendCommand(c,command2)
    || REDIS_OK != redisAppendCommand(c,command3)
    || REDIS_OK != redisAppendCommand(c,command4)
    || REDIS_OK != redisAppendCommand(c,command5)) {
    redisFree(c);
    return;
}

redisReply* reply = NULL;
//对 pipeline 返回结果的处理方式，和前面代码的处理方式完全一致，这里就不再重复给出了
if (REDIS_OK != redisGetReply(c,(void**)&reply)) {
    printf("Failed to execute command[%s] with Pipeline.\n",command1);
    freeReplyObject(reply);
    redisFree(c);
}
freeReplyObject(reply);
printf("Succeed to execute command[%s] with Pipeline.\n",command1);

if (REDIS_OK != redisGetReply(c,(void**)&reply)) {
    printf("Failed to execute command[%s] with Pipeline.\n",command2);
    freeReplyObject(reply);
    redisFree(c);
}
freeReplyObject(reply);
printf("Succeed to execute command[%s] with Pipeline.\n",command2);

if (REDIS_OK != redisGetReply(c,(void**)&reply)) {
    printf("Failed to execute command[%s] with Pipeline.\n",command3);
    freeReplyObject(reply);
    redisFree(c);
}
freeReplyObject(reply);
printf("Succeed to execute command[%s] with Pipeline.\n",command3);

if (REDIS_OK != redisGetReply(c,(void**)&reply)) {
    printf("Failed to execute command[%s] with Pipeline.\n",command4);
    freeReplyObject(reply);
    redisFree(c);
}
freeReplyObject(reply);
printf("Succeed to execute command[%s] with Pipeline.\n",command4);

if (REDIS_OK != redisGetReply(c,(void**)&reply)) {
    printf("Failed to execute command[%s] with Pipeline.\n",command5);
    freeReplyObject(reply);
    redisFree(c);
}
freeReplyObject(reply);
printf("Succeed to execute command[%s] with Pipeline.\n",command5);
//由于所有通过 pipeline 提交的命令结果均已为返回，如果此时继续调用 redisGetReply，
//将会导致该函数阻塞并挂起当前线程，直到有新的通过管线提交的命令结果返回
//最后不要忘记在退出前释放当前连接的上下文对象
redisFree(c);
```

```
    return;
}

int main()
{
    doTest();
    return 0;
}
```

在 CentOS 6.5 下编译上述代码需要先安装 g++。

```
$ yum -y install gcc-c++
```

安装过程中如有选择，全部选 Y。安装完成后就可以编译执行了：

```
HIREDIS_DIR 表示上面提到的 libhiredis.a 和 hiredis.h 所在的目录
$ g++ redistest.cpp -o redistest -lhiredis -LHIREDIS_DIR -IHIREDIS_DIR
$ ./redistest
```

输出结果如下：

```
Succeed to execute command[set stest1 value1].
The length of 'stest1' is 6.
Succeed to execute command[strlen stest1].
The value of 'stest1' is value1.
Succeed to execute command[get stest1].
Succeed to execute command[get stest2].
The value is value1.
Succeed to execute command[mget stest1 stest2].
Begin to test pipeline.
Succeed to execute command[set stest1 value1] with Pipeline.
Succeed to execute command[strlen stest1] with Pipeline.
Succeed to execute command[get stest1] with Pipeline.
Succeed to execute command[get stest2] with Pipeline.
Succeed to execute command[mget stest1 stest2] with Pipeline.
```

第 4 篇　文档型 NoSQL 系统

第 9 章　面向文档的数据库 CouchDB

Apache CouchDB 是一个面向文档的数据库管理系统。它提供以 JSON 作为数据格式的 REST 接口来对其进行操作，并可以通过视图来操纵文档的组织和呈现。CouchDB 是 Apache 基金会的顶级开源项目。本章将介绍 CouchDB 的基本概念，包括文档、视图和 REST API，并通过一个实际的图书点评网站来说明如何用 CouchDB 开发 Web 应用。

9.1　CouchDB 介绍

CouchDB 是一个文档型数据库服务器。与现在流行的关系数据库服务器不同，CouchDB 是围绕一系列语义上自包含的文档而组织的。CouchDB 中的文档是没有模式的（schema free），也就是说并不要求文档具有某种特定的结构。CouchDB 的这种特性使得相对于传统的关系数据库而言，有自己的适用范围。一般来说，围绕文档来构建的应用都比较适合使用 CouchDB 作为其后台存储。CouchDB 强调其中所存储的文档，在语义上是自包含的。这种面向文档的设计思路，更贴近很多应用的问题域的真实情况。对于这类应用，使用 CouchDB 的文档来进行建模，会更加自然和简单。与此同时，CouchDB 也提供基于 MapReduce 编程模型的视图来对文档进行查询，可以提供类似于关系数据库中 SQL 语句的能力。CouchDB 对于很多应用来说，提供了关系数据库之外的更好的选择。下面介绍 CouchDB 中的一些重要概念。

9.1.1　基本概念

❑ 文档（document）：文档是 CouchDB 中的核心概念。一个 CouchDB 数据库实际上是一系列文档的集合，而这些文档之间并不存在层次结构。每个文档都是自包含的数据单元，是一系列数据项的集合。每个数据项都有一个名称与对应的值，值既可以是简单的数据类型，如字符串、数字和日期等；也可以是复杂的类型，如有序列表和关联对象。每个文档都有一个全局唯一的标识符（ID）及一个修订版本号（revision number）。ID 用来唯一标识一个文档，而修订版本号则用来实现多版本并发控制（Multiversion concurrency control，MVVC）。在 CouchDB 中，文档是以 JSON 对象的形式保存的。

❑ 视图（view）：视图是 CouchDB 中文档的呈现方式。在很多情况下，应用都需要对文档进行一定的处理，包括过滤、组织、聚合和生成报表等。在关系数据库中，这通常是通过 SQL 语句来完成的。CouchDB 中的视图声明了如何从文档中提取数据，以及如何对提取出来的数据进行处理。

9.1.2　扩展概念

❑ 设计文档：设计文档是一类特殊的文档，其 ID 必须以_design/开头。设计文档的存在是使用 CouchDB 开发 Web 应用的基础。在 CouchDB 中，一个 Web 应用是与一个设计文档相对应的。在设计文档中可以包含一些特殊的字段，其中包括 views 包含永久的视图定义；shows 包含把文档转换成非 JSON 格式的方法；lists 包含把视图运行结果转换成非 JSON 格式的方法；validate_doc_update 包含验证文档更新是否有效的方法。

❑ 附件：CouchDB 中也可以保存二进制文件。这些文件是以文档的附件形式存储的。CouchDB 支持两种形式的附件：一种是内嵌型的，附件是以 base64 编码的格式作为文档的一个字段保存；另一种是独立型，附件是独立于文档保存和管理的。附件的存在使得可以在 CouchDB 中保存 Web 应用中的 HTML、CSS 和 JavaScript 文件。

在开发 Web 应用之前，下面将先介绍 CouchDB 的安装与配置。

9.2　CouchDB 安装与配置

Apache CouchDB 可以安装在主流的操作系统中，包括 Windows、Linux、Unix、Mac 和 Solaris。需要注意的是 Windows 上的安装包目前还在测试阶段。下面主要介绍在 CentOS 6.5 上安装和配置 CouchDB。

如果直接使用 yum install couchdb 会提示找不到该包，需要把 EPEL 库添加到 yum 中，然后可以直接通过该命令安装了。

32 位系统访问这个网址：http://mirrors.sohu.com/fedora-epel/6/i386/repoview/epel-release.html。

64 位系统访问这个网址：http://mirrors.sohu.com/fedora-epel/6/x86_64/repoview/epel-release.html。

可以看到有一个 epel-release-6.5.noarch 的链接，这就是我们需要安装的，先用 wget 下载，接着执行：

```
$ sudo rpm -ivh epel-release-6-8.noarch.rpm
```

提示成功后执行：

```
$ sudo yum makecache
```

然后就可以用 yum install 安装 CouthDB 了：

```
$ sudo yum install couchdb
```

会提示一大堆依赖文件，一共有几十 M。输入 y 下载并安装。

安装完成后，可以修改其配置文件：

```
vi /etc/couchdb/local.in
```

如文档最大尺寸、端口、地址、验证、日志、vhosts 设置及管理员密码等。
然后启动：

```
$ sudo service couchdb start
```

要想在 Linux 重启时自动启动执行以下命令：

```
$ sudo chkconfig  --level 345 couchdb on
```

在 CouchDB 启动完成之后，会显示"Apache CouchDB has started,time to relax."。接下来就可以用浏览器访问地址 http://127.0.0.1:5984/_utils/index.html 来使用 CouchDB 自带的管理工具 Futon。在安装完成之后，建议在 Futon 中运行 CouchDB 自带的测试集来确定安装是否正确。图 9.1 中给出了在 Futon 中运行测试集的界面。

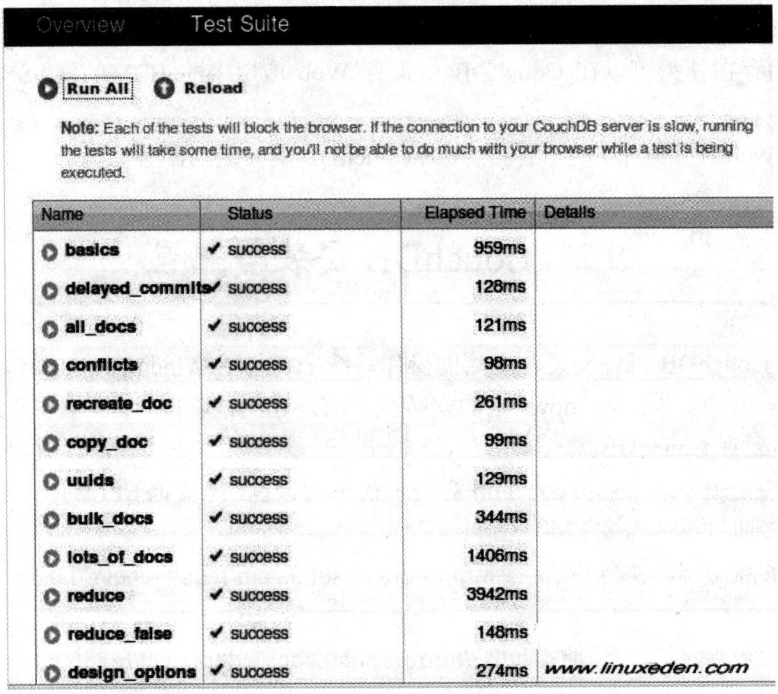

图 9.1 在 Futon 中运行 CouchDB 自带的测试集

在安装和配置 CouchDB 完成之后，下面将介绍用来操作数据库的 REST API。

9.3 REST API

CouchDB 提供 REST API 来供客户端程序使用 CouchDB 的功能，并对数据库进行操作。REST API 主要针对 CouchDB 中的三种资源：数据库、文档和视图。下面分别介绍这三种 REST API 的细节。

9.3.1 数据库 REST API

数据库 REST API 用来查询、创建和删除数据库。CouchDB 中数据库的名称只能是小写字母、数字及特殊字符_$()+-/。需要注意的是大写字母是不允许的，这是由于某些操作系统的文件系统是大小写不敏感的。CouchDB 为了避免可能出现的问题，限制了不能使用大写字母。数据库 REST API 的具体用法如下：

- ❑ 通过 GET 请求访问 URL/_all_dbs 可以查询 CouchDB 中所有的数据库名称。该请求返回的是一个 JSON 数组，其中每个元素表示一个数据库名称。
- ❑ 通过 GET 请求访问 URL/databasename/可以查询名为 databasename 的数据库的具体信息。该请求返回的是一个 JSON 对象。
- ❑ 通过 PUT 请求访问 URL/databasename/可以创建名为 databasename 的数据库。如果数据库创建成功的话，返回 HTTP 状态代码 201；如果已有一个同名数据库的话，返回 HTTP 状态代码 412。
- ❑ 通过 DELETE 请求访问 URL/databasename/可以删除名为 databasename 的数据库。如果数据库删除成功的话，返回 HTTP 状态代码 200；如果数据库不存在，返回 HTTP 状态代码 404。

9.3.2 文档 REST API

文档 REST API 用来查询、创建、更新和删除文档。具体的用法如下：

- ❑ 通过 GET 请求访问 URL/databasename/doc_id 可以获取名称为 databasename 的数据库中 ID 为 doc_id 文档的内容。文档的内容是一个 JSON 对象，其中以 "_" 作为前缀的顶层字段是由 CouchDB 保留使用的，如_id 和_rev。
- ❑ 通过 PUT 请求访问 URL/databasename/doc_id 可以在名称为 databasename 的数据库中创建 ID 为 doc_id 的文档。通过 POST 请求访问 URL/databasename/也可以创建新文档，不过是由 CouchDB 来生成文档的 ID。
- ❑ 通过 PUT 请求访问 URL/databasename/doc_id 可以更新已有的文档。在 PUT 请求内容的文档中需要包含_rev 字段，表示文档的修订版本号。CouchDB 使用该字段来做更新时的冲突检测。如果该字段的值与 CouchDB 中保存的该文档的修订版本号一致，则表明没有冲突，可以进行更新。当更新完成之后，返回 HTTP 状态代码 201；否则返回 HTTP 状态代码 409，表示有版本冲突。
- ❑ 通过 DELETE 请求访问 URL/databasename/doc_id?rev=rev_id 可以删除数据库 databasename 中 ID 为 doc_id，并且修订版本号为 rev_id 的文档。

9.3.3 视图 REST API

视图是 CouchDB 中文档的呈现方式。在 CouchDB 中保存的是视图的定义。CouchDB 中有两种视图：永久视图和临时视图。永久视图保存在设计文档的 views 字段中。如果需要修改永久视图的定义，只需要通过文档 REST API 来修改设计文档即可。临时视图是通过发送 POST 请求到 URL/databasename/_temp_view 来执行的。在 POST 请求中需要包含视图的定义。一般来说，临时视图只在开发测试中使用，因为它是即时生成的，性能比较差；永久视图的运行结果可以被 CouchDB 缓存，因此一般用在生产环境中。

9.3.4　附件 REST API

前面提到 CouchDB 有内嵌型和独立型两种附件存储方式。内嵌型附件是保存在文档的 _attachments 字段中。每个附件都包含名称、MIME 类型和数据等三项内容。附件的实际数据是以 base64 编码的形式保存在文档中的。对内嵌附件进行操作的 REST API 与文档 REST API 是类似的，只需要修改 _attachments 字段即可。在请求文档的时候，附件的实际数据默认是不包含的，包含的只是附件的元数据，如下面的代码所示。可以通过在请求的时候添加参数 attachments=true 来包含实际数据，不过这会降低性能。在请求附件的内容时，CouchDB 会自动进行 base64 解码。也就是说只需要在保存附件的时候进行 base64 编码，获取附件的时候，并不需要客户端代码完成解码的工作。

```json
{
    "_id": "testdoc",
    "_rev": "3-1364618102",
    "_attachments": {
        "Screenshot.png": {
            "stub": true,
            "content_type": "image/png",
            "length": 164279
        }
    }
}
```

独立型附件是 CouchDB 0.9 中新增的功能，可以在不改变文档的情况下，对附件进行操作。另外，不需要对附件进行 base64 编码。要创建独立型附件，只需要发送 PUT 请求到 databasename/doc_id/attachment?rev=rev_id 就可以创建或更新一个名为 attachment 的附件。PUT 请求的内容类型（Content-Type）和内容指明了附件的类型和数据。

在介绍完 CouchDB 的 REST API 之后，下面将讲解在使用 CouchDB 的时候如何对应用进行建模。

9.4　为应用建模

由于关系数据库的流行，很多开发者对于实体-关系（Entity-Relation，ER）模型非常熟悉。而 CouchDB 使用的是面向文档（Document oriented）的模型。在使用 CouchDB 的时候，需要完成从 ER 模型到文档模型的思维方式的转变。下面通过几个具体的例子来说明如何在 CouchDB 中对于一些典型的场景进行建模，并与关系数据库中的建模方式进行比较。

9.4.1　描述实体

第一个场景是对实体的描述。关系数据库中使用表来表示实体。数据库表是有固定的模式的，该模式定义了表中每行数据应该满足的格式。表中每行数据都对应于实体的一个实例。比如应用中如果需要描述"注册用户"和"图书"两种实体的话，就需要两张不同的表。而在 CouchDB 中，所有的实体都是以文档来描述的。文档是没有模式的，可以用任意的 JSON 对象来表示。同一实体的实例在结构上也可能不同。这更能反映问题域中数据的真实状态。比如对"人"这一实体进行描述时，有一个字段是"传真号码"。因为不是所有人都拥有传真机，这一字段是可选的。如果用关系数据库来建模的话，则需要在表中添加一列表示传真号码。对于没有传真机的人来说，该列的值为 null。而如果用 CouchDB 中的文档来描述的话，对于有传真机的人，其 JSON 对象中就有一个属性表示"传真号码"，否则的话就没有此属性。CouchDB 强于关系数据库的另外一个特性是可以非常容易的表示复杂数据类型。通常来说，关系数据库中表的列只能是简单数据类型。而 CouchDB 中的文档由于用 JSON 来描述，可以使用任意复杂的嵌套结构。同样是对"人"这一实体的描述，另外一个有用的信息是"家庭住址"。"家庭住址"可以简单地用一个字符串来表示，也可以拆分成"国家"、"省（市）"、"县"和"街道"等多个字段来表示。对于后者，如果用关系数据库来描述的话，则需要使用多个列或是额外的表；而用 CouchDB 的文档来描述的话，可以直接把复杂的 JSON 对象作为字段的值，如{"address" : {"country" : "中国", "city":"北京"}}。比起关系数据库来说，要更加简单和自然。

9.4.2　描述一对一和一对多关系

　　第二个场景是描述一对一和一对多的关系。在关系数据库中，实体之间的一对一和一对多关系是通过外键来描述。比如在一个电子商务应用中，订单与其中包含的单项商品是一对一或一对多的关系。如果用关系数据库来描述的话，需要在表示单项商品的表中添加一个字段作为外键，引用到订单的主键。在 CouchDB 中，一般来说有两种方式可以描述。第一种方式是把相关的实体内嵌在主文档中。如在表示某个订单的文档，可以有一个字段是用来表示其中包含的单项商品。不过这种方式只适用于相关的实体数量比较少的情况，否则的话，会导致文档过大而影响性能。另外一种方式是用分开的文档来表示这两种实体，并在其中一个文档中添加一个字段，其值是另外一个文档的 ID。这种做法类似于关系数据库中的外键引用方式。下面代码中给出了使用这种方式表示的订单和单项商品的文档。

```
// 用内嵌文档描述一对多关系
{
 "_id" : "order001",
 "type" : "order",
 "username" : "Alex",
 "created_at" : "Tue Jun 02 2009 21:49:00 GMT+0800",
 "line_items":[
   {
    "name" : " 杜拉拉升职记 ",
    "price" : "17.7",
    "quantity" : 1
   },
   {
    "name" : " 狼图腾 ",
    "price" : "24",
    "quantity" : 2
   }
```

```
  ]
}

// 用分开的文档描述一对多关系
{
 "_id" : "order001",
 "type" : "order",
 "username" : "Alex",
 "created_at" : "Tue Jun 02 2009 21:49:00 GMT+0800"
}
{
 "_id" : "line_item_001",
 "order_id" : "order001",
 "name" : " 杜拉拉升职记 ",
 "price" : "17.7",
 "quantity" : 1
}
{
 "_id" : "line_item_002",
 "order_id" : "order001",
 "name" : " 狼图腾 ",
 "price" : "24",
 "quantity" : 2
}
```

9.4.3　描述多对多关系

最后一个场景是描述多对多的关系。在关系数据库中，实体之间的多对多关系一般是通过额外的关联表来实现的。比如一个典型的场景是应用中"注册用户"与"角色"之间的关系，一个用户可以同时具备多个角色，一个角色也可以同时有多个用户。在关系数据库中，用户和角色都各自用一张表来描述，它们之间的关联关系存放在另外一张表中，该表包含用户和角色的外键引用与其他附加信息。CouchDB 中有两种方式来描述多对多关系。第一种类似于一对多关系中的内嵌文档方式，只是内嵌的不是文档本身，而只是文档的 ID。第二种做法类似于关系数据库中的关联表，使用一个额外的关联文档来描述关系。下面代码中给出了使用这两种做法描述用户和角色的实例。

```
//用内嵌文档 ID 描述多对多关系
{
 "_id" : "user1",
 "username" : "Alex",
 "email" : "alexcheng1982@gmail.com",
 "roles":["db_admin","backup_admin"]
}
{
 "_id" : "db_admin",
 "name" : " 数据库管理员 ",
 "priority" : 2
}

// 用关联文档描述多对多关系
{
 "_id" : "user1",
 "username" : "Alex",
 "email" : "alexcheng1982@gmail.com"
}
```

```
{
 "_id" : "db_admin",
 "name" : " 数据库管理员 ",
 "priority" : 2
}
{
 "_id" : "user_role_001",
 "user_id" : "user1",
 "role_id" : "db_admin"
}
```

上面说明了如何在 CouchDB 中使用文档来对一些典型的应用场景进行建模。下面将介绍开发 Web 应用的具体内容。

9.5　实战开发

9.5.1　开发 Web 应用

CouchDB 不仅是一个数据库服务器，同时也是一个应用服务器。在前面对 REST API 的介绍中，说明了如何把 CouchDB 作为一个数据库服务器来使用。下面将介绍如何将 Web 应用运行在 CouchDB 上。

由于 CouchDB 的 REST API 使用 JSON 作为展现形式，因此使用 CouchDB 的 Web 应用只需要编写浏览器端的代码就可以使用 JavaScript 与 CouchDB 进行交互；而 CouchDB 所支持的附件功能，又使得浏览器端的 HTML、JavaScript 和 CSS 代码可以直接存放在 CouchDB 中。这样 CouchDB 中不但保存了 Web 应用的数据，也保存了 Web 应用的逻辑。也就是说，只需要 CouchDB 就可以构建一个完整的 Web 应用运行环境。

在 CouchDB 中，一个 Web 应用对应的是一个设计文档。这个 Web 应用可以操作 CouchDB 中保存的文档型数据。当需要创建新的 Web 应用的时候，只需要创建新的设计文档即可。CouchDB 使得 Web 应用的部署和管理变得非常简单，只需要通过 REST API 管理设计文档即可。从更大的角度来说，CouchDB 有可能创造一种新的 Web 应用开发模式。在这种模式中，CouchDB 中保存的文档型数据可以为每个应用开发者所使用，开发者在数据之上创建满足各种需求的 Web 应用。

本小节中将以一个具体的小型网站作为实例来介绍使用 CouchDB 开发 Web 应用中的细节。该网站是一个类似"豆瓣"的用户点评网站。在该网站中用户可以对图书进行编辑和评价。

CouchApp 是一个开发使用 CouchDB 的 Web 应用的小型框架。它的主要功能是可以把一个文件系统的目录转换成 CouchDB 中的一个设计文档。在开发的时候，可以按照一般 Web 应用的结构来组织文件系统，当需要测试和部署的时候，只需要一条命令就可以把该目录保存到 CouchDB 中。CouchApp 目前有 Python 和 Ruby 两种语言的版本，本文中使用的是 Python 版本。由于目前 CouchApp 正在开发中，所以最好是从源代码安装。下面给出了 CouchApp 的安装脚本。

```
#首先需要安装python 的开发库
$ yum install python-devel
```

```
#安装 python 的开发库是为了安装 setuptools, setuptools 是为了最后安装 couchapp 的
$ wget --no-check-certificate https://pypi.python.org/packages/source/s/
setuptools/setuptools-1.3.2.tar.gz
$ tar zxvf setuptools-1.3.2.tar.gz
$ cd setuptools-1.3.2
$ python setup.py build
$ sudo python setup.py install

#安装 git 以便从 github 下载到 couchapp 的最新代码
$ yum install git
$ git clone https://github.com/couchapp/couchapp.git
$ cd couchapp
$ python setup.py build
$ sudo python setup.py install
```

CouchApp 有两条基本的命令，分别是 push 和 generate。

push 命令的作用是把文件系统目录保存到 CouchDB 的设计文档中。它的语法是 couchapp push [options] [appdir] [appname] [dburl]，如命令 couchapp push. http://127.0.0.1:5984/ databasename 的作用是把当前目录的内容保存到数据库 databasename 中。

generate 命令的作用是创建一个应用，所创建的应用有比较好的目录结构，推荐使用。它的语法是 couchapp generate <appname> [appdir]，如命令 couchapp generate myapp 的作用是在当前目录创建名为 myapp 的应用。

对于本章中介绍的示例应用来说，首先使用 couchapp generate dianping 来创建，然后使用 couchapp push.http://127.0.0.1:5984/dianping 来保存到 CouchDB 中，最后就可以通过浏览器访问 http://127.0.0.1:5984/dianping/_design/dianping/index.html 来查看该应用。在对 CouchApp 生成的目录结构进行删减之后，就得到了该应用的目录结构，如图 9.2 所示。

▷	📁 _attachments	0 items folder	Thu 01 May 2014 08:39:55 AM PDT
▷	📁 lists	0 items folder	Thu 01 May 2014 08:40:15 AM PDT
▷	📁 shows	0 items folder	Thu 01 May 2014 08:40:22 AM PDT
▷	📁 templates	0 items folder	Thu 01 May 2014 08:40:37 AM PDT
▷	📁 vendor	0 items folder	Thu 01 May 2014 08:40:43 AM PDT
▷	📁 views	0 items folder	Thu 01 May 2014 08:40:49 AM PDT

图 9.2　示例应用的目录结构图

如图 9.2 所示，_attachments 目录中包含的是静态的 JavaScript 和 CSS 文件；vendor 目录中包含的是 CouchApp 提供的一些 JavaScript 类库；views 目录中包含的是永久视图定义；shows 目录中包含的是格式化文档的 show 方法；lists 目录中包含的是格式化视图运行结果的 list 方法；templates 目录中包含的是 show 和 list 方法所需的 HTML 模板。在下面的章节中将会具体介绍这些目录中存放的文件。

9.5.2　使用 CouchDB jQuery 插件

前面提到 CouchDB 提供了返回 JSON 数据的 REST API，在浏览器中使用 JavaScript 就可以很容易的通过 Ajax 请求来操纵 CouchDB。CouchDB 自带的管理工具 Futon 用了一个 jQuery 的插件来操纵 CouchDB。在一般的 Web 应用中也可以使用该插件，其 JavaScript

文件的路径是/_utils/script/jquery.couch.js。表 9.1 中给出了该插件中的常用方法。本文的示例应用使用 jQuery 和该插件来开发。

表 9.1　jQuery CouchDB 插件的常用方法

方　　法	说　　明
$.couch.allDbs(options)	获取 CouchDB 中所有数据库的信息
$.couch.db(dbname).create(options)	创建名为 dbname 的数据库
$.couch.db(dbname).drop(options)	删除名为 dbname 的数据库
$.couch.db(dbname).info(options)	获取名为 dbname 的数据库的信息
$.couch.db(dbname).allDocs(options)	获取名为 dbname 的数据库中的全部文档
$.couch.db(dbname).allDesignDocs(options)	获取名为 dbname 的数据库中的全部设计文档
$.couch.db(dbname).openDoc(docId, options)	获取名为 dbname 的数据库中 ID 为 docId 的文档内容
$.couch.db(dbname).saveDoc(doc, options)	把内容为 doc 的文档保存到名为 dbname 的数据库中
$.couch.db(dbname).removeDoc(doc, options)	从名为 dbname 的数据库中删除内容为 doc 的文档
$.couch.db(dbname).query(mapFun, reduceFun, language, options)	基于 Map 和 Reduce 方法创建临时视图并进行查询
$.couch.db(dbname).view(viewname, options)	获取名为 dbname 的数据库中永久视图 viewname 的运行结果

在表 9.1 中，所有方法的参数 options 表示调用 CouchDB REST API 的可选参数，其中一般需要包含 success 和 error 两个方法作为请求正确完成和出现错误时的回调方法。

9.5.3　示例应用建模

在对示例应用经过分析之后，确定应用中应该包含两类实体，即图书和用户评论。图书实体的属性有名称、作者、出版日期、出版社、简介和标签等，用户评论的属性有评论者的姓名和评论内容。下面代码中给出了两类实体在 CouchDB 中的文档实例，其中 type 字段是用来区分不同类别的文档，方便用视图来进行查询。

```
// 图书
{
  "_id": "4c4e301b00351326f5692b5e7be41d43",
  "_rev": "3-3409240079",
  "title": " 光月道重生美丽 ",
  "author": " 自由鸟 ",
  "press": " 长江文艺出版社 ",
  "price": "19.8",
  "tags": [
      " 小说 ",
      " 爱情 ",
      " 都市小说 "
  ],
  "summary":"人与人之间喜爱、憎恨、吸引、排斥...皆因生活在同一个世界而产生，好像绿
    绒桌子上 .....",
  "type": "book",
  "publish_date": "2009-2-1"
}

// 用户评论
```

```
{
  "_id": "27026e72f41cbc4ea3e29d402984dcdc",
  "_rev": "1-2177730796",
  "book_id": "8ee34f275e6ed7de6e219f5ea1dcaafd",
  "commenter_name": "alex",
  "comment": " 这本书写得不错 ",
  "type": "comment",
  "created_at": 1243767814421
}
```

下面将具体介绍如何在应用中管理文档和使用视图。

9.5.4 管理文档

下面以图书这类文档为例来说明如何对文档进行操作，所涉及的操作包括文档的创建、更新和删除。对文档进行管理需要提供给用户相应的 HTML 页面，而实际的操作是通过 CouchDB jQuery 插件调用 CouchDB 的 REST API 来完成的。

1. 创建与更新文档

创建文档和更新文档的行为是类似的，都需要一个 HTML 表单来接受用户的输入。所不同的是更新文档的时候，需要用文档的当前内容填充表单。在表单提交的时候，需要提取表单中的内容并创建文档的 JSON 对象，接着将该 JSON 对象保存到 CouchDB 中。

因为需要返回的是 HTML 页面，因此需要用到前面提到的设计文档中的 show 方法。所有的 show 方法都是存放在设计文档的 shows 字段里面的，如下所示。

```
{
  "_id" : "_design/dianping",
  "shows" : {
    "example_show" : "function(doc, req) { ... }",
    "another_show" : "function(doc, req) { ... }"
  }
}
```

上面代码中定义了两个 show 方法，分别是 example_show 和 another_show。通过 URL/dianping/_design/dianping/_show/example_show/doc_id 就可以调用数据库 dianping 中设计文档 dianping 中名为 example_show 的方法，并且传入对应的文档 IDdoc_id。每个 show 方法都可以有两个参数：doc 和 req，其中 doc 表示的是与请求的文档 ID 对应的文档内容，而 req 则表示与当前请求相关的内容，是一个 JSON 对象。表 9.2 中给出了该 JSON 对象的属性和含义。

表 9.2 show方法的req参数

属性	说　　明
body	对于 GET 请求来说，该属性的值是 undefined；对于 POST/PUT 请求来说，该属性的值是请求的内容
cookie	该属性表示浏览器端的 cookie
form	如果请求的内容类型（Content Type）是 application/x-www-form-urlencoded 的话，该属性包含解码之后的 JSON 对象
info	该属性包含所请求的 CouchDB 数据库的信息

续表

属性	说　　明
path	该属性是一个数组，表示请求的路径
query	该属性包含对请求的查询字符串解码之后的 JSON 对象
verb	该属性表示 HTTP 请求的方法，一般是 GET/POST/PUT/DELETE

这里需要注意的是请求中的文档 ID 与 show 方法的参数 doc 的关系，具体的情况如下。

请求中传入了文档 ID，并且数据库中存在与此 ID 对应的文档：这种情况下，doc 的值就是此 ID 对应的文档内容。

请求中传入了文档 ID，但是数据库中没有与此 ID 对应的文档：这种情况下，doc 的值是 null，可以通过 req.docId 获取此 ID。一般的行为是创建 ID 为 req.docId 的文档。

请求中没有传入文档 ID：这种情况下，doc 和 req.docId 的值都为 null。一般的行为是由 CouchDB 生成一个 ID，并创建文档。

show 方法都需要返回一个包含了 HTTP 响应信息的 JSON 对象。该 JSON 对象中可以包含表 9.3 中给出的几个字段。表示 HTTP 响应内容的 json、body 和 base64 只需要设置一个即可。

表 9.3　show 方法返回的 JSON 对象

属性	说　　明
code	该属性表示 HTTP 响应的状态代码，默认是 200
headers	该属性表示 HTTP 响应的头，是一个 JSON 对象，如{"Content-Type" : "application/xml"}
json	设置该属性表示把一个 JSON 对象发送给客户端
body	设置该属性表示把一个任意的字符串发送给客户端
base64	设置该属性表示把 base64 编码的二进制数据发送给客户端

由于 CouchApp 可以把目录结构转换到 CouchDB 的设计文档中，因此创建 show 方法的时候，只需要在 Web 应用的根目录下面创建一个 shows 目录，并在其中创建 JavaScript 文件即可。如该目录下的 book-edit.js 文件会被转换成名为 book-edit 的方法。创建文档的 show 方法需要返回 HTML 文档，有两种方法可以实现。

直接在 show 方法构造 HTML 文档内容的字符串。这种方式比较直接，不过字符串拼接比较繁琐，而且容易出错，同时带来的维护成本也比较高。

使用简单的模板技术来实现。CouchApp 自带了一个基于 JavaScript 的简单模板实现，定义在 vendor/couchapp/template.js 中。该模板实现可以把模板中<%= title %>这样的声明替换成传入的 JSON 对象中 title 属性的值。

本文的示例应用中使用的是模板来实现的，下面给出了 book-edit.js 文件的内容。

```javascript
function(doc, req) {
  // !json templates.book.edit
  // !code vendor/couchapp/path.js
  // !code vendor/couchapp/template.js

  return template(templates.book.edit, {
    doc : doc,
    docid : toJSON((doc && doc._id) || null),
    assets : assetPath(),
    index : listPath('index','recent-posts',{descending:true,limit:8})
```

```
      });
    }
```

在上面的代码中，!json 和!code 都是由 CouchApp 提供的宏声明，用来包含外部文件。!json 用来包含设计文件中的 JSON 对象，后面接着的是 JSON 对象在设计文档中的路径。如!json templates.book.edit 会把设计文档中 templates 字段的 book 字段的 edit 字段的内容包含到当前的 show 方法中，并作为变量 templates.book.edit 的值。!code 用来包含一个 JavaScript 文件，后面接着的是 JavaScript 文件相对于根目录的路径。如!code vendor/couchapp/template.js 会把 template.js 文件包含进来。template 是包含在 template.js 文件中的一个方法，用来完成 HTML 模板内容的替换，它的第一个参数是 HTML 模板字符串，第二个参数是包含模板中<%= %>占位符实际值的 JSON 对象。变量 templates.book.edit 的值是 templates 目录下子目录 book 中 edit.html 文件的内容。该文件的主体内容如下面代码所示，完整代码见下载。assetPath 和 listPath 是由 CouchApp 提供的帮助方法，用来生成所需的路径，可以在 vendor/couchapp/path.js 文件找到这些方法的定义。

```html
<html xmlns="http://www.w3.org/1999/xhtml" xml:lang="en">
  <head> ...... </head>
  <body>
    <div id="content">
      <form id="new-book" action="new.html" method="POST">
        <h1> 添加新的图书 </h1>
        <fieldset>
          <p>
            <label for="title"> 标题 </label>
            <input type="text" size="40" name="title" id="title">
          </p>
          <p>
            <label for="author"> 作者 </label>
            <input type="text" size="20" name="author" id="author">
          </p>
          ......
        </fieldset>
        <p>
            <input type="submit" value=" 保存 " id="save">
            <span id="message" style="display:none"></span>
        </p>
      </form>
    </div>
  </body>
<script src="/_utils/script/json2.js"></script>
<script src="/_utils/script/jquery.js?1.2.6"></script>
<script src="/_utils/script/jquery.couch.js?0.8.0"></script>
<script src="/_utils/script/jquery.cookies.js"></script>
<script src="<%= assets %>/dianping.js"></script>
<script type="text/javascript">
  $(function() {
    var dbname = document.location.href.split('/')[3];
    var dname = unescape(document.location.href).split('/')[5];
    var db = $.couch.db(dbname);
    var localDoc = {};
    var bookFields = ["title", "author", "press", "publish_date", "price",
     "tags", "thumbnail", "summary"];
    $("form#new-book").submit(function(e) {
      e.preventDefault();
      $.dianping.bookFormToDoc("form#new-book", bookFields, localDoc);
```

```
      if (localDoc.tags) {
        localDoc.tags = localDoc.tags.split(",");
        for(var idx in localDoc.tags) {
          localDoc.tags[idx] = $.trim(localDoc.tags[idx]);
        }
      }
      db.saveDoc(localDoc, {
        success : function(resp) {
          $("#message").text(" 保存成功！ ").fadeIn(500).fadeOut(3000);
        },
        error : function(status, error, reason) {
          $("#message").text(" 保存失败，原因是： " + reason);
        }
      });
    });

    var docId = <%= docid %>;
    if (docId) {
      db.openDoc(docId, {
        success : function(doc) {
          $("h1").html(" 编辑图书信息 - " + doc.title);
          localDoc = doc;
          $.dianping.docToBookForm("form#new-book", doc, bookFields);
        }
      });
    }
  });
</script>
</html>
```

在上面代码清单中，edit.html 的主体是一个 HTML 表单，用来输入图书的相关信息。如果在调用此 show 方法的时候传入了文档 ID 作为参数的话，会通过 db.openDoc 方法获取文档的内容，并填充表单。在表单提交的时候，首先把表单中用户输入的值变成 JSON 对象，再通过 db.saveDoc 方法保存文档。

2．修改文档结构

熟悉关系数据库的开发者可能都有过类似的经历，那就是要修改一个关系数据库的表结构是一件比较困难的事情，尤其当应用中已经有一定量的数据的时候。而 CouchDB 中保存的文档是没有结构的，因此当需要根据应用的需求做修改的时候，比关系数据库要简单。在本文的示例应用中，一开始并没有考虑为图书添加封面的缩略图。如果要增加这样的功能，只需要在创建文档的表单中添加一项，用来让用户输入缩略图的链接即可。之后再创建的文档就会自动添加该字段。

3．删除文档

删除文档只需要调用表 9.1 中列出的$.couch.db(dbname).removeDoc(doc, options)方法即可。

9.5.5　视图

视图是 CouchDB 中用来查询和呈现文档的。完成视图的定义之后，视图的运行由专门的视图服务器来完成。CouchDB 中默认的视图定义语言是 JavaScript。CouchDB 中的视图运行使用的是类似于 Hadoop 的 MapReduce 编程模型。每个视图的定义中至少需要提供 Map 方法，Reduce 方法是可选的。

1. 视图的 Map 与 Reduce

Map 方法的参数只有一个，就是当前的文档对象。Map 方法的实现需要根据文档对象的内容，确定是否要输出结果。如果需要输出的话，可以通过 emit 来完成。emit 方法有两个参数，分别是 key 和 value，分别表示输出结果的键和值。使用什么样的键和值应该根据视图的实际需要来确定。当希望对文档的某个字段进行排序和过滤操作的时候，应该把该字段作为键（key）或是键的一部分；value 的值可以提供给 Reduce 方法使用，也可能会出现在最终的结果中。可以作为键的不仅是简单数据类型，也可以是任意的 JSON 对象。比如 emit([doc.title, doc.price], doc)中，使用数组作为键。

通过 Map 方法输出的结果称为中间结果。中间结果可以通过 Reduce 方法来进一步做聚集操作。聚集操作是对结果中键（key）相同的数据集合来进行的。Reduce 方法的输入不仅是 Map 方法输出的中间结果，也可以是上一次 Reduce 方法的结果，后面这种情况称为 rereduce。Reduce 方法的参数有三个：key、values 和 rereduce，分别表示键、值和是否是 rereduce。由于 rereduce 情况的存在，Reduce 方法一般需要处理两种情况：

传入的参数 rereduce 的值为 false：这表明 Reduce 方法的输入是 Map 方法输出的中间结果。参数 key 的值是一个数组，对应于中间结果中的每条记录。该数组的每个元素都是一个包含两个元素的数组，第一个元素是在 Map 方法中通过 emit 输出的键（key），第二个元素是记录所在的文档 ID。参数 values 的值是一个数组，对应于 Map 方法中通过 emit 输出的值（value）。

传入的参数 rereduce 的值为 true：这表明 Reduce 方法的输入是上次 Reduce 方法的输出。参数 key 的值为 null。参数 values 的值是一个数组，对应于上次 Reduce 方法的输出结果。

下面通过一个实例来说明视图 Map 和 Reduce 的用法。该视图要解决的问题是对图书简介中出现的字符进行计数，这也是一个经典的 MapReduce 编程模型的实例。下面代码给出了该视图的定义：

```
//Map 方法
function(doc) {
 if(doc.type == 'book' && doc.summary) {
  var words = Array.prototype.slice.apply(doc.summary);
  for (var i = 0; i < words.length; i++) {
   emit(words[i], 1);
  }
 }
}
//Reduce 方法
function(key, values) {
 return sum(values);
}
```

该视图定义的基本思路是对于每本图书的简介，把其中包含的每个字符都作为键输出，而对应的值是 1，表明是一次计数。在介绍视图 REST API 的时候提过，只需要发送

HTTP GET 请求就可以获得视图的运行结果。上面的代码中视图的名字是 word-count，因此只需要发送 GET 请求到 http://127.0.0.1:5984/dianping/_design/dianping/_view/word-count 就可以获得如下代码所示的运行结果。

```
{
  "rows":[
    {"key":null,"value":439}
  ]
}
```

从上面的代码可以看到，视图的运行结果只有一行，value 的值 439 是 Reduce 方法的最终运行结果，表示全部图书简介中共包含 439 个字符。默认情况下，Reduce 方法会把 Map 方法输出的记录变成一行。不过这里需要统计的是每个字符的出现次数，应该需要对字符进行分组来计数。通过在请求中添加参数 group=true 可以让 Reduce 方法按照 Map 方法输出的键进行分组，得到的部分运行结果如下所示：

```
{
  "rows":[
    {"key":"\u4ea7","value":1},
    {"key":"\u4eba","value":6},
    {"key":"\u4ec0","value":1},
    {"key":"\u4ee5","value":1},
    {"key":"\u4eec","value":4},
    {"key":"\u4f1a","value":1},
    {"key":"\u4f24","value":1},
    {"key":"\u4f46","value":1},
    {"key":"\u97f3","value":2},
    {"key":"\u9996","value":1}
  ]
}
```

在上面代码中，rows 数组中的每个元素表示一条记录，其中 key 是由 emit 方法输出的键，而 value 则是 emit 方法输出的值经过 Reduce 方法（如果有的话）得到的结果。由于指定了参数 group=true，相同的字符被分在一组并计数。

在获取视图运行结果的时候可以添加额外的参数，具体如表 9.4 所示。

表 9.4　运行视图时的可选参数

参　　数	说　　明
key	限定结果中只包含键为该参数值的记录
startkey	限定结果中只包含键大于或等于该参数值的记录
endkey	限定结果中只包含键小于或等于该参数值的记录
limit	限定结果中包含的记录的数目
descending	指定结果中记录是否按照降序排列
skip	指定结果中需要跳过的记录数目
group	指定是否对键进行分组
reduce	指定 reduce=false 可以只返回 Map 方法的运行结果

2．视图定义说明

视图定义是存放在设计文档中 views 字段中的，因此需要在 Web 应用根目录下新建一个 views 目录，该目录下的每个子目录都表示一个视图。每个子目录下至少需要有 map.js

文件提供 Map 方法，可以有 reduce.js 文件提供 Reduce 方法。下面通过几个具体的视图定义来解释视图的用法。

第一个例子是对应用中的标签（Tag）进行统计。每本图书都可以有多个用户自定义的标签，一个常见的需求是统计每个标签的使用次数，并生成标签云（Tag Cloud）方便用户浏览。该视图定义的 Map 和 Reduce 方法见下面代码：

```
//Map 方法
function(doc) {
 if(doc.tags && doc.tags.length) {
     for(var index in doc.tags) {
         emit(doc.tags[index], 1);
     }
 }
}

//Reduce 方法
function(key, values) {
   return sum(values);
}
```

在上面代码中，Map 方法首先判断文档是否包含标签，然后对于某个标签，输出标签作为键，计数值 1 作为值；而在 Reduce 方法中，将计数值累加。该视图定义与 word-count 视图中的代码定义类似。

第二个视图是根据标签来浏览图书，也就是说给定一个标签，列出包含该标签的图书。由于需要根据标签进行查询，因此把标签作为键，而对应的值则是图书文档。通过使用参数 key="原创"就可以查询包含标签"原创"的图书。该视图定义只包含 Map 方法，如下所示。

```
//Map 方法
function(doc) {
 if(doc.type == 'book' && doc.tags && doc.tags.length) {
     for(var index in doc.tags) {
         emit(doc.tags[index], doc);
     }
 }
}
```

最后一个视图是用来查询每本图书对应的用户评论。该视图只有 Map 方法，其实现是对于用户评论，以其关联的图书文档 ID 和评论的创建时间作为键，输出文档的内容作为值。在使用该视图的时候需要添加参数 startkey=[docId]和 endkey=[docId, {}]来限定只返回 ID 为 docId 的图书的用户评论。具体的视图定义如下所示：

```
function(doc) {
  if (doc.type == "comment") {
    emit([doc.book_id, doc.created_at], doc);
  }
};
```

3. 使用 list 方法呈现视图

与 show 方法对应，list 方法用来把视图转换成非 JSON 格式。list 方法保存在设计文档的 lists 字段中。下面的代码给出了 list 方法在设计文档中的示例。

```
{
 "_id" : "_design/dianping",
 "views" {
  "book-by-tag" : "function(doc){...}"
 },
 "lists" : {
  "browse-book-by-tag" : "function(head, row, req, row_info) { ... }"
 }
```

上面的代码中的设计文档定义了视图 book-by-tag 和 list browse-book。通过 GET 请求访问/databasename/_design/dianping/_list/browse-book/book-by-tag 可以获取用 browse-book 格式化视图 book-by-tag 的结果。由于视图的运行结果包含多行数据，list 方法需要迭代每行数据并分别进行格式化，因此对于一个视图的运行结果，list 方法会被多次调用。list 方法的调用过程是迭代之前调用一次，对结果中的每行数据都调用一次，最后在迭代之后再调用一次。比如，假设结果中包含 10 条记录的话，list 方法会被调用 1+10+1=12 次。每个 list 方法都可以有四个参数：head、row、req 和 row_info。根据调用情况的不同，这四个参数的实际值也不同。具体如下面所示。

在迭代之前的调用中，head 的值非空，包含与视图相关的信息，其中有两个字段：total_rows 表示视图结果的总行数，offset 表示当前结果中第一条记录在整个结果集中的起始位置，可以用来对视图结果进行分页。

在对每行数据的调用中，row 和 row_info 的值非空：row 的值为视图运行结果中的当前行，对应于上面 9.5.3 小节中最后一个代码清单中所示的 rows 数组中的一个元素。row_info 包含与迭代状态相关的信息，包括 row_number 表示当前的行号，first_key 表示结果中第一条记录的键，prev_key 表示前一行的键。

在迭代之后的调用中，head 和 row 的值均为空。在所有的调用中，req 都包含了与此次请求相关的信息，其内容与 show 方法的第二个参数 req 相同，如表 9.2 所示。

在 list 方法的实现中，需要根据这四个参数的值来确定当前的迭代状态，并输出对应的结果。下面通过一个实例来说明 list 方法的使用。

该 list 方法用来列出应用中全部图书的概要信息。首先需要定义一个视图 recent-books，该视图用来查询全部图书的概要信息，其定义如下所示。

```
function(doc) {
  if (doc.type == "book") {
    emit(null, {
      title : doc.title,
      author : doc.author,
      price : doc.price,
      publish_date : doc.publish_date
      press : doc.press
    });
  }
};
```

从上面代码可以看到，doc.type == "book"确定了只有图书才会出现在视图中，并且视图中的结果只包含图书的基本信息。在定义了视图之后，下面需要定义 list 方法。下面的代码给出了 list 方法的定义。

```
function(head, row, req, row_info) {
  // !json templates.index
```

```
// !code vendor/couchapp/path.js
// !code vendor/couchapp/date.js
// !code vendor/couchapp/template.js
if (head) {
  return template(templates.index.head, {
    assets : assetPath(),
    edit : showPath("book-edit"),
    index : listPath('index','recent-books',{limit:10}),
    total_books : head.total_rows
  });
}
else if (row) {
  var book = row.value;
  return template(templates.index.row, {
    title : book.title,
    author : book.author,
    price : book.price,
    publish_date : book.publish_date,
    press : book.press,
    link : showPath("book-view", row.id),
    assets : assetPath()
  });
}
else {
  return template(templates.index.tail, {
    assets : assetPath()
  });
}
};
```

可以看到如何根据 head 和 row 的值来判断当前的迭代状态。首先 head 不为空，这是迭代之前的状态，应该输出整个 HTML 文档的头部；接着 row 不为空，这是对视图运行结果的每行进行迭代，应该输出代表每行结果的 HTML 片断，如下代码所示；最后是迭代之后，应该输出整个 HTML 文档的尾部。所有这些调用的结果会被组合起来，形成一个完整的 HTML 文档，返回给客户端。

```
<table width="100%" class="book">
  <tbody>
    <tr>
      <td width="100px" valign="top"></td>
      <td valign="top">
        <div class="title">
          <a href="<%= link %>"><%= title %></a>
        </div>
        <p><%= author %> / <%= publish_date %> / <%= press %> / <%= price
        %></p>
      </td>
    </tr>
  </tbody>
</table>
```

在 list 方法输出的 HTML 文档中，同样可以添加 JavaScript 代码使用 CouchDB jQuery 插件来进行数据库操作，其做法类似于 show 方法。

至此，关于使用 CouchDB 开发 Web 应用的主要方面已经介绍完毕。在本章结束前再介绍一些高级话题。

9.6　高级话题

9.6.1　权限控制与安全

CouchDB 目前只支持一种角色，即"系统管理员"。"系统管理员"可以执行 HTTP REST API 对数据库进行任意的修改。可以在 CouchDB 的配置文件中添加系统管理员的账号和密码。CouchDB 也自带对 HTTP 基本认证的支持，同样可以在配置文件中启用这一认证方式。

由于目前 CouchDB 对于权限控制功能比较弱，一种比较好的做法是用 Apache HTTP 服务器作为 CouchDB 的反向代理，由 Apache HTTP 服务器来处理访问控制。

9.6.2　文档更新校验

CouchDB 允许文档在创建和更新之前先进行校验。只有校验通过的文档才能被保存在数据库中。校验方法是由设计文档中的 validate_doc_update 字段来表示的。所有的文档更新都会调用该方法，如果该方法抛出异常，则说明校验失败，CouchDB 会返回异常中的错误信息给客户端。

validate_doc_update 的示例如下面代码所示。该方法可以接受 3 个参数：newDoc、oldDoc 和 userCtx。其中 newDoc 表示待创建或更新的文档对象，oldDoc 表示数据库中已有的文档对象，userCtx 则是一个包含 db、name 和 roles 三个属性的 JSON 对象，分别表示数据库名称、用户名和用户所属角色的数组。

```
function(newDoc, oldDoc, userCtx) {
  if(newDoc.type == "book") {
    if(newDoc.title === undefined) {
      throw {required_field_is_missing : "Book must have a title."};
    }
    else if (newDoc.author === undefined) {
      throw {required_field_is_missing : "Book must have an author."};
    }
  }
}
```

在上面的代码中，validate_doc_update 方法限定了图书必须包含标题和作者。

9.6.3　分组

在前面提到过，可以通过 group 参数在进行 Reduce 的时候对键进行分组。默认情况下，该参数的值为 false，Reduce 方法会将结果变成一条记录。如果指定了 group 参数的值为 true，则 Map 方法输出的所有记录中，键相同的记录将被分在一个组中。Reduce 方法会把每个组都变成一条记录，也就是说得到一个单一的值做为结果。

还可以通过 group_level 参数来对分组的级别进行更细的限定。下面给出了 Map 方法输出的一些键。

```
["Alex", "2009.08", 3]
["Alex", "2009.08", 4]
["Bob", "2009.02", 10]
["John", "2009.01", 8]
["Bob", "2009.03", 5]
```

在上面的代码中，Map 方法输出的键是一个数组，其中三个元素分别表示用户名、购买时间和购买数量。如果指定 group_level=1 的话，则会根据键的第一个元素进行分组，也就是说结果中包含三条记录。如果指定 group_level=2 的话，则会根据键的前两个元素进行分组，也就是说前两个元素相同的键作为一组，结果中应该包含四条记录。

9.6.4　键的排序

在运行视图的时候，CouchDB 总是会对键进行排序。CouchDB 允许使用任意复杂的 JSON 对象来作为键，而键的排序顺序与键的数据类型有关。下面根据键的类型，给出了基本的排序顺序。

- 特殊类型：null、false 和 true。
- 数字：按照数字大小排序。
- 字符串：按照字典顺序。长字符串在短字符串之后，大写字母在小写字母之后。
- 数组：按照长度和对应元素排序。
- JSON 对象：按照属性的名称和值排序。

将这个排序规则与 startkey 和 endkey 两个参数结合，可以非常灵活的限定视图运行结果中所包含的键的范围。比如键的类型是表示标签的字符串，想查找所有以"web"开头的标签，就可以使用 startkey="web"和 endkey="web\u9999"来限定。

第 10 章　MongoDB 实战

MongoDB 是 10gen 公司开发的一款以高性能和可扩展性为特征的开源软件，它是 NoSQL 中面向文档的数据库。它是一个介于关系数据库和非关系数据库之间的产品，是非关系数据库当中功能最丰富，最像关系数据库的。它支持的数据结构非常松散，是类似 JSON 的 BSON 格式，因此可以存储比较复杂的数据类型。MongoDB 最大的特点是它支持的查询语言非常强大，其语法有点类似于面向对象的查询语言，几乎可以实现类似关系数据库单表查询的绝大部分功能，而且还支持对数据建立索引。它是一个面向集合的，模式自由的文档型数据库。

10.1　为什么要使用 MongoDB

10.1.1　不能确定的表结构信息

关系型数据库虽然非常不错，但是由于被设计成可以应对各种情况的通用型数据库，所以也存在一些不足之处。

例如，在使用关系型数据库的时候，表结构（表中所保存的字段信息）都必须事先定义好，碰到很难定义表结构的时候就比较麻烦了。难以定义却又必须定义，这时恐怕就只能采用折中的方法：先定义最低限度的必要字段，需要的时候再添加其他字段。在这种情况下，肯定会发生添加字段等需要变更表结构的操作，势必要花费更多的工夫。但如果能接受，也是个不错的解决方案。或者还可以考虑使用一些其他方法，例如事先定义一些像魔术数字一样的字段作为备用，在需要使用的时候加以利用等。

关系型数据可以在事先定义好表结构的前提下高效地处理数据。但是对于调查问卷数据和分析结果数据（通过解析日志数据得到的数据），我们很难知道哪些字段是必要的，这必然会带来反复的表结构变更操作，因此也就无需固执地非要使用关系数据库不可。

10.1.2　序列化可以解决一切问题吗

如果只是表结构的定义比较棘手的话，大家可能会觉得通过 JSON 等工具对数据进行序列化之后再保存到关系型数据库中就能解决问题。确实，若能忍受保存数据时的序列化处理及读取数据时的反序列化处理所带来的额外开销，以及数据不易理解等问题，这也不失为一个好的解决方案。但是这种方法有可能会导致效率低下。例如，我们把如下数据通过 JSON 进行序列化，然后保存到关系型数据库的某个字段中。

```
{
 key1 ->"value1'
 key2 ->"value"
 key3 ->"value3"
}
```

即使存在多个键（本例中有键 1、键 2 和键 3 三个），也可以顺利地通过 JSCN 进行序列化，然后保存到关系型数据库中，并在读取的时候通过反序列化得到原来的散列表数据。

但是，若想要从所有数据中取得键 1 等于某个值的数据，应该怎么办才好呢？如果键 1 是保存在关系型数据库的字段中的话，就可以很容易地通过 SQL 读取出来。

但是，那些被 JSON 序列化之后的数据却无法这样读取。因此，只能把所有数据都取出来进行反序列化，再从中抽取出符合条件的数据。如果一开始就把所有数据都取出来不仅浪费时间和资源，而且还必须对取出的数据进行再次抽取。随着数据的增大，处理所需要的时间也会越来越长。

10.1.3　无需定义表结构的数据库

这时就轮到 MongoDB 出场了。由于它是无表结构的数据库，所以使用 MongoDB 的时候是不需要定义表结构的。而且，由于它无需定义表结构，所以对于任何 key 都可以像关系型数据库那样进行复杂查询等操作。MongoDB 拥有比关系型数据库更快的处理速度，而且可以像关系型数据库那样通过添加索引来进行高速处理。

10.2　MongoDB 的优势和不足

10.2.1　无表结构

毫无疑问，MongoDB 的最大特征就是无表结构（没有必要定义表结构）的模式自由（schema-free），它无需像关系型数据那样定义表结构。例如，下面两个记录可以存在于同一个集合里面：

```
{"welcome" : "Beijing"}
{"age" : 25}
```

但是，它到底是如何保存数据的呢？MongoDB 在保存数据的时候会把数据和数据结构都完整地以 BSON（JSON 的二进制化产物）的形式保存起来，并把它作为值和特定的键进行关联。正是由于这样的设计所以它不需要定义表结构因而被称为面向文档数据库。

由于数据的处理方式不同，所以面向文档数据库的用语也发生了变化。刚开始的时候大家可能会因为用语的不同而不太适应。例如，关系型数据库中的表在面向文档数据库中称为集合（collection），关系型数据库中的记录在面向文档数据库中被称为文档（document）。表 10.1 所示为面向文档数据库术语。

表 10.1　面向文档的数据库用语

关系型数据库用语	数据库	表	记录
面向文档数据库用语	数据库	集合	文档

无表结构是 MongoDB 最大的优势。由于不需要定义表结构，减少了添加字段等表结构变更所需要的开销。除此之外，它还有一些非常便利的地方。

让我们来看一个比较常见的例子：假设需要添加新字段，在这种情况下，对于关系型数据库来说，首先要进行表结构变更，然后在程序中针对这个新字段进行相应的修改。而 MongoDB 原本就没有定义表结构，所以只需要对程序进行相应的修改就可以了。

MongoDB 给我们带来的最大便利就是不必再去关心表结构和程序之间的一致性。使用关系型数据库时往往会发生表结构和程序之间不一致的问题，所以估计很多人在添加字段时往往只修改了程序，忘了修改表结构，从而导致出错。如果使用像 MongoDB 这样没有表结构的数据库，就不会发生类似问题了，只需保证程序的正确性即可。

10.2.2　容易扩展

应用数据集的大小在飞速增加。传感器技术的发展、带宽的增加，以及可连接到因特网的手持设备的普及使得当下即使很小的应用也要存储大量数据，量大到很多数据库都应付不来。T 级别的数据原来是闻所未闻的，现在已经司空见惯了。

由于开发者要存储的数据不断增长，他们面临一个非常困难的选择：该如何扩展他们的数据库呢？升级呢（买台更好的机器），还是扩展呢（将数据分散到很多机器上）？升级通常是最省力气的做法，但是问题也显而易见：大型机一般都非常昂贵，最后达到了物理极限的话花多少钱也买不到更好的机器。对于大多数人希望构建的大型 Web 应用来说，这样做既不现实也不划算。而扩展就不同了，不但经济而且还能持续添加：想要增加存储空间或者提升性能，只需要买台一般的服务器加入集群就好了。

MongoDB 从最初设计的时候就考虑到了扩展的问题。它所采用的面向文档的数据模型使其可以自动在多台服务器之间分散数据。它还可以平衡集群的数据和负载，自动重排文档。这样开发者就可以专注于编写应用，而不是考虑如何扩展。要是需要更大的容量，只需在集群中添加新机器，然后让数据库来处理剩下的事。

10.2.3　丰富的功能

MongoDB 拥有一些真正独特的、好用的功能，其他数据库不具备或者不完全具备这些功能。

- ❑ 索引：MongoDB 支持通用辅助索引，能进行多种快速查询，也提供唯一的、复合的地理空间索引能力。
- ❑ 存储 JavaScript：开发人员不必使用存储过程了，可以直接在服务器端存取 JavaScript 的函数和值。
- ❑ 聚合：MongoDB 支持 MapReduce 和其他聚合工具。

❑ 固定集合：集合的大小是有上限的，这对某些类型的数据（比如日志）特别有用。

❑ 文件存储：MongoDB 支持用一种容易使用的协议存储大型文件和文件的元数据。

10.2.4　性能卓越

卓越的性能是 MongoDB 的主要目标，也极大地影响了设计上的很多决定。MongoDB 使用 MongoDB 传输协议作为与服务器交互的主要方式（其他的协议需要更多的开销，如 HTTP/REST）。它对文档进行动态填充，预分配数据文件，用空间换取性能的稳定。默认的存储引擎中使用了内存映射文件，将内存管理工作交给操作系统去处理。动态查询优化器会"记住"执行查询最高效的方式。总之，MogonDB 在各个方面都充分考虑了性能。

10.2.5　简便的管理

MongoDB 尽量让服务器自动配置来简化数据库的管理。除了启动数据库服务器之外，基本没有什么必要的管理操作。如果主服务器挂掉了，MongoDB 会自动切换到备份服务器上，并且将备份服务器提升为主服务器。在分布式环境下，集群只需要知道有新增加的节点，就会自动继承和配置新节点。

MongoDB 的管理理念就是尽可能地让服务器自动配置，让用户能在需要的时候调整设置（但不强制）。

10.2.6　MongoDB 的不足

MongoDB 不支持 JOIN 查询和事务处理，但实际上事务处理一般来说都是通过关系型数据库来完成的，很少会涉及到 MongoDB。虽然不能进行 JOIN 查询确实不太方便，但是也可以通过一些方法来规避。例如，可以在不需要 JOIN 查询的地方使用 MongoDB，或者是在初始设计中就避免使用 JOIN 查询等。另外，还可以在一开始就把必要的数据全都嵌入到文档中去。

还有点需要注意的是，使用 MongoDB 创建和更新数据的时候，数据是不会实时写入到硬盘中的。由于不能实时向硬盘中写入数据，所以就有可能出现数据丢失的情况。大家在使用的时候一定要谨慎。

但是，由于 MongoDB 在保存数据时需要预留出很大的空间，因此对硬盘的空间需求量呈逐渐增大的趋势。

10.3　基　本　概　念

MongoDB 非常强大，同时也很容易上手。本节介绍一些 MongoDB 的基本概念：

❑ MongoDB 的文档（document），相当于关系数据库中的一行记录。

❑ 多个文档组成一个集合（collection），相当于关系数据库的表。

❑ 多个集合（collection），逻辑上组织在一起，就是数据库（database）。

❑　一个运行的 MongoDB server 支持多个数据库（database）。

文档（document）、集合（collection）和数据库（database）的层次结构如图 10.1 所示。

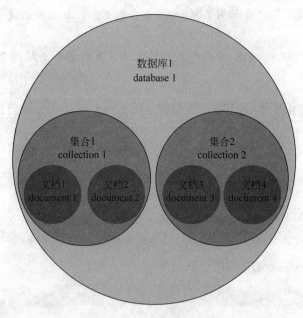

图 10.1　MongoDB 的基本概念

10.4　Linux 下 MongoDB 的安装和配置、启动和停止

10.4.1　下载

MongoDB 的官方下载网站是 http://www.mongodb.org/downloads，可以去上面下载最新的安装程序。在下载页面可以看到，它对操作系统支持很全面，如 OS X、Linux、Windows 和 Solaris 都支持，而且都有各自的 32 位和 64 位版本。目前的稳定版本是 2.4.8 版本，如图 10.2 所示。

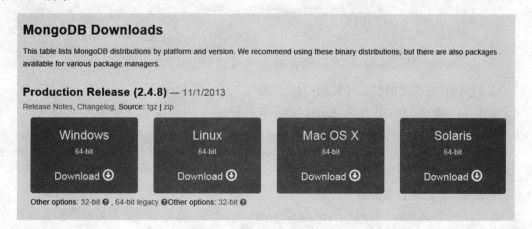

图 10.2　MongoDB 的版本选择

注意：

- MongoDB 2.4.8 Linux 版要求 glibc 必须是 2.5 以上，所以需要先确认操作系统的 glibc 的版本。笔者最初用 Linux AS 4 安装不上，最后用的是 Cent OS 6.5 来安装才成功的。
- 在 32 位平台 MongoDB 不允许数据库文件（累计总和）超过 2G，而 64 位平台没有这个限制。

怎么安装 MongoDB 数据库呢？下面将介绍 Linux 版本的安装方法。

10.4.2 安装

步骤一： 下载 MongoDB

下载安装包如下所示。

```
wget http://fastdl.mongodb.org/linux/mongodb-linux-i686-2.4.8.tgz
```

步骤二： 设置 MongoDB 程序存放目录

```
tar zxvf mongodb-linux-i686-2.4.8.tgz
mkdir /Apps
mv mongodb-linux-i686-2.4.8 /Apps
mv /Apps/mongodb-linux-i686-2.4.8 /Apps/mongo
```

步骤三：设置数据文件存放目录及 log 文件

```
[root@localhost pizhou]#mkdir -p /data/db
[root@localhost pizhou]#mkdir -p /Apps/mongo/logs/
[root@localhost pizhou]#touch /Apps/mongo/logs/mongodb.log
[root@localhost pizhou]#/Apps/mongo/bin/mongod --dbpath=/data/db -logpath
=/Apps/mongo/logs/mongodb.log
```

步骤四：启动 MongoDB 服务

```
[[root@localhost     pizhou]#/Apps/mongo/bin/mongod      --dbpath=/data/db
--logpath =/Apps/mongo/logs/mongodb.log
Fri May  9 20:35:17.249
Fri May  9 20:35:17.249 warning: 32-bit servers don't have journaling enabled
by default. Please use --journal if you want durability.
Fri May  9 20:35:17.249
all output going to: /Apps/mongo/logs/mongodb.log
log file [/Apps/mongo/logs/mongodb.log] exists; copied to temporary file
[/Apps/mongo/logs/mongodb.log.2014-05-10T03-35-17]
```

MongoDB 服务端的默认连接端口是 27017。

步骤五：将 MongoDB 作为 Linux 服务开机启动

```
vi /etc/rc.local #使用 vi 编辑器打开配置文件，并在其中加入下面一行代码
/Apps/mongo/bin/mongod    --dbpath=/data/db    --logpath=/Apps/mongo/logs/
mongodb.log
```

步骤六：客户端连接验证

新打开一个 terminal 输入：/Apps/mongo/bin/mongo，如果出现下面提示，那么你就可以开始 MongoDB 之旅了。

```
[root@localhost pizhou]#/Apps/mongo/bin/mongo
MongoDB shell version: 2.4.8
connecting to: test
Server has startup warnings:
Fri May  9 20:35:17.295 [initandlisten]
Fri May  9 20:35:17.295 [initandlisten] ** NOTE: This is a 32 bit MongoDB
binary.
Fri May  9 20:35:17.295 [initandlisten] **       32 bit builds are limited
to less than 2GB of data (or less with --journal).
Fri May  9 20:35:17.295 [initandlisten] **       Note that journaling
defaults to off for 32 bit and is currently off.
Fri May  9 20:35:17.295 [initandlisten] ** See http://dochub.mongodb.org/
core/32bit
Fri May  9 20:35:17.295 [initandlisten]
>
```

步骤七：　查看 MongoDB 日志

查看/Apps/mongo/logs/mongodb.log 文件，即可对 MongoDB 的运行状况进行查看或分析了。

```
[root@localhost mongo]#cd /Apps/mongo/logs
[root@localhost logs]#ll
total 4
-rw-r--r--. 1 root root 1582 May  9 20:37 mongodb.log
-rw-r--r--. 1 root root    0 May  9 20:34 mongodb.log.2014-05-10T03-35-17
[root@localhost logs]#
```

以上的几个步骤就 OK 了！这样一个简单的 MongoDB 数据库就可以畅通无阻地运行起来了。

10.4.3　启动数据库

MongoDB 安装和配置完后，必须先启动它，然后才能使用它。怎么启动它呢？下面分别展示了 3 种方式来启动实例。

1．命令行方式启动

MongoDB 默认存储数据目录为/data/db/，默认端口 27017，默认 HTTP 端口 28017。当然你也可以修改成不同目录。

```
[root@localhost ~]#/Apps/mongo/bin/mongod --dbpath=/data/db
Sun Apr 8 22:41:06 [initandlisten] MongoDB starting : pid=13701 port=27017
dbpath=/data/db
32-bit
......
Sun Apr 8 22:41:06 [initandlisten] waiting for connections on port 27017
Sun Apr 8 22:41:06 [websvr] web admin interface listening on port 28017
```

2．配置文件方式启动

如果是一个专业的 DBA，那么实例启动时会加很多的参数以便使系统运行的非常稳定，这样就可能会在启动时在 mongod 后面加一长串的参数，看起来非常混乱而且不好管理和维护，那么有什么办法让这些参数有条理呢？MongoDB 也支持同 MySQL 一样的读取启动配置文件的方式来启动数据库，配置文件的内容如下：

```
[root@localhost bin]#cat /etc/mongodb.cnf
dbpath=/data/db/
```

启动时加上"-f"参数，并指向配置文件即可：

```
[root@localhost bin]#./mongod -f /etc/mongodb.cnf
Mon May 28 18:27:18 [initandlisten] MongoDB starting : pid=18481 port=27017
dbpath=/data/db/ 32-bit
……
Mon May 28 18:27:18 [initandlisten] waiting for connections on port 27017
Mon May 28 18:27:18 [websvr] web admin interface listening on port 28017
```

3．Daemon 方式启动

大家可以注意到上面的两种方式都慢在前台启动 MongoDB 进程，但当启动 MongoDB 进程的 session 窗口不小心关闭时，MongoDB 进程也将随之停止，这无疑是非常不安全的。幸好 MongoDB 提供了一种后台 Daemon 方式启动的选择，只需加上一个"--fork"参数即可，这就使我们可以更方便的操作数据库的启动，但如果用到了"--fork"参数就必须也启用"--logpath"参数，这是强制的。

```
[root@localhost ~]#/Apps/mongo/bin/mongod --dbpath=/data/db --fork
--fork has to be used with --logpath
[root@localhost ~]#/Apps/mongo/bin/mongod --dbpath=/data/db --logpath=/
data/log/r3.log  --fork
all output going to: /data/log/r3.log
forked process: 19528
[root@localhost ~]#
```

4．mongod 参数说明

最简单的，通过执行 mongod 即可以启动 MongoDB 数据库服务，mongod 支持很多的参数，但都有默认值，其中最重要的是需要指定数据文件路径，或者确保默认的/data/db 存在并且有访问权限，否则启动后会自动关闭服务。Ok，那也就是说，只要确保 dbpath 就可以启动 MongoDB 服务了。

mongod 的主要参数如下。

❑ dbpath：数据文件存放路径，每个数据库会在其中创建一个子目录，用于防止同一个实例多次运行的 mongod.lock 也保存在此目录中。

❑ Logpath：错误日志文件。

❑ logappend 错误日志采用追加模式（默认是覆写模式）。

❑ bind_ip 对外服务的绑定 IP，一般设置为空，及绑定在本机所有可用 IP 上，如有需要可以单独指定。

❑ port 对外服务端口。Web 管理端口在这个 port 的基础上+1000。

❑ fork 以后台 Daemon 形式运行服务。

❑ journal 开启日志功能，通过保存操作日志来降低单机故障的恢复时间，在 1.8 版本后正式加入，取代在 1.7.5 版本中的 dur 参数。

❑ syncdelay 系统同步刷新磁盘的时间，单位为秒，默认是 60 秒。

❑ directoryperdb 每个 db 存放在单独的目录中，建议设置该参数。与 MySQL 的独立表空间类似。

❑ maxConns 最大连接数。

❑ repairpath 执行 repair 时的临时目录。如果没有开启 journal，异常 down 机后重启，必须执行 repair 操作。

在源代码中，mongod 的参数分为一般参数、windows 参数、replication 参数、replica set 参数及隐含参数。上面列举的都是一般参数。如果要配置 replication 和 replica set 等，还需要设置对应的参数，这里先不展开，后续会有专门的章节来讲述。执行 mongod --help 可以看到对大多数参数的解释，但有一些隐含参数，则只能通过看代码来获得，隐含参数一般要么还在开发中，要么是准备废弃，因此在生产环境中不建议使用。

可能你已经注意到，mongod 的参数中，没有设置内存大小相关的参数，是的，MongoDB 使用 os mmap 机制来缓存数据文件数据，自身目前不提供缓存机制。其好处是代码简单，mmap 在数据量不超过内存时效率很高。但是数据量超过系统可用内存后，则写入的性能可能不太稳定，容易出现大起大落，不过在最新的版本中，这个情况相对以前的版本已经有了一定程度的改善。

10.4.4　停止数据库

MongoDB 提供的停止数据库命令也非常丰富，如发送 shutdownServer()指令及发送 Unix 系统中断信号等。

1. shutdownServer()指令

如果处理连接状态，那么直接可以通过在 admin 库中发送 db.shutdownServer()指令去停止。

MongoDB 实例，具体如下：

```
#连接到mongodb
[root@localhost pizhou]#/Apps/mongo/bin/mongo
MongoDB shell version: 2.4.8
connecting to: test
Welcome to the MongoDB shell.
For interactive help, type "help".
For more comprehensive documentation, see
    http://docs.mongodb.org/
Questions? Try the support group
    http://groups.google.com/group/mongodb-user
Server has startup warnings:
Fri May  9 20:26:43.022 [initandlisten]
Fri May  9 20:26:43.022 [initandlisten] ** NOTE: This is a 32 bit MongoDB
binary.
Fri May  9 20:26:43.022 [initandlisten] **       32 bit builds are limited
to less than 2GB of data (or less with --journal).
Fri May  9 20:26:43.022 [initandlisten] **          Note that journaling
defaults to off for 32 bit and is currently off.
Fri May  9 20:26:43.022 [initandlisten] ** See http://dochub.mongodb.org/
core/32bit
Fri May  9 20:26:43.022 [initandlisten]
> use admin;
```

```
switched to db admin
#停止 mongodb
> db.shutdownServer();
Fri May  9 20:32:03.342 DBClientCursor::init call() failed
server should be down...
Fri May  9 20:32:03.345 trying reconnect to 127.0.0.1:27017
Fri May  9 20:32:03.378 reconnect 127.0.0.1:27017 failed couldn't connect
to server 127.0.0.1:27017
>
```

2．Unix 系统指令

在找到实例的进程后，可能通过发送 kill -2 PID 或 kill -15 PID 来停止进程：

```
[root@localhost logs]#ps aux|grep mongod|grep -v grep
root       4608   1.0   3.0 176564 31636 pts/0      Sl+    20:35     0:03
/Apps/mongo/bin/mongod   --dbpath=/data/db   --logpath=/Apps/mongo/logs/
mongodb.log
[root@localhost ~]#kill -2 4608
```

注意：不要用 kill -9PID 来杀死 MongoDB 进程，这样可能会导致 MongoDB 的数据损坏。

10.5　创建、更新及删除文档

MongoDB Shell 是 MongoDB 自带的交互式 JavaScript Shell，用来对 MongoDB 进行操作和管理的交互式环境。

使用"./mongo --help"可查看相关连接参数，下面将从常见的操作，如插入、查询、修改和删除等几个方面阐述 MongoDB Shell 的用法。

10.5.1　连接数据库

现在我们就可以使用自带的 MongoDB Shell 工具来操作数据库了，（我们也可以使用各种编程语言的驱动来使用 MongoDB，但自带的 MongoDB Shell 工具可以方便我们管理数据库）。

新打开一个 Session 输入：/Apps/mongo/bin/mongo，如果出现下面提示，那么就说明你连接上数据库了，可以进行操作了。

```
[root@localhost ~]#/Apps/mongo/bin/mongo
MongoDB shell version: 2.4.8
connecting to: test
>
```

默认 shell 连接的是本机 localhost 上面的 test 库，"connecting to:"这个会显示你正在使用的数据库的名称。想换数据库的话可以用"use mydb"来实现。

10.5.2　插入记录

下面我们来建立一个 things 的集合并写入一些数据，建立两个对象 j 和 t，并保存到集合中去。在例子里"＞"来表示是 shell 输入提示符。

```
// 创建对象 i, j
> j = { name : "mongo" };
{"name" : "mongo"}
> t = { x : 3 };
{ "x" : 3 }

// 保存对象 i, j
> db.things.save(j);
> db.things.save(t);

// 查看数据库里有哪些对象
> db.things.find();
{ "_id" : ObjectId("4c2209f9f3924d31102bd84a"), "name" : "mongo" }
{ "_id" : ObjectId("4c2209fef3924d31102bd84b"), "x" : 3 }
>
```

有几点需要注意一下：

- ❑ 不需要预先创建一个集合，在第一次插入数据的时候会自动创建。
- ❑ 在文档中其实可以存储任何结构的数据，当然在实际应用我们存储的还是相同类型文档的集合。这个特性其实可以在应用里很灵活，你不需要类似 alter table 语句来修改你的数据结构。
- ❑ 每次插入数据的时候集合中都会有一个 ID，名字叫_id。

下面再加点数据：

```
> for( var i = 1; i < 10; i++ ) db.things.save( { x:4, j:i } );

// 查看数据库数据
 > db.things.find();
{"name" : "mongo" , "_id" : ObjectId("497cf60751712cf7758fbdbb")}
{"x" : 3 , "_id" : ObjectId("497cf61651712cf7758fbdbc")}
{"x" : 4 , "j" : 1 , "_id" : ObjectId("497cf87151712cf7758fbdbd")}
{"x" : 4 , "j" : 2 , "_id" : ObjectId("497cf87151712cf7758fbdbe")}
{"x" : 4 , "j" : 3 , "_id" : ObjectId("497cf87151712cf7758fbdbf")}
{"x" : 4 , "j" : 4 , "_id" : ObjectId("497cf87151712cf7758fbdc0")}
{"x" : 4 , "j" : 5 , "_id" : ObjectId("497cf87151712cf7758fbdc1")}
{"x" : 4 , "j" : 6 , "_id" : ObjectId("497cf87151712cf7758fbdc2")}
{"x" : 4 , "j" : 7 , "_id" : ObjectId("497cf87151712cf7758fbdc3")}
{"x" : 4 , "j" : 8 , "_id" : ObjectId("497cf87151712cf7758fbdc4")}
```

请注意一下，这里循环次数是 10，但是只显示到第 8 条，还有 2 条数据没有显示。如果想继续查询下面的数据只需要使用"it"命令，就会继续显示下面的数据：

```
{ "_id" : ObjectId("4c220a42f3924d31102bd866"), "x" : 4, "j" : 17 }
{ "_id" : ObjectId("4c220a42f3924d31102bd867"), "x" : 4, "j" : 18 }
has more
> it
{ "_id" : ObjectId("4c220a42f3924d31102bd868"), "x" : 4, "j" : 19 }
{ "_id" : ObjectId("4c220a42f3924d31102bd869"), "x" : 4, "j" : 20 }
```

从技术上讲 find()返回一个游标对象，但在上面的例子里，并没有拿到一个游标的变量。所以 shell 自动遍历游标，返回一个初始化的 set，并允许我们继续用 it 迭代输出。当然我们也可以直接用游标来输出，不过这个是"游标"部分的内容了。

10.5.3 _id key

MongoDB 支持的数据类型中，_id 是其自有产物，下面对其做些简单的介绍。

存储在 MongoDB 集合中的每个文档（document）都有一个默认的主键_id，这个主键名称是固定的，它可以是 MongoDB 支持的任何数据类型，默认是 ObjectId。在关系数据库 schema 设计中，主键大多是数值型的，比如常用的 int 和 long，并且更通常的是主键的取值由数据库自增获得，这种主键数值的有序性有时也表明了某种逻辑。反观 MongoDB，它在设计之初就定位于分布式存储系统，所以它原生的不支持自增主键。

_id key 举例说明。

当我们在往一个集合中写入一条文档时，系统会自动生成一个名为_id 的 key。如：

```
> db.c1.find()
{ "_id" : ObjectId("4fb5faaf6d0f9d8ea3fc91a8"), "name" : "Tony", "age" : 20 }
{ "_id" : ObjectId("4fb5fab96d0f9d8ea3fc91a9"), "name" : "Joe", "age" : 10 }
```

这里多出了一个类型为 ObjectId 的 key，在插入时并没有指定，这有点类似 Oracle 的 rowid 的信息，属于自动生成的。

在 MongoDB 中，每一个集合都必须有一个叫做_id 的字段，字段类型默认是 ObjectId。换句话说，字段类型可以不是 ObjectId，例如：

```
> db.c1.find()
{ "_id" : ObjectId("4fb5faaf6d0f9d8ea3fc91a8"), "name" : "Tony", "age" : 20 }
{ "_id" : ObjectId("4fb5fab96d0f9d8ea3fc91a9"), "name" : "Joe", "age" : 10 }
{ "_id" : 3, "name" : "Bill", "age" : 55 }
```

虽然_id 的类型可以自由指定，但是在同一个集合中必须唯一，如果插入重复的值的话，系统将会抛出异常，具体如下：

```
> db.c1.insert({_id:3, name:"Bill_new", age:55})
E11000 duplicate key error index: test.c1.$_id_ dup key: { : 3.0 }
>
```

因为前面已经插入了一条_id=3 的记录，所以再插入相同的文档就不允许了。

10.5.4 修改记录

将 name 是 mongo 的记录的 name 修改为 mongo_new。

```
> db.things.update({name:"mongo"},{$set:{name:"mongo_new"}});
```

我们来查询一下是否改过来了：

```
> db.things.find();
{ "_id" : ObjectId("4faa9e7dedd27e6d86d86371"), "x" : 3 }
{ "_id" : ObjectId("4faa9e7bedd27e6d86d86370"), "name" : "mongo_new" }
```

10.5.5 删除记录

将用户 name 是 mongo_new 的记录从集合 things 中删除：

```
> db.things.remove({name:"mongo_new"});
> db.things.find();
{ "_id" : ObjectId("4faa9e7dedd27e6d86d86371"), "x" : 3 }
```

经验证，该记录确实被删除了。

10.6　查询记录

10.6.1　普通查询

在没有深入查询之前，我们先看看怎么从一个查询中返回一个游标对象，可以简单的通过 find() 来查询，它返回一个任意结构的集合，如果实现特定的查询稍后讲解。

实现上面同样的查询，然后通过 while 来输出：

```
> var cursor = db.things.find();
> while (cursor.hasNext()) printjson(cursor.next());
{ "_id" : ObjectId("4c2209f9f3924d31102bd84a"), "name" : "mongo" }
{ "_id" : ObjectId("4c2209fef3924d31102bd84b"), "x" : 3 }
{ "_id" : ObjectId("4c220a42f3924d31102bd856"), "x" : 4, "j" : 1 }
{ "_id" : ObjectId("4c220a42f3924d31102bd857"), "x" : 4, "j" : 2 }
{ "_id" : ObjectId("4c220a42f3924d31102bd858"), "x" : 4, "j" : 3 }
{ "_id" : ObjectId("4c220a42f3924d31102bd859"), "x" : 4, "j" : 4 }
{ "_id" : ObjectId("4c220a42f3924d31102bd85a"), "x" : 4, "j" : 5 }
```

上面的例子显示了游标风格的迭代输出。hasNext() 函数告诉我们是否还有数据，如果有则可以调用 next() 函数。

当我们使用的是 JavaScript Shell，可以用到 JS 的特性，forEach 就可以输出游标了。下面的例子就是使用 forEach() 来循环输出：forEach() 必须定义一个函数供每个游标元素调用。

```
> db.things.find().forEach(printjson);
{ "_id" : ObjectId("4c2209f9f3924d31102bd84a"), "name" : "mongo" }
{ "_id" : ObjectId("4c2209fef3924d31102bd84b"), "x" : 3 }
{ "_id" : ObjectId("4c220a42f3924d31102bd856"), "x" : 4, "j" : 1 }
{ "_id" : ObjectId("4c220a42f3924d31102bd857"), "x" : 4, "j" : 2 }
{ "_id" : ObjectId("4c220a42f3924d31102bd858"), "x" : 4, "j" : 3 }
{ "_id" : ObjectId("4c220a42f3924d31102bd859"), "x" : 4, "j" : 4 }
{ "_id" : ObjectId("4c220a42f3924d31102bd85a"), "x" : 4, "j" : 5 }

//在 MongoDB shell 里，我们也可以把游标当作数组来用:
> var cursor = db.things.find();
> printjson(cursor[4]);
{ "_id" : ObjectId("4c220a42f3924d31102bd858"), "x" : 4, "j" : 3 }
```

使用游标的时候请注意占用内存的问题，特别是很大的游标对象，有可能会内存溢出。所以应该用迭代的方式来输出，下面的示例则是把游标转换成真实的数组类型：

```
> var arr = db.things.find().toArray();
#查看第 6 个数据
> arr[5];
{ "_id" : ObjectId("4c220a42f3924d31102bd859"), "x" : 4, "j" : 4 }
```

请注意这些特性只是在 MongoDB Shell 里使用，而不是所有的其他应用程序驱动都支持。如果有其他用户在集合里第一次或者最后一次调用 next()，你可能得不到游标里的数据，所以要明确的锁定你要查询的游标。

10.6.2　条件查询

到这里我们已经知道怎么从游标里实现一个查询并返回数据对象。下面就来看看怎么根据指定的条件来查询。

下面的示例说明如何执行一个类似 SQL 的查询，并演示了怎么在 MongoDB 里实现。这是在 MongoDB Shell 里查询，当然你也可以用其他的应用程序驱动或者语言来实现：

```
// 类似于 SELECT * FROM things WHERE name="mongo"
> db.things.find({name:"mongo"}).forEach(printjson);
{ "_id" : ObjectId("4c2209f9f3924d31102bd84a"), "name" : "mongo" }

// 类似于 SELECT * FROM things WHERE x=4
> db.things.find({x:4}).forEach(printjson);
{ "_id" : ObjectId("4c220a42f3924d31102bd856"), "x" : 4, "j" : 1 }
{ "_id" : ObjectId("4c220a42f3924d31102bd857"), "x" : 4, "j" : 2 }
{ "_id" : ObjectId("4c220a42f3924d31102bd858"), "x" : 4, "j" : 3 }
{ "_id" : ObjectId("4c220a42f3924d31102bd859"), "x" : 4, "j" : 4 }
{ "_id" : ObjectId("4c220a42f3924d31102bd85a"), "x" : 4, "j" : 5 }
```

查询条件是{ a:A, b:B, … }类似"where a==A and b==B and…"。

上面显示的是所有的元素，当然我们也可以返回特定的元素，类似于返回表里某字段的值，只需要在 find({x:4})里指定元素的名字。

```
// 类似于 SELECT j FROM things WHERE x=4
> db.things.find({x:4}, {j:true}).forEach(printjson);
{ "_id" : ObjectId("4c220a42f3924d31102bd856"), "j" : 1 }
{ "_id" : ObjectId("4c220a42f3924d31102bd857"), "j" : 2 }
{ "_id" : ObjectId("4c220a42f3924d31102bd858"), "j" : 3 }
{ "_id" : ObjectId("4c220a42f3924d31102bd859"), "j" : 4 }
{ "_id" : ObjectId("4c220a42f3924d31102bd85a"), "j" : 5 }
```

10.6.3　findOne()语法

为了方便考虑，MongoDB Shell 避免游标可能带来的开销，提供了一个 findOne()函数。这个函数和 find()函数一样，不过它返回的是游标里第一条数据，或者返回 null，即空数据。

作为一个例子，name="mongo"可以用很多方法来实现，可以用 next()来循环游标或者当做数组返回第一个元素。

但是用 findOne()方法则更简单和高效：

```
> printjson(db.things.findOne({name:"mongo"}));
{ "_id" : ObjectId("4c2209f9f3924d31102bd84a"), "name" : "mongo" }
```

10.6.4　通过 limit 限制结果集数量

如果需要限制结果集的长度，那么可以调用 limit 方法。

这是强烈推荐解决性能问题的方法，就是通过限制条数来减少网络传输，例如：

```
> db.things.find().limit(3);
{ "_id" : ObjectId("4c2209f9f3924d31102bd84a"), "name" : "mongo" }
{ "_id" : ObjectId("4c2209fef3924d31102bd84b"), "x" : 3 }
{ "_id" : ObjectId("4c220a42f3924d31102bd856"), "x" : 4, "j" : 1 }
```

10.7　高级查询

面向文档的 NoSQL 数据库主要解决的问题不是高性能的并发读写，而是保证海量数据存储的同时，具有良好的查询性能。

MongoDB 最大的特点是它支持的查询语言非常强大，其语法有点类似于面向对象的查询语言，几乎可以实现类似关系数据库单表查询的绝大部分功能，而且还支持对数据建立索引。

最后由于 MongoDB 可以支持复杂的数据结构，而且带有强大的数据查询功能，因此非常受到欢迎，很多项目都考虑用 MongoDB 来替代 MySQL 等传统数据库来实现不是特别复杂的 Web 应用。由于数据量实在太大，所以迁移到了 MongoDB 上面，数据查询的速度得到了非常显著的提升。

下面将介绍一些高级查询语法。

10.7.1　条件操作符

<、<=、>和>=这几个操作符就不用多解释了，最常用也是最简单的。

```
db.collection.find({ "field" : { $gt: value } } ); // 大于: field > value
db.collection.find({ "field" : { $lt: value } } ); // 小于: field < value
db.collection.find({ "field" : { $gte: value } } ); // 大于等于: field >= value
db.collection.find({ "field" : { $lte: value } } ); // 小于等于: field <= value
```

如果要同时满足多个条件，可以这样做：

```
db.collection.find({ "field" : { $gt: value1, $lt: value2 } } ); // value1
< field < value
```

10.7.2　$all 匹配所有

这个操作符跟 SQL 语法的 in 类似，但不同的是，in 只需满足( )内的某一个值即可，而$all 必须满足[ ]内的所有值，例如：

```
db.users.find({age : {$all : [6, 8]}});
```

可以查询出 {name: 'David', age: 26, age: [6, 8, 9] }，但查询不出 {name: 'David', age: 26, age: [6, 7, 9] }。

10.7.3　$exists 判断字段是否存在

查询所有存在 age 字段的记录：

```
db.users.find({age: {$exists: true}});
```

查询所有不存在 name 字段的记录：

```
db.users.find({name: {$exists: false}});
```

举例如下。
C1 表的数据如下：

```
> db.c1.find();
{ "_id" : ObjectId("4fb4a773afa87dc1bed9432d"), "age" : 20, "length" : 30 }
{ "_id": ObjectId("4fb4a7e1afa87dc1bed9432e"), "age_1" : 20, "length_1" : 30}
```

查询存在字段 age 的数据：

```
> db.c1.find({age:{$exists:true}});
{ "_id" : ObjectId("4fb4a773afa87dc1bed9432d"), "age" : 20, "length" : 30 }
```

可以看出只显示出了有 age 字段的数据，age_1 的数据并没有显示出来。

10.7.4　Null 值处理

Null 值的处理稍微有一点奇怪，具体看下面的样例数据：

```
> db.c2.find()
{ "_id" : ObjectId("4fc34bb81d8a39f01cc17ef4"), "name" : "Lily", "age" : null }
{ "_id" : ObjectId("4fc34be01d8a39f01cc17ef5"), "name" : "Jacky", "age" : 23 }
{ "_id" : ObjectId("4fc34c1e1d8a39f01cc17ef6"), "name" : "Tom", "addr" : 23 }
```

其中“Lily”的 age 字段为空，Tom 没有 age 字段，我们想找到 age 为空的行，具体如下：

```
> db.c2.find({age:null})
{ "_id" : ObjectId("4fc34bb81d8a39f01cc17ef4"), "name" : "Lily", "age" : null }
{ "_id" : ObjectId("4fc34c1e1d8a39f01cc17ef6"), "name" : "Tom", "addr" : 23 }
```

奇怪的是我们以为只能找到“Lily”，但“Tom”也被找出来了，所以“null”不仅能找到它自身，连不存在 age 字段的记录也找出来了。那么怎么样才能只找到“Lily”呢?我们用 exists 来限制一下即可：

```
> db.c2.find({age:{"$in":[null], "$exists":true}})
{ "_id" : ObjectId("4fc34bb81d8a39f01cc17ef4"), "name" : "Lily", "age" : null }
```

这样如我们期望的一样，只有“Lily”被找出来了。

10.7.5　$mod 取模运算

查询 age 取模 10 等于 1 的数据：

```
db.student.find( { age: { $mod : [ 10 , 1 ] } } )
```

举例如下。

C1 表的数据如下：

```
> db.c1.find()
{ "_id" : ObjectId("4fb4af85afa87dc1bed94330"), "age" : 7, "length_1" : 30 }
{ "_id" : ObjectId("4fb4af89afa87dc1bed94331"), "age" : 8, "length_1" : 30 }
{ "_id" : ObjectId("4fb4af8cafa87dc1bed94332"), "age" : 6, "length_1" : 30 }
```

查询 age 取模 6 等于 1 的数据：

```
> db.c1.find({age: {$mod : [ 6 , 1 ] } })
{ "_id" : ObjectId("4fb4af85afa87dc1bed94330"), "age" : 7, "length_1" : 30 }
```

可以看出只显示出了 age 取模 6 等于 1 的数据，其他不符合规则的数据并没有显示出来。

10.7.6　$ne 不等于

查询 x 的值不等于 3 的数据。

```
db.things.find( { x : { $ne : 3 } } );
```

举例如下。

C1 表的数据如下：

```
> db.c1.find()
{ "_id" : ObjectId("4fb4af85afa87dc1bed94330"), "age" : 7, "length_1" : 30 }
{ "_id" : ObjectId("4fb4af89afa87dc1bed94331"), "age" : 8, "length_1" : 30 }
{ "_id" : ObjectId("4fb4af8cafa87dc1bed94332"), "age" : 6, "length_1" : 30 }
```

查询 age 的值不等于 7 的数据：

```
> db.c1.find( { age : { $ne : 7 } } );
{ "_id" : ObjectId("4fb4af89afa87dc1bed94331"), "age" : 8, "length_1" : 30 }
{ "_id" : ObjectId("4fb4af8cafa87dc1bed94332"), "age" : 6, "length_1" : 30 }
```

可以看出只显示出了 age 等于 7 的数据，其他不符合规则的数据并没有显示出来。

10.7.7　$in 包含

与 SQL 标准语法的用途是一样的，即要查询的是一系列枚举值的范围内。
查询 x 的值在 2,4,6 范围内的数据：

```
db.things.find({x:{$in: [2,4,6]}});
```

举例如下。

C1 表的数据如下：

```
> db.c1.find()
{ "_id" : ObjectId("4fb4af85afa87dc1bed94330"), "age" : 7, "length_1" : 30 }
{ "_id" : ObjectId("4fb4af89afa87dc1bed94331"), "age" : 8, "length_1" : 30 }
{ "_id" : ObjectId("4fb4af8cafa87dc1bed94332"), "age" : 6, "length_1" : 30 }
```

查询 age 的值在 7,8 范围内的数据：

```
> db.c1.find({age:{$in: [7,8]}});
{ "_id" : ObjectId("4fb4af85afa87dc1bed94330"), "age" : 7, "length_1" : 30 }
{ "_id" : ObjectId("4fb4af89afa87dc1bed94331"), "age" : 8, "length_1" : 30 }
```

可以看出只显示出了 age 等于 7 或 8 的数据，其他不符合规则的数据并没有显示出来。

10.7.8　$nin 不包含

与 SQL 标准语法的用途是一样的，即要查询的数据在一系列枚举值的范围外。

查询 x 的值在 2,4,6 范围外的数据：

```
db.things.find({x:{$nin: [2,4,6]}});
```

举例如下。

C1 表的数据如下：

```
> db.c1.find()
{ "_id" : ObjectId("4fb4af85afa87dc1bed94330"), "age" : 7, "length_1" : 30 }
{ "_id" : ObjectId("4fb4af89afa87dc1bed94331"), "age" : 8, "length_1" : 30 }
{ "_id" : ObjectId("4fb4af8cafa87dc1bed94332"), "age" : 6, "length_1" : 30 }
```

查询 age 的值在 7,8 范围外的数据：

```
> db.c1.find({age:{$nin: [7,8]}});
{ "_id" : ObjectId("4fb4af8cafa87dc1bed94332"), "age" : 6, "length_1" : 30 }
```

可以看出只显示出了 age 不等于 7 或 8 的数据，其他不符合规则的数据并没有显示出来。

10.7.9　$size 数组元素个数

如果一个记录为{name: 'David', age: 26, favorite_number: [6, 7, 9] }，则其匹配查询 db.users.find({favorite_number: {$size: 3}})，不匹配查询 db.users.find({favorite_number: {$size: 2}})，因为数组 favorite number 有 6，7，9 三个元素。

10.7.10　正则表达式匹配

查询不匹配 name=B*带头的记录：

```
db.users.find({name: {$not: /^B.*/}});
```

举例如下。

C1 表的数据如下：

```
> db.c1.find();
{ "_id" : ObjectId("4fb5faaf6d0f9d8ea3fc91a8"), "name" : "Tony", "age" : 20 }
{ "_id" : ObjectId("4fb5fab96d0f9d8ea3fc91a9"), "name" : "Joe", "age" : 10 }
```

查询 name 不以 T 开头的数据：

```
> db.c1.find({name: {$not: /^T.*/}});
{ "_id" : ObjectId("4fb5fab96d0f9d8ea3fc91a9"), "name" : "Joe", "age" : 10 }
```

可以看出只显示出了 name=Tony 的数据，其他不符合规则的数据并没有显示出来。

10.7.11　JavaScript 查询和$where 查询

查询 a 大于 3 的数据，下面的查询方法殊途同归：
- ❏　db.c1.find({ a : { $gt: 3 } });
- ❏　db.c1.find({ $where: "this.a > 3" });
- ❏　db.c1.find("this.a > 3");
- ❏　f = function() { return this.a > 3; } db.c1.find(f)。

10.7.12　count 查询记录条数

count 查询记录条数：

```
db.users.find().count();
```

以下返回的不是 5，而是 user 表中所有的记录数量。

```
db.users.find().skip(10).limit(5).count();
```

如果要返回限制之后的记录数量，要使用 count(true)或者 count(非 0)。

```
db.users.find().skip(10).limit(5).count(true);
```

举例如下。
C1 表的数据如下：

```
> db.c1.find()
{ "_id" : ObjectId("4fb5faaf6d0f9d8ea3fc91a8"), "name" : "Tony", "age" : 20 }
{ "_id" : ObjectId("4fb5fab96d0f9d8ea3fc91a9"), "name" : "Joe", "age" : 10 }
```

查询 C1 表的数据量。

```
> db.c1.count()
2
```

可以看出表中共有 2 条数据。

10.7.13　skip 限制返回记录的起点

从第 3 条记录开始，返回 5 条记录(limit 3, 5)。

```
db.users.find().skip(3).limit(5);
```

举例如下。
C1 表的数据如下：

```
> db.c1.find()
{ "_id" : ObjectId("4fb5faaf6d0f9d8ea3fc91a8"), "name" : "Tony", "age" : 20 }
{ "_id" : ObjectId("4fb5fab96d0f9d8ea3fc91a9"), "name" : "Joe", "age" : 10 }
```

查询 C1 表的第 2 条数据：

```
> db.c1.find().skip(1).limit(1)
{ "_id" : ObjectId("4fb5fab96d0f9d8ea3fc91a9"), "name" : "Joe", "age" : 10 }
```

可以看出表中第 2 条数据被显示了出来。

10.7.14　sort 排序

以年龄升序：

```
> db.users.find().sort({age: 1});
```

以年龄降序：

```
> db.users.find().sort({age: -1});
```

C1 表的数据如下。

```
> db.c1.find()
{ "_id" : ObjectId("4fb5faaf6d0f9d8ea3fc91a8"), "name" : "Tony", "age" : 20 }
{ "_id" : ObjectId("4fb5fab96d0f9d8ea3fc91a9"), "name" : "Joe", "age" : 10 }
```

查询 C1 表按 age 升序排列：

```
> db.c1.find().sort({age: 1});
{ "_id" : ObjectId("4fb5fab96d0f9d8ea3fc91a9"), "name" : "Joe", "age" : 10 }
{ "_id" : ObjectId("4fb5faaf6d0f9d8ea3fc91a8"), "name" : "Tony", "age" : 20 }
```

第 1 条是 age=10 的，而后升序排列结果集。
查询 C1 表按 age 降序排列：

```
> db.c1.find().sort({age: -1});
{ "_id" : ObjectId("4fb5faaf6d0f9d8ea3fc91a8"), "name" : "Tony", "age" : 20 }
{ "_id" : ObjectId("4fb5fab96d0f9d8ea3fc91a9"), "name" : "Joe", "age" : 10 }
```

第 1 条是 age=20 的，而后降序排列结果集。

10.7.15　游标

像大多数数据库产品一样，MongoDB 也是用游标来循环处理每一条结果数据，具体语法如下：

```
> for( var c = db.t3.find(); c.hasNext(); ) {
... printjson( c.next());
... }
{ "_id" : ObjectId("4fb8e4838b2cb86417c9423a"), "age" : 1 }
{ "_id" : ObjectId("4fb8e4878b2cb86417c9423b"), "age" : 2 }
{ "_id" : ObjectId("4fb8e4898b2cb86417c9423c"), "age" : 3 }
{ "_id" : ObjectId("4fb8e48c8b2cb86417c9423d"), "age" : 4 }
{ "_id" : ObjectId("4fb8e48e8b2cb86417c9423e"), "age" : 5 }
```

MongoDB 还有另一种方式来处理游标：

```
> db.t3.find().forEach( function(u) { printjson(u); } );
{ "_id" : ObjectId("4fb8e4838b2cb86417c9423a"), "age" : 1 }
{ "_id" : ObjectId("4fb8e4878b2cb86417c9423b"), "age" : 2 }
```

```
{ "_id" : ObjectId("4fb8e4898b2cb86417c9423c"), "age" : 3 }
{ "_id" : ObjectId("4fb8e48c8b2cb86417c9423d"), "age" : 4 }
{ "_id" : ObjectId("4fb8e48e8b2cb86417c9423e"), "age" : 5 }
>
```

10.8　MapReduce

MongoDB 的 MapReduce 相当于 MySQL 中的 "group by"，所以在 MongoDB 上使用 Map/Reduce 进行并行 "统计" 很容易。

使用 MapReduce 要实现 Map 函数和 Reduce 函数，Map 函数调用 emit(key, value)，遍历 collection 中所有的记录，将 key 与 value 传递给 Reduce 函数进行处理。Map 函数和 Reduce 函数可以使用 JavaScript 来实现，可以通过 db.runCommand 或 mapReduce 命令来执行。

MapReduce 的操作：

```
> db.runCommand(
  { mapreduce : <collection>,
   map : <mapfunction>,
   reduce : <reducefunction>
   [, query : <query filter object>]
   [, sort : <sorts the input objects using this key. Useful for optimization,
    like sorting by the
      emit key for fewer reduces>]
   [, limit : <number of objects to return from collection>]
   [, out : <see output options below>]
   [, keeptemp: <true|false>]
   [, finalize : <finalizefunction>]
   [, scope : <object where fields go into javascript global scope >]
   [, verbose : true]
   }
);
```

参数说明如下。

❑ mapreduce：要操作的目标集合。

❑ map：映射函数（生成键值对序列，作为 reduce 函数参数）。

❑ reduce：统计函数。

❑ query：目标记录过滤。

❑ sort：目标记录排序。

❑ limit：限制目标记录数量。

❑ out：统计结果存放集合（不指定则使用临时集合，在客户端断开后自动删除）。

❑ keeptemp：是否保留临时集合。

❑ finalize：最终处理函数（对 reduce 返回结果进行最终整理后存入结果集合）。

❑ scope：向 map、reduce 和 finalize 导入外部变量。

❑ verbose：显示详细的时间统计信息。

下面我们先准备一些数据：

```
> db.students.insert({classid:1, age:14, name:'Tom'})
> db.students.insert({classid:1, age:12, name:'Jacky'})
> db.students.insert({classid:2, age:16, name:'Lily'})
> db.students.insert({classid:2, age:9, name:'Tony'})
```

```
> db.students.insert({classid:2, age:19, name:'Harry'})
> db.students.insert({classid:2, age:13, name:'Vincent'})
> db.students.insert({classid:1, age:14, name:'Bill'})
> db.students.insert({classid:2, age:17, name:'Bruce'})
>
```

接下来，我们将演示如何统计 1 班和 2 班的学生数量。

10.8.1 Map

Map 函数必须调用 emit(key, value)返回键值对，使用 this 访问当前待处理的 Document。

```
> m = function() { emit(this.classid, 1) }
function () {
  emit(this.classid, 1);
}
>
```

value 可以使用 JSON Object 传递（支持多个属性值）。例如，emit(this.classid, {count:1})。

10.8.2 Reduce

Reduce 函数接收的参数类似 Group 效果，将 Map 返回的键值序列组合成{ key, [value1,value2, value3, value...] }传递给 reduce。

```
> r = function(key, values) {
... var x = 0;
... values.forEach(function(v) { x += v });
... return x;
... }
function (key, values) {
  var x = 0;
  values.forEach(function (v) {x += v;});
  return x;
}
>
```

Reduce 函数对这些 values 进行“统计”操作，返回结果可以使用 JSON Object。

10.8.3 Result

执行 db.runCommand 之后就可以得到结果了：

```
> res = db.runCommand({
... mapreduce:"students",
... map:m,
... reduce:r,
... out:"students_res"
... });
{
  "result" : "students_res",
  "timeMillis" : 1587,
    "counts" : {
```

```
    "input" : 8,
    "emit" : 8,
    "output" : 2
  } ,
  "ok" : 1
}
> db.students_res.find()
{ "_id" : 1, "value" : 3 }
{ "_id" : 2, "value" : 5 }
>
```

mapReduce()将结果存储在"students_res"表中。

10.8.4　Finalize

利用 finalize()我们可以对 reduce()的结果做进一步处理。

```
> f = function(key, value) { return {classid:key, count:value}; }
function (key, value) {
 return {classid:key, count:value};
}
>
```

我们再重新计算一次，看看返回的结果：

```
> res = db.runCommand({
... mapreduce:"students",
... map:m,
... reduce:r,
... out:"students_res",
... finalize:f  //加入 finalize 选项
... });
{
 "result" : "students_res",
 "timeMillis" : 804,
 "counts" : {
   "input" : 8,
   "emit" : 8,
   "output" : 2
 },
 "ok" : 1
}
> db.students_res.find()
{ "_id" : 1, "value" : { "classid" : 1, "count" : 3 } }
{ "_id" : 2, "value" : { "classid" : 2, "count" : 5 } }
>
```

列名变为"classid"和"count"了，这样的列表更容易理解。

10.8.5　Options

我们还可以添加更多的控制细节，比如对结果进行过滤。

```
> res = db.runCommand({
... mapreduce:"students",
... map:m,
```

```
... reduce:r,
... out:"students_res",
... finalize:f,
... query:{age:{$lt:10}} //进行过滤
... });
{
  "result" : "students_res",
  "timeMillis" : 358,
  "counts" : {
    "input" : 1,
    "emit" : 1,
    "output" : 1
  },
  "ok" : 1
}
> db.students_res.find();
{ "_id" : 2, "value" : { "classid" : 2, "count" : 1 } }
>
```

可以看到先进行了过滤，只取 age<10 的数据，然后再进行统计，所以就没有 1 班的统计数据了。

10.9　索　　引

MongoDB 提供了多样性的索引支持，索引信息被保存在 system.indexes 中，且默认总是为 _id 创建索引，它的索引使用基本和 MySQL 等关系型数据库一样。其实可以这样说，索引是凌驾于数据存储系统之上的另一层系统，所以各种结构迥异的存储都有相同或相似的索引实现及使用接口并不足为奇。

10.9.1　基础索引

在字段 age 上创建索引，1（升序）；-1（降序）：

```
//创建索引
> db.t3.ensureIndex({age:1})

//查看有哪些索引
> db.t3.getIndexes();
[
  {
    "name" : "_id_",
    "ns" : "test.t3",
    "key" : {
      "_id" : 1
    },
    "v" : 0
  },
  {
    "_id" : ObjectId("4fb906da0be632163d0839fe"),
    "ns" : "test.t3",
    "key" : {
      "age" : 1
    },
```

```
    "name" : "age_1",
    "v" : 0
  }
]
>
```

上例显示出来的一共有两个索引，其中_id 是创建表的时候自动创建的索引，此索引是不能够删除的。

当系统已有大量数据时，创建索引就是个非常耗时的活，我们可以在后台执行，只需指定"backgroud:true"即可。

```
> db.t3.ensureIndex({age:1} , {backgroud:true})
```

10.9.2　文档索引

索引可以是任何类型的字段，甚至文档，举例：

```
> db.factories.insert( { name: "wwl", addr: { city: "Beijing", state:
"BJ" } } );
//在 addr 列上创建索引
> db.factories.ensureIndex( { addr : 1 } );
//下面这个查询将会用到我们刚刚建立的索引
db.factories.find( { addr: { city: "Beijing", state: "BJ" } } );
//但是下面这个查询将不会用到索引，因为查询的顺序跟索引建立的顺序不一样
db.factories.find( { addr: { state: "BJ" , city: "Beijing"} } );
```

10.9.3　组合索引

跟其他数据库产品一样，MongoDB 也是有组合索引的，下面我们将在 addr.city 和 addr.state 上建立组合索引。当创建组合索引时，字段后面的 1 表示升序，–1 表示降序，是用 1 还是用–1 主要跟排序的时候或指定范围内查询的时候有关。

```
db.factories.ensureIndex( { "addr.city" : 1, "addr.state" : 1 } );
// 下面的查询都用到了这个索引
db.factories.find( { "addr.city" : "Beijing", "addr.state" : "BJ" } );
db.factories.find( { "addr.city" : "Beijing" } );
db.factories.find().sort( { "addr.city" : 1, "addr.state" : 1 } );
db.factories.find().sort( { "addr.city" : 1 } )
```

10.9.4　唯一索引

只需在 ensureIndex 命令中指定"unique:true"即可创建唯一索引。例如，往表 t4 中插入两条记录：

```
> db.t4.insert({firstname: "wang", lastname: "wenlong"});
> db.t4.insert({firstname: "wang", lastname: "wenlong"});
```

在 t4 表中建立唯一索引：

```
> db.t4.ensureIndex({firstname: 1, lastname: 1}, {unique: true});
E11000 duplicate key error index: test.t4.$firstname_1_lastname_1 dup key:
{ : "wang", :
```

```
"wenlong" }
```

可以看到，当建唯一索引时，系统报了"表里有重复值"的错，具体原因就是因为表中有两条一模一样的数据，所以建立不了唯一索引。

10.9.5　强制使用索引

hint 命令可以强制使用某个索引。

```
> db.t5.insert({name: "wangwenlong",age: 20})
> db.t5.ensureIndex({name:1, age:1})
> db.t5.find({age:{$lt:30}}).explain()
{
    "cursor" : "BasicCursor",
    "isMultiKey" : false,
    "n" : 1,
    "nscannedObjects" : 1,
    "nscanned" : 1,
    "nscannedObjectsAllPlans" : 1,
    "nscannedAllPlans" : 1,
    "scanAndOrder" : false,
    "indexOnly" : false,
    "nYields" : 0,
    "nChunkSkips" : 0,
    "millis" : 1,
    "indexBounds" : {
        //并没有用到索引
    },
    "server" : "localhost.localdomain:27017"
}

//强制使用索引
> db.t5.find({age:{$lt:30}}).hint({name:1, age:1}).explain()
{
    "cursor" : "BtreeCursor name_1_age_1",
    "isMultiKey" : false,
    "n" : 1,
    "nscannedObjects" : 1,
    "nscanned" : 1,
    "nscannedObjectsAllPlans" : 1,
    "nscannedAllPlans" : 1,
    "scanAndOrder" : false,
    "indexOnly" : false,
    "nYields" : 0,
    "nChunkSkips" : 0,
    "millis" : 45,
    "indexBounds" : {
    //被强制使用索引了
        "name" : [
            [
                {
                    "$minElement" : 1
                },
                {
                    "$maxElement" : 1
                }
            ]
        ],
```

```
        "age" : [
            [
                -1.7976931348623157e+308,
                30
            ]
        ]
    },
    "server" : "localhost.localdomain:27017"
}>
```

10.9.6　删除索引

删除索引分为删除某张表的所有索引和删除某张表的某个索引，具体如下：

```
//删除 t3 表中的所有索引
> db.t3.dropIndexes()

//删除 t4 表中的 firstname 索引
> db.t4.dropIndex({firstname: 1})
```

10.10　性 能 优 化

10.10.1　explain 执行计划

MongoDB 提供了一个 explain 命令让我们获知系统如何处理查询请求。利用 explain 命令，我们可以很好地观察系统如何使用索引来加快检索，同时可以针对性优化索引。

```
//创建索引
> db.t5.ensureIndex({name:1})
> db.t5.ensureIndex({age:1})

//查看系统如何执行请求
> db.t5.find({age:{$gt:45}}, {name:1}).explain();
{
    "cursor" : "BtreeCursor age_1",
    "isMultiKey" : false,
    "n" : 0,
    "nscannedObjects" : 0,
    "nscanned" : 0,
    "nscannedObjectsAllPlans" : 0,
    "nscannedAllPlans" : 0,
    "scanAndOrder" : false,
    "indexOnly" : false,
    "nYields" : 0,
    "nChunkSkips" : 0,
    "millis" : 0,
    "indexBounds" : {
        "age" : [  //使用了索引
            [
                45,
                1.7976931348623157e+308
            ]
        ]
```

```
    },
    "server" : "localhost.localdomain:27017"
}
```

字段说明如下。

❑ cursor：返回游标类型（BasicCursor 或 BtreeCursor）；

❑ nscanned：被扫描的文档数量；

❑ n：返回的文档数量；

❑ millis：耗时（毫秒）；

❑ indexBounds：所使用的索引。

10.10.2　优化器 Profile

在 MySQL 中，慢查询日志是经常作为我们优化数据库的依据，那在 MongoDB 中是否有类似的功能呢？答案是肯定的，那就是 MongoDB Database Profiler。所以 MongoDB 不仅有，而且还有一些比 MySQL 的 Slow Query Log 更详细的信息。

1．开启 Profiling 功能

有两种方式可以控制 Profiling 的开关和级别，第一种是直接在启动参数里直接进行设置。启动 MongoDB 时加上 - profile=级别即可。也可以在客户端调用 db.setProfilingLevel（级别）命令来实时配置，Profiler 信息保存在 system.profile 中。我们可以通过 db.getProfilingLevel()命令来获取当前的 Profile 级别，类似如下操作：

```
> db.setProfilingLevel(2);
{ "was" : 0, "slowms" : 100, "ok" : 1 }
```

上面 Profile 的级别可以取 0、1 和 2 三个值，它们表示的意义如下：

❑ 0 不开启；

❑ 1 记录慢命令（默认为>100ms）；

❑ 2 记录所有命令。

Profile 记录在级别 1 时会记录慢命令，那么这个慢的定义是什么？上面我们说到其默认为 100ms，当然有默认就有设置，其设置方法和级别一样有两种，第一种是通过添加 - slowms 启动参数配置；第二种是调用 db.setProfilingLevel 时加上第二个参数：

```
db.setProfilingLevel( level , slowms )
```

举例：

```
> db.setProfilingLevel( 1 , 10 );
```

2．查询 Profiling 记录

与 MySQL 的慢查询日志不同，MongoDB Profile 记录是直接存在系统 db 里的，记录位置为 system.profile。所以，我们只要查询这个 Collection 的记录就可以获取到我们的 Profile 记录了。列出执行时间长于某一限度（5ms）的 Profile 记录：

```
db.system.profile.find( { millis : { $gt : 5 } } )
```

查看最新的 Profile 记录：

```
db.system.profile.find().sort({$natural:-1}).limit(1)
> db.system.profile.find().sort({$natural:-1}).limit(1)
{ "ts" : ISODate("2012-05-20T16:50:36.321Z"), "info" : "query test.system.
profile reslen:1219
nscanned:8 \nquery: { query: {}, orderby: { $natural: -1.0 } } nreturned:8
bytes:1203", "millis" :
0 }
>
```

字段说明，如下所示。

- ❏ ts：该命令在何时执行；
- ❏ info：本命令的详细信息；
- ❏ reslen：返回结果集的大小；
- ❏ nscanned：本次查询扫描的记录数；
- ❏ nreturned：本次查询实际返回的结果集；
- ❏ millis：该命令执行耗时，以毫秒记。

MongoDB Shell 还提供了一个比较简洁的命令 show profile，可列出最近 5 条执行时间超过 1ms 的 Profile 记录。

10.10.3　性能优化举例

如果 nscanned（扫描的记录数）远大于 reslen（返回结果的记录数）的话，那么我们就要考虑通过加索引来优化记录以便定位了。

nscanned 如果过大，那么说明我们返回的结果集太大了，这时请查看 find 函数的第二个参数是否只写上了你需要的属性名。

对于创建索引的建议是：如果很少读，那么尽量不要添加索引，因为索引越多，写操作会越慢。如果读量很大，那么创建索引还是比较划算的。

假设我们按照时间戳查询最近发表的 10 篇博客文章：

```
articles = db.posts.find().sort({ts:-1});
for (var i=0; i< 10; i++) {
  print(articles[i].getSummary());
}
```

优化方案 1：创建索引

在查询条件的字段上，或者排序条件的字段上创建索引，可以显著提高执行效率：

```
db.posts.ensureIndex({ts:1});
```

优化方案 2：限定返回结果条数

使用 limit()限定返回结果集的大小，可以减少 database server 的资源消耗，可以减少网络传输数据量。

```
articles = db.posts.find().sort({ts:-1}).limit(10);
```

优化方案 3：只查询使用到的字段，而不查询所有字段在本例中，博客日志记录内容可能非常大，而且还包括了评论内容（作为 embedded 文档）。所以只查询使用的字段，比查询所有字段效率更高：

```
articles = db.posts.find({}, {ts:1,title:1,author:1,abstract:1}).sort
({ts:-1}).limit(10);
```

🔊**注意**：如果只查询部分字段的话，不能用返回的对象直接更新数据库。下面的代码是错误的：

```
a_post = db.posts.findOne({}, Post.summaryFields);
a_post.x = 3;
db.posts.save(a_post);
```

优化方案 4：采用 Capped Collection

Capped Collections 比普通 Collections 的读写效率高。Capped Collections 是高效率的 Collection 类型，它有如下特点。

- ❑ 固定大小；Capped Collections 必须事先创建，并设置大小：db.createCollection ("mycoll", {capped:true, size:100000})。
- ❑ Capped Collections 可以 insert 和 update 操作；不能 delete 操作。只能用 drop()方法删除整个 Collection。
- ❑ 默认基于 Insert 的次序排序的。如果查询时没有排序，则总是按照 insert 的顺序返回。
- ❑ FIFO。如果超过了 Collection 的限定大小，则用 FIFO 算法，新记录将替代最先 insert 的记录。

优化方案 5：采用 Server Side Code Execution

Server-Side Processing 类似于 SQL 数据库的存储过程，使用 Server-Side Processing 可以减小网络通信的开销。

优化方案 6：hint

一般情况下 MongoDB query optimizer 都工作良好，但有些情况下使用 hint()可以提高操作效率。hint 可以强制要求查询操作使用某个索引。例如，如果要查询多个字段的值，如果在其中一个字段上有索引，可以使用 hint：

```
db.collection.find({user:u, foo:d}).hint({user:1});
```

优化方案 7：采用 Profiling

Profiling 功能肯定是会影响效率的，但是不太严重，原因是它使用的是 system.profile 来记录，而 system.profile 是一个 Capped Collection，这种 Collection 在操作上有一些限制和特点，但是效率更高。

10.11　性 能 监 控

性能监控一般需要各种工具或命令，常见的工具/命令如下所示。

10.11.1　mongosniff

此工具可以从底层监控到底有哪些命令发送给了 MongoDB 去执行，从中就可以进行分析。

以 root 身份执行：

```
./mongosniff --source NET lo
```

然后其会监控到本地以 localhost 监听默认 27017 端口的 MongoDB 的所有包请求，如执行 "show dbs" 操作。

```
[root@localhost bin]#./mongo
MongoDB shell version: 2.4.8
connecting to: test
> show dbs
  admin 0.0625GB
  foo 0.0625GB
  local (empty)
  test 0.0625GB
>
```

那么你可以看到如下输出，其记录了数据库的很多操作。

```
[root@localhost bin]#./mongosniff --source NET lo
sniffing... 27017
127.0.0.1:38500 -->> 127.0.0.1:27017 admin.$cmd 60 bytes id:537ebe0f
1400815119
query: { whatsmyuri: 1 } ntoreturn: 1 ntoskip: 0
127.0.0.1:27017 <<-- 127.0.0.1:38500 78 bytes id:531c3855 1394358357 -
1400815119
reply n:1 cursorId: 0
{ you: "127.0.0.1:38500", ok: 1.0 }
127.0.0.1:38500 -->> 127.0.0.1:27017 admin.$cmd 80 bytes id:537ebe10
1400815120
query: { replSetGetStatus: 1, forShell: 1 } ntoreturn: 1 ntoskip: 0
127.0.0.1:27017 <<-- 127.0.0.1:38500 92 bytes id:531c3856 1394358358 -
1400815120
reply n:1 cursorId: 0
{ errmsg: "not running with --replSet", ok: 0.0 }
127.0.0.1:38500 -->> 127.0.0.1:27017 admin.$cmd 67 bytes id:537ebe11
1400815121
query: { listDatabases: 1.0 } ntoreturn: -1 ntoskip: 0
127.0.0.1:27017 <<-- 127.0.0.1:38500 293 bytes id:531c3857 1394358359 -
1400815121
reply n:1 cursorId: 0
{ databases: [ { name: "foo", sizeOnDisk: 67108864.0, empty: false }, { name:
"test",
sizeOnDisk: 67108864.0, empty: false }, { name: "admin", sizeOnDisk:
67108864.0, empty: false },
{ name: "local", sizeOnDisk: 1.0, empty: true } ], totalSize: 201326592.0,
ok: 1.0 }
127.0.0.1:38500 -->> 127.0.0.1:27017 admin.$cmd 80 bytes id:537ebe12
1400815122
query: { replSetGetStatus: 1, forShell: 1 } ntoreturn: 1 ntoskip: 0
```

```
127.0.0.1:27017 <<-- 127.0.0.1:38500 92 bytes id:531c3858 1394358360 -
1400815122
reply n:1 cursorId: 0
{ errmsg: "not running with --replSet", ok: 0.0 }
```

如果将这些输出到一个日志文件中,那么就可以保留所有数据库操作的历史记录,对于后期的性能分析和安全审计等工作将是一个巨大的贡献。

10.11.2 Mongostat

此工具可以快速地查看某组运行中的 MongoDB 实例的统计信息,用法如下:

```
[root@localhost bin]#./mongostat
```

下面是执行结果(部分):

```
[root@localhost bin]#./mongostat
insert query update delete ...... locked % idx miss % qr|qw ar|aw conn time
*0 *0 *0 *0 ...... 0 0 0|0 1|0 4 01:19:15
*0 *0 *0 *0 ...... 0 0 0|0 1|0 4 01:19:16
*0 *0 *0 *0 ...... 0 0 0|0 1|0 4 01:19:17
```

字段说明,如下所示。

❑ insert: 每秒插入量;

❑ query: 每秒查询量;

❑ update: 每秒更新量;

❑ delete: 每秒删除量;

❑ locked: 锁定量;

❑ qr | qw: 客户端查询排队长度(读|写);

❑ ar | aw: 活跃客户端量(读|写);

❑ conn: 连接数;

❑ time: 当前时间。

它每秒钟刷新一次状态值,提供良好的可读性,通过这些参数可以观察到一个整体的性能情况。

10.11.3 db.serverStatus

这个命令是最常用也是最基础的查看实例运行状态的命令之一。下面我们看一下它的输出:

```
> db.serverStatus()
{
 "host" : "localhost.localdomain",
 "version" : "2.4.8", --服务器版本
 "process" : "mongod",
 "uptime" : 3184, --启动时间(秒)
 "uptimeEstimate" : 3174,
 "localTime" : ISODate("2012-05-28T11:20:22.819Z"),
```

```
    "globalLock" : {
      "totalTime" : 3183918151,
      "lockTime" : 10979,
      "ratio" : 0.000003448267034299149,
      "currentQueue" : {
        "total" : 0, --当前全部队列量
        "readers" : 0, --读请求队列量
        "writers" : 0 --写请求队列量
      },
      "activeClients" : {
        "total" : 0, --当前全部客户端连接量
        "readers" : 0, --客户端读请求量
        "writers" : 0 --客户端写请求量
      }
    },
    "mem" : {
      "bits" : 32, --32 位系统
      "resident" : 20, --占用物量内存量
      "virtual" : 126, --虚拟内存量
      "supported" : true, --是否支持扩展内存
      "mapped" : 32
    },
    "connections" : {
      "current" : 1, --当前活动连接量
      "available" : 818 --剩余空闲连接量
    },
    ......
    "indexCounters" : {
      "btree" : {
      "accesses" : 0, --索引被访问量
      "hits" : 0, --索引命中量
      "misses" : 0, --索引偏差量
      "resets" : 0,
      "missRatio" : 0 --索引偏差率（未命中率）
    }
},
......
"network" : {
  "bytesIn" : 1953, --发给此服务器的数据量(单位:byte)
  "bytesOut" : 25744, --此服务器发出的数据量(单位:byte)
  "numRequests" : 30 --发给此服务器的请求量
},
"opcounters" : {
  "insert" : 0, --插入操作的量
  "query" : 1, --查询操作的量
  "update" : 0, --更新操作的量
  "delete" : 0, --删除操作的量
  "getmore" : 0,
  "command" : 31 --其他操作的量
},
......
"ok" : 1
}
>
```

此工具列出了比较详细的信息，以上已经对主要的一些参数做了说明，请大家参考。

10.11.4　db.stats

db.stats 查看数据库状态信息。使用样例如下：

```
> db.stats()
{
 "db" : "test",
 "collections" : 7, --collection 数量
 "objects" : 28, --对象数量
 "avgObjSize" : 50.57142857142857, --对象平均大小
 "dataSize" : 1416, --数据大小
 "storageSize" : 31744, --数据大小（含预分配空间）
 "numExtents" : 7, --事件数量
 "indexes" : 7, --索引数量
 "indexSize" : 57344, --索引大小
 "fileSize" : 50331648, --文件大小
 "ok" : 1 --本次取 stats 是否正常
}
>
```

通过这个工具，可以查看所在数据库的基本信息。

10.11.5　第三方工具

MongoDB 从一面世就得到众多开源爱好者和团队的重视，在常用的监控框架如 cacti、Nagios 和 Zabbix 等基础上进行扩展，进行 MongoDB 的监控都是非常方便的，有兴趣的朋友可以自己去多试试。

10.12　Replica Sets 复制集

MongoDB 支持在多个机器中通过异步复制达到故障转移和实现冗余。多机器中同一时刻只有一台是用于写操作。正是由于这个情况，为 MongoDB 提供了数据一致性的保障。担当 Primary 角色的机器能把读操作分发给 slave。

MongoDB 高可用分两种。

❑ Master-Slave 主从复制：只需要在某一个服务启动时加上 - master 参数，而另一个服务加上 - slave 与 - source 参数，即可实现同步。MongoDB 的最新版本已不再推荐此方案。

❑ Replica Sets 复制集：MongoDB 在 1.6 版本的基础上开发了新功能 replica set，这比之前的 replication 功能要强大一些，增加了故障自动切换和自动修复成员节点，各个 DB 之间数据完全一致，大大降低了维护成功。auto shard 已经明确说明不支持 replication paris，建议使用 replica set 和 replica set 故障切换完全自动。

Replica Sets 的结构非常类似一个集群。你完全可以把它当成集群，因为它确实跟集群实现的作用是一样的，其中一个节点如果出现故障，其他节点马上会将业务接过来而无需

停机操作。

10.12.1　部署 Replica Sets

接下来将一步一步地给大家分享一下实施步骤。

（1）创建数据文件存储路径。

```
[root@localhost ~]#mkdir -p /data/data/r0
[root@localhost ~]#mkdir -p /data/data/r1
[root@localhost ~]#mkdir -p /data/data/r2
```

（2）创建日志文件路径。

```
[root@localhost ~]#mkdir -p /data/log
```

（3）创建主从 key 文件，用于标识集群的私钥的完整路径，如果各个实例的 key file 内容不一致，程序将不能正常使用。

```
[root@localhost ~]#mkdir -p /data/key
[root@localhost ~]#echo "this is rs1 super secret key" > /data/key/r0
[root@localhost ~]#echo "this is rs1 super secret key" > /data/key/r1
[root@localhost ~]#echo "this is rs1 super secret key" > /data/key/r2
[root@localhost ~]#chmod 600 /data/key/r*
```

（4）启动 3 个实例。

```
[root@localhost   ~]#/Apps/mongo/bin/mongod   --replSet   rs1   --keyFile
/data/key/r0 --fork --port
28010 --dbpath /data/data/r0 --logpath=/data/log/r0.log --logappend
all output going to: /data/log/r0.log
forked process: 6573
[root@localhost ~]#/Apps/mongo/bin/mongod --replSet rs1 --keyFile /data/
key/r1 --fork --port
28011 --dbpath /data/data/r1 --logpath=/data/log/r1.log --logappend
all output going to: /data/log/r1.log
forked process: 6580
[root@localhost ~]#/Apps/mongo/bin/mongod --replSet rs1 --keyFile /data/
key/r2 --fork --port
28012 --dbpath /data/data/r2 --logpath=/data/log/r2.log --logappend
all output going to: /data/log/r2.log
forked process: 6585
[root@localhost ~]#
```

（5）配置及初始化 Replica Sets。

```
[root@localhost bin]#/Apps/mongo/bin/mongo -port 28010
MongoDB shell version: 1.8.1
connecting to: 127.0.0.1:28010/test
> config_rs1 = {_id: 'rs1', members: [
...{_id: 0, host: 'localhost:28010', priority:1}, --成员 IP 及端口,priority=1
指 PRIMARY
... {_id: 1, host: 'localhost:28011'},
... {_id: 2, host: 'localhost:28012'}]
... }
{
  "_id" : "rs1",
  "members" : [ --成员
```

```
   {
     "_id" : 0,
     "host" : "localhost:28010"
   },
   {
     "_id" : 1,
     "host" : "localhost:28011"
   },
   {
     "_id" : 2,
     "host" : "localhost:28012"
   }
 ]
}
> rs.initiate(config_rs1);  --初始化配置
{
 "info" : "Config now saved locally. Should come online in about a minute.",
 "ok" : 1
}
```

（6）查看复制集状态。

```
> rs.status()
{
 "set" : "rs1",
 "date" : ISODate("2012-05-31T09:49:57Z"),
 "myState" : 1,
 "members" : [
    {
     "_id" : 0,
     "name" : "localhost:28010",
     "health" : 1,  --1 表明正常; 0 表明异常
     "state" : 1,  -- 1 表明是 Primary; 2 表明是 Secondary
     "stateStr" : "PRIMARY",  --表明此机器是主库
     "optime" : {
       "t" : 1338457763000,
       "i" : 1
     },
     "optimeDate" : ISODate("2012-05-31T09:49:23Z"),
     "self" : true
   },
   {
     "_id" : 1,
     "name" : "localhost:28011",
     "health" : 1,
     "state" : 2,
     "stateStr" : "SECONDARY",
     "uptime" : 23,
     "optime" : {
     "t" : 1338457763000,
     "i" : 1
   },
   "optimeDate" : ISODate("2012-05-31T09:49:23Z"),
   "lastHeartbeat" : ISODate("2012-05-31T09:49:56Z")
   },
   {
     "_id" : 2,
     "name" : "localhost:28012",
     "health" : 1,
     "state" : 2,
     "stateStr" : "SECONDARY",
```

```
    "uptime" : 23,
    "optime" : {
      "t" : 1338457763000,
      "i" : 1
    },
    "optimeDate" : ISODate("2012-05-31T09:49:23Z"),
    "lastHeartbeat" : ISODate("2012-05-31T09:49:56Z")
  }
],
"ok" : 1
}
rs1:PRIMARY>
--还可以用 isMaster 查看 Replica Sets 状态
rs1:PRIMARY> rs.isMaster()
{
  "setName" : "rs1",
  "ismaster" : true,
  "secondary" : false,
  "hosts" : [
    "localhost:28010",
    "localhost:28012",
    "localhost:28011"
  ],
  "maxBsonObjectSize" : 16777216,
  "ok" : 1
}
rs1:PRIMARY>
```

10.12.2　主从操作日志 oplog

MongoDB 的 Replica Set 架构是通过一个日志来存储写操作的，这个日志就叫做"oplog"。oplog.rs 是一个固定长度的 Capped Collection，它存在于"local"数据库中，用于记录 ReplicaSets 操作日志。在默认情况下，对于 64 位的 MongoDB,oplog 是比较大的，可以达到 5%的磁盘空间。oplog 的大小是可以通过 mongod 的参数"—oplogSize"来改变 oplog 的日志大小。

oplog 内容样例：

```
rs1:PRIMARY> use local
switched to db local
rs1:PRIMARY> show collections
oplog.rs
system.replset
rs1:PRIMARY> db.oplog.rs.find()
{ "ts" : { "t" : 1338457763000, "i" : 1 }, "h" : NumberLong(0), "op" : "n",
"ns" : "", "o" : { "msg" :
"initiating set" } }
{ "ts" : { "t" : 1338459114000, "i" : 1 }, "h" : NumberLong
("5493127699725549585"), "op" : "i",
"ns" : "test.c1", "o" : { "_id" : ObjectId("4fc743e9aea289af709ac6b5"),
"age" : 29, "name" :
"Tony" } }
rs1:PRIMARY>
```

字段说明如下。

❑ ts：某个操作的时间戳。

- op：操作类型，如 i：insert、d：delete 和 u：update。
- ns：：命名空间，也就是操作的 collection name。
- o：document 的内容。

查看 master 的 oplog 元数据信息：

```
rs1:PRIMARY> db.printReplicationInfo()
configured oplog size: 47.6837158203125MB
log length start to end: 1351secs (0.38hrs)
oplog first event time: Thu May 31 2012 17:49:23 GMT+0800 (CST)
oplog last event time: Thu May 31 2012 18:11:54 GMT+0800 (CST)
now: Thu May 31 2012 18:21:58 GMT+0800 (CST)
rs1:PRIMARY>
```

字段说明如下。

- configured oplog size：配置的 oplog 文件大小；
- log length start to end：oplog 日志的启用时间段；
- oplog first event time：第一个事务日志的产生时间；
- oplog last event time：最后一个事务日志的产生时间；
- now：现在的时间。

查看 slave 的同步状态：

```
rs1:PRIMARY> db.printSlaveReplicationInfo()
source: localhost:28011
syncedTo: Thu May 31 2012 18:11:54 GMT+0800 (CST)
= 884secs ago (0.25hrs)
source: localhost:28012
syncedTo: Thu May 31 2012 18:11:54 GMT+0800 (CST)
= 884secs ago (0.25hrs)
rs1:PRIMARY>
```

字段说明如下。

- source：从库的 IP 及端口；
- syncedTo：目前的同步情况，延迟了多久等信息。

10.12.3 主从配置信息

在 local 库中不仅有主从日志 oplog 集合，还有一个集合用于记录主从配置信息 - system.replset：

```
rs1:PRIMARY> use local
switched to db local
rs1:PRIMARY> show collections
oplog.rs
system.replset
rs1:PRIMARY> db.system.replset.find()
{ "_id" : "rs1", "version" : 1, "members" : [ --成员
  {
  "_id" : 0,
  "host" : "localhost:28010"
},
{
  "_id" : 1,
```

```
  "host" : "localhost:28011"
},
{
  "_id" : 2,
  "host" : "localhost:28012"
}
] }
rs1:PRIMARY>
```

从这个集合中可以看出，Replica Sets 的配置信息，也可以在任何一个成员实例上执行 rs.conf()来查看配置信息。

10.12.4　管理维护 Replica Sets

1．读写分离

有一些第三方的工具，提供了一些可以让数据库进行读写分离的工具。我们现在是否有一个疑问，从库要是能进行查询就更好了，这样可以分担主库的大量的查询请求。

（1）先向主库中插入一条测试数据。

```
[root@localhost bin]#./mongo --port 28010
MongoDB shell version: 1.8.1
connecting to: 127.0.0.1:28010/test
rs1:PRIMARY> db.c1.insert({age:30})
db.c2rs1:PRIMARY> db.c1.find()
{ "_id" : ObjectId("4fc77f421137ea4fdb653b4a"), "age" : 30 }
```

（2）在从库进行查询等操作。

```
 [root@localhost bin]#./mongo --port 28011
MongoDB shell version: 1.8.1
connecting to: 127.0.0.1:28011/test
rs1:SECONDARY> show collections
Thu May 31 22:27:17 uncaught exception: error: { "$err" : "not master and
slaveok=false",
"code" : 13435 }
rs1:SECONDARY>
```

当查询时报错了，说明是个从库，但是目前不能执行查询的操作。

（3）让从库可以读，分担主库的压力。

```
rs1:SECONDARY> db.getMongo().setSlaveOk()
not master and slaveok=false
rs1:SECONDARY> show collections
c1
system.indexes
rs1:SECONDARY> db.c1.find()
{ "_id" : ObjectId("4fc77f421137ea4fdb653b4a"), "age" : 30 }
rs1:SECONDARY>
```

看来我们要是执行 db.getMongo().setSlaveOk()，就可查询从库了。

2．故障转移

复制集比传统的 Master-Slave 有改进的地方就是它可以进行故障的自动转移，如果我们停掉复制集中的一个成员，那么剩余成员会再自动选举出一个成员，作为主库，如下所示。

我们将 28010 这个主库停掉，然后再看一下复制集的状态。

（1）杀掉 28010 端口的 MongoDB。

```
#查看 mongodb 进程号
[root@localhost bin]#ps aux|grep mongod
root 6706 1.6 6.9 463304 6168 Sl 21:49 0:26
/Apps/mongo/bin/mongod --replSet rs1 --keyFile /data/key/r0 --fork --port
28010
root 6733 0.4 6.7 430528 6044 ? Sl 21:50 0:06
/Apps/mongo/bin/mongod --replSet rs1 --keyFile /data/key/r1 --fork --port
28011
root 6747 0.4 4.7 431548 4260 ? Sl 21:50 0:06
/Apps/mongo/bin/mongod --replSet rs1 --keyFile /data/key/r2 --fork --port
28012
root 7019 0.0 0.7 5064 684 pts/2 S+ 22:16 0:00 grep mongod

#杀掉主
[root@localhost bin]#kill -9 6706
```

（2）查看复制集状态。

```
[root@localhost bin]#./mongo --port 28011
MongoDB shell version: 1.8.1
connecting to: 127.0.0.1:28011/test
rs1:SECONDARY> rs.status()
{
"set" : "rs1",
"date" : ISODate("2012-05-31T14:17:03Z"),
"myState" : 2,
"members" : [
{
"_id" : 0,
"name" : "localhost:28010",
"health" : 0,
"state" : 1,
"stateStr" : "(not reachable/healthy)",
"uptime" : 0,
"optime" : {
"t" : 1338472279000,
"i" : 1
},
"optimeDate" : ISODate("2012-05-31T13:51:19Z"),
"lastHeartbeat" : ISODate("2012-05-31T14:16:42Z"),
"errmsg" : "socket exception"
},
{
"_id" : 1,
"name" : "localhost:28011",
"health" : 1,
"state" : 2,
"stateStr" : "SECONDARY",
"optime" : {
"t" : 1338472279000,
"i" : 1
},
"optimeDate" : ISODate("2012-05-31T13:51:19Z"),
"self" : true
},
{
```

```
"_id" : 2,
"name" : "localhost:28012",
"health" : 1,
"state" : 1,
"stateStr" : "PRIMARY",
"uptime" : 1528,
"optime" : {
"t" : 1338472279000,
"i" : 1
},
"optimeDate" : ISODate("2012-05-31T13:51:19Z"),
"lastHeartbeat" : ISODate("2012-05-31T14:17:02Z")
}
],
"ok" : 1
}
rs1:SECONDARY>
```

可以看到 28010 这个端口的 MongoDB 出现了异常，而系统自动选举了 28012 这个端口为主，所以这样的故障处理机制，能将系统的稳定性大大提高。

10.12.5　增减节点

MongoDB Replica Sets 不仅提供高可用性的解决方案，它也同时提供负载均衡的解决方案，增减 Replica Sets 节点在实际应用中非常普遍。例如，当应用的读压力暴增时，3 台节点的环境已不能满足需求，那么就需要增加一些节点将压力平均分配一下；当应用的压力小时，可以减少一些节点来减少硬件资源的成本；总之这是一个长期且持续的工作。

1. 增加节点

（1）配置并启动新节点，启用 28013 这个端口给新的节点。

```
[root@localhost ~]#mkdir -p /data/data/r3
[root@localhost ~]#echo "this is rs1 super secret key" > /data/key/r3
[root@localhost ~]#chmod 600 /data/key/r3
[root@localhost ~]#/Apps/mongo/bin/mongod --replSet rs1 --keyFile /data/
key/r3 --fork --port
28013 --dbpath /data/data/r3 --logpath=/data/log/r3.log --logappend
all output going to: /data/log/r3.log
forked process: 10553
[root@localhost ~]#
```

（2）添加此新节点到现有的 Replica Sets。

```
rs1:PRIMARY> rs.add("localhost:28013")
{ "ok" : 1 }
```

（3）查看 Replica Sets 我们可以清晰地看到内部是如何添加 28013 这个新节点的。
步骤一：进行初始化。

```
rs1: PRIMARY > rs.status()
{
"set" : "rs1",
"date" : ISODate("2012-05-31T12:17:44Z"),
"myState" : 1,
"members" : [
```

```
......
{
"_id" : 3,
"name" : "localhost:28013",
"health" : 0,
"state" : 6,
"stateStr" : "(not reachable/healthy)",
"uptime" : 0,
"optime" : {
"t" : 0,
"i" : 0
},
"optimeDate" : ISODate("1970-01-01T00:00:00Z"),
"lastHeartbeat" : ISODate("2012-05-31T12:17:43Z"),
"errmsg" : "still initializing"          --进行初始化
}
],
"ok" : 1
}
```

步骤二：进行数据同步。

```
rs1:PRIMARY> rs.status()
{
"set" : "rs1",
"date" : ISODate("2012-05-31T12:18:07Z"),
"myState" : 1,
"members" : [
......
{
"_id" : 3,
"name" : "localhost:28013",
"health" : 1,
"state" : 3,
"stateStr" : "RECOVERING",
"uptime" : 16,
"optime" : {
"t" : 0,
"i" : 0
},
"optimeDate" : ISODate("1970-01-01T00:00:00Z"),
"lastHeartbeat" : ISODate("2012-05-31T12:18:05Z"),
"errmsg" : "initial sync need a member to be primary or secondary
to do our initial sync"            --正在同步
}
],
"ok" : 1
}
```

步骤三：初始化同步完成。

```
rs1:PRIMARY> rs.status()
{
"set" : "rs1",
"date" : ISODate("2012-05-31T12:18:08Z"),
"myState" : 1,
"members" : [
......
{
```

```
"_id" : 3,
"name" : "localhost:28013",
"health" : 1,
"state" : 3,
"stateStr" : "RECOVERING",
"uptime" : 17,
"optime" : {
"t" : 1338466661000,
"i" : 1
},
"optimeDate" : ISODate("2012-05-31T12:17:41Z"),
"lastHeartbeat" : ISODate("2012-05-31T12:18:07Z"),
"errmsg" : "initial sync done" --同步完成
}
],
"ok" : 1
}
```

步骤四：节点添加完成，状态正常。

```
rs1:PRIMARY> rs.status()
{
"set" : "rs1",
"date" : ISODate("2012-05-31T12:18:10Z"),
"myState" : 1,
"members" : [
......
{
"_id" : 3,
"name" : "localhost:28013",
"health" : 1,
"state" : 2,
"stateStr" : "SECONDARY",
"uptime" : 19,
"optime" : {
"t" : 1338466661000,
"i" : 1
},
"optimeDate" : ISODate("2012-05-31T12:17:41Z"),
"lastHeartbeat" : ISODate("2012-05-31T12:18:09Z")
}
],
"ok" : 1   --状态正常
}
```

（4）验证数据已经同步过来了。

```
[root@localhost data]#/Apps/mongo/bin/mongo -port 28013
MongoDB shell version: 1.8.1
connecting to: 127.0.0.1:28013/test
rs1:SECONDARY> rs.slaveOk()

--查看数据
rs1:SECONDARY> db.c1.find()
{ "_id" : ObjectId("4fc760d2383ede1dce14ef86"), "age" : 10 }
rs1:SECONDARY>
```

2．减少节点

下面将刚刚添加的两个新节点 28013 和 28014 从复制集中去除掉，只需执行 rs.remove

指令就可以了，具体如下：

```
rs1:PRIMARY> rs.remove("localhost:28014")
{ "ok" : 1 }
rs1:PRIMARY> rs.remove("localhost:28013")
{ "ok" : 1 }
```

查看复制集状态，可以看到现在只有 28010、28011 和 28012 这三个成员，原来的 28013 和 28014 都成功去除了。

```
rs1:PRIMARY> rs.status()
{
"set" : "rs1",
"date" : ISODate("2012-05-31T14:08:29Z"),
"myState" : 1,
"members" : [
{
"_id" : 0,
"name" : "localhost:28010",
"health" : 1,
"state" : 1,
"stateStr" : "PRIMARY",
"optime" : {
"t" : 1338473273000,
"i" : 1
},
"optimeDate" : ISODate("2012-05-31T14:07:53Z"),
"self" : true
},
{
"_id" : 1,
"name" : "localhost:28011",
"health" : 1,
"state" : 2,
"stateStr" : "SECONDARY",
"uptime" : 34,
"optime" : {
"t" : 1338473273000,
"i" : 1
},
"optimeDate" : ISODate("2012-05-31T14:07:53Z"),
"lastHeartbeat" : ISODate("2012-05-31T14:08:29Z")
},
{
"_id" : 2,
"name" : "localhost:28012",
"health" : 1,
"state" : 2,
"stateStr" : "SECONDARY",
"uptime" : 34,
"optime" : {
"t" : 1338473273000,
"i" : 1
},
"optimeDate" : ISODate("2012-05-31T14:07:53Z"),
"lastHeartbeat" : ISODate("2012-05-31T14:08:29Z")
}
],
"ok" : 1
```

```
}
rs1:PRIMARY>
```

10.13　Sharding 分片

这是一种将海量的数据水平扩展的数据库集群系统，数据分别存储在 Sharding 的各个节点上，使用者通过简单的配置就可以很方便地构建一个分布式 MongoDB 集群。

MongoDB 的数据分块称为 chunk。每个 chunk 都是 Collection 中一段连续的数据记录，通常最大尺寸是 200MB，超出则生成新的数据块。

要构建一个 MongoDB Sharding Cluster，需要三种角色：

❑ Shard Server 即存储实际数据的分片，每个 Shard 可以是一个 mongod 实例，也可以是一组 mongod 实例构成的 Replica Set。为了实现每个 Shard 内部的 auto-failover，MongoDB 官方建议每个 Shard 为一组 Replica Set。

❑ Config Server 为了将一个特定的 Collection 存储在多个 Shard 中，需要为该 Collection 指定一个 shard key，例如{age: 1}，shard key 可以决定该条记录属于哪个 chunk。Config Servers 就是用来存储：所有 Shard 节点的配置信息、每个 chunk 的 shard key 范围、chunk 在各 Shard 的分布情况、该集群中所有 DB 和 Collection 的 Sharding 配置信息。

❑ Route Process 这是一个前端路由，客户端由此接入，然后询问 Config Servers 需要到哪个 Shard 上查询或保存记录，再连接相应的 Shard 进行操作，最后将结果返回给客户端。客户端只需要将原本发给 mongod 的查询或更新请求原封不动地发给 Routing Process，而不必关心所操作的记录存储在哪个 Shard 上。

下面我们在同一台物理机器上构建一个简单的 Sharding Cluster。

架构图如图 10.3 所示。

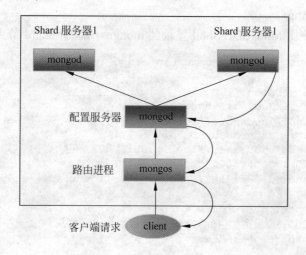

图 10.3　Sharding Cluster 的架构

端口号如下所示。

❑ Shard Server 1：20000；

❑ Shard Server 2：20001；

❑ Config Server：30000；

❑ Route Process：40000。

10.13.1　建立 Sharding Cluster

（1）启动 Shard Server

```
mkdir -p /data/shard/s0 --创建数据目录
mkdir -p /data/shard/s1
mkdir -p /data/shard/log --创建日志目录
/Apps/mongo/bin/mongod --shardsvr --port 20000 --dbpath /data/shard/s0
--fork --logpath
/data/shard/log/s0.log --directoryperdb --启动 Shard Server 实例1
/Apps/mongo/bin/mongod --shardsvr --port 20001 --dbpath /data/shard/s1
--fork --logpath
/data/shard/log/s1.log --directoryperdb --启动 Shard Server 实例2
```

（2）启动 Config Server

```
mkdir -p /data/shard/config --创建数据目录
/Apps/mongo/bin/mongod --configsvr --port 30000 --dbpath /data/shard/
config --fork --logpath
/data/shard/log/config.log --directoryperdb --启动 Config Server 实例
```

（3）启动 Route Process

```
/Apps/mongo/bin/mongos --port 40000 --configdb localhost:30000 --fork
--logpath
/data/shard/log/route.log --chunkSize 1 --启动 Route Server 实例
```

mongos 启动参数中，chunkSize 这一项是用来指定 chunk 的大小的，单位是 MB，默认大小为 200MB，为了方便测试 Sharding 效果，我们把 chunkSize 指定为 1MB。

（4）配置 Sharding

接下来，我们使用 MongoDB Shell 登录到 mongos，添加 Shard 节点：

```
[root@localhost ~]#/Apps/mongo/bin/mongo admin --port 40000 --此操作需要连
接 admin 库
MongoDB shell version: 1.8.1
connecting to: 127.0.0.1:40000/admin
> db.runCommand({ addshard:"localhost:20000" }) --添加 Shard Server
{ "shardAdded" : "shard0000", "ok" : 1 }
> db.runCommand({ addshard:"localhost:20001" })
{ "shardAdded" : "shard0001", "ok" : 1 }
> db.runCommand({ enablesharding:"test" }) --设置分片存储的数据库
{ "ok" : 1 }
> db.runCommand({ shardcollection: "test.users", key: { _id:1 }}) --设置
分片的集合名称，且必须指定 Shard Key，系统会自动创建索引
{ "collectionsharded" : "test.users", "ok" : 1 }
>
```

（5）验证 Sharding 正常工作

我们已经对 test.users 表进行了分片的设置，下面我们插入一些数据看一下结果。

```
> use test
switched to db test
> for (var i = 1; i <= 500000; i++) db.users.insert({age:i, name:"wangwenlong",
addr:"Beijing",
country:"China"})
> db.users.stats()
{
"sharded" : true,  --说明此表已被 shard
"ns" : "test.users",
"count" : 500000,
"size" : 48000000,
"avgObjSize" : 96,
"storageSize" : 66655232,
"nindexes" : 1,
"nchunks" : 43,
"shards" : {
"shard0000" : {  --在此分片实例上约有 24.5M 数据
"ns" : "test.users",
"count" : 254889,
"size" : 24469344,
"avgObjSize" : 96,
"storageSize" : 33327616,
"numExtents" : 8,
"nindexes" : 1,
"lastExtentSize" : 12079360,
"paddingFactor" : 1,
"flags" : 1,
"totalIndexSize" : 11468800,
"indexSizes" : {
"_id_" : 11468800
},
"ok" : 1
},
"shard0001" : {  --在此分片实例上约有 23.5M 数据
"ns" : "test.users",
"count" : 245111,
"size" : 23530656,
"avgObjSize" : 96,
"storageSize" : 33327616,
"numExtents" : 8,
"nindexes" : 1,
"lastExtentSize" : 12079360,
"paddingFactor" : 1,
"flags" : 1,
"totalIndexSize" : 10649600,
"indexSizes" : {
"_id_" : 10649600
},
"ok" : 1
}
},
"ok" : 1
}
>
```

我们看一下磁盘上的物理文件情况。

```
[root@localhost bin]#ll /data/shard/s0/test  --此分片实例上有数据产生
总计 262420
```

```
-rw------- 1 root root 16777216 06-03 15:21 test.0
-rw------- 1 root root 33554432 06-03 15:21 test.1
-rw------- 1 root root 67108864 06-03 15:22 test.2
-rw------- 1 root root 134217728 06-03 15:24 test.3
-rw------- 1 root root 16777216 06-03 15:21 test.ns
[root@localhost bin]#ll /data/shard/s1/test --此分片实例上有数据产生
总计 262420
-rw------- 1 root root 16777216 06-03 15:21 test.0
-rw------- 1 root root 33554432 06-03 15:21 test.1
-rw------- 1 root root 67108864 06-03 15:22 test.2
-rw------- 1 root root 134217728 06-03 15:23 test.3
-rw------- 1 root root 16777216 06-03 15:21 test.ns
[root@localhost bin]#
```

看上述结果，表明 test.users 集合已经被分片处理了，但是通过 mongos 路由，我们并感觉不到数据存放在哪个 Shard 的 chunk 上，这就是 MongoDB 用户体验上的一个优势，即对用户是透明的。

10.13.2　管理维护 Sharding

（1）列出所有的 Shard Server

```
> db.runCommand({ listshards: 1 }) --列出所有的 Shard Server
{
"shards" : [
{
"_id" : "shard0000",
"host" : "localhost:20000"
},
{
"_id" : "shard0001",
"host" : "localhost:20001"
}
],
"ok" : 1
}
```

（2）查看 Sharding 信息

```
> printShardingStatus() --查看 Sharding 信息
--- Sharding Status ---
sharding version: { "_id" : 1, "version" : 3 }
shards:
{ "_id" : "shard0000", "host" : "localhost:20000" }
{ "_id" : "shard0001", "host" : "localhost:20001" }
databases:
{ "_id" : "admin", "partitioned" : false, "primary" : "config" }
{ "_id" : "test", "partitioned" : true, "primary" : "shard0000" }
test.users chunks:
shard0000 1
{ "_id" : { $minKey : 1 } } -->> { "_id" : { $maxKey : 1 } } on :
shard0000 { "t" : 1000, "i" : 0 }
>
```

（3）判断是否是 Sharding

```
> db.runCommand({ isdbgrid:1 })
{ "isdbgrid" : 1, "hostname" : "localhost", "ok" : 1 }
```

```
>
```

（4）对现有的表进行 Sharding

刚才我们对表 test.users 进行分片了。下面我们将对库中现有的未分片的表 test.users_2 进行分片，处理表最初状态如下，可以看出它没有被分片过：

```
> db.users_2.stats()
{
"ns" : "test.users_2",
"sharded" : false,    --无分片
"primary" : "shard0000",
"ns" : "test.users_2",
"count" : 500000,
"size" : 48000016,
"avgObjSize" : 96.000032,
"storageSize" : 61875968,
"numExtents" : 11,
"nindexes" : 1,
"lastExtentSize" : 15001856,
"paddingFactor" : 1,
"flags" : 1,
"totalIndexSize" : 20807680,
"indexSizes" : {
"_id_" : 20807680
},
"ok" : 1
}
```

对其进行分片处理：

```
> use admin
switched to db admin
> db.runCommand({ shardcollection: "test.users_2", key: { _id:1 }})
{ "collectionsharded" : "test.users_2", "ok" : 1 }
```

再次查看分片后的表的状态，可以看到它已经被我们分片了：

```
> use test
switched to db test
> db.users_2.stats()
{
"sharded" : true,
"ns" : "test.users_2",
"count" : 505462,
......
"shards" : {  --已分片
"shard0000" : {
"ns" : "test.users_2",
......
"ok" : 1
},
"shard0001" : {
"ns" : "test.users_2",
......
"ok" : 1
}
},
"ok" : 1
```

```
}
>
```

（5）新增 Shard Server

刚才我们演示的是新增分片表。接下来我们演示如何新增 Shard Server 启动一个新
Shard Server 进程：

```
[root@localhost ~]#mkdir /data/shard/s2
[root@localhost ~]#/Apps/mongo/bin/mongod --shardsvr --port 20002 --dbpath
/data/shard/s2
--fork --logpath /data/shard/log/s2.log --directoryperdb
all output going to: /data/shard/log/s2.log
forked process: 6772
```

配置新 Shard Server：

```
[root@localhost ~]#/Apps/mongo/bin/mongo admin --port 40000
MongoDB shell version: 1.8.1
connecting to: 127.0.0.1:40000/admin
> db.runCommand({ addshard:"localhost:20002" })
{ "shardAdded" : "shard0002", "ok" : 1 }
> printShardingStatus()
--- Sharding Status ---
sharding version: { "_id" : 1, "version" : 3 }
shards:
{ "_id" : "shard0000", "host" : "localhost:20000" }
{ "_id" : "shard0001", "host" : "localhost:20001" }
{ "_id" : "shard0002", "host" : "localhost:20002" } --新增的 Shard Server
databases:
{ "_id" : "admin", "partitioned" : false, "primary" : "config" }
{ "_id" : "test", "partitioned" : true, "primary" : "shard0000" }
test.users chunks:
shard0002 2
shard0000 21
shard0001 21
too many chunksn to print, use verbose if you want to force print
test.users_2 chunks:
shard0001 46
shard0002 1
shard0000 45
too many chunksn to print, use verbose if you want to force print
```

查看分片表状态，以验证新 Shard Server：

```
> use test
switched to db test
> db.users_2.stats()
{
"sharded" : true,
"ns" : "test.users_2",
......
"shard0002" : { --新的 Shard Server 已有数据
"ns" : "test.users_2",
"count" : 21848,
"size" : 2097408,
"avgObjSize" : 96,
"storageSize" : 2793472,
"numExtents" : 5,
"nindexes" : 1,
"lastExtentSize" : 2097152,
```

```
"paddingFactor" : 1,
"flags" : 1,
"totalIndexSize" : 1277952,
"indexSizes" : {
"_id_" : 1277952
},
"ok" : 1
}
},
"ok" : 1
}
>
```

我们可以发现，当我们新增 Shard Server 后数据自动分布到了新 Shard 上，这是由 MongoDB 内部自己实现的。

（6）移除 Shard Server

有些时候由于硬件资源有限，所以我们不得不进行一些回收工作。下面我们就要将刚刚启用的 Shard Server 回收，系统首先会将在这个即将被移除的 Shard Server 上的数据先平均分配到其他的 Shard Server 上，然后最终再将这个 Shard Server 踢下线，我们需要不停地调用 db.runCommand({"removeshard": "localhost:20002"});来观察这个移除操作进行到哪里了。

```
> use admin
switched to db admin
> db.runCommand({"removeshard" : "localhost:20002"});
{
"msg" : "draining started successfully",
"state" : "started",
"shard" : "shard0002",
"ok" : 1
}
> db.runCommand({"removeshard" : "localhost:20002"});
{
"msg" : "draining ongoing",
"state" : "ongoing",
"remaining" : {
"chunks" : NumberLong(44),
"dbs" : NumberLong(0)
},
"ok" : 1
}
......
> db.runCommand({"removeshard" : "localhost:20002"});
{
"msg" : "draining ongoing",
"state" : "ongoing",
"remaining" : {
"chunks" : NumberLong(1),
"dbs" : NumberLong(0)
},
"ok" : 1
}
> db.runCommand({"removeshard" : "localhost:20002"});
{
"msg" : "removeshard completed successfully",
"state" : "completed",
"shard" : "shard0002",
```

```
"ok" : 1
}
> db.runCommand({"removeshard" : "localhost:20002"});
{
"assertion" : "can't find shard for: localhost:20002",
"assertionCode" : 13129,
"errmsg" : "db assertion failure",
"ok" : 0
}
```

最终移除后，当我们再次调用 db.runCommand({"removeshard":"localhost:20002"}); 的时候系统会报错，已便通知我们不存在 20002 这个端口的 Shard Server 了，因为它已经被移除掉了。

接下来我们看一下表中的数据分布：

```
> use test
switched to db test
> db.users_2.stats()
{
"sharded" : true,
"ns" : "test.users_2",
"count" : 500000,
"size" : 48000000,
"avgObjSize" : 96,
"storageSize" : 95203584,
"nindexes" : 1,
"nchunks" : 92,
"shards" : {
"shard0000" : {
"ns" : "test.users_2",
"count" : 248749,
"size" : 23879904,
"avgObjSize" : 96,
"storageSize" : 61875968,
"numExtents" : 11,
"nindexes" : 1,
"lastExtentSize" : 15001856,
"paddingFactor" : 1,
"flags" : 1,
"totalIndexSize" : 13033472,
"indexSizes" : {
"_id_" : 13033472
},
"ok" : 1
},
"shard0001" : {
"ns" : "test.users_2",
"count" : 251251,
"size" : 24120096,
"avgObjSize" : 96,
"storageSize" : 33327616,
"numExtents" : 8,
"nindexes" : 1,
"lastExtentSize" : 12079360,
"paddingFactor" : 1,
"flags" : 1,
"totalIndexSize" : 10469376,
"indexSizes" : {
"_id_" : 10469376
},
```

```
"ok" : 1
}
},
"ok" : 1
}
```

可以看出数据又被平均分配到了另外两台 Shard Server 上了，对业务没什么特别大的影响。

10.14　Replica Sets 和 Sharding 的结合

MongoDB Auto-Sharding 解决了海量存储和动态扩容的问题，但离实际生产环境所需的高可靠和高可用还有些距离，所以有了"Replica Sets + Sharding"的解决方案。

❑ Shard：使用 Replica Sets，确保每个数据节点都具有备份、自动容错转移和自动恢复能力。

❑ Config：使用 3 个配置服务器，确保元数据完整性。

❑ Route：使用 3 个路由进程，实现负载平衡，提高客户端接入性能。

以下我们配置一个 Replica Sets + Sharding 的环境，架构图如图 10.4 所示。

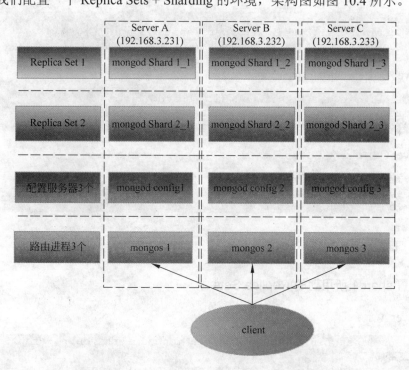

图 10.4　Replica Sets 和 Sharding 结合的架构图

开放的端口如下。

Server A 192.168.3.231：

❑ mongod shard1_1:27017；

❑ mongod shard2_1:27018；

- ❑ mongod config1:20000；
- ❑ mongs1:30000。

Server B 192.168.3.232：

- ❑ mongod shard1_2:27017；
- ❑ mongod shard2_2:27018；
- ❑ mongod config2:20000；
- ❑ mongs2:30000。

Server C 192.168.3.233：

- ❑ mongod shard1_3:27017；
- ❑ mongod shard2_3:27018；
- ❑ mongod config3:20000；
- ❑ mongs3:30000。

10.14.1　创建数据目录

在 Server A 上：

```
[root@localhost bin]#mkdir -p /data/shard1_1
[root@localhost bin]#mkdir -p /data/shard2_1
[root@localhost bin]#mkdir -p /data/config
```

在 Server B 上：

```
[root@localhost bin]#mkdir -p /data/shard1_2
[root@localhost bin]#mkdir -p /data/shard2_2
[root@localhost bin]#mkdir -p /data/config
```

在 Server C 上：

```
[root@localhost bin]#mkdir -p /data/shard1_3
[root@localhost bin]#mkdir -p /data/shard2_3
[root@localhost bin]#mkdir -p /data/config
```

10.14.2　配置 Replica Sets

1. 配置 shard1 所用到的 Replica Sets

在 Server A 上：

```
[root@localhost bin]#/Apps/mongo/bin/mongod --shardsvr --replSet shard1
--port 27017
--dbpath /data/shard1_1 --logpath /data/shard1_1/shard1_1.log --logappend
--fork
[root@localhost bin]#all output going to: /data/shard1_1/shard1_1.log
forked process: 18923
```

在 Server B 上：

```
 [root@localhost bin]#/Apps/mongo/bin/mongod --shardsvr --replSet shard1
--port 27017
```

```
--dbpath /data/shard1_2 --logpath /data/shard1_2/shard1_2.log --logappend
--fork
forked process: 18859
[root@localhost bin]#all output going to: /data/shard1_2/shard1_2.log
[root@localhost bin]#
```

在 Server C 上：

```
[root@localhost bin]#/Apps/mongo/bin/mongod --shardsvr --replSet shard1
--port 27017
--dbpath /data/shard1_3 --logpath /data/shard1_3/shard1_3.log --logappend
--fork
all output going to: /data/shard1_3/shard1_3.log
forked process: 18768
[root@localhost bin]#
```

用 mongo 连接其中一台机器的 27017 端口的 mongod，初始化 Replica Sets "shard1"，执行：

```
[root@localhost bin]#./mongo --port 27017
MongoDB shell version: 1.8.1
connecting to: 127.0.0.1:27017/test
> config = {_id: 'shard1', members: [
... {_id: 0, host: '192.168.3.231:27017'},
... {_id: 1, host: '192.168.3.232:27017'},
... {_id: 2, host: '192.168.3.233:27017'}]
... }
......
> rs.initiate(config)
{
  "info" : "Config now saved locally. Should come online in about a minute.",
  "ok" : 1
}
```

2. 配置 shard2 所用到的 Replica Sets

在 Server A 上：

```
[root@localhost bin]#/Apps/mongo/bin/mongod --shardsvr --replSet shard2
--port 27018
--dbpath /data/shard2_1 --logpath /data/shard2_1/shard2_1.log --logappend
--fork
all output going to: /data/shard2_1/shard2_1.log
[root@localhost bin]#forked process: 18993
[root@localhost bin]#
```

在 Server B 上：

```
[root@localhost bin]#/Apps/mongo/bin/mongod --shardsvr --replSet shard2
--port 27018
--dbpath /data/shard2_2 --logpath /data/shard2_2/shard2_2.log --logappend
--fork
all output going to: /data/shard2_2/shard2_2.log
forked process: 18923
[root@localhost bin]#
```

在 Server C 上：

```
[root@localhost bin]#/Apps/mongo/bin/mongod --shardsvr --replSet shard2
--port 27018
```

```
--dbpath /data/shard2_3 --logpath /data/shard2_3/shard2_3.log --logappend
--fork
[root@localhost bin]#all output going to: /data/shard2_3/shard2_3.log
forked process: 18824
[root@localhost bin]#
```

用 mongo 连接其中一台机器的 27018 端口的 mongod，初始化 Replica Sets "shard2"，
执行：

```
 [root@localhost bin]#./mongo --port 27018
MongoDB shell version: 1.8.1
connecting to: 127.0.0.1:27018/test
> config = {_id: 'shard2', members: [
... {_id: 0, host: '192.168.3.231:27018'},
... {_id: 1, host: '192.168.3.232:27018'},
... {_id: 2, host: '192.168.3.233:27018'}]
... }
......
> rs.initiate(config)
{
  "info" : "Config now saved locally. Should come online in about a minute.",
  "ok" : 1
}
```

3. 配置 3 台 Config Server

在 Server A、B 和 C 上执行：

```
/Apps/mongo/bin/mongod --configsvr --dbpath /data/config --port 20000
--logpath
/data/config/config.log --logappend --fork
```

10.14.3 配置 3 台 Route Process

在 Server A、B 和 C 上执行：

```
/Apps/mongo/bin/mongos --configdb
192.168.3.231:20000,192.168.3.232:20000,192.168.3.233:20000 --port 30000
--chunkSize 1
--logpath /data/mongos.log --logappend --fork
```

10.14.4 配置 Shard Cluster

连接到其中一台机器的端口 30000 的 mongos 进程，并切换到 admin 数据库做以下配置：

```
[root@localhost bin]#./mongo --port 30000
MongoDB shell version: 1.8.1
connecting to: 127.0.0.1:30000/test
> use admin
switched to db admin
>db.runCommand({addshard:"shard1/192.168.3.231:27017,192.168.3.232:2701
7,192.168.3.233:27017"});
{ "shardAdded" : "shard1", "ok" : 1 }
>db.runCommand({addshard:"shard2/192.168.3.231:27018,192.168.3.232:2701
8,192.168.3.233:27018"});
{ "shardAdded" : "shard2", "ok" : 1 }
>
```

激活数据库及集合的分片：

```
db.runCommand({ enablesharding:"test" })
db.runCommand({ shardcollection: "test.users", key: { _id:1 }})
```

10.14.5　验证 Sharding 正常工作

连接到其中一台机器的端口 30000 的 mongos 进程，并切换到 test 数据库，以便添加测试数据：

```
use test
for(var i=1;i<=200000;i++) db.users.insert({id:i,addr_1:"Beijing",addr_2:
"Shanghai"});
db.users.stats()
{
  "sharded" : true,
  "ns" : "test.users",
  "count" : 200000,
  "size" : 25600384,
  "avgObjSize" : 128,
  "storageSize" : 44509696,
  "nindexes" : 2,
  "nchunks" : 15,
  "shards" : {
  "shard0000" : {
  ......
  },
  "shard0001" : {
     ......
    }
  },
  "ok" : 1
}
```

可以看到 Sharding 搭建成功了，跟我们期望的结果一致。至此我们就将 Replica Sets 与 Sharding 结合的架构也学习完毕了，MongoDB 的学习也告一段落了。

第 5 篇　MySQL 基础与性能优化

▶▶ 第 11 章　MySQL 基础

▶▶ 第 12 章　MySQL 高级特性与性能优化

第 11 章　MySQL 基础

11.1　CentOS 6.5 下 MySQL 的安装

安装方式分为 rpm 和源码编译安装两种，本书采用 MySQL 源码编译方式。由于篇幅有限，只介绍 CentOS 6.5 下的安装，其他 Linux 的操作系统的安装类似，我们采用 cmake 编译。MySQL 版本采用最新的稳定版本 5.6.15，cmake 采用版本 2.8.10.2，下载地址分别为：

- ❏ http://dev.mysql.com/get/Downloads/MySQL-5.6/mysql-5.6.15.tar.gz。
- ❏ http://www.cmake.org/files/v2.8/cmake-2.8.10.2.tar.gz。

（1）下载 mysql-5.6.15.tar.gz 和 cmake-2.8.10.2.tar.gz 到/usr/local 文件夹下：

```
[root@localhost local]#cd /usr/local
[root@localhost local]# wget http://dev.mysql.com/get/Downloads/MySQL-
5.6/ mysql-5.6.15.tar.gz
[root@localhost local]# wget http://www.cmake.org/files/v2.8/cmake-
2.8.10.2.tar.gz
```

（2）CentOS 6.5 默认没有安装 g++和 ncurses-devel，在 CentOS 6.5 下安装 g++和 ncurses-devel：

```
[root@localhost local]#yum install gcc-c++
[root@localhost local]#yum install ncurses-devel
```

（3）解压压缩包并安装 cmake，安装完成后退回/usr/local 目录：

```
[root@localhost]#tar zxvf cmake-2.8.10.2.tar.gz
[root@localhost local]#cd cmake-2.8.10.2
[root@localhost cmake-2.8.10.2]#./configure
[root@localhost cmake-2.8.10.2]#make
[root@localhost cmake-2.8.10.2]#make install
[root@localhost cmake-2.8.10.2]#cd ..
```

（4）将 cmake 永久加入系统环境变量。

用 vi 在文件/etc/profile 中增加变量，使其永久有效：

```
[root@localhost local]#vi /etc/profile
```

在文件末尾追加以下两行代码：

```
PATH=/usr/local/cmake-2.8.10.2/bin:$PATH
export PATH
```

执行以下代码使刚才的修改生效：

```
[root@localhost local]#source /etc/profile
```

用 echo 命令查看 PATH 值，验证/usr/local/cmake-2.8.10.2/bin 在 PATH 之中：

```
[root@localhost local]#echo $PATH
```

（5）创建 MySQL 的安装目录及数据库存放目录：

```
[root@localhost]#mkdir -p /usr/local/mysql
[root@localhost]#mkdir -p /usr/local/mysql/data
```

（6）创建 MySQL 用户及用户组：

```
[root@localhost]groupadd mysql
[root@localhost]useradd -r -g mysql mysql
```

（7）解压并编译安装 MySQL：

```
[root@localhost local]#tar -zxv -f mysql-5.6.15.tar.gz
[root@localhost local]#cd mysql-5.6.15
[root@localhost mysql-5.6.15]#
cmake -DCMAKE_INSTALL_PREFIX=/usr/local/mysql \
-DMYSQL_UNIX_ADDR=/usr/local/mysql/mysql.sock \
-DDEFAULT_CHARSET=utf8 \
-DDEFAULT_COLLATION=utf8_general_ci \
-DWITH_MYISAM_STORAGE_ENGINE=1 \
-DWITH_INNOBASE_STORAGE_ENGINE=1 \
-DWITH_MEMORY_STORAGE_ENGINE=1 \
-DWITH_READLINE=1 \
-DENABLED_LOCAL_INFILE=1 \
-DMYSQL_DATADIR=/usr/local/mysql/data \
-DMYSQL_USER=mysql \
-DMYSQL_TCP_PORT=3306
[root@localhost mysql-5.6.15]#make
[root@localhost mysql-5.6.15]#make install
```

（8）检验是否安装成功：

```
[root@localhost mysql-5.6.15]#cd /usr/local/mysql/
[root@localhost mysql]#ls
bin COPYING data docs include INSTALL-BINARY lib man mysql-test README
scripts share sql-bench support-files
```

有 bin 等以上文件的话，恭喜你已经成功安装了 MySQL。

（9）设置 MySQL 目录权限：

```
[root@localhost mysql]# cd /usr/local/mysql//把当前目录中所有文件的所有者设为
root，所属组为 mysql
[root@localhost mysql]# chown -R root:mysql .
[root@localhost mysql]# chown -R mysql:mysql data
```

（10）用默认配置文件作为 MySQL 的配置文件：

```
[root@localhost mysql]# cp support-files/my-default.cnf /etc/my.cnf（？？？
可能有问题）
cp: 是否覆盖"/etc/my.cnf"? y
```

（11）创建初始系统数据库的表：

```
[root@localhost mysql]# cd /usr/local/mysql
[root@localhost mysql]# scripts/mysql_install_db --user=mysql
```

（12）设置环境变量：

```
[root@localhost ~]#vi /root/.bash_profile
```

在修改 PATH=$PATH:$HOME/bin 为：

```
PATH=$PATH:$HOME/bin:/usr/local/mysql/bin:/usr/local/mysql/lib
[root@localhost ~]# source /root/.bash_profile   //使刚才的修改生效
```

（13）手动启动 MySQL：

```
[root@localhost ~]# cd /usr/local/mysql
[root@localhost mysql]# ./bin/mysqld_safe --user=mysql &//启动 MySQL，但不
能停止
[root@localhost mysql]#mysqladmin -u root -p shutdown    //此时 root 还没密
码，所以为空值，提示输入密码时，直接回车即可
```

（14）将 MySQL 的启动服务添加到系统服务中：

```
[root@localhost mysql]# cp support-files/mysql.server /etc/init.d/mysqld
```

（15）启动 MySQL：

```
[root@localhost mysql]# service mysql start
Starting MySQL... SUCCESS!
```

（16）修改 MySQL 的 root 用户的密码以及打开远程连接：

```
[root@localhost mysql]# mysql -u root mysql
mysql> use mysql;
mysql> desc user;
mysql> GRANT ALL PRIVILEGES ON *.* TO root@"%" IDENTIFIED BY "root";
    //为 root 添加远程连接的能力
mysql> update user set Password = password('123456') where User='root';
    //设置 root 用户密码为 123456
mysql> select Host,User,Password from user where User='root';
mysql> flush privileges;
mysql> quit //退出mysql
```

（17）重新登录：

```
[root@localhost mysql]# mysql -u root -p
Enter password:123456
```

11.2　MySQL 基本命令

1. 连接 MySQL

登录 MySQL 有两种方式，如下所示。

❑ 远程主机：mysql -h 主机地址 -u 用户名 -P 端口号 —p。

❑ 本机：mysql -u 用户名 -P 端口号　-p。

如果端口号是 3306（MySQL 的默认端口号），则-P 端口号可以省略。

举例：连接到远程主机上的 MySQL，假设远程主机的 IP 为：192.168.26.129，端口号
3306，用户名为 root，密码为 123456。则键入以下命令：

```
[root@localhost centos1]# mysql -uroot -h192.168.26.129 -P3306 -p
Enter password:
Welcome to the MySQL monitor.  Commands end with ; or \g.
Your MySQL connection id is 13
Server version: 5.6.15 Source distribution

Copyright (c) 2000, 2013, Oracle and/or its affiliates. All rights reserved.

Oracle is a registered trademark of Oracle Corporation and/or its
affiliates. Other names may be trademarks of their respective
owners.

Type 'help;' or '\h' for help. Type '\c' to clear the current input statement.

mysql>
```

出现 mysql>的提示符，表示登录成功，此时已进入 MySQL 的交互操作方式。

如果出现以下信息，则说明 MySQL 服务还没有启动，请按上节内容先启动 MySQL
服务。

```
[root@localhost centos1]# mysql -uroot -h192.168.26.129 -P3306 -p
Enter password:
ERROR 2003 (HY000): Can't connect to MySQL server on '192.168.26.129' (111)
```

2. 退出 MySQL 操作界面

在 mysql>提示符下输入 quit 能随时退出交互操作界面：

```
mysql> quit
Bye
```

3. 第一条命令

```
mysql> SELECT VERSION(), CURRENT_DATE();
+-----------------------------------+---------------------------+
| VERSION() | CURRENT_DATE() |
+---------------+---------------------------+
| 5.6.15    | 2014-01-16 |
+-------------+----------------+
1 row in set (0.01 sec)

mysql>
```

此命令需求 mysql 服务器告诉你它的版本号和当前日期。尝试用不同大小写操作上述
命令，看结果是什么。

结果说明 mysql 命令的大小写结果是一致的。

练习如下操作，并观察输出结果：

```
mysql>SELECT(20+5)*4;
mysql>SELECT (20+5)*4,sin(pi()/3);
mysql>SELECT (20+5)*4 AS Result,sin(pi()/3);  (AS: 指定别名为 Result)
```

4. 多行语句

一条命令能分成多行输入，直到出现分号";"为止：

```
mysql> SELECT
    -> USER()
    -> ,
    -> NOW()
    -> ;
+-----------------------+---------------------+
| USER()                | NOW()               |
+-----------------------+---------------------+
| root@192.168.26.129   | 2014-01-16 04:36:26 |
+-----------------------+---------------------+
1 row in set (0.02 sec)

mysql>
```

这里需要注意中间的逗号和最后的分号的使用方法。

5．一行多命令

输入如下命令：

```
mysql> SELECT USER(); SELECT NOW();
+-----------------------+
| USER()                |
+-----------------------+
| root@192.168.26.129   |
+-----------------------+
1 row in set (0.00 sec)

+---------------------+
| NOW()               |
+---------------------+
| 2014-01-16 04:37:04 |
+---------------------+
1 row in set (0.00 sec)

mysql>
```

注意中间的分号，命令之间用分号隔开。

6．显示当前存在的数据库

```
mysql> SHOW databases;
+--------------------+
| Database           |
+--------------------+
| information_schema |
| mysql              |
| performance_schema |
| test               |
+--------------------+
4 rows in set (0.03 sec)

mysql>
```

7．选择数据库并显示当前选择的数据库

```
mysql> use mysql;
```

```
Reading table information for completion of table and column names
You can turn off this feature to get a quicker startup with -A

Database changed
mysql> SELECT database();
+--------------+
| database() |
+--------------+
| mysql      |
+--------------+
1 row in set (0.00 sec)

mysql>
```

8．取消命令

当命令输入错误而又无法改动（多行语句情形）时，只要在输入分号前输入 \c 就可以取消该条命令：

```
mysql> SELECT
-> user()
-> \c
mysql>
```

这是一些最常用的最基本的操作命令，通过多次练习就能牢牢掌握了。

11.3　MySQL 数据类型

下一节我们将介绍怎么创建数据库和表，由于在创建表时涉及每个字段的类型，因此本节先介绍 MySQL 中字段的各种类型。

11.3.1　整型

MySQL 中的整型类型如表 11.1 所示。

表 11.1　MySQL中的整型

MySQL 数据类型	含义
tinyint(m)	1 个字节表示（−128～127）
smallint(m)	2 个字节表示（−32768～32767）
mediumint(m)	3 个字节表示（−8388608～8388607）
int(m)	4 个字节表示（−2147483648～2147483647）
bigint(m)	8 个字节表示（+−9.22*10 的 18 次方）

右侧的取值范围是在未加 unsigned 关键字的情况下，如果加了 unsigned，则最大值翻倍加 1，如 tinyint unsigned 的取值范围为（0～256）。

int(m)括弧里的 m 是表示 SELECT 查询结果集中的显示宽度，并不影响实际的取值范围，但经测试，如果定义一个字段 number 类型为 int(4)，插入一条记录"123456"，用 mysql

query broswer 执行 SELECT 查询，返回的结果集中 123456 正确显示，没有影响到显示的
宽度，说明此时 m 没什么用，建议读者不要指定这个 m。

11.3.2　浮点型

MySQL 中的浮点型类型如表 11.2 所示。

表 11.2　MySQL中的浮点型

MySQL 数据类型	含　义
float(m,d)	单精度浮点型，8 位精度（4 字节），m 是十进制数字的总个数，d 是小数点后面的数字个数
double(m,d)	双精度浮点型，16 位精度（8 字节）

参数 m 只影响显示效果，不影响精度，d 却不同，会影响到精度。

比如设一个字段定义为 float(5,3)，如果插入一个数 123.45678，实际数据库里存的是
123.457，小数点后面的数四舍五入截成 457 了，但总个数不受到限制（6 位，超过了定义
的 5 位）。

11.3.3　定点数

decimal(m,d) 定点类型：浮点型在数据库中存放的是近似值，而定点类型在数据库中
存放的是精确值。参数 m 是定点类型数字的最大个数（精度），范围为 0～65，d 为小数点
右侧数字的个数，范围为 0～30，但不得超过 m。

对定点数的计算能精确到 65 位数字。

11.3.4　字符串（char,varchar,xxxtext）

MySQL 中的字符串类型如表 11.3 所示。

表 11.3　MySQL中的字符串类型

MySQL 数据类型	含　义
char(n)	固定长度的字符串，最多 255 个字符
varchar(n)	固定长度的字符串，最多 65535 个字符
tinytext	可变长度字符串，最多 255 个字符
text	可变长度字符串，最多 65535 个字符
mediumtext	可变长度字符串，最多 2 的 24 次方–1 个字符
longtext	可变长度字符串，最多 2 的 32 次方–1 个字符

char 和 varchar：

❑ 都可以通过指定 n，来限制存储的最大字符数长度，char(20)和 varchar(20)将最多
　　只能存储 20 个字符，超过的字符将会被截掉。n 必须小于该类型允许的最大字
　　符数。

❑ char 类型指定了 n 之后，如果存入的字符数小于 n，后面将会以空格补齐，查询的

时候再将末尾的空格去掉，所以 char 类型存储的字符串末尾不能有空格，varchar 不受此限制。

❑ 内部存储的机制不同。char 是固定长度，char(4)不管是存一个字符、2 个字符或者 4 个字符（英文的），都将占用 4 个字节，varchar 是存入的实际字符数+1 个字节 （n<=255）或 2 个字节（n>255），所以 varchar(4),存入一个字符将占用 2 个字节， 2 个字符占用 3 个字节，4 个字符占用 5 个字节。

❑ char 类型的字符串检索速度要比 varchar 类型的快。

varchar 和 text：

❑ 都是可变长度的，最多能存储 65535 个字符。

❑ varchar 可指定 n，text 不能指定，内部存储 varchar 是存入的实际字符数+1 个字节 （n<=255）或 2 个字节（n>255），text 是实际字符数+2 个字节。

❑ text 类型不能有默认值。

❑ varchar 可直接创建索引，text 创建索引要指定前多少个字符。查询速度 varchar 要 快于 text。

11.3.5　二进制数据

xxxblob 和 xxxtext 是对应的，不过存储方式不同，xxxtext 是以文本方式存储的，如果 存储英文的话区分大小写，而 xxxblob 是以二进制方式存储的，不区分大小写。

xxxblob 存储的数据只能整体读出。

xxxtext 可以指定字符集，xxxblob 不用指定字符集。

11.3.6　日期时间类型

MySQL 中的日期时间类型如表 11.4 所示。

11.4　MySQL 中的日期类型

MySQL 数据类型	含　义
date	日期，如'2008-12-2'
time	时间，如'12:25:36'
datetime	日期+时间，如'2008-12-2 22:06:44'
timestamp	不固定

timestamp 比较特殊，如果定义一个字段的类型为 timestamp，这个字段的时间会在其 他字段修改的时候自动刷新。所以这个数据类型的字段可以存放这条记录最后被修改的时 间，而不是真正的存放时间。

11.3.7　数据类型的属性

在定义表时，可以指定每个字段的一些属性，下面是涉及这些属性的关键字，如表 11.5 所示。

表 11.5　MySQL 中的关键字

MySQL 关键字	含　义
NULL	数据列可包含 NULL 值
NOT NULL	数据列不允许包含 NULL 值
DEFAULT xxx	默认值，如果插入记录的时候没有指定值，将取这个默认值
PRIMARY KEY	主键
AUTO_INCREMENT	递增，如果插入记录的时候没有指定值，则在上一条记录的值上加 1，仅适用于整数类型
UNSIGNED	无符号
CHARACTER SET name	指定一个字符集

11.4　创建数据库和表

了解了一些最基本的操作命令和各种数据类型后，我们终于可以学习怎么创建一个数据库和数据库表。

1．使用 SHOW 语句找出在服务器上当前存在什么数据库

```
mysql> SHOW DATABASES;
+----------+
| Database |
+-------------+
| mysql|
| test |
+----------+
3 rows in set (0.00 sec)
```

2．创建一个数据库 abccs

创建数据库是 CREATE 命令，删除数据库是 drop 命令。请注意：删除数据库会把其包含的表和表中的所有数据全部删除，因此，删除数据库前请慎重！

使用数据库是 USE 命令。

```
mysql> CREATE DATABASE abccs;
Query OK, 1 row affected (0.01 sec)
mysql> drop database Abccs;
Query OK, 0 rows affected (0.00 sec)
mysql> CREATE DATABASE abccs;
Query OK, 1 row affected (0.01 sec)
mysql> USE abccs
Database changed
Mysql>
```

此时你已进入刚才所建立的数据库 abccs。

3．创建一个数据库表

首先看目前你的数据库中存在什么表：

```
mysql> SHOW TABLES;
```

```
Empty set (0.00 sec)
```

说明刚才建立的数据库中还没有数据库表。下面来创建一个数据库表 mytable。

我们要建立一个公司员工的生日表，表的内容包含员工姓名、性别、出生日期和出生城市。

```
mysql> CREATE TABLE mytable (name VARCHAR(20), sex CHAR(1),
    -> birth DATE, birthaddr VARCHAR(20));
Query OK, 0 rows affected (0.21 sec)

mysql>
```

由于 name 和 birthadd 的长度是变化的，因此选择 VARCHAR，在本例中最大长度为 20。最大长度能选择从 1～255 的所有长度，如果以后需要改动其最大字长，就使用 ALTER TABLE 语句。

sex（性别）只需一个字符就能表示："m"或"f"，因此选用 CHAR(1)。

birth 字段则使用 DATE 数据类型。

创建了一个表后，我们来看看刚才做的结果，用 SHOW tables 显示数据库中有哪些表：

```
mysql> SHOW tables;
+-----------------+
| Tables_in_abccs |
+-----------------+
| mytable         |
+-----------------+
1 row in set (0.00 sec)

mysql>
```

4．显示表的结构

```
mysql> DESCRIBE mytable;
+-----------+-------------+------+------+---------+-------+
| Field     | Type        | Null | Key  | Default | Extra |
+-----------+-------------+------+------+---------+-------+
| name      | varchar(20) | YES  |      | NULL    |       |
| sex       | char(1)     | YES  |      | NULL    |       |
| birth     | date        | YES  |      | NULL    |       |
| birthaddr | varchar(20) | YES  |      | NULL    |       |
+-----------+-------------+------+------+---------+-------+
4 rows in set (0.00 sec)

mysql>
```

5．往表中加入记录

我们先用 SELECT 命令来查看表中的数据：

```
mysql> SELECT * FROM mytable;
Empty set (0.02 sec)

mysql>
```

这说明刚才创建的表还没有记录。

加入一条新记录：

```
mysql> insert into mytable(name,sex,birth,birthaddr) values ('abccs',
'f','1977-07-07','china');
Query OK, 1 row affected (0.00 sec)

mysql>
```

此处需要注意两点：

❑ 引号不要用中文；

❑ 也可以写成 insert into mytable values ('abccs','f','1977-07-07','china')，values 后面的各字段按照 mytable 定义时的顺序对应，但是这里最好明确写出字段，这样字段与后面 values 中的东西内容一一对应，不容易犯错，他人也更容易理解。

```
mysql> SELECT * FROM mytable;
+----------+------+------------+-----------+
| name     | sex  | birth      | birthaddr |
+----------+------+------------+-----------+
| abccs    | f    | 1977-07-07 | china     |
+----------+------+------------+-----------+
1 row in set (0.00 sec)

mysql>
```

有时候我们想让数据按照记录为单位显示，而不是按照表的方式显示，此时在语句后面使用\G 即可。

```
mysql> SELECT * FROM mytable \G
*************************** 1. row ***************************
     name: abccs
      sex: f
    birth: 1977-07-07
birthaddr: china
1 row in set (0.00 sec)

mysql>
```

我们能按此方法一条一条地将所有员工的记录加入到表中，但是我们有更方便的方法。

6. 用文本方式将数据装入一个数据库表

如果一条一条地输入，非常麻烦。我们能用文本文件的方式将所有记录加入数据库表中。

创建一个文本文件 "mysql.txt"，每行包含一个记录，用定位符（tab）把值分开，并且以 CREATE TABLE 语句中列出的列次序给出，例如：

```
abccs f 1977-07-07 china
mary f 1978-12-12 usa
tom m 1970-09-02 usa
```

使用下面命令将文本文件 "mytable.txt" 装载到 mytable 表中：

```
mysql> LOAD DATA LOCAL INFILE "mytable.txt" INTO TABLE mytable;
Query OK, 3 rows affected (0.02 sec)
Records: 3  Deleted: 0  Skipped: 0  Warnings: 0
```

```
mysql>
```

再使用如下命令看看是否已将数据输入到数据库表中：

```
mysql> SELECT * from mytable;
+-------+------+------------+----------+
| name  | sex  | birth      | birthaddr |
+-------+------+------------+----------+
| abccs | f    | 1977-07-07 | china    |
| cindy | f    | 1977-07-07 | china    |
| mary  | f    | 1978-12-12 | usa      |
| tom   | m    | 1970-09-02 | usa      |
+-------+------+------------+----------+
4 rows in set (0.00 sec)

mysql>
```

11.5　检索表中的数据

上节我们学会了怎么创建一个数据库和数据库表，并知道怎么向数据库表中添加记录。那么我们怎么从数据库表中检索数据呢？

1. 从数据库表中检索信息

实际上，前面我们已用到了 SELECT 语句，它用来从数据库表中检索信息。
SELECT 语句格式一般为：

SELECT 字段名 FROM 被检索的表 WHERE 检索条件(可选)

以前所使用的"＊"表示选择所有的列。
下面继续使用我们在上篇章节中创建的表 mytable。

2. 查询所有数据

```
mysql> SELECT * from mytable;
+-------+------+------------+----------+
| name  | sex  | birth      | birthaddr |
+-------+------+------------+----------+
| abccs | f    | 1977-07-07 | china    |
| cindy | f    | 1977-07-07 | china    |
| mary  | f    | 1978-12-12 | usa      |
| tom   | m    | 1970-09-02 | usa      |
+-------+------+------------+----------+
4 rows in set (0.00 sec)

mysql>
```

3. 修正错误记录

如果 tom 的出生日期有错误，应该是 1973－09－02，则能用 update 语句来修正：

```
mysql> update mytable set birth = "1973-09-02" where name = "tom";
```

```
Query OK, 1 row affected (0.02 sec)
Rows matched: 1  Changed: 1  Warnings: 0

mysql>
```

再用第 2 条中的语句看看是否已更正过来。

4. 选择特定行

上面修改了 tom 的出生日期，我们选择 tom 这一行来看看是否已有了变化：

```
mysql> select * from mytable where name = "tom";
+-------+------+------------+-----------+
| name  | sex  | birth      | birthaddr |
+-------+------+------------+-----------+
| tom   | m    | 1973-09-02 | usa       |
+-------+------+------------+-----------+
1 row in set (0.01 sec)

mysql>
```

上面 WHERE 的参数指定了检索条件。我们还能用组合条件来进行查询：

```
mysql> SELECT * FROM mytable WHERE sex = "f" AND birthaddr = "china";
+-------+------+------------+-----------+
| name  | sex  | birth      | birthaddr |
+-------+------+------------+-----------+
| abccs | f    | 1977-07-07 | china     |
| cindy | f    | 1977-07-07 | china     |
+-------+------+------------+-----------+
2 rows in set (0.00 sec)

mysql>
```

5. 选择特定列

如果你想查看表中的所有人的姓名，则可以这样操作：

```
mysql>  SELECT name FROM mytable;
+-------+
| name  |
+-------+
| abccs |
| cindy |
| mary  |
| tom   |
+-------+
4 rows in set (0.00 sec)

mysql>
```

如果想列出姓名和性别两列，则可以用逗号将属性名 name 和 birth 分开：

```
mysql>  SELECT name,birth FROM mytable;
+-------+------------+
| name  | birth      |
+-------+------------+
| abccs | 1977-07-07 |
| cindy | 1977-07-07 |
| mary  | 1978-12-12 |
```

```
| tom   | 1973-09-02 |
+-------+------------+
4 rows in set (0.00 sec)

mysql>
```

6. 对行进行排序

我们能对表中的记录按生日大小进行排序：

```
mysql> SELECT name, birth FROM mytable ORDER BY birth;
+-------+------------+
| name  | birth      |
+-------+------------+
| tom   | 1973-09-02 |
| abccs | 1977-07-07 |
| cindy | 1977-07-07 |
| mary  | 1978-12-12 |
+-------+------------+
4 rows in set (0.00 sec)

mysql>
```

我们能用 DESC 来进行逆序排序：

```
mysql> SELECT name, birth FROM mytable ORDER BY birth DESC;
+-------+------------+
| name  | birth      |
+-------+------------+
| mary  | 1978-12-12 |
| abccs | 1977-07-07 |
| cindy | 1977-07-07 |
| tom   | 1973-09-02 |
+-------+------------+
4 rows in set (0.00 sec)

mysql>
```

7. 行计数

数据库经常要统计一些数据，如表中员工的数目，我们就要用到行计数函数 COUNT()。
COUNT()函数用于对非 NULL 结果的记录进行计数：

```
mysql> SELECT COUNT(*) FROM mytable;
+----------+
| COUNT(*) |
+----------+
|        4 |
+----------+
1 row in set (0.00 sec)

mysql>
```

员工中男女数量：

```
mysql> SELECT sex, COUNT(*) FROM mytable GROUP BY sex;
+------+----------+
| sex  | COUNT(*) |
+------+----------+
```

```
| f      |        3 |
| m      |        1 |
+------+----------+
2 rows in set (0.00 sec)

mysql>
```

注意我们使用了 GROUP BY 对 sex 进行了分组。

11.6　多个表的操作

前面我们熟悉了数据库和数据库表的基本操作，现在我们再来看看怎么操作多个表。

在一个数据库中，可能存在多个表，这些表都是相互关联的。我们继续使用前面的例子。前面建立的表中包含了员工的一些基本信息，如姓名、性别、出生日期和出生地。我们再创建一个表，该表用于描述员工所发表的文章，内容包括作者姓名、文章标题和发表日期。

（1）查看第一个表 mytable 的内容：

```
mysql> SELECT * FROM mytable;
+-------+---- -+--------- -+----------+
| name  | sex | birth     | birthaddr|
+-------+-----+--------- --+----------+
| abccs | f   | 1977-07-07 | china    |
| cindy | f   | 1977-07-07 | china    |
| mary  | f   | 1978-12-12 | usa      |
| tom   | m   | 1973-09-02 | usa      |
+-------+-----+------------+----------+
4 rows in set (0.00 sec)

mysql>
```

查看第一个表是怎么创建的：

```
mysql> show create table mytable;
+---------+--------------------+
| Table   | Create Table       |
+---------+----------------- ---+
| mytable | CREATE TABLE `mytable` (
  `name` varchar(20) DEFAULT NULL,
  `sex` char(1) DEFAULT NULL,
  `birth` date DEFAULT NULL,
  `birthaddr` varchar(20) DEFAULT NULL
) ENGINE=InnoDB DEFAULT CHARSET=utf8 |
+---------+--------------------------+
1 row in set (0.00 sec)

mysql>
```

（2）创建第二个表 title（包括作者、文章标题和发表日期）：

```
mysql> create table title(writer varchar(20) not null,
    -> title varchar(40) not null,
```

```
    -> senddate date);
Query OK, 0 rows affected (0.03 sec)

mysql>
```

向该表中添加记录，最后表的内容如下：

```
mysql> SELECT * FROM title;
+---------+-------+------------+
| writer  | title | senddate   |
+---------+-------+------------+
| abccs   | a1    | 2000-01-23 |
| mary    | b1    | 1998-03-21 |
| abccs   | a2    | 2000-12-04 |
| tom     | c1    | 1992-05-16 |
| tom     | c2    | 1999-12-12 |
+-------+-------+-------- ---+
5 rows in set (0.00 sec)

mysql>
```

（3）多表查询

目前我们有了两个表：mytable 和 title。利用这两个表进行组合查询。例如，我们要查询作者 abccs 的姓名、性别和文章：

```
mysql> SELECT name,sex,title FROM mytable,title WHERE name=writer AND
name='abccs';
+-------+-----+------+
| name  | sex | title|
+-------+-----+------+
| abccs | f   | a1   |
| abccs | f   | a2   |
+-------+------+------+
2 rows in set (0.05 sec)

mysql>
```

上面例子中，由于作者姓名、性别和文章记录在两个不同表内，因此必须使用组合来进行查询。必须要指定一个表中的记录怎么和其他表中的记录进行匹配。

注意：如果第二个表 title 中的 writer 列也取名为 name（和 mytable 表中的 name 列相同）而不是 writer 时，就必须用 mytable.name 和 title.name 表示，以示差别。

再举一个例子，用于查询文章 a2 的作者、出生地和出生日期：

```
mysql> select title,writer,birthaddr,birth from mytable,title where
mytable.name=title.writer and title='a2';
+-------+--------+-----------+------------+
| title | writer | birthaddr | birth      |
+-------+--------+-----------+------------+
| a2    | abccs  | china     | 1977-07-07 |
+-------+--------+-----------+---------- -+
1 row in set (0.00 sec)

mysql>
```

有时我们要对数据库表和数据库进行修改和删除，可以用如下方法实现。

（1）增加一列

如在前面例子中的 mytable 表中增加一列表示是否单身 single：

```
mysql> alter table mytable add column single char(1);
```

（2）修改记录

将 abccs 的 single 记录修改为 "y"：

```
mysql> update mytable set single='y' where name='abccs';
Query OK, 1 row affected (0.00 sec)
Rows matched: 1  Changed: 1  Warnings: 0

mysql>
```

目前来看看发生了什么：

```
mysql> select * from mytable;
+-------+-----+------------+-----------+--------+
| name  | sex | birth      | birthaddr | single |
+-------+-----+------------+-----------+--------+
| abccs | f   | 1977-07-07 | china     | y      |
| cindy | f   | 1977-07-07 | china     | NULL   |
| mary  | f   | 1978-12-12 | usa       | NULL   |
| tom   | m   | 1973-09-02 | usa       | NULL   |
+-------+-----+------------+-----------+--------+
4 rows in set (0.00 sec)

mysql>
```

（3）增加记录

前面已讲过怎么增加一条记录，为便于查看，重复于此：

```
mysql> insert into mytable
-> values ('abc','f','1966-08-17','china','n');
Query OK, 1 row affected (0.05 sec)
```

查看一下：

```
mysql> select * from mytable;
+-------+-----+------------+-----------+--------+
| name  | sex | birth      | birthaddr | single |
+-------+-----+------------+-----------+--------+
| abccs | f   | 1977-07-07 | china     | y      |
| mary  | f   | 1978-12-12 | usa       | NULL   |
| tom   | m   | 1970-09-02 | usa       | NULL   |
| abc   | f   | 1966-08-17 | china     | n      |
+-------+-----+------------+-----------+--------+
```

（4）删除记录

用如下命令删除表中的一条记录。

DELETE 从表中删除满足由 where 给出的条件的一条记录。

再显示一下结果：

```
mysql> delete from mytable where name='abccs';
Query OK, 1 row affected (0.01 sec)

mysql> select * from mytable;
+-------+-----+------------+-----------+--------+
| name  | sex | birth      | birthaddr | single |
```

```
+-------+-------+------------+----------+--------+
| cindy | f     | 1977-07-07 | china    | NULL   |
| mary  | f     | 1978-12-12 | usa      | NULL   |
| tom   | m     | 1973-09-02 | usa      | NULL   |
+-------+-------+------------+----------+--------+
3 rows in set (0.00 sec)

mysql>
```

（5）删除表

```
mysql> drop table ****(表 1 的名字), ***(表 2 的名字);
```

能删除一个或多个表，小心使用。

（6）数据库的删除

```
mysql> drop database 数据库名;
```

小心使用。

（7）数据库的备份

退回到 Linux：

```
mysql> quit
[root@localhost local]#
```

使用如下命令对数据库 abccs 进行备份：

```
mysqldump -uroot -p123456 abccs>abccs.dbb
```

abccs.dbb 就是数据库 abccs 的备份文件。

（8）用批处理方式使用 MySQL

首先建立一个批处理文件 mytest.sql，内容如下：

```
use abccs;
select * from mytable;
select name,sex from mytable where name='abccs';
```

在 Linux 下运行如下命令：

```
root@localhost centos1]# mysql -uroot -p < mytest.sql
```

在屏幕上会显示执行结果。

如果想看结果，而输出结果非常多，则用这样的命令：

```
mysql -uroot -p < mytest.sql | more
```

我们还能将结果输出到一个文件中：

```
mysql < mytest.sql > mytest.out
```

第 12 章　MySQL 高级特性与性能优化

12.1　MySQL Server 系统架构

12.1.1　逻辑模块组成

总的来说，MySQL 可以看成是二层架构。第一层我们通常叫做 SQL Layer，在 MySQL 数据库系统处理底层数据之前的所有工作都是在这一层完成的，包括权限判断、SQL 解析、执行计划优化和 Query Cache 的处理等等；第二层就是存储引擎层，我们通常叫做 Storage Engine Layer，也就是底层数据存取操作实现部分，由多种存储引擎共同组成。所以，可以用如下一张最简单的架构示意图来表示 MySQL 的基本架构，如图 12.1 所示。

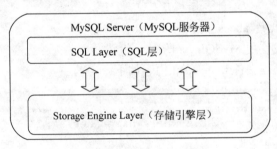

图 12.1　MySQL 基本架构

虽然从图 12.1 看起来 MySQL 架构非常的简单，即简单的两部分而已，但实际上每一层中都含有各自的很多小模块，尤其是第一层 SQL Layer，结构相当复杂。下面我们就分别针对 SQL Layer 和 Storage Engine Layer 做一个简单的分析。

SQL Layer 中包含了多个子模块，下面将逐个做一下简单的介绍。

1.　初始化模块

顾名思义，初始化模块就是在 MySQL Server 启动的时候，对整个系统做各种各样的初始化操作，比如各种 buffer、Cache 结构的初始化和内存空间的申请、各种系统变量的初始化设定、各种存储引擎的初始化设置等。

2.　核心 API

核心 API 模块主要是为了提供一些需要非常高效的底层操作功能的优化实现，包括各种底层数据结构的实现、特殊算法的实现、字符串处理、数字处理等、小文件 I/O、格式化输出及最重要的内存管理部分。核心 API 模块的所有源代码都集中在源代码目录的 mysys 和 strings 文件夹下面，有兴趣的读者可以研究研究。

3．网络交互模块

底层网络交互模块抽象出底层网络交互所使用的接口 API，实现底层网络数据的接收与发送，以方便其他各个模块调用，以及对这一部分的维护。所有源码都在 vio 文件夹下面。

4．Client & Server 交互协议模块

任何 C/S 结构的软件系统，都肯定会有自己独有的信息交互协议，MySQL 也不例外。MySQL 的 Client & Server 交互协议模块部分，实现了客户端与 MySQL 交互过程中的所有协议。当然这些协议都是建立在现有的 OS 和网络协议之上的，如 TCP/IP 及 Unix Socket。

5．用户模块

用户模块所实现的功能，主要包括用户的登录连接权限控制和用户的授权管理。它就像 MySQL 的大门守卫一样，决定是否给来访者"开门"。

6．访问控制模块

造访客人进门了就可以想干嘛就干嘛么？为了安全考虑，肯定不能如此随意。这时候就需要访问控制模块实时监控客人的每一个动作，给不同的客人以不同的权限。访问控制模块实现的功能就是根据用户模块中各用户的授权信息，以及数据库自身特有的各种约束，来控制用户对数据的访问。用户模块和访问控制模块两者结合起来，组成了 MySQL 整个数据库系统的权限安全管理的功能。

7．连接管理、连接线程和线程管理

连接管理模块负责监听对 MySQL Server 的各种请求，接收连接请求，转发所有连接请求到线程管理模块。每一个连接上 MySQL Server 的客户端请求都会被分配（或创建）一个连接线程为其单独服务。而连接线程的主要工作就是负责 MySQL Server 与客户端的通信，接受客户端的命令请求，传递 Server 端的结果信息等。线程管理模块则负责管理维护这些连接线程，包括线程的创建，线程的 Cache 等。

8．Query 解析和转发模块

在 MySQL 中我们习惯将所有 Client 端发送给 Server 端的命令都称为 Query，在 MySQL Server 里面，连接线程接收到客户端的一个 Query 后，会直接将该 Query 传递给专门负责将各种 Query 进行分类然后转发给各个对应的处理模块，这个模块就是 Query 解析和转发模块。其主要工作就是将 Query 语句进行语义和语法的分析，然后按照不同的操作类型进行分类，最后做出针对性的转发。

9．Query Cache 模块

Query Cache 模块在 MySQL 中是一个非常重要的模块，它的主要功能是将客户端提交给 MySQL 的 SELECT 类 Query 请求的返回结果集 Cache 到内存中，与该 Query 的一个 hash 值做一个对应。该 Query 所取数据的基表发生任何数据的变化之后，MySQL 会自动使该 Query 的 Cache 失效。在读写比例非常高的应用系统中，Query Cache 对性能的提高是非常显著的。当然它对内存的消耗也是非常大的。

10．Query 优化器模块

Query 优化器，顾名思义，就是优化客户端请求的 Query，根据客户端请求的 Query 语句，和数据库中的一些统计信息，在一系列算法的基础上进行分析，得出一个最优的策略，告诉后面的程序如何取得这个 Query 语句的结果。

11．表变更管理模块

表变更管理模块主要是负责完成一些 DML 和 DDL 的 Query，如 update、delete、insert、create table 和 alter table 等语句的处理。

12．表维护模块

表的状态检查，错误修复，以及优化和分析等工作都是表维护模块需要做的事情。

13．系统状态管理模块

系统状态管理模块负责在客户端请求系统状态的时候，将各种状态数据返回给用户，像 DBA 常用的各种 show status 命令和 show variables 命令等，所得到的结果都是由这个模块返回的。

14．表管理器

这个模块从名字上看来很容易和上面的表变更和表维护模块相混淆，但是其功能与变更及维护模块却完全不同。大家知道，每一个 MySQL 的表都有一个表的定义文件，也就是*.frm 文件。表管理器的工作主要就是维护这些文件，以及一个 Cache，该 Cache 中的主要内容是各个表的结构信息。此外它还维护 table 级别的锁管理。

15．日志记录模块

日志记录模块主要负责整个系统级别的逻辑层的日志记录，包括 error log、binary log 和 slow query log 等。

16．复制模块

复制模块又可分为 Master 模块和 Slave 模块两部分。Master 模块主要负责在 Replication 环境中读取 Master 端的 binary 日志，以及与 Slave 端的 I/O 线程交互等工作。Slave 模块比 Master 模块所要做的事情稍多一些，在系统中主要体现在两个线程上面。一

个是负责从 Master 请求和接受 binary 日志，并写入本地 relay log 中的 I/O 线程。另外一个是负责从 relay log 中读取相关日志事件，然后解析成可以在 Slave 端正确执行并得到和 Master 端完全相同的结果的命令并再交给 Slave 执行的 SQL 线程。

17．存储引擎接口模块

存储引擎接口模块可以说是 MySQL 数据库中最有特色的一点了。目前各种数据库产品中，基本上只有 MySQL 可以实现其底层数据存储引擎的插件式管理。这个模块实际上只是一个抽象类，但正是因为它成功地将各种数据处理高度抽象化，才成就了今天 MySQL 可插拔存储引擎的特色。

12.1.2　各模块工作配合

在了解了 MySQL 的各个模块之后，我们再看看 MySQL 各个模块间是如何相互协同工作的。接下来，我们通过启动 MySQL，客户端连接，请求 Query，得到返回结果，最后退出。对这整个过程来进行分析。

当我们执行启动 MySQL 命令之后，MySQL 的初始化模块就从系统配置文件中读取系统参数和命令行参数，并按照参数来初始化整个系统，如申请并分配 buffer、初始化全局变量及各种结构等。同时各个存储引擎也被启动，并进行各自的初始化工作。当整个系统初始化结束后，由连接管理模块接手。连接管理模块会启动处理客户端连接请求的监听程序，包括 TCP/IP 的网络监听，还有 Unix 的 socket。这时候，MySQL Server 就基本启动完成，准备好接受客户端请求了。

当连接管理模块监听到客户端的连接请求（借助网络交互模块的相关功能），双方通过 Client & Server 交互协议模块所定义的协议"寒暄"几句之后，连接管理模块就会将连接请求转发给线程管理模块，去请求一个连接线程。线程管理模块马上又会将控制交给连接线程模块，告诉连接线程模块：现在我这边有连接请求过来了，需要建立连接，你赶快处理一下。连接线程模块在接到连接请求后，首先会检查当前连接线程池中是否有被 Cache 的空闲连接线程，如果有，就取出一个和客户端请求连接上，如果没有空闲的连接线程，则建立一个新的连接线程与客户端请求连接。当然，连接线程模块并不是在收到连接请求后马上就会取出一个连接线程和客户端连接，而是首先通过调用用户模块进行授权检查，只有客户端请求通过了授权检查后，它才会将客户端请求和负责请求的连接线程连上。

在 MySQL 中，将客户端请求分为了两种类型：一种是 Query，需要调用 Parser 也就是 Query 解析和转发模块的解析才能够执行的请求；一种是 Command，不需要调用 Parser 就可以直接执行的请求。如果我们的初始化配置中打开了 Full Query Logging 的功能，那么 Query 解析与转发模块会调用日志记录模块将请求计入日志，不管是一个 Query 类型的请求还是一个 Command 类型的请求，都会被记录进入日志，所以出于性能考虑，一般很少打开 Full Query Logging 的功能。

当客户端请求和连接线程"互换暗号（互通协议）"接上头之后，连接线程就开始处理客户端请求发送过来的各种命令（或者 Query），接受相关请求。它将收到的 Query 语句转给 Query 解析和转发模块，Query 解析器先对 Query 进行基本的语义和语法解析，然后根据命令类型的不同，有些会直接处理，有些会分发给其他模块来处理。如果是一个 Query 类型的请求，会将控制权交给 Query 解析器。Query 解析器首先分析看是不是一个 SELECT 类型的 Query，如果是，则调用查询缓存模块，让它检查该 Query 在 Query Cache 中是否已经存在。如果有，则直接将 Cache 中的数据返回给连接线程模块，然后通过与客户端的连接的线程将数据传输给客户端。如果不是一个可以被 Cache 的 Query 类型，或者 Cache 中没有该 Query 的数据，那么 Query 将被继续传回 Query 解析器，让 Query 解析器进行相应处理，再通过 Query 分发器分发给相关处理模块。如果解析器解析结果是一条未被 Cache 的 SELECT 语句，则将控制权交给 Optimizer，也就是 Query 优化器模块，如果是 DML 或者是 DDL 语句，则会交给表变更管理模块，如果是一些更新统计信息、检测、修复和整理类的 Query 则会交给表维护模块去处理，复制相关的 Query 则转交给复制模块去进行相应的处理，请求状态的 Query 则转交给了状态收集报告模块。实际上表变更管理模块根据所对应的处理请求的不同，分别由 insert 处理器、delete 处理器、update 处理器、create 处理器，以及 alter 处理器这些小模块来负责不同的 DML 和 DDL 的。

在各个模块收到 Query 解析与分发模块分发过来的请求后，首先会通过访问控制模块检查连接用户是否有访问目标表以及目标字段的权限，如果有，就会调用表管理模块请求相应的表，并获取对应的锁。表管理模块首先会查看该表是否已经存在于 Table Cache 中，如果已经打开则直接进行锁相关的处理，如果没有在 Cache 中，则需要再打开表文件获取锁，然后将打开的表交给表变更管理模块。

当表变更管理模块"获取"打开的表之后，就会根据该表的相关 meta 信息，判断表的存储引擎类型和其他相关信息。根据表的存储引擎类型，提交请求给存储引擎接口模块，调用对应的存储引擎实现模块，进行相应处理。

不过，对于表变更管理模块来说，可见的仅是存储引擎接口模块所提供的一系列"标准"接口，底层存储引擎实现模块的具体实现，对于表变更管理模块来说是透明的。它只需要调用对应的接口，并指明表类型，接口模块会根据表类型调用正确的存储引擎来进行相应的处理。

当一条 Query 或者一个 command 处理完成（成功或者失败）之后，控制权都会交还给连接线程模块。如果处理成功，则将处理结果（可能是一个 Result set，也可能是成功或者失败的标识）通过连接线程反馈给客户端。如果处理过程中发生错误，也会将相应的错误信息发送给客户端，然后连接线程模块会进行相应的清理工作，并继续等待后面的请求，重复上面提到的过程，或者完成客户端断开连接的请求。

如果在上面的过程中，相关模块使数据库中的数据发生了变化，而且 MySQL 打开了 binlog 功能，则对应的处理模块还会调用日志处理模块将相应的变更语句以更新事件的形式记录到相关参数指定的二进制日志文件中。

在上面各个模块的处理过程中，各自的核心运算处理功能部分都会高度依赖整个 MySQL 的核心 API 模块，比如内存管理、文件 I/O、数字和字符串处理等等。

了解了整个处理过程之后，我们可以将以上各个模块画成如图 12.2 所示的关系图。

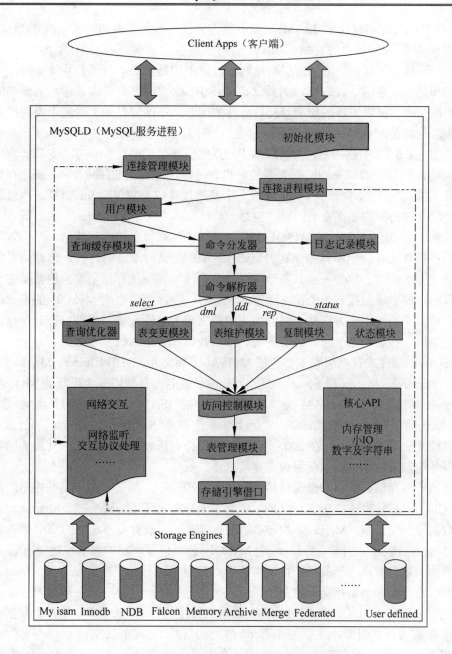

图 12.2　MySQL 各模块关系图

12.2　存　储　引　擎

12.2.1　MySQL 存储引擎概述

MyISAM 存储引擎是 MySQL 默认的存储引擎，也是目前 MySQL 使用最为广泛的存储引擎之一。它的前身就是 MySQL 发展历程中的 ISAM，它是 ISAM 的升级版本。在

MySQL 最开始发行的时候是 ISAM 存储引擎，而且实际上在最初的时候，MySQL 甚至是没有存储引擎这个概念的。MySQL 在架构上面也没有像现在这样的 SQL Layer 和 Storage Engine Layer 这两个清晰的层次结构，当时不管是代码本身还是系统架构，对于开发者来说都是很痛苦的一件事情。到后来，MySQL 意识到需要更改架构，将前端的业务逻辑和后端数据存储以清晰的层次结构拆分开的同时，对 ISAM 做了功能上面的扩展和代码的重构，这就是 MyISAM 存储引擎的由来。

MySQL 在 5.1（不包括）之前的版本中，存储引擎是需要在 MySQL 安装的时候就必须和 MySQL 一起被编译并同时被安装的。也就是说，5.1 之前的版本中，虽然存储引擎层和 SQL 层的耦合已经非常少了，基本上完全是通过接口来实现交互，但是这两层之间仍然是没办法分离的，即使在安装的时候也是一样。

但是从 MySQL 5.1 开始，MySQL AB 对其结构体系做了较大的改造，并引入了一个新的概念：插件式存储引擎体系结构。MySQL AB 在架构改造的时候，让存储引擎层和 SQL 层各自更为独立，耦合更小，甚至可以做到在线加载新的存储引擎，也就是完全可以将一个新的存储引擎加载到一个正在运行的 MySQL 中，而不影响 MySQL 的正常运行。插件式存储引擎的架构，为存储引擎的加载和移出更为灵活方便，也使自行开发存储引擎更为方便简单。在这一点上面，目前还没有哪个数据库管理系统能够做到。

MySQL 的插件式存储引擎主要包括 MyISAM、Innodb、NDB Cluster、Maria、Falcon、Memory、Archive、Merge 和 Federated 等，其中最著名而且使用最为广泛的 MyISAM 和 Innodb 两种存储引擎。MyISAM 是 MySQL 最早的 ISAM 存储引擎的升级版本，也是 MySQL 默认的存储引擎。而 Innodb 实际上并不是 MySQL（现在的 Oracle）公司的，而是第三方软件公司 Innobase（在 2005 年被 Oracle 公司所收购）所开发，其最大的特点是提供了事务控制等特性，所以使用者也非常广泛。

其他的一些存储引擎相对来说使用场景要稍微少一些，都是应用于某些特定的场景，如 NDB Cluster 虽然也支持事务，但是主要是用于分布式环境，属于一个 share nothing 的分布式数据库存储引擎。Maria 是 MySQL 最新开发（还没有发布最终的 GA 版本）的对 MyISAM 的升级版存储引擎，Falcon 是 MySQL 公司自行研发的为了替代当前的 Innodb 存储引擎的一款带有事务等高级特性的数据库存储引擎，目前正在研发阶段。Memory 存储引擎所有数据和索引均存储于内存中，所以主要是用于一些临时表，或者对性能要求极高，但是允许在 MySQL Crash 的时候丢失数据的特定场景下。Archive 是一个数据经过高比例压缩存放的存储引擎，主要用于存放过期而且很少访问的历史信息，不支持索引。Merge 和 Federated 在严格意义上来说，并不能算作一个存储引擎。因为 Merge 存储引擎主要用于将几个基表 merge 到一起，对外作为一个表来提供服务，基表可以基于其他的几个存储引擎。而 Federated 实际上所做的事情，有点类似于 Oracle 的 dblink，主要用于远程存取其他 MySQL 服务器上面的数据。

12.2.2　MyISAM 存储引擎简介

MyISAM 存储引擎的表在数据库中，每一个表都被存放为三个以表名命名的物理文件。首先肯定会有任何存储引擎都不可缺少的存放表结构定义信息的.frm 文件，另外还有.MYD 和.MYI 文件，分别存放了表的数据（.MYD）和索引数据（.MYI）。每个表都有且仅有这样三个文件做为 MyISAM 存储类型的表的存储，也就是说不管这个表有多少个索引，都是存放在同一个.MYI 文件中。

MyISAM 支持以下三种类型的索引：

- B-Tree 索引，顾名思义，就是所有的索引节点都按照 balance tree 的数据结构来存储，所有的索引数据节点都在叶节点。
- R-Tree 索引的存储方式和 b-tree 索引有一些区别，主要设计用于为存储空间和多维数据的字段做索引，所以目前的 MySQL 版本来说，也仅支持 geometry 类型的字段作索引。
- Full-text 索引就是我们常说的全文索引，它的存储结构也是 B-Tree。主要是为了解决在我们需要用 like 查询的低效问题。

MyISAM 上面三种索引类型中，最经常使用的就是 B-Tree 索引了，偶尔会使用到 Fulltext，但是 R-Tree 索引一般系统中都是很少用到的。另外 MyISAM 的 B-Tree 索引有一个较大的限制，那就是参与一个索引的所有字段的长度之和不能超过 1000 字节。

虽然每一个 MyISAM 的表都是存放在一个相同后缀名的.MYD 文件中，但是每个文件的存放格式实际上可能并不是完全一样的，因为 MyISAM 的数据存放格式是分为静态（FIXED）固定长度、动态（DYNAMIC）可变长度及压缩（COMPRESSED）这三种格式。当然三种格式中是否压缩是完全可以任由我们自己选择的，可以在创建表的时候通过 ROW_FORMAT 来指定{COMPRESSED | DEFAULT}，也可以通过 myisampack 工具来进行压缩，默认是不压缩的。而在非压缩的情况下，是静态还是动态，就和我们表中字段的定义相关了。只要表中有可变长度类型的字段存在，那么该表就肯定是 DYNAMIC 格式的，如果没有任何可变长度的字段，则为 FIXED 格式。当然，你也可以通过 alter table 命令，强行将一个带有 VARCHAR 类型字段的 DYNAMIC 的表转换为 FIXED，但是所带来的结果是原 VARCHAR 字段类型会被自动转换成 CHAR 类型。相反如果将 FIXED 转换为 DYNAMIC，也会将 CHAR 类型字段转换为 VARCHAR 类型，所以大家手工强行转换的操作一定要谨慎。

MyISAM 存储引擎的表是否足够可靠呢？在 MySQL 用户参考手册中列出在遇到如下情况的时候可能会出现表文件损坏：

- 当 mysqld 正在做写操作的时候被 kill 掉或者其他情况造成异常终止；
- 主机 Crash；
- 磁盘硬件故障；
- MyISAM 存储引擎中的 bug。

MyISAM 存储引擎的某个表文件出错之后，仅影响到该表，而不会影响到其他表，更不会影响到其他的数据库。如果我们的数据库正在运行过程中发现某个 MyISAM 表出现问题了，则可以在线通过 check table 命令来尝试校验它，并可以通过 repair table 命令来尝试修复。在数据库关闭状态下，我们也可以通过 myisamchk 工具来对数据库中某个（或某些）表进行检测或者修复。不过强烈建议不到万不得已不要轻易对表进行修复操作，修复之前尽量做好可能的备份工作，以免带来不必要的后果。

另外 MyISAM 存储引擎的表理论上是可以被多个数据库实例同时使用同时操作的，但是我们不建议这样做，而且 MySQL 官方的用户手册中也有提到，建议尽量不要在多个 mysqld 之间共享 MyISAM 存储文件。

12.2.3　Innodb 存储引擎简介

在 MySQL 中使用最为广泛的除了 MyISAM 之外，就非 Innodb 莫属了。Innodb 做为第三方公司所开发的存储引擎，和 MySQL 遵守相同的开源 License 协议。Innodb 之所以能如此受宠，主要是在于其功能方面的较多特点：

❑ 支持事务安装 Innodb，在功能方面最重要的一点就是对事务安全的支持，这无疑是让 Innodb 成为 MySQL 最为流行的存储引擎之一的一个非常重要原因。而且实现了 SQL92 标准定义的所有四个级别（READ UNCOMMITTED、READ COMMITTED、REPEATABLE READ 和 SERIALIZABLE）。对事务安全的支持，无疑让很多之前因为特殊业务要求而不得不放弃使用 MySQL 的用户转向支持 MySQL，以及之前对数据库选型持观望态度的用户，也大大增加了对 MySQL 好感。

❑ 数据多版本读取 Innodb 在事务支持的同时，为了保证数据的一致性已经并发时候的性能，通过对 undo 信息，实现了数据的多版本读取。

❑ 锁定机制的改进 Innodb 改变了 MyISAM 的锁机制，实现了行锁。虽然 Innodb 的行锁机制的实现是通过索引来完成的，但毕竟在数据库中 99%的 SQL 语句都是要使用索引来做检索数据的。所以，行锁定机制也无疑为 Innodb 在承受高并发压力的环境下增强了不小的竞争力。

❑ 实现外键 Innodb 实现了外键引用这一数据库的重要特性，使在数据库端控制部分数据的完整性成为可能。虽然很多数据库系统调优专家都建议不要这样做，但是对于不少用户来说在数据库端加如外键控制可能仍然是成本最低的选择。

除了以上几个功能上面的亮点之外，Innodb 还有很多其他一些功能特色常常带给使用者不小的惊喜，同时也为 MySQL 带来了更多的客户。在物理存储方面，Innodb 存储引擎也和 MyISAM 不太一样，虽然也有.frm 文件来存放表结构定义相关的元数据，但是表数据和索引数据是存放在一起的。至于是每个表单独存放还是所有表存放在一起，完全由用户来决定（通过特定配置），同时还支持符号链接。

Innodb 的物理结构分为两大部分，如下所示。

1. 数据文件（表数据和索引数据）

存放数据表中的数据和所有的索引数据，包括主键和其他普通索引。在 Innodb 中，存在了表空间（tablespace）这样一个概念，但是它和 Oracle 的表空间又有较大的不同。首先，Innodb 的表空间分为两种形式。一种是共享表空间，也就是所有表和索引数据被存放在同一个表空间（一个或多个数据文件）中，通过 innodb_data_file_path 来指定，增加数据文件需要停机重启。另外一种是独享表空间，也就是每个表的数据和索引被存放在一个单独的.ibd 文件中。

虽然我们可以自行设定使用共享表空间还是独享表空间来存放我们的表，但是共享表空间都是必须存在的，因为 Innodb 的 undo 信息和其他一些元数据信息都是存放在共享表空间里面的。共享表空间的数据文件是可以设置为固定大小和可自动扩展大小两种形式，自动扩展形式的文件可以设置文件的最大大小和每次扩展量。在创建自动扩展数据文件的时候，建议大家最好加上最大尺寸的属性，一个原因是文件系统本身是有一定大小限制的（但是 Innodb 并不知道），还有一个原因就是自身维护的方便。另外，Innodb 不仅可以使用文件系统，还可以使用原始块设备，也就是我们常说的裸设备。当我们的文件表空间快要用完的时候，我们必须要为其增加数据文件，当然，只有共享表空间有此操作。共享表空间增加数据文件的操作比较简单，只需要在 innodb_data_file_path 参数后面按照标准格式设置好文件路径和相关属性即可，不过这里有一点需要注意的，就是 Innodb 在创建新数据文件的时候是不会创建目录的，如果指定目录不存在，则会报错并无法启动。另外一个比较令人头疼的就是 Innodb 在给共享表空间增加数据文件之后，必须要重启数据库系统才能生效，如果是使用裸设备，还需要有两次重启。这也是我一直不太喜欢使用共享表空间而选用独享表空间的原因之一。

2. 日志文件

Innodb 的日志文件和 Oracle 的 redo 日志比较类似，同样可以设置多个日志组（最少两个），同样采用轮循策略来顺序的写入，甚至在老版本中还有和 Oracle 一样的日志归档特性。如果你的数据库中有创建了 Innodb 的表，那么千万别全部删除 innodb 的日志文件，因为很可能就会让你的数据库 crash，无法启动，或者是丢失数据。

由于 Innodb 是事务安全的存储引擎，所以系统 Crash 对它来说并不能造成非常严重的损失，由于有 redo 日志的存在，有 checkpoint 机制的保护，Innodb 完全可以通过 redo 日志将数据库 Crash 时刻已经完成但还没有来得及将数据写入磁盘的事务恢复，也能够将所有部分完成并已经写入磁盘的未完成事务回滚并将数据还原。

Innodb 不仅在功能特性方面和 MyISAM 存储引擎有较大区别，在配置上面也是单独处理的。在 MySQL 启动参数文件设置中，Innodb 的所有参数基本上都带有前缀"innodb_"，不论是 innodb 数据和日志相关，还是其他一些性能和事务等等相关的参数都是一样。和所有 Innodb 相关的系统变量一样，所有 Innodb 相关的系统状态值也同样全部以"Innodb_"前缀。当然，我们也完全可以仅仅通过一个参数（skip-innodb）来屏蔽 MySQL 中的 Innodb 存储引擎，这样即使我们在安装编译的时候将 Innodb 存储引擎安装进去了，使用者也无法创建 Innodb 的表。

12.3　MySQL 中的锁定机制

12.3.1　MySQL 中锁定机制概述

数据库锁定机制简单来说就是数据库为了保证数据的一致性而使各种共享资源在被并发访问变得有序所设计的一种规则。对于任何一种数据库来说都需要有相应的锁定机制，所以 MySQL 自然也不能例外。MySQL 数据库由于其自身架构的特点，存在多种数据存储引擎，每种存储引擎所针对的应用场景特点都不太一样，为了满足各自特定应用场景的需求，每种存储引擎的锁定机制都是为各自所面对的特定场景而优化设计，所以各存储引擎的锁定机制也有较大区别。

总的来说，MySQL 各存储引擎使用了三种类型（级别）的锁定机制：行级锁定、页级锁定和表级锁定。下面我们先分析一下 MySQL 这三种锁定的特点和各自的优劣所在。

❑ 行级锁定（row-level）：行级锁定最大的特点就是锁定对象的颗粒度很小，也是目前各大数据库管理软件所实现的锁定颗粒度最小的。由于锁定颗粒度很小，所以发生锁定资源争用的概率也最小，能够给予应用程序尽可能大的并发处理能力而提高一些需要高并发应用系统的整体性能。虽然能够在并发处理能力上面有较大的优势，但是行级锁定也因此带来了不少弊端。由于锁定资源的颗粒度很小，所以每次获取锁和释放锁需要做的事情也更多，带来的消耗自然也就更大了。此外，行级锁定也最容易发生死锁。

❑ 表级锁定（table-level）：和行级锁定相反，表级别的锁定是 MySQL 各存储引擎中最大颗粒度的锁定机制。该锁定机制最大的特点是实现逻辑非常简单，带来的系统负面影响最小。所以获取锁和释放锁的速度很快。由于表级锁一次会将整个表锁定，所以可以很好的避免困扰我们的死锁问题。当然，锁定颗粒度大所带来最大的负面影响就是出现锁定资源争用的概率也会最高，致使并大度大打折扣。

❑ 页级锁定（page-level）：页级锁定是 MySQL 中比较独特的一种锁定级别，在其他数据库管理软件中也并不是太常见。页级锁定的特点是锁定颗粒度介于行级锁定与表级锁之间，所以获取锁定所需要的资源开销，以及所能提供的并发处理能力也同样是介于上面二者之间。另外，页级锁定和行级锁定一样，会发生死锁。

在数据库实现资源锁定的过程中，随着锁定资源颗粒度的减小，锁定相同数据量的数据所需要消耗的内存数量是越来越多的，实现算法也会越来越复杂。不过，随着锁定资源颗粒度的减小，应用程序的访问请求遇到锁等待的可能性也会随之降低，系统整体并发度也随之提升。

在 MySQL 数据库中，使用表级锁定的主要是 MyISAM 和 Memory 等一些非事务性存储引擎，而使用行级锁定的主要是 Innodb 存储引擎，页级锁定主要是 BerkeleyDB 存储引擎的锁定方式。但是篇幅所限，本节乃至本章主要专注于 MyISAM 和 Innodb 存储引擎，对其他存储引擎只是稍微提及。

MySQL 如此的锁定机制主要是由于其最初的历史所决定的。在最初，MySQL 希望设计一种完全独立于各种存储引擎的锁定机制，而且在早期的 MySQL 数据库中，MySQL 的存储引擎（MyISAM 和 Momery）的设计是建立在"任何表在同一时刻都只允许单个线程对其访问（包括读）"这样的假设之上。但是，随着 MySQL 的不断完善，系统的不断改进，在 MySQL 3.23 版本开发的时候，MySQL 开发人员不得不修正之前的假设。因为他们发现一个线程正在读某个表的时候，另一个线程是可以对该表进行 Insert 操作的，只不过只能 Insert 到数据文件的最尾部。这也就是从 MySQL 从 3.23 版本开始提供的 Concurrent Insert。

当出现 Concurrent Insert 之后，MySQL 的开发人员不得不修改之前系统中的锁定实现功能，但是仅仅只是增加了对 Concurrent Insert 的支持，并没有改动整体架构。可是在不久之后，随着 BerkeleyDB 存储引擎的引入，之前的锁定机制遇到了更大的挑战。因为 BerkeleyDB 存储引擎并没有 MyISAM 和 Memory 存储引擎同一时刻只允许单一线程访问某一个表的限制，而是将这个单线程访问限制的颗粒度缩小到了单个 page，这又一次迫使 MySQL 开发人员不得不再一次修改锁定机制的实现。

由于新的存储引擎的引入，导致锁定机制不能满足要求，让 MySQL 的人意识到已经不可能实现一种完全独立的满足各种存储引擎要求的锁定实现机制。如果因为锁定机制的拙劣实现而导致存储引擎的整体性能的下降，肯定会严重打击存储引擎提供者的积极性，这是 MySQL 公司非常不愿意看到的，因为这完全不符合 MySQL 的战略发展思路。所以工程师们不得不放弃了最初的设计初衷，在锁定实现机制中作出修改，允许存储引擎自己改变 MySQL 通过接口传入的锁定类型而自行决定该怎样锁定数据。

12.3.2　合理利用锁机制优化 MySQL

1. MyISAM 表锁优化建议

对于 MyISAM 存储引擎，虽然使用表级锁定在锁定实现的过程中比实现行级锁定或者页级锁所带来的附加成本都要小，锁定本身所消耗的资源也是最少。但是由于锁定的颗粒度比较大，所以造成锁定资源的争用情况也会比其他的锁定级别都要多，从而在较大程度上会降低并发处理能力。

所以，在优化 MyISAM 存储引擎锁定问题的时候，最关键的就是如何让其提高并发度。由于锁定级别是不可能改变的了，所以我们首先需要尽可能让锁定的时间变短，然后就是让可能并发进行的操作尽可能的并发。

（1）缩短锁定时间

缩短锁定时间，短短几个字，说起来确实挺容易的，但实际做起来恐怕就并不那么简单了。如何让锁定时间尽可能的短呢？唯一的办法就是让我们的 Query 执行时间尽可能的短。

- ❏ 尽可能减少大的复杂 Query，将复杂 Query 分拆成几个小的 Query 分布进行；
- ❏ 尽可能的建立足够高效的索引，让数据检索更迅速；
- ❏ 尽量让 MyISAM 存储引擎的表只存放必要的信息，控制字段类型；
- ❏ 利用合适的机会优化 MyISAM 表数据文件。

（2）分离能并行的操作

说到 MyISAM 的表锁，而且是读写互相阻塞的表锁，可能有些人会认为在 MyISAM 存储引擎的表上就只能是完全的串行化，没办法再并行了。大家不要忘记了，MyISAM 的存储引擎还有一个非常有用的特性，那就是 Concurrent Insert（并发插入）的特性。

MyISAM 存储引擎有一个控制是否打开 Concurrent Insert 功能的参数选项：concurrent_insert，可以设置为 0、1 或者 2。三个值的具体说明如下：

- ❏ concurrent_insert=2，无论 MyISAM 存储引擎表数据文件的中间部分是否存在因为删除数据而留下的空闲空间，都允许在数据文件尾部进行 Concurrent Insert；
- ❏ concurrent_insert=1，当 MyISAM 存储引擎表数据文件中间不存在空闲空间的时候，可以从文件尾部进行 Concurrent Insert；

❑ concurrent_insert=0，无论 MyISAM 存储引擎表数据文件的中间部分是否存在因为删除数据而留下的空闲空间，都不允许 Concurrent Insert。

（3）合理利用读写优先级

MySQL 的表级锁定对于读和写是有不同优先级设定的，默认情况下是写优先级要大于读优先级。所以，如果我们可以根据各自系统环境的差异决定读与写的优先级。如果我们的系统是一个以读为主，而且要优先保证查询性能的话，我们可以通过设置系统参数选项 low_priority_updates=1，将写的优先级设置为比读的优先级低，即可告诉 MySQL 尽量先处理读请求。当然，如果我们的系统需要有限保证数据写入的性能的话，则可以不用设置 low_priority_updates 参数了。

这里我们完全可以利用这个特性，将 concurrent_insert 参数设置为 1，甚至如果数据被删除的可能性很小的时候，如果对暂时性的浪费少量空间并不是特别的在乎的话，将 concurrent_insert 参数设置为 2 都可以尝试。当然，数据文件中间留有空域空间，在浪费空间的时候，还会造成在查询的时候需要读取更多的数据，所以如果删除量不是很小的话，还是建议将 concurrent_insert 设置为 1 更为合适。

2．Innodb 行锁优化建议

Innodb 存储引擎由于实现了行级锁定，虽然在锁定机制的实现方面所带来的性能损耗可能比表级锁定会要更高一些，但是在整体并发处理能力方面要远远优于 MyISAM 的表级锁定的。当系统并发量较高的时候，Innodb 的整体性能和 MyISAM 相比就会有比较明显的优势了。但是，Innodb 的行级锁定同样也有其脆弱的一面，当我们使用不当的时候，可能会让 Innodb 的整体性能表现不仅不能比 MyISAM 高，甚至可能会更差。

要想合理利用 Innodb 的行级锁定，做到扬长避短，我们必须做好以下工作：

❑ 尽可能让所有的数据检索都通过索引来完成，从而避免 Innodb 因为无法通过索引键加锁而升级为表级锁定；

❑ 合理设计索引，让 Innodb 在索引键上面加锁的时候尽可能准确，尽可能的缩小锁定范围，避免造成不必要的锁定而影响其他 Query 的执行；

❑ 尽可能减少基于范围的数据检索过滤条件，避免因为间隙锁带来的负面影响而锁定了不该锁定的记录；

❑ 尽量控制事务的大小，减少锁定的资源量和锁定时间长度；

❑ 在业务环境允许的情况下，尽量使用较低级别的事务隔离，以减少 MySQL 因为实现事务隔离级别所带来的附加成本。

12.4　索引与优化

索引对查询的速度有着至关重要的影响，理解索引也是进行数据库性能调优的起点。考虑如下情况，假设数据库中一个表有一百万条记录，DBMS 的页面大小为 4K，每页存储 100 条记录。如果没有索引，查询将对整个表进行扫描，最坏的情况下，如果所有数据页都不在内存，需要读取 1 万个页面，如果这 1 万个页面在磁盘上随机分布，需要进行 1 万次 I/O，假设磁盘每次 I/O 时间为 10ms（忽略数据传输时间），则总共需要 100s（但实际上要好很多很多）。如果对之建立 B-Tree 索引，则只需要进行 log100(10^6)=3 次页面读取，最坏情况下耗时 30ms。这就是索引带来的效果，很多时候，当你的应用程序进行 SQL 查询速度很慢时，应该想想是否可以建索引。

12.4.1　选择索引的数据类型

MySQL 支持很多数据类型，选择合适的数据类型存储数据对性能有很大的影响。通常来说，可以遵循以下一些指导原则。

- 越小的数据类型通常更好：越小的数据类型通常在磁盘、内存和 CPU 缓存中都需要更少的空间，处理起来更快。
- 简单的数据类型更好：整型数据比起字符，处理开销更小，因为字符串的比较更复杂。在 MySQL 中，应该用内置的日期和时间数据类型，而不是用字符串来存储时间。以及用整型数据类型存储 IP 地址。
- 尽量避免 NULL：应该指定列为 NOT NULL，除非你想存储 NULL。在 MySQL 中，含有空值的列很难进行查询优化，因为它们使得索引、索引的统计信息及比较运算更加复杂。你应该用 0、一个特殊的值或者一个空串代替空值。

另外，选择合适的标识符是非常重要的。选择时不仅应该考虑存储类型，而且应该考虑 MySQL 是怎样进行运算和比较的。一旦选定数据类型，应该保证所有相关的表都使用相同的数据类型。

- 整型：通常是作为标识符的最好选择，因为可以更快的处理，而且可以设置为 AUTO_INCREMENT。
- 字符串：尽量避免使用字符串作为标识符，它们消耗更多的空间，处理起来也较慢。而且，通常来说，字符串都是随机的，所以它们在索引中的位置也是随机的，这会导致随机访问磁盘，如果存储引擎使用聚簇索引，还会导致页面分裂和聚簇索引分裂。

12.4.2　索引入门

对于任何 DBMS，索引都是进行优化的最主要因素。对于少量的数据，没有合适的索引影响不是很大，但是，当随着数据量的增加，性能会急剧下降。如果对多列进行索引（组合索引），列的顺序非常重要，MySQL 仅能对索引最左边的前缀进行有效的查找。例如，假设存在组合索引（c1,c2），查询语句 SELECT * from t1 where c1=1 and c2=2 能够使用该索引。查询语句 SELECT * from t1 where c1=1 也能够使用该索引。但是，查询语句 SELECT * from t1 where c2=2 不能够使用该索引，因为没有组合索引的引导列，即要想使用 c2 列进行查找，必须出现 c1 等于某值。

12.4.3　索引的类型

索引是在存储引擎中实现的，而不是在服务器层中实现的。所以，每种存储引擎的索引都不一定完全相同，并不是所有的存储引擎都支持所有的索引类型。

MySQL 支持以下索引：

- ❑ B-Tree 索引，MyISAM 和 Innodb 都支持，但是也有较大的区别，后面也会详细介绍。
- ❑ Hash 索引，MySQL 中，只有 Memory 存储引擎显示支持 Hash 索引。
- ❑ 空间（R-Tree）索引，MyISAM 支持空间索引，主要用于地理空间数据类型，如 GEOMETRY。
- ❑ 全文（Full-text）索引，全文索引是 MyISAM 的一个特殊索引类型，主要用于全文检索。

由于其他索引在实际中使用不广泛，因此这里只介绍 B-Tree 索引。

假设有如下一个表：

```
CREATE TABLE People (
  last_name varchar(50)    not null,
  first_name varchar(50)    not null,
  dob        date          not null,
  gender     enum('m', 'f') not null,
  key(last_name, first_name, dob)
);
```

其索引包含表中每一行的 last_name、first_name 和 dob 列。其结构大致如图 12.3 所示。

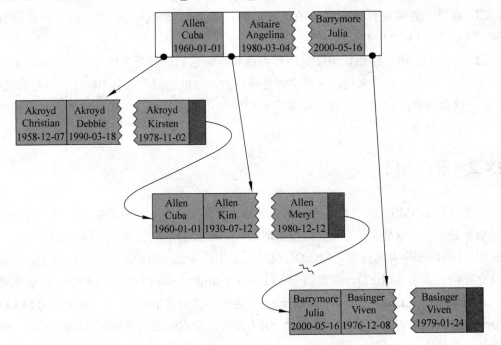

图 12.3　People 表索引结构

索引存储的值按索引列中的顺序排列。可以利用 B-Tree 索引进行全关键字、关键字范围和关键字前缀查询。当然，如果想使用索引，你必须保证按索引的最左边前缀（leftmost prefix of the index）来进行查询。

- ❑ 匹配全值（Match the full value）：对索引中的所有列都指定具体的值。例如，图 12.3 中索引可以帮助你查找出生于 1960-01-01 的 Cuba Allen。
- ❑ 匹配最左前缀（Match a leftmost prefix）：你可以利用索引查找 last name 为 Allen 的人，仅仅使用索引中的第 1 列。
- ❑ 匹配列前缀（Match a column prefix）：例如，你可以利用索引查找 last name 以 J 开始的人，这仅仅使用索引中的第 1 列。
- ❑ 匹配值的范围查询（Match a range of values）：可以利用索引查找 last name 在 Allen 和 Barrymore 之间的人，仅仅使用索引中第 1 列。
- ❑ 匹配部分精确而其他部分进行范围匹配（Match one part exactly and match a range on another part）：可以利用索引查找 last name 为 Allen，而 first name 以字母 K 开始的人。
- ❑ 仅对索引进行查询（Index-only queries）：如果查询的列都位于索引中，则不需要读取元组的值。
- ❑ 由于 B-tree 中的节点都是顺序存储的，所以可以利用索引进行查找（找某些值），也可以对查询结果进行 ORDER BY。

当然，使用 B-tree 索引有以下一些限制：

- ❑ 查询必须从索引的最左边的列开始。关于这点已经提过了。例如，你不能利用索引查找在某一天出生的人。
- ❑ 不能跳过某一索引列。例如，你不能利用索引查找 last name 为 Smith 且出生于某一天的人。
- ❑ 存储引擎不能使用索引中范围条件右边的列。例如，如果你的查询语句为 WHERE last_name="Smith" AND first_name LIKE 'J%' AND dob='1976-12-23'，则该查询只会使用索引中的前两列，因为 LIKE 是范围查询。

12.4.4　高性能的索引策略

1. 聚簇索引（Clustered Indexes）

聚簇索引保证关键字的值相近的元组存储的物理位置也相同（所以字符串类型不宜建立聚簇索引，特别是随机字符串，会使得系统进行大量的移动操作），且一个表只能有一个聚簇索引。因为由存储引擎实现索引，所以，并不是所有的引擎都支持聚簇索引。目前，只有 InnoDB 支持。

聚簇索引的结构大致如图 12.4 所示。

叶子页面包含完整的元组，而内节点页面仅包含索引的列号（索引的列号为整型）。一些 DBMS 允许用户指定聚簇索引，但是 MySQL 的存储引擎到目前为止都不支持。InnoDB 对主键建立聚簇索引。如果你不指定主键，InnoDB 会用一个具有唯一且非空值的索引来代替。如果不存在这样的索引，InnoDB 会定义一个隐藏的主键，然后对其建立聚簇索引。一般来说，DBMS 都会以聚簇索引的形式来存储实际的数据，它是其他二级索引的基础。

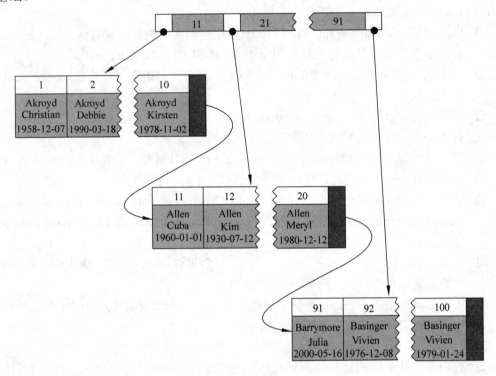

图 12.4　聚簇索引

2. InnoDB 和 MyISAM 数据布局的比较

为了更好地理解聚簇索引和非聚簇索引，或者 primary 索引和 secondary 索引（MyISAM 不支持聚簇索引），来比较一下 InnoDB 和 MyISAM 的数据布局，如下表所示：

```
CREATE TABLE layout_test (
   col1 int NOT NULL,
   col2 int NOT NULL,
   PRIMARY KEY(col1),
   KEY(col2)
);
```

假设主键的值位于 1～10 000 之间，且按随机顺序插入，然后用 OPTIMIZE TABLE 进行优化。col2 随机赋予 1～100 之间的值，所以会存在许多重复的值。

（1）MyISAM 的数据布局

其布局十分简单，MyISAM 按照插入的顺序在磁盘上存储数据，如图 12.5 所示。

左边为行号（row number），从 0 开始。因为元组的大小固定，所以 MyISAM 可以很容易的从表的开始位置找到某一字节的位置。

建立的 primary key 的索引结构大致如图 12.6 所示。

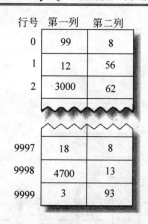

图 12.5　MyISAM 的数据布局

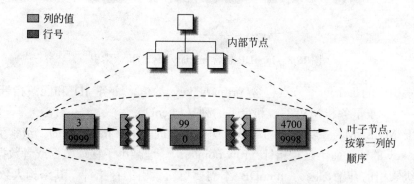

图 12.6　MyISAM primary key 的布局结构

MyISAM 不支持聚簇索引，索引中每一个叶子节点仅仅包含行号（row number），且叶子节点按照 col1 的顺序存储。

来看看 col2 的索引结构，如图 12.7 所示。

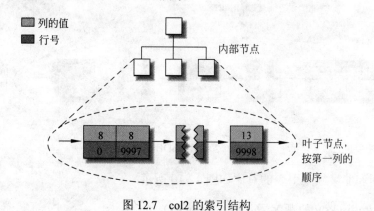

图 12.7　col2 的索引结构

实际上，在 MyISAM 中，primary key 和其他索引没有什么区别。primary key 仅仅只是一个叫做 PRIMARY 的唯一，非空的索引而已。

（2）InnoDB 的数据布局

InnoDB 按聚簇索引的形式存储数据，所以它的数据布局有着很大的不同。它存储表的结构大致如图 12.8 所示。

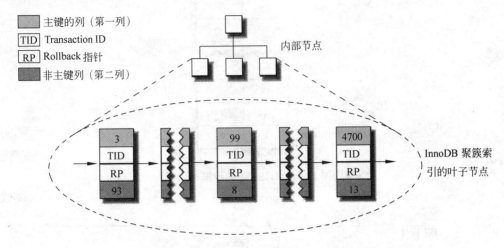

图 12.8　InnoDB 包含 primary key 的聚簇索引

聚簇索引中的每个叶子节点包含 primary key 的值，事务 ID 和回滚指针（rollback pointer）——用于事务和 MVCC，和余下的列（如 col2）。

相对于 MyISAM，二级索引与聚簇索引有很大的不同。InnoDB 的二级索引的叶子包含 primary key 的值，而不是行指针（row pointers），这减小了移动数据或者数据页面分裂时维护二级索引的开销，因为 InnoDB 不需要更新索引的行指针。其结构大致如图 12.9 所示。

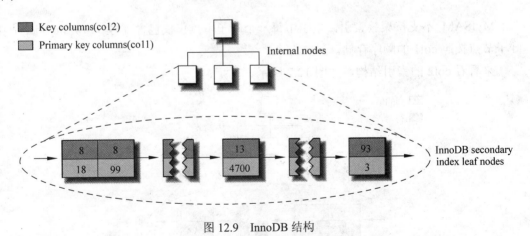

图 12.9　InnoDB 结构

聚簇索引和非聚簇索引表的对比如图 12.10 所示。

3．按 primary key 的顺序插入行（InnoDB）

如果你用 InnoDB，而且不需要特殊的聚簇索引，一个好的做法就是使用代理主键（surrogate key）——独立于你的应用中的数据。最简单的做法就是使用一个 AUTO_INCREMENT 的列，这会保证记录按照顺序插入，而且能提高使用 primary key 进行连接查询的性能。应该尽量避免随机的聚簇主键，例如，字符串主键就是一个不好的选择，它使得插入操作变得随机。

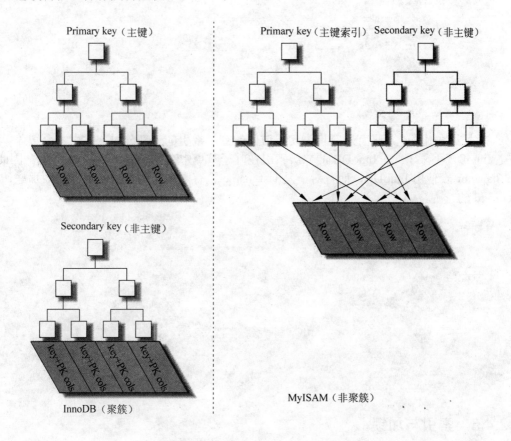

图 12.10　聚簇索引和非聚簇索引表

4．覆盖索引（Covering Indexes）

如果索引包含满足查询的所有数据，就称为覆盖索引。覆盖索引是一种非常强大的工具，能大大提高查询性能。只需要读取索引而不用读取数据有以下一些优点：

❑ 索引项通常比记录要小，所以 MySQL 访问更少的数据；

❑ 索引都按值的大小顺序存储，相对于随机访问记录，需要更少的 I/O；

❑ 大多数据引擎能更好的缓存索引，比如 MyISAM 只缓存索引。

覆盖索引对于 InnoDB 表尤其有用，因为 InnoDB 使用聚集索引组织数据，如果二级索引中包含查询所需的数据，就不再需要在聚集索引中查找了。

覆盖索引不能是任何索引，只有 B-Tree 索引存储相应的值。而且不同的存储引擎实现覆盖索引的方式都不同，并不是所有存储引擎都支持覆盖索引（Memory 和 Falcon 就不支持）。

对于索引覆盖查询（index-covered Query），使用 EXPLAIN 时，可以在 Extra 一列中看到 "Using index"。例如，在 sakila 的 inventory 表中，有一个组合索引（store_id,film_id），对于只需要访问这两列的查询，MySQL 就可以使用索引，如下：

```
mysql> EXPLAIN SELECT store_id, film_id FROM sakila.inventory\G
*************************** 1. row ***************************
        id: 1
```

```
 SELECT_type: SIMPLE
        table: inventory
         type: index
possible_keys: NULL
          key: idx_store_id_film_id
      key_len: 3
          ref: NULL
         rows: 5007
        Extra: Using index
1 row in set (0.17 sec)
```

在大多数引擎中，只有当查询语句所访问的列是索引的一部分时，索引才会覆盖。但是，InnoDB 不限于此，InnoDB 的二级索引在叶子节点中存储了 primary key 的值。因此，sakila.actor 表使用 InnoDB，而且对于是 last_name 上有索引，所以，索引能覆盖那些访问 actor_id 的查询，如：

```
mysql> EXPLAIN SELECT actor_id, last_name
    -> FROM sakila.actor WHERE last_name = 'HOPPER'\G
*************************** 1. row ***************************
           id: 1
  SELECT_type: SIMPLE
        table: actor
         type: ref
possible_keys: idx_actor_last_name
          key: idx_actor_last_name
      key_len: 137
          ref: const
         rows: 2
        Extra: Using where; Using index
```

12.4.5　索引与加锁

索引对于 InnoDB 非常重要，因为它可以让查询锁更少的元组。这点十分重要，因为 MySQL 5.0 中，InnoDB 直到事务提交时才会解锁。有两个方面的原因：首先，即使 InnoDB 行级锁的开销非常高效，内存开销也较小，但不管怎么样，还是存在开销。其次，对不需要的元组的加锁，会增加锁的开销，降低并发性。

InnoDB 仅对需要访问的元组加锁，而索引能够减少 InnoDB 访问的元组数。但是，只有在存储引擎层过滤掉那些不需要的数据才能达到这种目的。一旦索引不允许 InnoDB 那样做（即达不到过滤的目的），MySQL 服务器只能对 InnoDB 返回的数据进行 WHERE 操作，此时，已经无法避免对那些元组加锁了：InnoDB 已经锁住那些元组，服务器无法解锁了。

来看个例子：

```
create table actor(
actor_id int unsigned NOT NULL AUTO_INCREMENT,
name       varchar(16) NOT NULL DEFAULT '',
password        varchar(16) NOT NULL DEFAULT '',
PRIMARY KEY(actor_id),
 KEY      (name)
) ENGINE=InnoDB
insert into actor(name,password) values('cat01','1234567');
insert into actor(name,password) values('cat02','1234567');
insert into actor(name,password) values('ddddd','1234567');
insert into actor(name,password) values('aaaaa','1234567');
```

```
SET AUTOCOMMIT=0;
BEGIN;
SELECT actor_id FROM actor WHERE actor_id < 4
AND actor_id <> 1 FOR UPDATE;
```

该查询仅仅返回 2~3 的数据，实际已经对 1~3 的数据加上排它锁了。InnoDB 锁住元组 1 是因为 MySQL 的查询计划仅使用索引进行范围查询（而没有进行过滤操作，WHERE 中第二个条件已经无法使用索引了）：

```
mysql> EXPLAIN SELECT actor_id FROM test.actor
    -> WHERE actor_id < 4 AND actor_id <> 1 FOR UPDATE \G
*************************** 1. row ***************************
          id: 1
 SELECT_type: SIMPLE
       table: actor
        type: index
possible_keys: PRIMARY
         key: PRIMARY
     key_len: 4
         ref: NULL
        rows: 4
       Extra: Using where; Using index
1 row in set (0.00 sec)

mysql>
```

表明存储引擎从索引的起始处开始，获取所有的行，直到 actor_id<4 为假，服务器无法告诉 InnoDB 去掉元组 1。

为了证明 row 1 已经被锁住，我们另外建一个连接，执行如下操作：

```
SET AUTOCOMMIT=0;
BEGIN;
SELECT actor_id FROM actor WHERE actor_id = 1 FOR UPDATE;
```

该查询会被挂起，直到第一个连接的事务提交释放锁时，才会执行（这种行为对于基于语句的复制（statement-based replication）是必要的）。

如上所示，当使用索引时，InnoDB 会锁住它不需要的元组。更糟糕的是，如果查询不能使用索引，MySQL 会进行全表扫描，并锁住每一个元组，不管是否真正需要。

12.5　MySQL 的 MyISAM 和 Innodb 的 Cache 优化

Cache 对于一个数据系统的重要性是不言而喻的，MySQL 虽然是一个数据库，但是仍然是一个数据系统。本节就对 MyISAM 和 Innodb 的 Cache 进行针对性的优化建议，希望能够对读者朋友有一定的帮助。

12.5.1　MyISAM 存储引擎的 Cache 优化

我们知道，MyISAM 存储引擎是 MySQL 最为古老的存储引擎之一，也是最为流行的存储引擎之一。对于以读请求为主的非事务系统来说，MyISAM 存储引擎由于其优异的性能表现及便利的维护管理方式无疑是大家最优先考虑的对象。这一小节我们将通过分析

MyISAM 存储引擎的相关特性，来寻找提高 MyISAM 存储引擎性能的优化策略。

　　MyISAM 存储引擎的缓存策略是其和很多其他数据库乃至 MySQL 数据库的存储引擎不太一样的最大特性。因为它仅仅缓存索引数据，并不会缓存实际的表数据信息到内存中，而是将这一工作交给了 OS 级别的文件系统缓存。所以，在数据库优化中非常重要的优化环节之一"缓存优化"的工作在使用 MyISAM 存储引擎的数据库的情况下，就完全集中在对索引缓存的优化上面了。

　　在分析优化索引缓存策略之前，我们先大概了解一下 MyISAM 存储引擎的索引实现机制及索引文件的存放格式。

　　MyISAM 存储引擎的索引和数据是分开存放于".MYI"文件中，每个".MYI"文件有文件头和实际的索引数据。".MYI"的文件头中主要存放四部分信息，分别称为：state（主要是整个索引文件的基本信息）、base（各个索引的相关信息，主要是索引的限制信息）、keydef（每个索引的定义信息）和 recinfo（每个索引记录的相关信息）。在文件头后面紧接着的就是实际的索引数据信息了。索引数据以 Block（Page）为最小单位，每个 Block 中只会存在同一个索引的数据，这主要是基于提高索引的连续读性能的目的。在 MySQL 中，索引文件中索引数据的 Block 被称为 Index Block，每个 Index Block 的大小并不一定相等。

　　在".MYI"文件中，Index Block 的组织形式实际上只是一种逻辑上的，并不是物理意义上的。在物理上，实际上是以 File Block 的形式来存放在磁盘上面的。在 Key Cache 中缓存的索引信息是以"CacheBlock"的形式组织存放的，"CacheBlock"是相同大小的，和".MYI"文件物理存储的 Block（ File Block ） 一样。在一条 Query 通过索引检索表数据的时候， 首先会检查索引缓存（key_buffer_cache）中是否已经有需要的索引信息，如果没有，则会读取".MYI"文件，将相应的索引数据读入 Key Cache 中的内存空间中，同样也是以 Block 形式存放，被称为 CacheBlock。不过，数据的读入并不是以 Index Block 的形式来读入，而是以 File Block 的形式来读入的。以 File Block 形式读入到 Key Cache 之后的 CacheBlock 实际上是与 File Block 完全一样的，如图 12.11 所示。

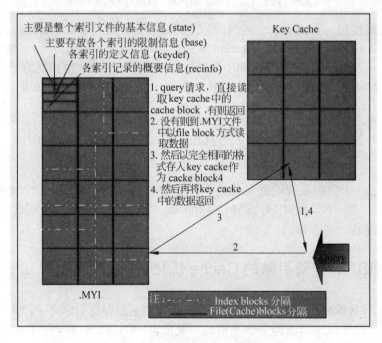

图 12.11　MyISAM 读取过程

当我们从 ".MYI" 文件中读入 File Block 到 Key Cache 中 CacheBlock 时候，如果整个 Key Cache 中已经没有空闲的 CacheBlock 可以使用的话，将会通过 MySQL 实现的 LRU 相关算法将某些 CacheBlock 清除出去，让新进来的 File Block 有地方呆。

我们先来分析一下与 MyISAM 索引缓存相关的几个系统参数和状态参数。

❑ key_buffer_size，索引缓存大小：这个参数用来设置整个 MySQL 中的常规 Key Cache 大小。一般来说，如果我们的 MySQL 是运行在 32 位平台纸上，此值建议不要超过 2GB 大小。如果是运行在 64 位平台纸上则不用考虑此限制，但也最好不要超过 4GB。

❑ key_buffer_block_size，索引缓存中的 CacheBlock Size：在前面我们已经介绍了，在 Key Cache 中的所有数据都是以 CacheBlock 的形式存在，而 key_buffer_block_size 就是设置每个 CacheBlock 的大小，实际上也同时限定了我们将 ".MYI" 文件中的 Index Block 被读入时候的 File Block 的大小。

❑ key_cache_division_limit，LRU 链表中的 Hot Area 和 Warm Area 分界值：实际上，在 MySQL 的 Key Cache 中所使用的 LRU 算法并不像传统的算法一样仅仅只是通过访问频率及最后访问时间来通过一个唯一的链表实现，而是将其分成了两部分。一部分用来存放使用比较频繁的 Hot Cacke Lock（Hot Chain），被成为 Hot Area，另外一部分则用来存放使用不是太频繁的 Warm CacheBlock（Warm Chain），被成为 Warm Area。这样做的目的主要是为了保护使用比较频繁的 CacheBlock 更不容易被换出。而 key_cache_division_limit 参数则是告诉 MySQL 该如何划分整个 CacheChain 为 Hot Chain 和 Warm Chain 两部分，参数值为 WarmChain 占整个 Chain 的百分比值。设置范围 1～100，系统默认为 100，也就是只有 Warm Chain。

❑ key_cache_age_threshold，控制 CacheBlock 从 Hot Area 降到 Warm Area 的限制：key_cache_age_threshold 参数控制 Hot Area 中的 CacheBlock 何时该被降级到 Warm Area 中。系统默认值为 300，最小可以设置为 100。值越小，被降级的可能性越大。

通过以上参数的合理设置，我们基本上可以完成 MyISAM 整体优化的 70% 的工作。但是如何的合理设置这些参数却不是一个很容易的事情。尤其是 key_cache_division_limit 和 key_cache_age_threshold 这两个参数的合理使用。

对于 key_buffer_size 的设置我们一般需要通过三个指标来计算，第一个是系统索引的总大小，第二个是系统可用物理内存，第三个是根据系统当前的 Key Cache 命中率。对于一个完全从零开始的全新系统的话，可能除了第二点可以拿到很清楚的数据之外，其他的两个数据都比较难获取，第三点是完全没有。当然，我们可以通过 MySQL 官方手册中给出的一个计算公式粗略的估算一下系统将来的索引大小，不过前提是要知道我们会创建哪些索引，然后通过各索引估算出索引键的长度及表中存放数据的条数，公式如下：

```
Key_Size = key_number * (key_length+4)/0.67
Max_key_buffer_size < Max_RAM - QCache_Usage - Threads_Usage - System_Usage
Threads_Usage = max_connections * (sort_buffer_size + join_buffer_size +
read_buffer_size + read_rnd_buffer_size + thread_stack)
```

当然，考虑到活跃数据的问题，我们并不需要将 key_buffer_size 设置到可以将所有的索引都放下的大小，这时候我们就需要 Key Cache 的命中率数据来帮忙了。下面我们再来看一下系统中记录的与 Key Cache 相关的性能状态参数变量。

- ❑ Key_blocks_not_flushed，已经更改但还未刷新到磁盘的 Dirty CacheBlock；
- ❑ Key_blocks_unused，目前未被使用的 CacheBlock 数目；
- ❑ Key_blocks_used，已经使用了的 CacheBlock 数目；
- ❑ Key_read_requests，CacheBlock 被请求读取的总次数；
- ❑ Key_reads，在 CacheBlock 中找不到需要读取的 Key 信息后到 ".MYI" 文件中读取的次数；
- ❑ Key_write_requests，CacheBlock 被请求修改的总次数；
- ❑ Key_writes，在 CacheBlock 中找不到需要修改的 Key 信息后到 ".MYI" 文件中读入再修改的次数。

由于上面各个状态参数在 MySQL 官方文档中都有较为详细的描述，所以上面仅做基本的说明。当我们的系统上线之后，就可以通过上面这些状态参数的状态值得到系统当前的 Key Cache 使用的详细情况和性能状态。

```
Key_buffer_UsageRatio = (1 - Key_blocks_used/(Key_blocks_used + Key_blocks_
unused)) *100%
Key_Buffer_Read_HitRatio = (1 - Key_reads/Key_read_requests) * 100%
Key_Buffer_Write_HitRatio = (1 - Key_writes/Key_Write_requests) * 100%
```

通过上面的这三个比率数据，就可以很清楚的知道我们的 Key Cache 设置是否合理，尤其是 Key_Buffer_Read_HitRatio 参数和 Key_buffer_UsageRatio 这两个比率。一般来说 Key_buffer_UsageRatio 应该在 99% 以上甚至 100%，如果该值过低，则说明我们的 key_buffer_size 设置过大，MySQL 根本使用不完。Key_Buffer_Read_HitRatio 也应该尽可能的高。如果该值较低，则很有可能是我们的 key_buffer_size 设置过小，需要适当增加 key_buffer_size 值，也有可能是 key_cache_age_threshold 和 key_cache_division_limit 的设置不当，造成 Key Cache 失效太快。

一般来说，在实际应用场景中，很少有人调整 key_cache_age_threshold 和 key_cache_division_limit 这两个参数的值，大都是使用系统的默认值。

12.5.2　Innodb 缓存相关优化

1. Innodb_buffer_pool_size 的合理设置

Innodb 存储引擎的缓存机制和 MyISAM 的最大区别就在于 Innodb 不仅仅缓存索引，同时还会缓存实际的数据。所以，完全相同的数据库，使用 Innodb 存储引擎可以使用更多的内存来缓存数据库相关的信息，当然前提是要有足够的物理内存。这对于在现在这个内存价格不断降低的时代，无疑是个很吸引人的特性。

Innodb_buffer_pool_size 参数用来设置 Innodb 最主要的 Buffer(Innodb_Buffer_Pool)的大小，也就是缓存用户表及索引数据的最主要缓存空间，对 Innodb 整体性能影响也最大。无论是 MySQL 官方手册还是网络上很多人所分享的 Innodb 优化建议，都简单的建议将 Innodb 的 Buffer Pool 设置为整个系统物理内存的 50% ～ 80% 之间。如此轻率的给出此类建议，我个人觉得实在是有些不妥。

不管是多么简单的参数，都可能与实际运行场景有很大的关系。完全相同的设置，不同的场景下的表现可能相差很大。就从 Innodb 的 Buffer Pool 到底该设置多大这个问题来看，我们首先需要确定的是这台主机是不是就只提供 MySQL 服务？ MySQL 需要提供的最大连接数是多少？ MySQL 中是否还有 MyISAM 等其他存储引擎提供服务？如果有，其他存储引擎所需要使用的 Cache 需要多大？

2．分配内存

假设是一台单独给 MySQL 使用的主机，物理内存总大小为 8G，MySQL 最大连接数为 500，同时还使用了 MyISAM 存储引擎，这时候我们的整体内存该如何分配呢？

内存分配为如下几大部分。

（1）系统使用，假设预留 800M。

（2）线程独享，约 2GB = 500 * (1MB + 1MB + 1MB + 512KB + 512KB)，组成大概如下：

```
sort_buffer_size: 1MB
join_buffer_size: 1MB
read_buffer_size: 1MB
read_rnd_buffer_size: 512KB
thread_statck: 512KB
```

（3）MyISAM Key Cache，假设大概为 1.5GB。

（4）Innodb Buffer Pool 最大可用量：8GB–800MB–2GB–1.5GB = 3.7GB。

假设这个时候我们还按照 50%～80% 的建议来设置，最小也是 4GB，而通过上面的估算，最大可用值在 3.7GB 左右，那么很可能在系统负载很高当线程独享内存差不多出现极限情况的时候，系统很可能就会出现内存不足的问题了。而且上面还仅仅只是列出了一些使用内存较大的地方，如果进一步细化，很可能可用内存会更少。

上面只是一个简单的示例分析，实际情况并不一定是这样的，这里只是希望大家了解，在设置一些参数的时候，千万不要想当然，一定要详细的分析可能出现的情况，然后再通过不断测试调整来达到自己所处环境的最优配置。就我个人而言，正式环境上线之初，我一般都会采取相对保守的参数配置策略。上线之后，再根据实际情况和收集到的各种性能数据进行针对性的调整。

当系统上线之后，我们可以通过 Innodb 存储引擎提供给我们的关于 Buffer Pool 的实时状态信息作出进一步分析，来确定系统中 Innodb 的 Buffer Pool 使用情况是否正常高效：

```
joepi@localhost : example 08:47:54> show status like 'Innodb_buffer_
pool_%';
+-----------------------------------+-------+
| Variable_name                     | Value |
+-----------------------------------+-------+
| Innodb_buffer_pool_pages_data     | 70    |
| Innodb_buffer_pool_pages_dirty    | 0     |
| Innodb_buffer_pool_pages_flushed  | 0     |
| Innodb_buffer_pool_pages_free     | 1978  |
| Innodb_buffer_pool_pages_latched  | 0     |
| Innodb_buffer_pool_pages_misc     | 0     |
| Innodb_buffer_pool_pages_total    | 2048  |
| Innodb_buffer_pool_read_ahead_rnd | 1     |
| Innodb_buffer_pool_read_ahead_seq | 0     |
| Innodb_buffer_pool_read_requests  | 329   |
```

```
| Innodb_buffer_pool_reads          | 19    |
| Innodb_buffer_pool_wait_free      | 0     |
| Innodb_buffer_pool_write_requests | 0     |
+-----------------------------------+-------+
```

从上面的值我们可以看出总共有 2048 个 pages，还有 1978 是 Free 状态的仅仅只有 70 个 page 有数据，read 请求 329 次，其中有 19 次所请求的数据在 buffer pool 中没有，也就是说有 19 次是通过读取物理磁盘来读取数据的，所以很容易也就得出了 Innodb Buffer Pool 的 Read 命中率大概在为：(329–19)/ 329 * 100% = 94.22%。

当然，通过上面的数据，我们还可以分析出 write 命中率，可以得到发生了多少次 read_ahead_rnd，多少次 read_ahead_seq，发生过多少次 latch，多少次因为 Buffer 空间大小不足而产生 wait_free 等。

单从这里的数据来看，我们设置的 Buffer Pool 过大，仅仅使用 70 / 2048 * 100% = 3.4%。

在 Innodb Buffer Pool 中，还有一个非常重要的概念，叫做"预读"。一般来说，预读概念主要是在一些高端存储上面才会有，简单来说就是通过分析数据请求的特点来自动判断出客户在请求当前数据块之后可能会继续请求的数据块。通过该自动判断之后，存储引擎可能就会一次将当前请求的数据库和后面可能请求的下一个（或者几个）数据库一次全部读出，以期望通过这种方式减少磁盘 IO 次数提高 IO 性能。在上面列出的状态参数中就有两个专门针对预读：

❑ Innodb_buffer_pool_read_ahead_rnd，记录进行随机读的时候产生的预读；
❑ Innodb_buffer_pool_read_ahead_seq，记录连续读的时候产生的预读次数。

12.6　MySQL 的复制

MySQL Replication 是 MySQL 非常有特色的一个功能，它能够将一个 MySQL Server 的 Instance 中的数据完整的复制到另外一个 MySQL Server 的 Instance 中。虽然复制过程并不是实时而是异步进行的，但是由于其高效的性能设计，延时非常之少。MySQL 的 Replication 功能在实际应用场景中被非常广泛的用于保证系统数据的安全性和系统可扩展设计中。本节将专门针对如何利用 MySQL 的 Replication 功能来提高系统的扩展性进行详细的介绍。

12.6.1　复制对于可扩展性的意义

在互联网应用系统中，扩展最为方便的可能要数最基本的 Web 应用服务了。因为 Web 应用服务大部分情况下都是无状态的，也很少需要保存太多的数据，当然 Session 这类信息比较例外。所以，对于基本的 Web 应用服务器很容易通过简单的添加服务器并复制应用程序来做到 Scale Out。

而数据库由于其特殊的性质，就不是那么容易做到方便的 Scale Out。当然，各个数据库厂商也一直在努力希望能够做到自己的数据库软件能够像常规的应用服务器一样做到方便的 Scale Out，也确实做出了一些功能，能够基本实现像 Web 应用服务器一样的 Scalability，如很多数据库所支持的逻辑复制功能。

　　MySQL 数据库也为此做出了非常大的努力，MySQL Replication 功能主要就是基于这一目的所产生的。通过 MySQL 的 Replication 功能，我们可以非常方便的将一个数据库中的数据复制到很多台 MySQL 主机上面，组成一个 MySQL 集群，然后通过这个 MySQL 集群来对外提供服务。这样，每台 MySQL 主机所需要承担的负载就会大大降低，整个 MySQL 集群的处理能力也很容易得到提升。

　　为什么通过 MySQL 的 Replication 可以做到 Scale Out 呢？主要是因为通过 MySQL 的 Replication，可以将一台 MySQL 中的数据完整的同时复制到多台主机上面的 MySQL 数据库中，并且正常情况下这种复制的延时并不是很长。当我们各台服务器上面都有同样的数据之后，应用访问就不再只能到一台数据库主机上面读取数据了，而是访问整个 MySQL 集群中的任何一台主机上面的数据库都可以得到相同的数据。此外还有一个非常重要的因素就是 MySQL 的复制非常容易实施，也非常容易维护。这一点对于实施一个简单的分布式数据库集群是非常重要的，毕竟一个系统实施之后的工作主要就是维护了，一个维护复杂的系统肯定不是一个受欢迎的系统。

12.6.2　复制的原理

从高层来看，复制分成三步：

- ❏ master 将改变记录到二进制日志（binary log）中（这些记录叫做二进制日志事件，binary log events）；
- ❏ slave 将 master 的 binary log events 复制到它的中继日志（relay log）；
- ❏ slave 重做中继日志中的事件，将改变反映它自己的数据。

图 12.12 描述了这一过程。

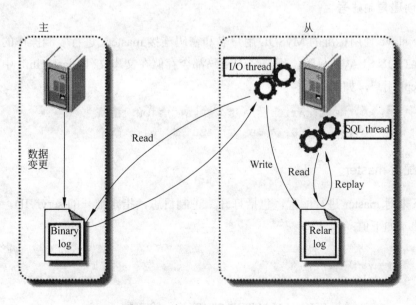

图 12.12　MySQ 的复制过程

该过程的第一部分就是 master 记录二进制日志。在每个事务更新数据完成之前，master 在二进制日志记录这些改变。MySQL 将事务串行的写入二进制日志，即使事务中的语句都是交叉执行的。在事件写入二进制日志完成后，master 通知存储引擎提交事务。

下一步就是 slave 将 master 的 binary log 复制到它自己的中继日志。首先，slave 开始一个工作线程——I/O 线程。I/O 线程在 master 上打开一个普通的连接，然后开始 binlog dump process。binlog dump process 从 master 的二进制日志中读取事件，如果已经跟上 master，它会睡眠并等待 master 产生新的事件。I/O 线程将这些事件写入中继日志。

SQL slave thread 处理该过程的最后一步。SQL 线程从中继日志读取事件，更新 slave 的数据，使其与 master 中的数据一致。只要该线程与 I/O 线程保持一致，中继日志通常会位于 OS 的缓存中，所以中继日志的开销很小。

此外，在 master 中也有一个工作线程：和其他 MySQL 的连接一样，slave 在 master 中打开一个连接也会使得 master 开始一个线程。复制过程有一个很重要的限制——复制在 slave 上是串行化的，也就是说 master 上的并行更新操作不能在 slave 上并行操作。

12.6.3　体验 MySQL 复制

MySQL 开始复制是很简单的过程，不过，根据特定的应用场景，会在基本的步骤上有一些变化。

最简单的场景就是一个新安装的 master 和 slave，从高层来看，整个过程如下：

❑ 在每个服务器上创建一个复制账号；
❑ 配置 master 和 slave；
❑ slave 连接 master 开始复制。

1. 创建复制账号

每个 slave 使用标准的 MySQL 用户名和密码连接 master。进行复制操作的用户会授予 REPLICATION SLAVE 权限。用户名的密码都会存储在文本文件 master.info 中。假如，你想创建 repl 用户，如下：

```
mysql> GRANT REPLICATION SLAVE, REPLICATION CLIENT ON *.*
-> TO repl@'192.168.0.%' IDENTIFIED BY 'p4ssword';
```

2. 配置 master

接下来对 master 进行配置，包括打开二进制日志，指定唯一的 servr ID。例如，在配置文件加入如下值：

```
[mysqld]
log-bin=mysql-bin
server-id=10
```

重启 master，运行 SHOW MASTER STATUS，输出如下：

```
mysql> SHOW MASTER STATUS;
```

File	Position	Binlog_Do_DB	Binlog_Ignore_DB
mysql-bin.000001	98		

3. 配置 slave

slave 的配置与 master 类似，你同样需要重启 slave 的 MySQL。如下：

```
log_bin             = mysql-bin
server_id           = 2
relay_log           = mysql-relay-bin
log_slave_updates   = 1
read_only           = 1
```

server_id 是必须的，而且唯一。slave 没有必要开启二进制日志，但是在一些情况下，必须设置。例如，如果 slave 为其他 slave 的 master，必须设置 bin_log。在这里，我们开启了二进制日志，而且显示的命名（默认名称为 hostname，但是，如果 hostname 改变则会出现问题）。

relay_log 配置中继日志，log_slave_updates 表示 slave 将复制事件写进自己的二进制日志（后面会看到它的用处）。

有些人开启了 slave 的二进制日志，却没有设置 log_slave_updates，然后查看 slave 的数据是否改变，这是一种错误的配置。所以，尽量使用 read_only，它防止改变数据（除了特殊的线程）。但是，read_only 并不是很实用，特别是那些需要在 slave 上创建表的应用。

4. 启动 slave

接下来就是让 slave 连接 master，并开始重做 master 二进制日志中的事件。你不应该用配置文件进行该操作，而应该使用 CHANGE MASTER TO 语句，该语句可以完全取代对配置文件的修改，而且它可以为 slave 指定不同的 master，而不需要停止服务器。如下：

```
mysql> CHANGE MASTER TO MASTER_HOST='server1',
    -> MASTER_USER='repl',
    -> MASTER_PASSWORD='p4ssword',
    -> MASTER_LOG_FILE='mysql-bin.000001',
    -> MASTER_LOG_POS=0;
```

MASTER_LOG_POS 的值为 0，因为它是日志的开始位置。然后，你可以用 SHOW SLAVE STATUS 语句查看 slave 的设置是否正确：

```
mysql> SHOW SLAVE STATUS\G
*************************** 1. row ***************************
            Slave_IO_State:
               Master_Host: server1
               Master_User: repl
               Master_Port: 3306
             Connect_Retry: 60
           Master_Log_File: mysql-bin.000001
       Read_Master_Log_Pos: 4
            Relay_Log_File: mysql-relay-bin.000001
             Relay_Log_Pos: 4
```

```
      Relay_Master_Log_File: mysql-bin.000001
          Slave_IO_Running: No
         Slave_SQL_Running: No
                      ...omitted...
     Seconds_Behind_Master: NULL
```

Slave_IO_State、Slave_IO_Running 和 Slave_SQL_Running 表明 slave 还没有开始复制过程。日志的位置为 4 而不是 0，这是因为 0 只是日志文件的开始位置，并不是日志位置。实际上，MySQL 知道的第一个事件的位置是 4。

为了开始复制，你可以运行：

```
mysql> START SLAVE;
```

运行 SHOW SLAVE STATUS 查看输出结果：

```
mysql> SHOW SLAVE STATUS\G
*************************** 1. row ***************************
             Slave_IO_State: Waiting for master to send event
                Master_Host: server1
                Master_User: repl
                Master_Port: 3306
              Connect_Retry: 60
            Master_Log_File: mysql-bin.000001
          Read_Master_Log_Pos: 164
             Relay_Log_File: mysql-relay-bin.000001
              Relay_Log_Pos: 164
      Relay_Master_Log_File: mysql-bin.000001
           Slave_IO_Running: Yes
          Slave_SQL_Running: Yes
                      ...omitted...
      Seconds_Behind_Master: 0
```

注意，slave 的 I/O 和 SQL 线程都已经开始运行，而且 Seconds_Behind_Master 不再是 NULL。日志的位置增加了，意味着一些事件被获取并执行了。如果你在 master 上进行修改，你可以在 slave 上看到各种日志文件的位置的变化，同样，也可以看到数据库中数据的变化。

你可查看 master 和 slave 上线程的状态。在 master 上，可以看到 slave 的 I/O 线程创建的连接：

```
mysql> show processlist \G
*************************** 1. row ***************************
    Id: 1
  User: root
  Host: localhost:2096
    db: test
Command: Query
  Time: 0
 State: NULL
  Info: show processlist
*************************** 2. row ***************************
    Id: 2
  User: repl
  Host: localhost:2144
```

```
      db: NULL
Command: Binlog Dump
    Time: 1838
   State: Has sent all binlog to slave; waiting for binlog to be updated
    Info: NULL
2 rows in set (0.00 sec)
```

行 2 为处理 slave 的 I/O 线程的连接。

在 slave 上运行该语句：

```
mysql> show processlist \G
*************************** 1. row ***************************
      Id: 1
    User: system user
    Host:
      db: NULL
Command: Connect
    Time: 2291
   State: Waiting for master to send event
    Info: NULL
*************************** 2. row ***************************
      Id: 2
    User: system user
    Host:
      db: NULL
Command: Connect
    Time: 1852
   State: Has read all relay log; waiting for the slave I/O thread to update
it
    Info: NULL
*************************** 3. row ***************************
      Id: 5
    User: root
    Host: localhost:2152
      db: test
Command: Query
    Time: 0
   State: NULL
    Info: show processlist
3 rows in set (0.00 sec)
```

行 1 为 I/O 线程状态，行 2 为 SQL 线程状态。

5. 从另一个 master 初始化 slave

前面讨论的假设你是新安装的 master 和 slave，所以，slave 与 master 有相同的数据。但是，大多数情况却不是这样的，例如，你的 master 可能已经运行很久了，而你想对新安装的 slave 进行数据同步，甚至它没有 master 的数据。

此时，有几种方法可以使 slave 从另一个服务开始，例如，从 master 复制数据，从另一个 slave 复制，从最近的备份开始一个 slave。slave 与 master 同步时，需要三样东西：

❑ master 的某个时刻的数据快照；

❑ master 当前的日志文件及生成快照时的字节偏移。这两个值可以叫做日志文件坐标（log file coordinate），因为它们确定了一个二进制日志的位置，你可以用 SHOW MASTER STATUS 命令找到日志文件的坐标；

❏　master 的二进制日志文件。

可以通过以下几种方法来复制一个 slave：

❏　冷复制（cold copy）停止 master，将 master 的文件复制到 slave；然后重启 master。缺点很明显。

❏　热复制（warm copy）如果你仅使用 MyISAM 表，你可以使用 mysqlhotcopy 复制，即使服务器正在运行。

❏　使用 mysqldump。

使用 mysqldump 来得到一个数据快照可分为以下几步。

（1）锁表：如果你还没有锁表，你应该对表加锁，防止其他连接修改数据库，否则，你得到的数据可以是不一致的。如下：

```
mysql> FLUSH TABLES WITH READ LOCK;
```

（2）在另一个连接用 mysqldump 创建一个你想进行复制的数据库的转储：

```
shell> mysqldump --all-databases --lock-all-tables >dbdump.db
```

（3）对表释放锁：

```
mysql> UNLOCK TABLES;
```

12.6.4　复制的常用拓扑结构

MySQL Replicaion 本身是一个比较简单的架构，就是一台 MySQL 服务器（Slave）从另一台 MySQL 服务器（Master）进行日志的复制然后再解析日志并应用到自身。一个复制环境仅仅只需要两台运行有 MySQL Server 的主机即可，甚至更为简单的时候我们可以在同一台物理服务器主机上面启动两个 mysqld instance，一个作为 Master 而另一个作为 Slave 来完成复制环境的搭建。但是在实际应用环境中，我们可以根据实际的业务需求利用 MySQL Replication 的功能自己定制搭建出其他多种更利于 Scale Out 的复制架构。如 Dual Master 架构和级联复制架构等。下面我们针对比较典型的三种复制架构进行一些相应的分析介绍。

1.　常规复制架构（Master – Slaves）

在实际应用场景中，MySQL 复制 90% 以上都是一个 Master 复制到一个或者多个 Slave 的架构模式，主要用于读压力比较大的应用的数据库端廉价扩展解决方案。因为只要 Master 和 Slave 的压力不是太大（尤其是 Slave 端压力）的话，异步复制的延时一般都很少很少。尤其是自从 Slave 端的复制方式改成两个线程处理之后，更是减小了 Slave 端的延时问题。而带来的效益是，对于数据实时性要求不是特别 Critical 的应用，只需要通过廉价的 PC Server 来扩展 Slave 的数量，将读压力分散到多台 Slave 的机器上面，即可通过分散单台数据库服务器的读压力来解决数据库端的读性能瓶颈，毕竟在大多数数据库应用系统中的读压力还是要比写压力大很多。这在很大程度上解决了目前很多中小型网站的数据库压力瓶颈问题，甚至有些大型网站也在使用类似方案解决数据库瓶颈。

这个架构可以通过图 12.13 比较清晰的展示。

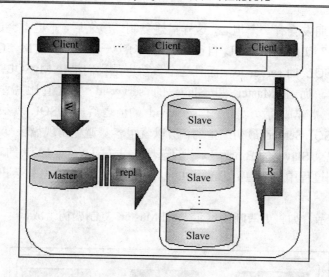

图 12.13　MySQL 常规复制架构——一个 Master，多个 Slave

一个 Master 复制多个 Slave 的架构实施非常简单，多个 Slave 和单个 Slave 的实施并没有实质性的区别。在 Master 端并不关心有多少个 Slave 连上了自己，只要有 Slave 的 IO 线程通过了连接认证，向它请求指定位置之后的 Binary Log 信息，它就会按照该 IO 线程的要求，读取自己的 Binary Log 信息，返回给 Slave 的 IO 线程。

大家应该都比较清楚，从一个 Master 节点可以复制出多个 Slave 节点，可能有人会想，那一个 Slave 节点是否可以从多个 Master 节点上面进行复制呢？至少在目前来看，MySQL 是做不到的，以后是否会支持就不清楚了。MySQL 不支持一个 Slave 节点从多个 Master 节点来进行复制的架构，主要是为了避免冲突的问题，防止多个数据源之间的数据出现冲突，而造成最后数据的不一致性。不过听说已经有人开发了相关的 patch，让 MySQL 支持一个 Slave 节点从多个 Master 结点作为数据源来进行复制，这也正是 MySQL 开源的性质所带来的好处。

2. Dual Master 复制架构（Master – Master）

有些时候，简单的从一个 MySQL 复制到另外一个 MySQL 的基本 Replication 架构，可能还会需要在一些特定的场景下进行 Master 的切换。如在 Master 端需要进行一些特别的维护操作的时候，可能需要停 MySQL 的服务。这时候，为了尽可能减少应用系统写服务的停机时间，最佳的做法就是将我们的 Slave 节点切换成 Master 来提供写入的服务。但是这样一来，我们原来 Master 节点的数据就会和实际的数据不一致了。当原 Master 启动可以正常提供服务的时候，由于数据的不一致，我们就不得不通过反转原 Master -Slave 关系，重新搭建 Replication 环境，并以原 Master 作为 Slave 来对外提供读的服务。重新搭建 Replication 环境会给我们带来很多额外的工作量，如果没有合适的备份，可能还会让 Replication 的搭建过程非常麻烦。

为了解决这个问题，我们可以通过搭建 Dual Master 环境来避免很多的问题。何谓 Dual Master 环境？实际上就是两个 MySQL Server 互相将对方作为自己的 Master，自己作为对方的 Slave 来进行复制。这样，任何一方所做的变更，都会通过复制应用到另外一方的数据库中。

可能有些读者朋友会有一个担心,这样搭建复制环境之后,难道不会造成两台 MySQL 之间的循环复制吗? 实际上 MySQL 自己早就想到了这一点,所以在 MySQL 的 Binary Log 中记录了当前 MySQL 的 server-id,而且这个参数也是我们搭建 MySQL Replication 的时候必须明确指定,而且 Master 和 Slave 的 server-id 参数值比需要不一致才能使 MySQLReplication 搭建成功。一旦有了 server-id 的值之后,MySQL 就很容易判断某个变更是从哪一个 MySQL Server 最初产生的,所以就很容易避免出现循环复制的情况。而且,如果我们不打开记录 Slave 的 Binary Log 的选项(--log-slave-update)的时候,MySQL 根本就不会记录复制过程中的变更到 Binary Log 中,就更不用担心可能会出现循环复制的情形了。

如图 12.14 所示,如将更清晰的展示 Dual Master 复制架构组成。

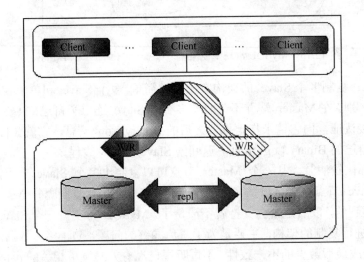

图 12.14　Dual Master 复制架构

通过 Dual Master 复制架构,我们不仅能够避免因为正常的常规维护操作需要的停机所带来的重新搭建 Replication 环境的操作,因为我们任何一端都记录了自己当前复制到对方的什么位置了。当系统起来之后,就会自动开始从之前的位置重新开始复制,而不需要人为去进行任何干预,大大节省了维护成本。

不仅仅如此,Dual Master 复制架构和一些第三方的 HA 管理软件结合,还可以在我们当前正在使用的 Master 出现异常无法提供服务之后,非常迅速的自动切换另外一端来提供相应的服务,减少异常情况下带来的停机时间,并且完全不需要人工干预。

当然,我们搭建成一个 Dual Master 环境,并不是为了让两端都提供写的服务。在正常情况下,我们都只会将其中一端开启写服务,另外一端仅仅只是提供读服务,或者完全不提供任何服务,仅仅只是作为一个备用的机器存在。为什么我们一般都只开启其中的一端来提供写服务呢? 主要还是为了避免数据的冲突,防止造成数据的不一致性。因为即使在两边执行的修改有先后顺序,但由于 Replication 是异步的实现机制,同样会导致即使晚做的修改也可能会被早做的修改所覆盖,就像如下情形:

时间点 MySQL A MySQL B:

(1) 更新 x 表 y 记录为 10;

（2）更新 x 表 y 记录为 20。

（3）获取到 A 日志并应用，更新 x 表的 y 记录为 1 0（不符合期望）；

（4）获取 B 日志更新 x 表 y 记录为 20（符合期望）。

这种情形下，不仅在 B 库上面的数据不是用户所期望的结果，A 和 B 两边的数据也出现了不一致。

当然，我们也可以通过特殊的约定，让某些表的写操作全部在一端，而另外一些表的写操作全部在另外一端，保证两端不会操作相同的表，这样就能避免上面问题的发生了。

3. 级联复制架构（Master - Slaves - Slaves ...）

在有些应用场景中，可能读写压力差别比较大，读压力特别的大，一个 Master 可能需要上 10 台甚至更多的 Slave 才能够支撑住读的压力。这时候，Master 就会比较吃力了，因为仅仅连上来的 Slave IO 线程就比较多了，这样写的压力稍微大一点的时候，Master 端因为复制就会消耗较多的资源，很容易造成复制的延时。

遇到这种情况如何解决呢？这时候我们就可以利用 MySQL 在 Slave 端记录复制所产生变更的 Binary Log 信息的功能，也就是打开 log-slave-update 选项。然后，通过二级（或者是更多级别）复制来减少 Master 端因为复制所带来的压力。也就是说，我们首先通过少数几台 MySQL 从 Master 来进行复制，这几台机器我们姑且称之为第一级 Slave 集群，然后其他的 Slave 再从第一级 Slave 集群来进行复制。从第一级 Slave 进行复制的 Slave，称之为第二级 Slave 集群。如果有需要，我们可以继续往下增加更多层次的复制。这样，我们很容易就控制了每一台 MySQL 上面所附属 Slave 的数量。这种架构称之为 Master - Slaves - Slaves 架构，这种多层级联复制的架构，很容易就解决了 Master 端因为附属 Slave 太多而成为瓶颈的风险。图 12.15 展示了多层级联复制的 Replication 架构。

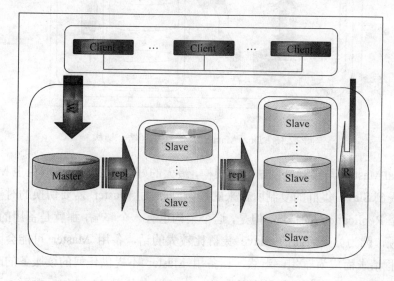

图 12.15　级联复制架构

当然，如果条件允许，我更倾向于建议大家通过拆分成多个 Replication 集群来解决上述瓶颈问题。毕竟 Slave 并没有减少写的量，所有 Slave 实际上仍然还是应用了所有的数据变更操作，没有减少任何写 IO。相反，Slave 越多，整个集群的写 IO 总量也就会越多，我们没有非常明显的感觉，仅仅只是因为分散到了多台机器上面，所以不是很容易表现出来。

此外，增加复制的级联层次，同一个变更传到最底层的 Slave 所需要经过的 MySQL 也会更多，同样可能造成延时较长的风险。而如果我们通过分拆集群的方式来解决的话，可能就会要好很多了，当然，分拆集群也需要更复杂的技术和更复杂的应用系统架构。

4．Dual Master 与级联复制结合架构（Master‑Master‑Slaves）

级联复制在一定程度上面确实解决了 Master 因为所附属的 Slave 过多而成为瓶颈的问题，但是它并不能解决人工维护和出现异常需要切换后可能存在重新搭建 Replication 的问题。这样就很自然的引申出了 Dual Master 与级联复制结合的 Replication 架构，称之为 Master‑Master‑Slaves 架构，该架构和 Master‑Slaves‑Slaves 架构相比，区别仅仅只是将第一级 Slave 集群换成了一台单独的 Master，作为备用 Master，然后再从这个备用的 Master 进行复制到一个 Slave 集群。下面的图 12.16 更清晰的展示了这个架构的组成。

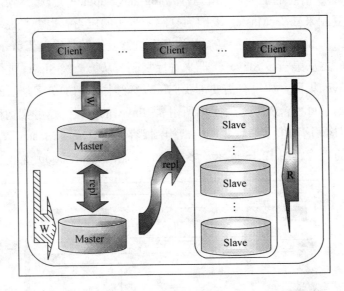

图 12.16　Dual Master 与级联复制结合架构

这种 Dual Master 与级联复制结合的架构，最大的好处就是既可以避免主 Master 的写入操作不会受到 Slave 集群的复制所带来的影响，同时主 Master 需要切换的时候也基本上不会出现重搭 Replication 的情况。但是，这个架构也有一个弊端，那就是备用的 Master 有可能成为瓶颈，因为如果后面的 Slave 集群比较大的话，备用 Master 可能会因为过多的 Slave IO 线程请求而成为瓶颈。当然，该备用 Master 不提供任何的读服务的时候，瓶颈出现的可能性并不是特别高，如果出现瓶颈，也可以在备用 Master 后面再次进行级联复制，架设多层 Slave 集群。当然，级联复制的级别越多，Slave 集群可能出现的数据延时也会更为明显，所以考虑使用多层级联复制之前，也需要评估数据延时对应用系统的影响。

12.7　可扩展性设计之数据切分

通过 MySQL 复制功能所实现的扩展总是会受到数据库大小的限制，一旦数据库过于庞大，尤其是当写入过于频繁，很难由一台主机支撑的时候，我们还是会面临到扩展瓶颈。这时候，我们就必须许找其他技术手段来解决这个瓶颈，那就是我们这一节所要介绍的数据切分技术。

12.7.1　何谓数据切分

可能很多读者朋友在网上或者杂志上面都已经多次看见过关于数据切分的相关文章，只不过在有些文章中称之为数据的 Sharding。其实不管是称之为数据的 Sharding 还是数据的切分，其概念都是一样的。简单来说，就是指通过某种特定的条件，将我们存放在同一个数据库中的数据分散存放到多个数据库（主机）上面，以达到分散单台设备负载的效果。数据的切分同时还可以提高系统的总体可用性，因为单台设备 Crash 之后，只有总体数据的某部分不可用，而不是所有的数据。

数据的切分（Sharding）根据其切分规则的类型，可以分为两种切分模式。一种是按照不同的表（或者 Schema）来切分到不同的数据库（主机）之上，这种切可以称之为数据的垂直（纵向）切分；另外一种则是根据表中的数据逻辑关系，将同一个表中的数据按照某种条件拆分到多台数据库（主机）上面，这种切分称之为数据的水平（横向）切分。垂直切分的最大特点就是规则简单，实施也更为方便，尤其适合各业务之间的耦合度非常低、相互影响很小及业务逻辑非常清晰的系统。在这种系统中，可以很容易做到将不同业务模块所使用的表分拆到不同的数据库中。根据不同的表来进行拆分，对应用程序的影响也更小，拆分规则也会比较简单清晰。

水平切分与垂直切分相比，相对来说稍微复杂一些。因为要将同一个表中的不同数据拆分到不同的数据库中，对于应用程序来说，拆分规则本身就较根据表名来拆分更为复杂，后期的数据维护也会更为复杂一些。

当我们某个（或者某些）表的数据量和访问量特别的大，通过垂直切分将其放在独立的设备上后仍然无法满足性能要求，这时候我们就必须将垂直切分和水平切分相结合，先垂直切分，然后再水平切分，才能解决这种超大型表的性能问题。

下面我们就针对垂直、水平及组合切分这三种数据切分方式的架构实现和切分后数据的整合进行相应的分析。

12.7.2　数据的垂直切分

我们先来看一下，数据的垂直切分到底是如何切分法的。数据的垂直切分，也可以称之为纵向切分。将数据库想象成为由很多个一大块一大块的"数据块"（表）组成，我们垂直的将这些"数据块"切开，然后将它们分散到多台数据库主机上面。这样的切分方法就是一个垂直（纵向）的数据切分。

一个架构设计较好的应用系统，其总体功能肯定是由很多个功能模块所组成的，而每一个功能模块所需要的数据对应到数据库中就是一个或者多个表。而在架构设计中，各个功能模块相互之间的交互点越统一越少，系统的耦合度就越低，系统各个模块的维护性及扩展性也就越好。这样的系统，实现数据的垂直切分也就越容易。

当我们的功能模块越清晰，耦合度越低，数据垂直切分的规则定义也就越容易。完全可以根据功能模块来进行数据的切分，不同功能模块的数据存放于不同的数据库主机中，可以很容易就避免掉跨数据库的 Join 存在，同时系统架构也非常的清晰。

当然，很难有系统能够做到所有功能模块所使用的表完全独立，完全不需要访问对方的表或者需要两个模块的表进行 Join 操作。这种情况下，我们就必须根据实际的应用场景进行评估权衡。决定是迁就应用程序将需要 Join 的表的相关某块都存放在同一个数据库中，还是让应用程序做更多的事情，也就是程序完全通过模块接口取得不同数据库中的数据，然后在程序中完成 Join 操作。

一般来说，如果是一个负载相对不是很大的系统，而且表关联又非常的频繁，那可能数据库让步，将几个相关模块合并在一起减少应用程序的工作方案可以减少较多的工作量，是一个可行的方案。

当然，通过数据库的让步，让多个模块集中共用数据源，实际上也是间接的默许了各模块架构耦合度增大的发展，可能会让以后的架构越来越恶化。尤其是当发展到一定阶段之后，发现数据库实在无法承担这些表所带来的压力，不得不面临再次切分的时候，所带来的架构改造成本可能会远远大于最初的时候。

所以，在数据库进行垂直切分的时候，如何切分，切分到什么样的程度，是一个比较考验人的难题。只能在实际的应用场景中通过平衡各方面的成本和收益，才能分析出一个真正适合自己的拆分方案。

比如在本书所使用示例系统的 example 数据库，我们简单的分析一下，然后再设计一个简单的切分规则，进行一次垂直拆分。

系统功能基本分为四个功能模块：用户、群组消息、相册及事件，分别对应为如下这些表。

- ❏ 用户模块表：user,user_profile,user_group,user_photo_album；
- ❏ 群组讨论表：groups,group_message,group_message_content,top_message；
- ❏ 相册相关表：photo,photo_album,photo_album_relation,photo_comment；
- ❏ 事件信息表：event。

粗略一看，没有哪一个模块可以脱离其他模块独立存在，模块与模块之间都存在着关系，莫非无法切分？

当然不是，我们再稍微深入分析一下，可以发现，虽然各个模块所使用的表之间都有关联，但是关联关系还算比较清晰，也比较简单。

- ❏ 群组讨论模块和用户模块之间主要存在通过用户或者是群组关系来进行关联。一般关联的时候都会是通过用户的 id 或者 nick_name 以及 group 的 id 来进行关联，通过模块之间的接口实现不会带来太多麻烦。
- ❏ 相册模块仅仅与用户模块存在通过用户的关联。这两个模块之间的关联基本就有通过用户 id 关联的内容，简单清晰，接口明确。
- ❏ 事件模块与各个模块可能都有关联，但是都只关注其各个模块中对象的 ID 信息，同样可以做到很容易分拆。

　　所以，我们第一步可以将数据库按照功能模块相关的表进行一次垂直拆分，每个模块所涉及的表单独到一个数据库中，模块与模块之间的表关联都在应用系统端通过接口来处理。

　　具体如图 12.17 所示。

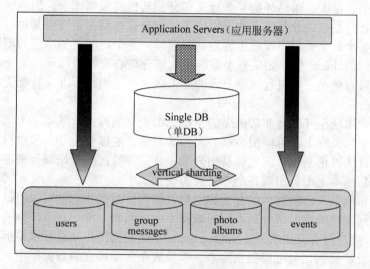

图 12.17　垂直划分举例

　　通过这样的垂直切分之后，之前只能通过一个数据库来提供的服务，就被分拆成四个数据库来提供服务，服务能力自然是增加几倍了。

　　垂直切分的优点：

- ❑ 数据库的拆分简单明了，拆分规则明确；
- ❑ 应用程序模块清晰明确，整合容易；
- ❑ 数据维护方便易行，容易定位；

　　垂直切分的缺点：

- ❑ 部分表关联无法在数据库级别完成，需要在程序中完成；
- ❑ 对于访问极其频繁且数据量超大的表仍然存在性能平静，不一定能满足要求；
- ❑ 事务处理相对更为复杂；
- ❑ 切分达到一定程度之后，扩展性会遇到限制；
- ❑ 过度切分可能会带来系统过度复杂而难以维护。

　　针对于垂直切分可能遇到数据切分及事务问题，在数据库层面实在是很难找到一个较好的处理方案。实际应用案例中，数据库的垂直切分大多是与应用系统的模块相对应，同一个模块的数据源存放于同一个数据库中，可以解决模块内部的数据关联问题。而模块与模块之间，则通过应用程序以服务接口方式来相互提供所需要的数据。虽然这样做在数据库的总体操作次数方面确实会有所增加，但是在系统整体扩展性及架构模块化方面，都是有益的。可能在某些操作的单次响应时间会稍有增加，但是系统的整体性能很可能会有一定的提升。而扩展瓶颈问题，就只能依靠下一小节将要介绍的数据水平切分架构来解决了。

12.7.3　数据的水平切分

　　上一小节分析介绍了数据的垂直切分，这一小节再分析一下数据的水平切分。数据的垂直切分基本上可以简单的理解为按照表或按照模块来切分数据，而水平切分就不再是按照表或者是功能模块来切分了。一般来说，简单的水平切分主要是将某个访问极其平凡的表再按照某个字段的某种规则来分散到多个表之中，每个表中包含一部分数据。

　　简单来说，我们可以将数据的水平切分理解为是按照数据行的切分，就是将表中的某些行切分到一个数据库，而另外的某些行又切分到其他的数据库中。当然，为了能够比较容易的判定各行数据被切分到哪个数据库中了，切分总是都需要按照某种特定的规则来进行的。如根据某个数字类型字段基于特定数目取模，某个时间类型字段的范围，或者是某个字符类型字段的 hash 值。如果整个系统中大部分核心表都可以通过某个字段来进行关联，那这个字段自然是一个进行水平分区的上上之选了，当然，非常特殊无法使用就只能另选其他了。

　　一般来说，像现在互联网非常火爆的 Web 2.0 类型的网站，基本上大部分数据都能够通过会员用户信息关联上，可能很多核心表都非常适合通过会员 ID 来进行数据的水平切分。而像论坛社区讨论系统，就更容易切分了，非常容易按照论坛编号来进行数据的水平切分。切分之后基本上不会出现各个库之间的交互。

　　如我们的示例系统，所有数据都是和用户关联的，那么我们就可以根据用户来进行水平拆分，将不同用户的数据切分到不同的数据库中。当然，唯一有点区别的是用户模块中的 groups 表和用户没有直接关系，所以 groups 不能根据用户来进行水平拆分。对于这种特殊情况下的表，我们完全可以独立出来，单独放在一个独立的数据库中。其实这个做法可以说是利用了前面一节所介绍的"数据的垂直切分"方法，将在下一节中更为详细的介绍这种垂直切分与水平切分同时使用的联合切分方法。

　　所以，对于我们的示例数据库来说，大部分的表都可以根据用户 ID 来进行水平的切分。不同用户相关的数据进行切分之后存放在不同的数据库中。如将所有用户 ID 通过 2 取模然后分别存放于两个不同的数据库中。每个和用户 ID 关联上的表都可以这样切分。这样，基本上每个用户相关的数据，都在同一个数据库中，即使是需要关联，也可以非常简单的关联上。

　　我们可以通过图 12.18 来更为直观的展示水平切分的相关信息。

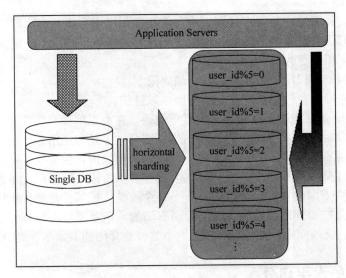

图 12.18　水平切分举例

　　水平切分的优点：

- ❑ 表关联基本能够在数据库端全部完成；
- ❑ 不会存在某些超大型数据量和高负载的表遇到瓶颈的问题。
- ❑ 应用程序端整体架构改动相对较少；
- ❑ 事务处理相对简单；
- ❑ 只要切分规则能够定义好，基本上较难遇到扩展性限制。

水平切分的缺点：

- ❑ 切分规则相对更为复杂，很难抽象出一个能够满足整个数据库的切分规则；
- ❑ 后期数据的维护难度有所增加，人为手工定位数据更困难；
- ❑ 应用系统各模块耦合度较高，可能会对后面数据的迁移拆分造成一定的困难。

12.7.4　垂直与水平联合切分的使用

上面两小节内容中，我们分别了解了"垂直"和"水平"这两种切分方式的实现及切分之后的架构信息，同时也分析了两种架构各自的优缺点。但是在实际的应用场景中，除了那些负载并不是太大，业务逻辑也相对较简单的系统可以通过上面两种切分方法之一来解决扩展性问题之外，恐怕其他大部分业务逻辑稍微复杂一点，系统负载大一些的系统，都无法通过上面任何一种数据的切分方法来实现较好的扩展性，而需要将上述两种切分方法结合使用，不同的场景使用不同的切分方法。

在这一小节中，将结合垂直切分和水平切分各自的优缺点，进一步完善我们的整体架构，让系统的扩展性进一步提高。

一般来说，我们数据库中的所有表很难通过某一个（或少数几个）字段全部关联起来，所以很难简单的仅仅通过数据的水平切分来解决所有问题。而垂直切分也只能解决部分问题，对于那些负载非常高的系统，即使仅仅只是单个表都无法通过单台数据库主机来承担其负载。我们必须结合"垂直"和"水平"两种切分方式同时使用，充分利用两者的优点，避开其缺点。

每一个应用系统的负载都是一步一步增长上来的，在开始遇到性能瓶颈的时候，大多数架构师和 DBA 都会选择先进行数据的垂直拆分，因为这样的成本最先，最符合这个时期所追求的最大投入产出比。然而，随着业务的不断扩张，系统负载的持续增长，在系统稳定一段时期之后，经过了垂直拆分之后的数据库集群可能又再一次不堪重负，遇到了性能瓶颈。

这时候我们该如何抉择？是再次进一步细分模块呢，还是寻求其他的办法来解决？如果我们再一次像最开始那样继续细分模块，进行数据的垂直切分，那我们可能在不久的将来，又会遇到现在所面对的同样的问题。而且随着模块的不断细化，应用系统的架构也会越来越复杂，整个系统很可能会出现失控的局面。

这时候我们就必须要通过数据的水平切分的优势，来解决这里所遇到的问题。而且，我们完全不必要在使用数据水平切分的时候，推倒之前进行数据垂直切分的成果，而是在其基础上利用水平切分的优势来避开垂直切分的弊端，解决系统复杂性不断扩大的问题。而水平拆分的弊端（规则难以统一）也已经被之前的垂直切分解决掉了，让水平拆分可以进行的得心应手。

对于我们的示例数据库，假设在最开始，我们进行了数据的垂直切分，然而随着业务的不断增长，数据库系统遇到了瓶颈，我们选择重构数据库集群的架构。如何重构？考虑到之前已经做好了数据的垂直切分，而且模块结构清晰明确。而业务增长的势头越来越猛，即使现在进一步再次拆分模块，也坚持不了太久。我们选择了在垂直切分的基础上再进行水平拆分。

在经历过垂直拆分后的各个数据库集群中的每一个都只有一个功能模块，而每个功能模块中的所有表基本上都会与某个字段进行关联。如用户模块全部都可以通过用户 ID 进行切分，群组讨论模块则都通过群组 ID 来切分，相册模块则根据相册 ID 来进切分，最后的事件通知信息表考虑到数据的时限性（仅仅只会访问最近某个事件段的信息），则考虑按时间来切分。

图 12.19 展示了切分后的整个架构。

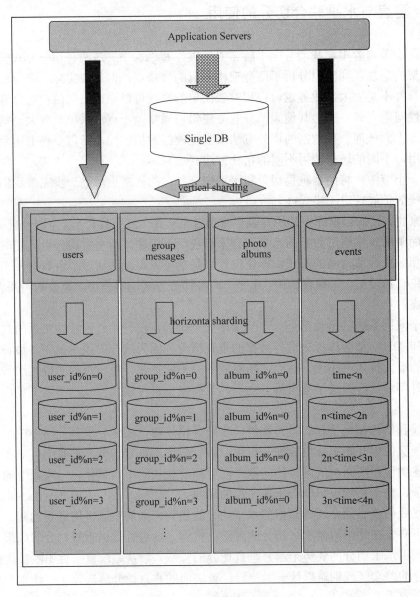

图 12.19　水平切分与垂直切分综合示例

实际上，在很多大型的应用系统中，垂直切分和水平切这两种数据的切分方法基本上都是并存的，而且经常在不断的交替进行，以不断的增加系统的扩展能力。我们在应对不同的应用场景的时候，也需要充分考虑到这两种切分方法各自的局限，以及各自的优势，在不同的时期（负载压力）使用不同的结合方式。

联合切分的优点：

❑ 可以充分利用垂直切分和水平切分各自的优势而避免各自的缺陷；

❑ 让系统扩展性得到最大化提升。

联合切分的缺点：

❑ 数据库系统架构比较复杂，维护难度更大；

❑ 应用程序架构也相对更复杂。

12.7.5　数据切分及整合方案

通过前面的章节，我们已经很清楚了通过数据库的数据切分可以极大的提高系统的扩展性。但是，数据库中的数据在经过垂直和（或）水平切分被存放在不同的数据库主机之后，应用系统面临的最大问题就是如何来让这些数据源得到较好的整合，可能这也是很多读者朋友非常关心的一个问题。这一小节我们主要针对的内容就是分析可以使用的各种可以帮助实现数据切分及数据整合的整体解决方案。

数据的整合很难依靠数据库本身来达到这个效果，虽然 MySQL 存在 Federated 存储引擎，可以解决部分类似的问题，但是在实际应用场景中却很难较好的运用。那我们该如何来整合这些分散在各个 MySQL 主机上面的数据源呢？

总的来说，存在两种解决思路：

❑ 在每个应用程序模块中配置管理自己需要的一个（或者多个）数据源，直接访问各个数据库，在模块内完成数据的整合。

❑ 通过中间代理层来统一管理所有的数据源，后端数据库集群对前端应用程序透明。

❑ 可能 90%以上的人在面对上面两种解决思路的时候都会倾向于选择第二种，尤其是系统不断变得庞大复杂的时候。确实，这是一个非常正确的选择，虽然短期内需要付出的成本可能会相对更大一些，但是对整个系统的扩展性来说，是非常有帮助的。所以，对于第一种解决思路这里就不准备过多的分析，下面重点分析一下第二种解决思路。

解决思路中的一些解决方案如下。

1. 自行开发中间代理层

在决定选择通过数据库的中间代理层来解决数据源整合的架构方向之后，有不少公司（或者企业）选择了通过自行开发符合自身应用特定场景的代理层应用程序。通过自行开发中间代理层可以最大程度的应对自身应用的特点，最大化的定制很多个性化需求，在面对变化的时候也可以灵活的应对。这应该说是自行开发代理层最大的优势了。当然，选择自行开发，享受让个性化定制最大化的乐趣的同时，自然也需要投入更多的成本来进行前期研发及后期的持续升级改进工作，而且本身的技术门槛可能也比简单的 Web 应用要更高一些。所以，在决定选择自行开发之前，还是需要进行比较全面的评估为好。

由于自行开发更多时候考虑的是如何更好的适应自身应用系统，应对自身的业务场景，所以这里也不好分析太多。后面我们主要分析一下当前比较流行的几种数据源整合解决方案。

2. 利用 MySQL Proxy 实现数据切分及整合

MySQL Proxy 是 MySQL 官方提供的一个数据库代理层产品，和 MySQL Server 一样，同样是一个基于 GPL 开源协议的开源产品。可用来监视、分析或者传输它们之间的通讯信息。它的灵活性允许你最大限度的使用它，目前具备的功能主要有连接路由、Query 分析、Query 过滤和修改、负载均衡，以及基本的 HA 机制等。

实际上，MySQL Proxy 本身并不具有上述所有的这些功能，而是提供了实现上述功能的基础。要实现这些功能，还需要通过我们自行编写 LUA 脚本来实现。MySQL Proxy 实际上是在客户端请求与 MySQL Server 之间建立了一个连接池。所有客户端请求都是发向 MySQL Proxy，然后经由 MySQL Proxy 进行相应的分析，判断出是读操作还是写操作，分发至对应的 MySQL Server 上。对于多节点 Slave 集群，也可以做到负载均衡的效果。图 12.20 是 MySQL Proxy 的基本架构图。

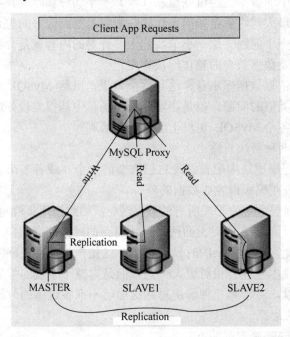

图 12.20　利用 MySQL Proxy 实现数据切分及整合

通过上面的架构简图，我们可以很清晰的看出 MySQL Proxy 在实际应用中所处的位置及能做的基本事情。关于 MySQL Proxy 更为详细的实施细则在 MySQL 官方文档中有非常详细的介绍和示例，感兴趣的读者朋友可以直接从 MySQL 官方网站免费下载或者在线阅读，这里就不赘述了。

3. 利用 Amoeba 实现数据切分及整合

Amoeba 是一个基于 Java 开发的，专注于解决分布式数据库数据源整合 Proxy 程序的开源框架，基于 GPL3 开源协议。目前，Amoeba 已经具有 Query 路由、Query 过滤、读写分离、负载均衡及 HA 机制等相关内容。

Amoeba 主要解决的以下几个问题：

❑ 数据切分后复杂数据源整合；

❑ 提供数据切分规则并降低数据切分规则给数据库带来的影响；

❑ 降低数据库与客户端的连接数；

❑ 读写分离路由。

我们可以看出，Amoeba 所做的事情，正好就是我们通过数据切分来提升数据库的扩展性所需要的。Amoeba 并不是一个代理层的 Proxy 程序，而是一个开发数据库代理层 Proxy 程序的开发框架，目前基于 Amoeba 所开发的 Proxy 程序有 Amoeba For MySQL 和 Amoeba ForAladdin 两个。

Amoeba For MySQL 主要是专门针对 MySQL 数据库的解决方案，前端应用程序请求的协议及后端连接的数据源数据库都必须是 MySQL。对于客户端的任何应用程序来说，AmoebaFor MySQL 和一个 MySQL 数据库没有什么区别，任何使用 MySQL 协议的客户端请求，都可以被 Amoeba For MySQL 解析并进行相应的处理。图 12.21 可以告诉我们 Amoeba For MySQL 的架构信息（出自 Amoeba 开发者博客）。

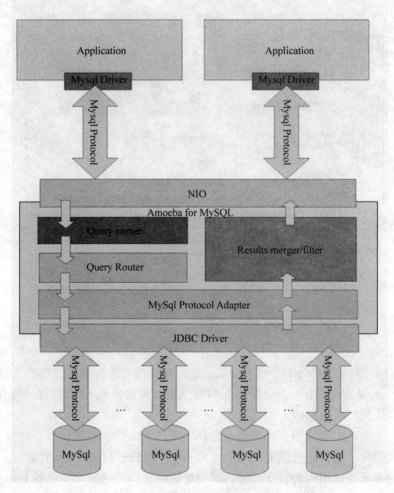

图 12.21　利用 Amoeba 实现数据切分及整合

Amoeba For Aladdin 则是一个适用更为广泛，功能更为强大的 Proxy 程序。它可以同时连接不同数据库的数据源为前端应用程序提供服务，但是仅仅接受符合 MySQL 协议的客户端应用程序请求。也就是说，只要前端应用程序通过 MySQL 协议连接上来之后，Amoeba For Aladdin 会自动分析 Query 语句，根据 Query 语句中所请求的数据来自动识别出该所 Query 的数据源是在什么类型数据库的哪一个物理主机上面。图 12.22 展示了 Amoeba For Aladdin 的架构细节（出自 Amoeba 开发者博客）。

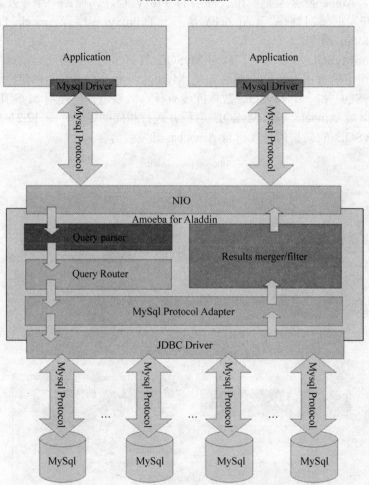

图 12.22　Amoeba For Aladdin 的架构

乍一看，两者好像完全一样。细看之后，才会发现两者主要的区别仅在于通过 MySQL Protocol Adapter 处理之后，根据分析结果判断出数据源数据库，然后选择特定的 JDBC 驱动和相应协议连接后端数据库。

其实通过上面两个架构图大家可能也已经发现了 Amoeba 的特点了，它仅仅只是一个开发框架，我们除了选择它已经提供的 For MySQL 和 For Aladin 这两款产品之外，还可以基于自身的需求进行相应的二次开发，得到更适应我们自己应用特点的 Proxy 程序。当对于使用 MySQL 数据库来说，不论是 Amoeba For MySQL 还是 Amoeba For Aladin 都可以很好的使用。当然，考虑到任何一个系统越是复杂，其性能肯定就会有一定的损失，维护成本自然也会相对更高一些。所以，对于仅仅需要使用 MySQL 数据库的时候，我还是建议使用 Amoeba For MySQL。

Amoeba For MySQL 的使用非常简单，所有的配置文件都是标准的 XML 文件，总共有四个配置文件。分别如下。

- ❑ amoeba.xml：主配置文件，配置所有数据源及 Amoeba 自身的参数设置；
- ❑ rule.xml：配置所有 Query 路由规则的信息；
- ❑ functionMap.xml：配置用于解析 Query 中的函数所对应的 Java 实现类；
- ❑ rullFunctionMap.xml：配置路由规则中需要使用到的特定函数的实现类。

如果你的规则不是太复杂，基本上仅需要使用到上面四个配置文件中的前面两个就可完成所有工作。Proxy 程序常用的功能如读写分离和负载均衡等配置都在 amoeba.xml 中进行。此外，Amoeba 已经支持了实现数据的垂直切分和水平切分的自动路由，路由规则可以在 rule.xml 进行设置。

目前 Amoeba 少有欠缺的主要就是其在线管理功能及对事务的支持了，曾经在与相关开发者的沟通过程中提出过相关的建议，希望能够提供一个可以进行在线维护管理的命令行管理工具，方便在线维护使用，得到的反馈是管理专门的管理模块已经纳入开发日程了。另外在事务支持方面暂时还是 Amoeba 无法做到的，即使客户端应用在提交给 Amoeba 的请求是包含事务信息的，Amoeba 也会忽略事务相关信息。当然，在经过不断完善之后，我相信事务支持肯定是 Amoeba 重点考虑增加的 feature。

关于 Amoeba 更为详细的使用方法读者朋友可以通过 Amoeba 开发者博客（http://amoeba.sf.net）上面提供的使用手册获取，这里就不再细述了。

4．利用 HiveDB 实现数据切分及整合

和前面的 MySQL Proxy 及 Amoeba 一样，HiveDB 同样是一个基于 Java 针对 MySQL 数据库的提供数据切分及整合的开源框架，只是目前的 HiveDB 仅仅支持数据的水平切分。主要解决大数据量下数据库的扩展性及数据的高性能访问问题，同时支持数据的冗余及基本的 HA 机制。

HiveDB 的实现机制与 MySQL Proxy 和 Amoeba 有一定的差异，它并不是借助 MySQL 的 Replication 功能来实现数据的冗余，而是自行实现了数据冗余机制，而其底层主要是基于 Hibernate Shards 来实现的数据切分工作。

在 HiveDB 中，通过用户自定义的各种 Partitionkeys（其实就是制定数据切分规则），将数据分散到多个 MySQL Server 中。在访问的时候，在运行 Query 请求的时候，会自动分析过滤条件，并行从多个 MySQL Server 中读取数据，将合并结果集返回给客户端应用程序。

单纯从功能方面来讲，HiveDB 可能并不如 MySQL Proxy 和 Amoeba 那样强大，但是其数据切分的思路与前面两者并无本质差异。此外，HiveDB 并不仅仅只是一个开源爱好者所共享的内容，而是存在商业公司支持的开源项目。

图 12.23 是 HiveDB 官方网站上的一张图片，描述了 HiveDB 如何来组织数据的基本信息。虽然不能详细的表现出太多架构方面的信息，但是也基本可以展示出其在数据切分方面独特的一面了。

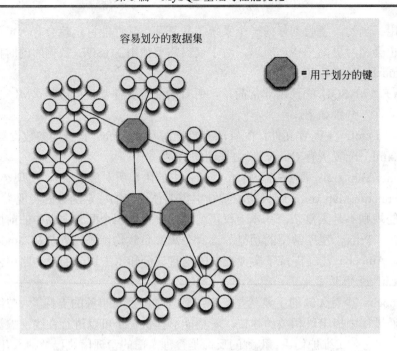

图 12.23　利用 HiveDB 实现数据切分

5．其他实现数据切分及整合的解决方案

除了上面介绍的几个数据切分及整合的整体解决方案之外，还存在很多其他同样提供了数据切分与整合的解决方案。如基于 MySQL Proxy 的基础上做了进一步扩展的 HSCALE，通过 Rails 构建的 Spock Proxy 及基于 Pathon 的 Pyshards 等等。

不管大家选择使用哪一种解决方案，总体设计思路基本上都不应该会有任何变化，那就是通过数据的垂直和水平切分，增强数据库的整体服务能力，让应用系统的整体扩展能力尽可能的提升，扩展方式尽可能的便捷。只要我们通过中间层 Proxy 应用程序较好的解决了数据切分和数据源整合问题，那么数据库的线性扩展能力将很容易做到像我们的应用程序一样方便，只需要通过添加廉价的 PC Server 服务器，即可线性增加数据库集群的整体服务能力，让数据库不再轻易成为应用系统的性能瓶颈。

12.7.6　数据切分与整合中可能存在的问题

到这里，大家应该对数据切分与整合的实施有了一定的认识了，或许很多读者朋友都已经根据各种解决方案各自特性的优劣基本选定了适合于自己应用场景的方案，后面的工作主要就是实施准备了。

在实施数据切分方案之前，有些可能存在的问题我们还是需要做一些分析的。一般来说，我们可能遇到的问题主要会有以下几点：

- ❏　引入分布式事务的问题；
- ❏　跨节点 Join 的问题；
- ❏　跨节点合并排序分页问题。

1．引入分布式事务的问题

一旦数据进行切分被分别存放在多个 MySQL Server 中之后，不管我们的切分规则设计的多么完美（实际上并不存在完美的切分规则），都可能造成之前的某些事务所涉及到的数据已经不在同一个 MySQL Server 中了。

在这样的场景下，如果我们的应用程序仍然按照老的解决方案，那么势必需要引入分布式事务来解决。而在 MySQL 各个版本中，只有从 MySQL 5.0 开始以后的各个版本才开始对分布式事务提供支持，而且目前仅有 Innodb 提供分布式事务支持。不仅如此，即使我们刚好使用了支持分布式事务的 MySQL 版本，同时也是使用的 Innodb 存储引擎，分布式事务本身对于系统资源的消耗就是很大的，性能本身也并不是太高。而且引入分布式事务本身在异常处理方面就会带来较多比较难控制的因素。怎么办？其实我们可以通过一个变通的方法来解决这种问题，首先需要考虑的一件事情就是：是否数据库是唯一一个能够解决事务的地方呢？其实并不是这样的，我们完全可以结合数据库及应用程序两者来共同解决。各个数据库解决自己身上的事务，然后通过应用程序来控制多个数据库上面的事务。也就是说，只要我们愿意，完全可以将一个跨多个数据库的分布式事务分拆成多个仅处于单个数据库上面的小事务，并通过应用程序来总控各个小事务。当然，这样做的要求就是我们的应用程序必须要有足够的健壮性，当然也会给应用程序带来一些技术难度。

2．跨节点 Join 的问题

上面介绍了可能引入分布式事务的问题，现在我们再看看需要跨节点 Join 的问题。数据切分之后，可能会造成有些老的 Join 语句无法继续使用，因为 Join 使用的数据源可能被切分到多个 MySQL Server 中了。

怎么办？这个问题从 MySQL 数据库角度来看，如果非得在数据库端来直接解决的话，恐怕只能通过 MySQL 一种特殊的存储引擎 Federated 来解决了。Federated 存储引擎是 MySQL 解决类似于 Oracle 的 DB Link 之类问题的解决方案。和 Oracle DB Link 的主要区别在于 Federated 会保存一份远端表结构的定义信息在本地。乍一看，Federated 确实是解决跨节点 Join 非常好的解决方案。但是我们还应该清楚一点，那就似乎如果远端的表结构发生了变更，本地的表定义信息是不会跟着发生相应变化的。如果在更新远端表结构的时候并没有更新本地的 Federated 表定义信息，就很可能造成 Query 运行出错，无法得到正确的结果。

对待这类问题，我还是推荐通过应用程序来进行处理，先在驱动表所在的 MySQL Server 中取出相应的驱动结果集，然后根据驱动结果集再到被驱动表所在的 MySQL Server 中取出相应的数据。可能很多读者朋友会认为这样做对性能会产生一定的影响，是的，确实是会对性能有一定的负面影响，但是除了此法，基本上没有太多其他更好的解决办法了。而且，由于数据库通过较好的扩展之后，每台 MySQL Server 的负载就可以得到较好的控制，单纯针对单条 Query 来说，其响应时间可能比不切分之前要提高一些，所以性能方面所带来的负面影响也并不是太大。更何况，类似于这种需要跨节点 Join 的需求也并不是太多，相对于总体性能而言，可能也只是很小一部分而已。所以为了整体性能的考虑，偶尔牺牲那么一点点，其实是值得的，毕竟系统优化本身就是存在很多取舍和平衡的过程。

3．跨节点合并排序分页问题

一旦进行了数据的水平切分之后，可能就并不仅仅只有跨节点 Join 无法正常运行，有些排序分页的 Query 语句的数据源可能也会被切分到多个节点，这样造成的直接后果就是这些排序分页 Query 无法继续正常运行。其实这和跨节点 Join 是一个道理，数据源存在于多个节点上，要通过一个 Query 来解决，就和跨节点 Join 是一样的操作。同样 Federated 也可以部分解决，当然存在的风险也一样。还是同样的问题，怎么办？我同样仍然继续建议通过应用程序来解决。如何解决？解决的思路大体上和跨节点 Join 的解决类似，但是有一点和跨节点 Join 不太一样，Join 很多时候都有一个驱动与被驱动的关系，所以 Join 本身涉及到的多个表之间的数据读取一般都会存在一个顺序关系。但是排序分页就不太一样了，排序分页的数据源基本上可以说是一个表（或者一个结果集），本身并不存在一个顺序关系，所以在从多个数据源取数据的过程是完全可以并行的。这样，排序分页数据的取数效率我们可以做的比跨库 Join 更高，所以带来的性能损失相对的要更小，在有些情况下可能比在原来未进行数据切分的数据库中效率更高了。当然，不论是跨节点 Join 还是跨节点排序分页，都会使我们的应用服务器消耗更多的资源，尤其是内存资源，因为我们在读取访问及合并结果集的这个过程需要比原来处理更多的数据。

分析到这里，可能很多读者朋友会发现，上面所有的这些问题，我给出的建议基本上都是通过应用程序来解决。大家可能心里开始犯嘀咕了，是不是因为我是 DBA，所以就很多事情都扔给应用架构师和开发人员了？

其实完全不是这样，首先应用程序由于其特殊性，可以非常容易做到很好的扩展性，但是数据库就不一样，必须借助很多其他的方式才能做到扩展，而且在这个扩展过程中，很难避免带来有些原来在集中式数据库中可以解决但被切分开成一个数据库集群之后就成为一个难题的情况。要想让系统整体得到最大限度的扩展，我们只能让应用程序做更多的事情，来解决数据库集群无法较好解决的问题。

12.8　小　　结

通过数据切分技术将一个大的 MySQL Server 切分成多个小的 MySQL Server，既解决了写入性能瓶颈问题，同时也再一次提升了整个数据库集群的扩展性。不论是通过垂直切分，还是水平切分，都能够让系统遇到瓶颈的可能性更小。尤其是当我们使用垂直和水平相结合的切分方法之后，理论上将不会再遇到扩展瓶颈了。